“十二五”职业教育国家规划教材

经全国职业教育教材审定委员会审定

生化工艺

第三版

盛成乐　主编

李公斌　副主编

王世娟　主审

U0390029

化学工业出版社

·北京·

本教材在内容编排上力求体现高职高专实用性特色。在注重强调基础的同时，突出启发性、实用性及理论与实践的紧密结合，旨在加强对学生能力的培养。

全书共十一章：第一章绪论、第二章种子制备、第三章培养基制备、第四章灭菌和空气净化、第五章发酵过程及控制、第六章发酵生产染菌及防治、第七章基因工程菌的发酵、第八章动植物细胞培养技术、第九章典型产品生产工艺、第十章安全生产与环境保护、第十一章生化工艺实训。章前有学习目标，章后附有复习题。

本书可作为高职高专生物技术类及相关专业教材，也可作为生产技术、科研人员参考用书。

图书在版编目（CIP）数据

生化工艺/盛成乐主编. — 3版. — 北京：化学工业出版社，2015.1（2024.8重印）
"十二五"职业教育国家规划教材
ISBN 978-7-122-22108-7

Ⅰ.①生… Ⅱ.①盛… Ⅲ.①生物化学-技术-高等职业教育-教材 Ⅳ.①Q503

中国版本图书馆 CIP 数据核字（2014）第 243549 号

责任编辑：于　卉　　　　　　文字编辑：焦欣渝
责任校对：边　涛　　　　　　装帧设计：刘亚婷

出版发行：化学工业出版社（北京市东城区青年湖南街 13 号　邮政编码 100011）
印　　装：北京虎彩文化传播有限公司
787mm×1092mm　1/16　印张 16¼　字数 405 千字　2024 年 8 月北京第 3 版第 5 次印刷

购书咨询：010-64518888　　　　　　售后服务：010-64518899
网　　址：http://www.cip.com.cn
凡购买本书，如有缺损质量问题，本社销售中心负责调换。

定　　价：43.00 元　　　　　　　　　　　　　　　　版权所有　违者必究

前　言

　　本书在 2005 年第一次出版发行后，被许多高职院校生物类、药学类专业选作学习生化工艺基础知识的教材，2009 年发行第二版。

　　作为 21 世纪的高新技术之一，生物技术及其应用在近几年又有了许多新的发展，高职课程体系的建设思想也发生了很大变化。我们对教材使用过程中反馈的意见和建议进行了整理，对第二版教材内容进行了修订。本次修订对教材主要内容、结构进行了调整，增加了基因工程菌的发酵和动植物细胞培养技术等内容。

　　第三版按照"以能力为本位，以工作过程为主线，以项目课程为主体的模块化专业课程体系"的总体设计要求，以工作任务模块——典型工作任务包括：培养基制备、菌种保藏、菌种复壮、灭菌和空气净化、发酵罐及附属设备的使用与维护、种子扩大培养、发酵过程控制、发酵生产染菌及防治、青霉素仿真实训、维生素 C 生产（①发酵过程主要参数控制；②指标检测；③发酵异常现象发现、分析及处理；④发酵终点确定；⑤物料衡算；⑥生产中常见的安全问题及预防；⑦"三废"的处理）、安全生产等——为中心构建了项目导向课程体系，彻底打破学科课程的设计思路，紧紧围绕工作任务完成的需要来选择和组织课程内容，突出工作任务与知识的联系，让学生在职业实践活动的基础上掌握知识，增强课程内容与职业岗位能力要求的相关性，提高学生的就业能力。

　　第三版学习项目选取的基本依据是该门课程涉及的工作领域和工作任务范围，但在具体设计过程中，还以生物技术行业的典型产品为载体，使工作任务具体化，产生了具体的学习项目。其编排依据是该职业所特有的工作任务逻辑关系，而不是知识关系。

　　教材的定位是：以应用为目的，以必需、够用为度，以加强概念、强化应用为重点、加强针对性和实用性。

　　本教材的修订，主要由盛成乐和李公斌负责，山东新华制药股份公司贾法强、山东金城钟化生物药业有限公司杨修亮参与了新增的第七章、第八章及实训编写工作，白靖琨参与了部分修订工作。全书由盛成乐统稿。本书由王世娟担任主审，并对此书提出许多宝贵建议。编写人员又于 2013 年 10 月在山东淄博对第三稿进行审阅，根据审稿意见再次作了修改。

　　由于编者水平所限，书中难免存在不足之处，恳请读者批评指正。

编　者

2013 年 11 月

第一版前言

　　本教材是根据教育部有关高职高专教材建设的精神，以高职高专生物技术专业学生的培养目标为依据编写的。在编写过程中广泛征求了有关职业院校、生物技术企业教授、专家的意见，具有较强的实用性。

　　教材在编写过程中坚持以应用为目的，理论以必需、够用为度，以讲清概念、强化应用为教学重点。充分体现"高等教育"和"职业教育"的双重性；充分体现"高等职业教育以服务为宗旨，以就业为导向，走产学研结合的道路"的指导思想。选材恰当，层次清晰，内容安排合理，力争做到实用、规范，突出高职教育以能力为本的特色。

　　本书由盛成乐担任主编并编写第一章绪论、第三章培养基制备；赵雷编写第二章种子制备、第四章灭菌与空气净化、第六章发酵生产染菌及防治；孙淑香编写第五章发酵过程及控制；权玉梅编写第七章典型产品工艺；乔德阳编写第八章安全生产与环境保护。全书由盛成乐统稿。

　　本书由王世娟担任主审，并对此书提出许多宝贵建议。编写人员又于 2005 年 9 月在青岛对初稿进行了进一步审阅，根据审稿意见再次作了修改。

　　本书在编写过程中得到相关学院的大力支持，编写过程中参考了大量的书籍、资料，在此表示衷心的感谢。

　　由于作者水平有限，书中存在不妥之处在所难免，恳请专家、读者批评指正。

编　者

2005 年 12 月

第二版前言

本书在 2005 年第一次出版发行后，被许多高职院校生物类、药学类专业选作学习生化工艺基础知识的教材。

作为 21 世纪的高新技术之一，生物技术及其应用在近几年又有了许多新的发展，高职课程体系的建设思想也发生了很大变化。我们对教材使用过程中反馈的意见和建议进行了整理，对第一版教材内容进行了修订。对教材主要内容、结构进行了调整，增加了生化工艺实训等内容。

第二版按照"以能力为本位，以工作过程为主线，以项目课程为主体的模块化专业课程体系"的总体设计要求，以工作任务模块——典型工作任务包括：培养基制备、菌种保藏、菌种复壮、灭菌和空气净化、发酵罐及附属设备的使用与维护、种子扩大培养、发酵过程控制、发酵生产染菌及防治、青霉素仿真实训、维生素 C 生产（①发酵过程主要参数控制；②指标检测；③发酵异常现象发现、分析及处理；④发酵终点确定；⑤物料衡算；⑥生产中常见的安全问题及预防；⑦"三废"的处理）、安全生产等——为中心构建了项目导向课程体系。彻底打破学科课程的设计思路，紧紧围绕工作任务完成的需要来选择和组织课程内容，突出工作任务与知识的联系，让学生在职业实践活动的基础上掌握知识，增强课程内容与职业岗位能力要求的相关性，提高学生的就业能力。

第二版学习项目选取的基本依据是该门课程涉及的工作领域和工作任务范围，但在具体设计过程中，还以生物技术行业的典型产品为载体，使工作任务具体化，产生了具体的学习项目。其编排依据是该职业所特有的工作任务逻辑关系，而不是知识关系。

教材的定位是：以应用为目的，以必需、够用为度，以加强概念、强化应用为重点、加强针对性和实用性。

在本教材的修订过程中，主要由盛成乐负责，白靖琨及李公斌参与了部分修订工作。全书由盛成乐统稿。

本书由王世娟担任主审，并对此书提出许多宝贵建议。编写人员又于 2008 年 10 月在山东淄博对第二稿进行审阅，根据审稿意见再次作了修改。

由于编者水平所限，书中难免存在不足之处，恳请读者批评指正。

编　者
2008 年 11 月

目　录

第一章　绪　　论

一、国内外生物技术产业的发展现状

随着分子生物学的突破而诞生的基因（gene）操作技术、细胞融合技术（cell fusion technology）等赋予了生物技术新的生命力，引起了科技界和企业界的高度重视并给予巨额投入。从世界范围的发展情况来看，生物技术已成为发达国家科技竞争的热点，美国、日本、欧洲等主要发达国家和地区竞相开展生物技术的研究和开发工作，许多国家纷纷建立了独立的政府机构，成立了一系列的生物技术研究组织，制定了近期即 2020 年的中长期发展规划，在政策、资金上给予了大力支持。同时这些国家的企业界也纷纷投入了巨资进行生物技术的开发研究，取得了一系列重大成果，从而使生物技术产业化得到迅速发展。成功开发了诸如促红细胞生成素（EPO）、粒细胞集落刺激因子（G-CSF）等一批基因工程药物，占领了国际市场，取得了巨大的经济效益，使得这些国家在世界生物技术产业化方面占有绝对的优势。

中国是最早利用生物技术的国家之一。最近十年来生物技术产业得到了迅速发展，已经成为世界发酵产品市场的重要竞争者，多种发酵产品的产量和出口剧增。柠檬酸（citric acid）的生产工艺、技术已进入了世界先进行列，产量居世界首位；谷氨酸（Glu）和赖氨酸（Lys）的生产工艺和技术水平及产量也具有一定优势。与此同时，现代生物技术的研究和开发也取得了丰硕的成果，中国首创的两系杂交水稻已推广种植 $200km^2$，平均单产提高 10% 以上；植物转基因技术取得成功；重组联合共生固氮菌、防病工程菌开始大面积田间实验；试管牛羊、转基因鱼已进入中间实验，动物生物反应器取得了可喜进展；已有四种基因工程药物获准投放市场；抗体工程已取得多项成果并开始在临床上应用；某些基因治疗达到了国际水平；人胰岛素、人尿激酶、葡萄糖异构酶、凝乳酶的蛋白质工程已达到世界水平。但从总体上看，无论是对传统生物技术产业的改造或是对现代生物技术的研究、开发及产业化，中国都还处于起步阶段，与发达国家相比还存在一定的差距。

生物技术的产生和发展涉及许多学科，包括生物化学、分子生物学、细胞生物学、遗传学、微生物学、动物学、植物学、化学与化学工程学、应用物理学、电子学以及计算机科学等基础和应用学科。现代生物技术虽来源于原始的、传统的生物生产技术，但它们之间在内容和手段上均存在质的区别。现代生物技术能够带来的好处是十分巨大的，正在或即将使人们的某些梦想和希望变为现实。当前，生物技术已在医药和化工等领域中崭露头角，一批生物工程药物，如人生长激素（growth hormone）、胰岛素（insulin）、干扰素（interferon）和各类细胞生长因子与调节因子等已陆续投放市场。

近年来，人们逐渐认识到现代生物技术的发展越来越离不开化学工程技术。在生物技术与现代技术相互结合的基础上发展起来的新型工程技术——生物化工技术，不仅为传统发酵工业、传统医药工业的改造及新兴的生物技术工业提供了高效率的生物反应器、新型分离技术和介质以及现代的工程装备技术，还提供了生产设备单元化、工艺过程最优化、在线控制自动化、系统综合设计等工程概念与技术以及用于生物过程优化控制的基础理论。生物化工技术在生物技术产业化方面起着重要的作用，使生物技术的应用范围更加广泛，下游技术不断更新，同时大大提高了生物技术产品的产量和质量。生物化学工程技术已成为生物技术产业化的桥梁和瓶颈。其生产过程和工艺的研究已成为加速生物技术产业化的一个重要方面。

现代生物技术产品虽不多，但其潜力很大，是方兴未艾的高技术产业。今后现代生物技术不但用来生产一些贵重或有特殊功效的药物，而且其潜力将主要体现在农业和化工原料的应用开发中。此外，现代生物技术应用在已有发酵工业（如氨基酸工业、酶制剂工业、抗生素工业）中的菌种改造上也有很大潜力。

二、生化反应过程的特点

将生物技术的实验成果经工艺及工程开发，成为可供工业生产的工艺过程统称为生化反应过程。

生化反应过程的实质就是利用生物催化剂从事生物技术产品的生产过程。当过程采用游离的整体微生物活细胞为生物催化剂时，一般称此为发酵过程（特定情况下也有称微生物培养过程、微生物转化过程等）而当生物催化剂为游离或固定化酶时，此过程则称为酶反应过程。另外，还有动、植物细胞（组织）培养过程。至于从天然生物物质中提取有效成分也常归属于生化反应过程的范围。通常的生化反应过程由四个部分组成：

1. 原料的预处理及培养基的制备

发酵原料是很丰富的，如薯类、谷类等，但许多工业微生物都不能直接利用这些原料，通常需要将它们进行粉碎、蒸煮、水解成葡萄糖以供给微生物利用。还可以利用废糖蜜、工农业的下脚料等，根据不同微生物和发酵产品的类型调配一定成分的培养基。在发酵前将培养基装入发酵罐中，通入 98kPa 的蒸汽高温灭菌，冷却后，在无菌条件下接入菌种。在发酵过程中要绝对保证无杂菌，即没有目标微生物以外的微生物存在，这是发酵成功与否的关键。

2. 生物催化剂的制备

发酵过程中，首先应在传统诱变育种或用现代生物技术的手段进行菌种改造的基础上，选择高产、稳产、培养要求不甚苛刻的菌种。发酵前必须经过多次扩大培养达到足够数量后即作为种子接种至发酵罐中，满足大罐发酵的要求。在实际情况下，生物催化剂——微生物细胞的增加和"成熟"在发酵过程的前期以至中期仍在继续进行。在酶反应过程中，加入酶量及其纯度与底物量和产品要求有关。在采用固定化酶或固定化细胞时，应事先通过合适的固定化技术将酶或细胞加以固定，然后装入酶反应器。如果是酶反应过程，则需选择一定量的活力强的酶制剂。

3. 反应条件的选择

由于使用的生物类型不同，其代谢规律不一样，因而有厌氧发酵和好氧发酵两种方式。厌氧发酵亦称静置发酵，如酒精、啤酒、丙酮、丁醇及乳酸等，发酵过程不需供氧，设备和工艺都较好氧发酵简单。好氧过程中需要消耗大量的氧气，因此需要通入无菌空气。以供代谢需要，如氨基酸、抗生素、赤霉素等的生产都属此类。不管是好氧发酵还是厌氧发酵，均应根据菌种的特点、代谢规律和产品的特点，选择合适的发酵条件。

4. 产品的分离与纯化

分离与纯化是从发酵液中提取符合质量指标的制品。应根据产品的类型、特点选择合适的下游技术的组合。采用吸附法、溶剂萃取法、离子交换法、沉淀法或蒸馏法、双水相萃取法、色谱法等，提取、分离和纯化产品，得到符合要求的目标产品。有关的方法包括：

（1）物理方法　研磨、高压匀浆（以上用于细胞破碎）、过滤、离心、蒸发、干燥等。

（2）物理化学方法　冻融（用于细胞破碎）、透析、超滤、反渗析、絮凝、萃取、吸附、色谱、蒸馏、电泳、等电点沉淀、盐析、结晶等。

（3）化学方法　离子交换、化学沉淀等。

（4）生物方法　免疫色谱等。

不管是微生物培养，还是动植物细胞培养、污水的生化处理以及应用生物技术从天然物质中提取有效成分，均为生物反应过程；如果过程使用的生物催化剂是酶，通常叫酶反应过程；如果是生物细胞，则叫做发酵过程。生物反应过程的特点简述如下：

（1）生产过程通常在常温下进行，操作条件温和，不需要考虑防爆问题，一种设备具有多种用途。原料以碳水化合物为主，不含有毒物质。

（2）生产反应过程是以生命体的自动调节方式进行的，多个反应容器像一个反应一样，可在单一设备中进行。

（3）易进行复杂高分子化合物（如酶、光学活性体等）的生产。

（4）能够高度选择性地进行复杂化合物在特定部位的反应，如氧化、还原、官能团的导入等。

（5）生产产品的生物体本身也是产物，富含维生素、蛋白质、酶等；除特殊情况外，培养液一般不会对人和动物造成危害。

（6）生产过程中需要注意防止杂菌污染，尤其是噬菌体的侵入，以免造成很大的危害。

（7）通过改良生物体生产性能，可在不增加设备投资的条件下，利用原有的生产设备使生产能力飞跃上升。

实际生产中，可以通过改进工艺和改善设备的研究，在很大程度上改善产品的质量，提高生产效益。随着生物技术的发展，对生产过程提出了更高的要求，使工艺的研究和优化变得更加重要。

三、生物技术的应用

生物技术经历了数千年的发展，目前已达到了可以用细胞融合和 DNA 重组等现代生物技术，从细胞水平和分子水平改良已有生物品种和组建新的生物品种的水平。这将较大幅度提高农业的质量和产量，以及利用生物资源为原料或应用生物技术为手段的工业赋予新的生命力，并为生物技术的其他应用带来福音。人们期望着生物技术的进一步发展，它将会对工农业生产，人民保健和社会福利事业带来更深远的影响。为此，世界各国都把生物技术的研究开发列入高技术发展规划。中国也已把生物技术、航天技术、信息技术、激光技术、自动化技术以及新材料技术并列为优先发展的六个高技术领域。当然在现代生物技术的潜力还没有完全显示之前，还必须充分发挥已有生物技术的作用，使它们为国民经济增长和社会服务作出更大的贡献。

1. 生物技术在食品工业中的应用

这是生物技术最早开发应用的领域，其中包括传统的含醇饮料、调味品、乳制品等，目前其产量和产值居生物技术的首位。

（1）含醇饮料　以果汁、米、麦、高粱、玉米、土豆等为主要原料酿造或经过加工的有葡萄酒、果酒、黄酒、白酒、啤酒、白兰地、威士忌、伏特加、金酒、香槟酒、朗姆酒等。

（2）传统调味品及发酵产品　以豆类、米、麦等生产的酱、酱油、醋、豆豉、豆腐乳、饴糖、泡菜等。

（3）发酵乳制品　奶酒、干酪、酸奶等。

（4）用近代发酵法或酶法生产的食品原料　葡萄糖、麦芽糖、脂肪等。

（5）食品添加剂　面包酵母、味精、赖氨酸、柠檬酸、红曲等。

（6）新型发酵饮料　活性乳酸饮料。

2. 生物技术在医药工业中的应用

生物技术在医药方面的应用是人们最为关注的领域之一，特别是现代生物技术的应用常集中于医药方面。这是因为医药产品的价格较高，容易使产品获得经济利益，另外一个原因是人们都期望有高效药物问世。

通过生物技术生产或已在实验室获得较好结果的医药产品为数很多，现在分别介绍如下：

（1）各种抗生素

抗细菌抗生素有杆菌肽、头孢菌素、氯霉素（对斑疹伤寒有特效）、金霉素、环丝氨酸（抗结核菌）、红霉素、紫霉素等。

抗真菌抗生素有两性霉素 B、杀假丝菌素、灰黄霉素、制霉菌素等。

抗原虫抗生素有烟曲霉素（夫马洁林）、曲古霉素等。

抗肿瘤抗生素有放线菌素、多柔比星、博来霉素、光辉霉素、丝裂霉素、肉瘤霉素等。

青霉素、头孢菌素在去侧链后，可用化学合成法接上新的侧链而改变原有抗菌谱或其他特性，它们被称为半合成抗生素。

常用的半合成青霉素有甲氧苯青霉素（甲氧西林）、乙氧萘青霉素（萘夫西林）、氯唑西林等。

常用的半合成头孢菌素有头孢 I 号（头孢噻吩）、头孢 II 号（头孢噻啶）、头孢 III 号（头孢米星）、头孢 IV 号（头孢氨苄）、头孢 V 号（头孢唑啉）、头孢 VI 号（头孢拉定）、吡硫头孢菌素（头孢匹林）、氰甲基头孢菌素等（头孢乙腈）。

其他半合成抗生素包括阿米卡星、去甲基金霉素（地美环素）、利福平、克林霉素、去甲基林可霉素等。

（2）各种氨基酸　氨基酸在医药中主要用于生产氨基酸大输液。

可经发酵获得的氨基酸有赖氨酸、丙氨酸、精氨酸、组氨酸、异亮氨酸、亮氨酸、苯丙氨酸、脯氨酸、苏氨酸、色氨酸、缬氨酸等。

可用酶法获得的氨基酸有天冬氨酸、丙氨酸、蛋氨酸、苯丙氨酸、色氨酸、赖氨酸、半胱氨酸等。

（3）维生素　目前可用生物技术生产的维生素或其中间产物有维生素 B_2、维生素 B_{12}、2-酮基古洛酸［经转化后即得维生素 C（抗坏血酸）］、β-胡萝卜素（维生素 A：抗干眼病维生素的前体）、麦角甾醇等。

（4）甾体激素　在可的松、氢化可的松、氟氢可的松、地塞米松等甾体激素化学合成过程中有若干步可用微生物转化来完成。

（5）生物制品　生物制品是指含抗原的制品。由减毒或死的病毒或立克次氏体制造的疫苗，如牛痘和斑疹伤寒疫苗；减菌或死的病原菌制成的菌苗，如卡介苗、伤寒菌苗以及类毒素，如白喉类毒素；以及含抗体的制品（能中和外毒素的抗毒素）。它们均被用于预防、诊断或治疗传染病。

（6）单克隆抗体　由于单克隆抗体对有关抗体具有高度亲和性，故可用来诊断。待今后研制出人-人或人-鼠单克隆抗体后，还可用于治疗。特别是可作为能驱除病灶导弹药物的运载工具。此外，单抗还可用于亲和色谱以纯化抗原物质（通常为所欲纯化的目标产物，如干扰素等）或用于免疫分析和菌种鉴别。

（7）其他

① 治疗用酶　如蛋白酶和核酸酶可用于加速去除坏死组织、脓液、分泌液、血肿；脂肪酶、蛋白酶可助消化；尿激酶、链激酶可以溶化血栓；胰蛋白酶可以释放激肽；天冬酰胺酶可抗肿瘤；超氧化物歧化酶可治疗因 O^{2-} 的毒性引起的炎症。

② 酶抑制剂　如棒酸可抑制 β-内酰胺的作用而减少或避免由细菌产生的 β-内酰胺酶对青霉素的破坏；α-淀粉酶抑制剂可治糖尿病；抑肽素（蛋白质抑制剂）可用于治疗胃溃疡；多巴丁有降血压作用。

③ 核苷酸产品　如肌苷可治疗心脏病、白血病、血小板下降、肝病等；黄素腺嘌呤二核苷酸（FAD）可治疗维生素 B 缺乏症、肝病、肾病；辅酶 A 可治疗白血病、血小板下降、肝病、心脏病；辅酶 I（NAD）可治疗糙皮症、肝病、肾病；胞二磷（CDP）胆碱可治疗头部外伤或大脑因外伤引起的意识模糊。

④ 制药工业用酶　如青霉素酰化酶用于生产半合成青霉素的母核-6-氨基青霉烷酸（6-APA）；天冬氨酸酶用于生产天冬氨酸；L-氨基酰酶用于生产 L-氨基酸等。

⑤ 其他发酵药物　如谷氨酰胺可抗肿瘤；麦角新碱可用于产后子宫复原；麦角胺可治疗偏头疼等。

此外，可用基因工程细胞产生的关键蛋白治疗基因缺陷症，称为基因治疗。

3. 生物技术应用于轻工、食品用酶的生产

下列各种酶均可从微生物中获得：

① 糖酶　α-淀粉酶（使淀粉液化生成糊精及少量麦芽糖及葡萄糖），β-淀粉酶（淀粉水解为麦芽糖），葡萄糖苷酶即糖化酶（使淀粉、糊精、麦芽糖水解为葡萄糖），支链（异）淀粉酶（水解支链淀粉），转化酶（蔗糖酶，能将蔗糖或棉子糖水解为葡萄糖及果糖），异构酶（葡萄糖异构为果糖），半乳糖酶（将乳糖水解为葡萄糖和半乳糖），纤维素酶（将纤维素水解为葡萄糖）。

② 蛋白酶　碱性蛋白酶（用于生产洗涤剂、皮革鞣化、胶片回收银、啤酒去浊），酸性蛋白酶（用于饮料、食品的冷藏保存，制作蛋白质水解产物），中性蛋白酶（用于皮张脱毛、蚕丝脱胶、蛋白胨制备）。

③ 果胶酶　水解果类中的果胶物质。

④ 脂肪酶　将脂肪分解为甘油及脂肪酸。

⑤ 凝乳酶　将乳中蛋白质凝固生产干酪。

⑥ 过氧化氢酶　能将 H_2O_2 分解为水及氧气。

4. 生物技术用于化工能源产品的生产

利用发酵、生物转化或酶法生产下列产品：

① 烷烃　甲烷。

② 醇及溶剂　乙醇、甘油（丙三醇）、异丙醇、丙酮、二羟基丙酮、丁醇、丁二醇、甘露糖醇、阿拉伯糖醇、木糖醇、赤藓糖醇等。

③ 有机酸　醋酸（乙酸）、丙酸、乳酸（羟基丙酸）、丁酸、琥珀酸（丁二酸）、延胡索酸（反丁烯二酸）、苹果酸（羟基丁二酸）、酒石酸（二羟基丁二酸）、衣康酸（亚甲基丁二

酸)、环氧琥珀酸(环氧丁二酸)、柠檬酸羟基戊二酸己二烯二酸、葡萄糖酸、曲酸(5-羟基-2 吡喃酮)、水杨酸等。

④ 多糖 如右旋糖酐(葡聚糖)、黄原胶、茁霉多糖、微生物海藻酸等。

在能源产品成本和新能源开发中,除了甲烷(主要是有机废弃物嫌气发酵产物)和乙醇(可掺入汽油制成含醇汽油)外,黄原胶可用于油田三次采油,有关微生物产氢和生物电池目前也在探索中。

5. 生物技术在农业生产中的应用

生物技术在农业生产中有着十分广阔的潜在发展前途,这主要是指应用现代生物技术对主要农作物、牲畜、水产品进行品种改良或组建新品种。

生物技术的发展为农业生物技术开辟了新的天地,其主要应用于:

(1)无性快速繁殖 利用某些植物组织,特别是未经分化含有所有基因信息的幼芽组织,以细胞培养后获得的愈伤组织加以扩大培养,进而获得大量的植株。现将此法用于兰花、烟草、蔬菜、甘蔗等快速繁殖。

(2)脱毒植株的获得 通过未受病菌侵袭的顶端分生组织的细胞培养,进而获得无毒植株。也可通过愈伤组织或悬浮细胞毒素筛选抗性细胞。

(3)单倍体育种 利用花粉细胞培养,进而培育单倍体植株。然后用秋水仙素等处理,使单倍体植株的染色体加倍,成为纯种二倍体。单倍体植株只有一套染色体,故遗传性单一,无分离现象。

(4)原生质体融合 可用不同种间、属间生物的原生质体进行融合以获得杂交体细胞。

(5)人工种子 用人工种皮包埋体细胞胚状体或芽、鳞、茎而制成的有高度萌发性能并能成为植株的"种子",可使性能优良的植物品种得以大规模种植。

(6)优良牲畜的扩大培养 扩大培养优良牲畜可采用胚胎移植、胚胎分割、受精卵注射生长激素等技术。核移植、染色体改造等手段也可用于畜种、鱼种改良及性别控制。

(7)植物品种改良 人们对基因工程用于植物品种改良寄予很大的希望,如将抗性基因或植物蛋白贮藏基因、固氮基因等导入植物体细胞并获得表达,这将对农业产生巨大的影响。但目前对上述基因的了解很不够,如何将这些基因导入体细胞是一大难题。目前已知的或可行的基因载体有 Ti 质粒、Ri 质粒、转座子和噬菌体,较为成熟的是 Ti 质粒,它是一种可以引起植物产生肿瘤的细菌的质粒 [能产生 TIP(肿瘤引导素)],它可将外源基因整合至植物基因组中。

常规的工业微生物产品也可用于农业,不少医疗用抗生素——如链霉素、灰黄霉素可用于防治植物病毒,四环类抗生素可用于禽畜催长。

赤霉素是一种能促种子萌芽、植株助长的植物生长素,现已广泛用于杂交水稻的助长、蔬菜瓜果的生产。

近年来,还发现某些微生物除草剂,如环己酰胺、双丙磷 A、谷氨酰胺合成酶等。

在农林生产中还常用苏云金杆菌或其变种所产生的伴孢晶体(一种能杀死某些引起植物虫害的蛾类幼虫的毒蛋白)来保护松林和蔬菜。另有用昆虫病原体、寄生病毒和原生动物杀灭危害作物的害虫的制剂。固氮菌、钾细菌、磷细菌、抗生菌制剂作为辅助肥料及抗菌增产剂用于农业。

单细胞蛋白是一类由酵母(酿酒酵母、假丝酵母、毕赤酵母等)、真菌(曲霉、地霉、内孢霉、镰孢霉等)及细菌(假单胞菌、链丝菌、嗜甲醇细菌)的细胞体制成的饲料添加剂。其中干品的蛋白质含量为 $40\%\sim80\%$。

食用和药用真菌也是一种农副产品，主要品种有蘑菇、草菇、香菇、枸菌、猴头菌、灵芝、银耳、木耳等。

6. 生物技术在环境保护中的应用

自然界本身就存在着碳和氮的循环，而微生物对生物物质的排泄物及尸体的分解起着重要作用。利用生物技术手段处理生产和生活中的有机废弃物，加速了这一分解过程的进行且可对环境卫生作出很大的贡献。

（1）嫌气发酵法　指在嫌气情况下能分解碳水化合物、蛋白质和脂肪的微生物，将有机废弃物分解为可溶性物质，进而通过产酸菌和甲烷细菌的作用再分解为甲烷和二氧化碳。这样，既可产生一定量的沼气（约含 $60\%\sim70\%$ 甲烷，热值约为 $23100kJ/m^3$），又可治理环境。经嫌气发酵（消化）后的残渣还能用作肥料，有的还能用于饲料。

（2）好气发酵（活性污泥）法　指在好气（曝气）情况下，用某些能降解有机物质的产菌胶的细菌和某些原虫的混合物（活性污泥）对工业或生活污水进行处理。

目前正在寻找更合适的微生物，特别是能降解酚、有机酸、有机磷、有机金属化合物的菌种。

7. 生物技术应用于金属浸取

利用氧化亚铁硫菌等自养细菌可把亚铁氧化为高铁，把硫、低价硫化物氧化为硫酸的性能，将含硫金属矿石中的金属离子形成硫酸盐而释放出来。可用此法浸取的金属有铜、钴、锌、铅、铀、金等。目前在美国约有 10% 的铜用此法生产。我国也有用此法生产铜和金。

8. 生物技术应用于高技术研究开发

有些生物技术产品本身就是为生物技术服务的，如：基因工程中用的限制性内切酶、连接酶、DNA 探针等，医学诊断或工业过程检测用的生物传感器，另有生物芯片也正在研究中。

综上可见，生物技术的应用十分广泛，相信随着现代生物技术的不断成熟，生物技术的应用也将更为广阔，这对工农业生产及人民保健、社会福利的贡献也将更为巨大。

四、生化工艺研究的对象及任务

生化工艺原理是一门以生物代谢过程和对代谢过程的控制，获得生物产品共性原理为研究对象的学科。以探讨生物产品生产过程中的共性为目的，从工艺角度阐明细胞的生长和代谢产物与细胞的培养条件之间的相互关系，为生产过程的优化提供理论依据。

课程内容包括：工业微生物菌种的选育与种子培养、发酵，培养基的配制，培养基和空气的灭菌，发酵机理，生物反应动力学，生产过程的检测与控制，发酵生产染菌及防治，固定化酶和固定化细胞及应用，动植物细胞大规模培养等。

课程的任务是：学生在已学过微生物学、生物化学、化工原理等课程的基础上，深入理解生产过程的工艺原理，进一步深化和提高所学的基本知识，从而使学生具有选育新菌种，探求新工艺、新设备和从事生物产品研发的能力，并能够应用基本理论去分析和解决生产过程中的具体问题，改造原有不合理的生产过程，使之更符合客观规律。

第二章 种子制备

职业能力目标

- 能根据生产需求筛选工业微生物菌种，分离重要的工业微生物。
- 能根据生产需求选育菌种。
- 能对种子进行扩大培养，包括实验室种子制备、生产车间种子制备、基因重组微生物种子培养。
- 能够对种子异常进行正确的分析，控制种子质量。

专业知识目标

- 能大致地描述常见工业微生物的种类。
- 能准确地说出菌种的选育方法，如：诱变育种，抗噬菌体菌株的选育，杂交育种，原生质体融合技术。
- 能大致地描述影响种子质量的因素及控制。

在发酵工业中，无论最后需要获得的产品是何种物质，在发酵开始的时候，好的种子都是必需的。种子制备是发酵工业中的第一步，也是关键的步骤之一，种子的性能在很大程度上决定了最终的产量。所以，制备出优良的种子，提高种子的性能，是非常重要的。

第一节 工业微生物菌种概述

微生物的资源非常丰富，广泛分布于土壤、水和空气中，尤以土壤中最多。有的微生物从自然界中分离出来就能被利用，有的需要对分离到的野生菌株进行人工诱变，得到突变株才能被利用。当前发酵工业所用的菌种总趋势是从野生菌转向变异菌，自然选育转向代谢育种，从诱发基因突变转向基因重组的定向育种。由于发酵工程本身的发展以及遗传工程的介入，藻类、病毒等也正在逐步地变为工业生产的微生物。

微生物的特点是种类多，分布广；生长迅速，繁殖速度快；代谢能力强；适应性强，易培养；个体体积小，比表面积大。工业生产中，也可根据微生物的特点选择适宜的微生物。

一、常见工业微生物菌种

工业上经常用到的微生物和经常遇到的杂菌主要有细菌、放线菌、霉菌、酵母菌、噬菌体等。

1. 细菌

细菌是自然界分布最广、数量最多、与人类关系最密切的一类微生物，属单细胞原核生物，体积很小，以较典型的二分裂方式繁殖。其基本结构是核区、细胞质、细胞膜、细胞壁，一般都具有核糖体、质粒，部分细菌有鞭毛、荚膜或产生芽孢。细胞生长时，环状DNA染色体复制，细胞内的蛋白质等组分同时增加一倍，然后在细胞中部产生一横段间隔，染色体分开，继而间隔分裂形成两个相同的子细胞。如间隔不完全分裂就形成链状细胞。

工业生产常用的细菌主要是杆菌，如枯草芽孢杆菌、醋酸杆菌、棒状杆菌、短杆菌等。用于生产淀粉酶、乳酸、醋酸、氨基酸和肌苷酸等。

2. 放线菌

放线菌因菌落呈放线状而得名。它是一个原核生物类群，在自然界中分布很广，尤其在含有机质丰富的微碱性土壤中较广。大多腐生，少数寄生。放线菌主要以无性孢子进行繁殖，也可借菌丝片段进行繁殖。后一种繁殖方式见于液体沉没培养中。其生长方式是菌丝末端伸长和分支，彼此交错成网状结构，成为菌丝体。菌丝长度既受遗传性的控制，又与环境相关。在液体沉没培养中由于搅拌器的剪应力作用，常常形成短的分支旺盛的菌丝体，或呈分散生长，或呈菌丝团状生长。

目前放线菌最大的经济价值在于能产生多种抗生素。从微生物中发现的抗生素，有60％以上是放线菌产生的，如链霉素、红霉素、金霉素、庆大霉素等。常用的放线菌主要来自以下几个属：链霉菌属，小单孢菌属和诺卡菌属等。此外，放线菌在甾体转化、石油脱蜡、烃类发酵、污水处理等方面也有所应用。

3. 霉菌

霉菌不是一个分类学上的名词。凡生长在营养基质上形成绒毛状、网状或絮状菌丝的真菌统称为霉菌。霉菌在自然界分布很广，大量存在于土壤、空气、水和生物体内外等处。它喜欢偏酸性环境，大多数为好氧性，多腐生，少数寄生。霉菌的繁殖能力很强，它以无性孢子和有性孢子进行繁殖，多以无性孢子繁殖为主。其生长方式是菌丝末端的伸长和顶端分支，彼此交错呈网状。菌丝的长度既受遗传性的控制，又受环境的影响，其分支数量取决于环境条件。菌丝或呈分散生长，或呈菌丝团状生长。

工业上常用的霉菌有：藻状菌纲的根霉、毛霉、犁头霉，子囊菌纲的红曲霉，半知菌类的曲霉、青霉等。它们可用于生产多种霉制剂、抗生素、有机酸及甾体激素等。

4. 酵母菌

酵母菌为单细胞真核生物，在自然界中普遍存在，主要分布于含糖较多的酸性环境中，如水果、蔬菜、花蜜和植物叶子上，以及果园土壤中。石油酵母较多地分布在油田周围的土壤中。酵母菌多为腐生，常以单个细胞存在，以发芽形式进行繁殖，母细胞体积长到一定程度时就开始发芽。芽长大的同时母细胞缩小，在母子细胞间形成隔膜，最后形成同样大小的母细胞，如果子芽不与母细胞脱离就形成链状细胞，称为假菌丝。在发酵生产旺期，常出现假菌丝。

酵母菌是人类最早大规模利用的微生物，目前工业上用的酵母菌有啤酒酵母、假丝酵母、类酵母等。分别用于酿酒、制造面包、生产脂肪酶以及生产可食用、药用和饲料用酵母菌体蛋白等。

5. 噬菌体

噬菌体是一些专门感染菌类的病毒的总称。病毒是一类比细菌小，没有细胞结构，不能独立生活的微生物。病毒虽然结构简单，形体极其微小，甚至在细胞外不表现出生命活性，但一旦侵入活细胞，就会利用宿主细胞提供的原料、能量和合成场所，在细胞内合成病毒，并最后导致宿主细胞破裂，释放出大量合成好的新病毒。

在发酵工业中，一旦污染了噬菌体，轻则使发酵周期延长，发酵单位产量下降，重则造成"倒罐"，使发酵失败，造成巨大经济损失。

二、工业微生物菌种的筛选

微生物菌种是工业发酵生产的重要条件，优良菌种不仅能提高发酵产品的产量、原料的利用率，而且与缩短生产周期、改进工艺条件等密切相关。因此，必须充分重视优良菌种的筛选、选育、保藏和培养等工作。而这其中，筛选得到一个优良的菌株是第一步。

1. 微生物——生物产物的来源

无论过去、现在还是将来，微生物都是各种生物活性产物的丰富资源。微生物产生的生物活性物质很多，有初级代谢产物，如氨基酸、维生素等；有次级代谢产物，如抗生素等。要获得所需生物特性的新产物，关键在于两点：一是生物产物的来源——微生物的选择；二是采用什么样的筛选方案（检测系统）。

尽管从发现微生物到现在的几百年间，科学家们对微生物做了大量的研究工作，但目前人们对微生物的认识还是十分不够的。已经初步研究的不超过自然界微生物总量的10%左右。微生物的代谢产物据统计已超过1300多种，而大规模生产的不超过100多种；微生物酶有近千种，而工业利用的不过四五十种。可见，其潜力是很大的。过去的60多年里，重点放在筛选医疗用途的抗生素：抗细菌治疗方面，青霉素、头孢菌素和四环类抗生素；抗癌、抗真菌感染方面，丝裂霉素、灰黄霉素等；其他治疗方面，高血压药物、血胆甾醇过少药和免疫调节剂。

由于微生物细胞的内含物及其周围的培养基成分极其复杂，且所需的产物可能每毫升只有皮克到毫克这样一个数量级，因此不管寻找哪一类生物活性物质，在选择筛选方法时必须考虑选择性和灵敏度两个方面，即需要灵敏度很高的专一性检测方法。

2. 待筛选样品的性质

寻找能够产生新产物的微生物，在其培养时可用固体或液体培养基培养，并进行筛选。但次级代谢产物的大规模生产是用沉没培养法在液体培养基中进行的，由于在固体培养基和液体培养基中产生次级代谢产物的方式不一样，为了和后面的工业大规模生产保持一致，因此有些厂家在研究初期就以液体培养法为唯一的筛选培养方法。

3. 筛选方案的设计

对于微生物产生的活性物质，基本上可利用以下三种不同的筛选方法：①整体生物；②完整细胞；③亚细胞制剂。第一种是最直接的、在体内筛选活性物质的方法，但考虑到可处理的样品少、费用高和筛选方法不够灵敏，用这种方法作为初筛是不妥的。一般在初筛中可以使用完整细胞检测是否有活性物质产生。

三、微生物选择性分离的原理

可根据微生物的生态特点从自然界取样分离所需菌种。如从堆积枯枝、落叶和朽木的地方分离产纤维素酶的菌种，从果皮上分离酒精酵母，从油田附近土壤中得到石油酵母，从污泥中得到甲烷产生菌，从海洋中可分离到耐盐和低温产生菌。如果预先不了解某种生产菌的具体来源，一般从土壤中分离，采土方式一般是先除去表土，取离地面5～15cm处的土样。

在过去的60多年里曾筛选出许多产生新的有用的次级代谢产物的菌种。这些菌种多半是以经验式的筛选方法获得的。大多数的抗生素均由放线菌属产生。下面介绍放线菌属为主的分离方法原理的发展。

选择性分离方法大致可分为五个步骤：①含微生物材料的选择；②材料的预处理；③所需菌种的分离；④菌种的培养；⑤菌落的选择。以上任何一个阶段都可引入选择压力。

1. 含微生物材料的选择

在选择菌种来源时，存在一些选择标准。对于天然材料，如土壤的选择，来源越广泛的样品，含有目的类型的微生物的可能性越大，越有可能获得新菌种；另一方面，可寻找已适应相当苛刻的环境压力的微生物类群。这种方法已获得某些成功（见表 2-1）。从被污染的实验室培养基中分离出嗜盐菌，从盐场分离出嗜盐链霉菌，说明在富盐环境中存在一类尚待开发的放线菌。

在酸性土壤圈的放线菌类群与其紧接下层的中性圈的放线菌类群有很大的不同。因此，也有可能利用同一生态环境内的不同环境条件分离出更多种类的菌株。自然环境的菌群也会因人类的活动而改变，如土壤中加入去莠菌会导致放线菌菌群数量的增加。

还有一些新的生态环境仍有待开发。例如，有人从 *Componia* 的根瘤中分离出一株放线菌，并从白蚁的肠子里分离出一株类似放线菌的细菌。但至今仍很少有人从厌氧微生物中筛选次级代谢产物。

表 2-1　能适应极端环境条件的放线菌产生的次级代谢产物

微　生　物	产　物	微　生　物	产　物
嗜冷的链霉菌属	抗生素 SP351	海洋链霉菌	Aplasmomycin
嗜热的链霉菌属	榴菌酸	耐高渗链霉菌	未鉴别的抗生素
嗜热的抗生素高温放线菌	嗜温红霉素	嗜碱链霉菌	经鉴别的抗生素
耐高温 *Saccharopolyspora hirsuta*	Sporaricin	嗜酸链霉菌	各种抗生素

2. 材料的预处理

为了提高从原材料中分离出所需菌种的效果，人们设计了各种预处理材料的方法。表 2-2 列出处理放线菌材料的各种方法。

表 2-2　材料的预处理方法

方　法	处　理　方　式	材　料	分离出的菌体
物理方法	加热：55℃,6min	水、土壤、粪肥	嗜粪红球、小单孢菌属等
	100℃ 1h，40℃ 2～6h	土壤、根土	链霉菌属、马杜拉菌属、小双孢菌属
	膜过滤法	水	小单孢菌属、内孢高温放线菌
	离心法	海水、污泥	链霉菌属
	在沉淀池中搅拌	发霉的稻草	嗜热放线菌
化学方法	养料中加 1%（质量分数）几丁质培养	土壤	链霉菌属
	用 CaCO₃ 提高 pH 进行培养	土壤	链霉菌属
诱饵法	用涂石蜡的棒置于碳源培养基中	土壤	诺卡菌
	花粉	土壤	游动放线菌属
	蛇皮	土壤	小瓶菌属
	人的头发	土壤	角质菌属

物理方法有加热、过滤、离心等。热处理通常可减少材料中的细菌数。因为许多放线菌的繁殖体、孢子（如链霉菌）和菌丝片段（如红球菌）比革兰氏阴性菌（G⁻）细菌细胞更耐热。因此，加热能减少细菌同放线菌的比例，但同时也减少了放线菌的数目。

当样品中的细胞数较少时（如水），通常采用膜过滤法浓缩样品中的细胞。将滤膜置于培养基的表面，放置几个小时后移去，或一直留在上面。滤膜的品种对收集菌的类型有重要的影响。处理放线菌繁殖体含量很低的海水，可先将样品离心后再过滤。

收集在腐烂的稻草和其他植物材料中的嗜热放线菌孢子可在空气搅动下进行，并可用一风筒或一简单的沉淀室收集孢子。然后，用取样器将空气撞击在含培养基的平板上。这样可以减少分离平板中的细菌数目。也可在分离前加一些固体基质（如把几种基质加在土壤中）或洒些可溶性养分来强化培养基。

所谓诱饵技术是将固体基质加到待检的土壤或水中，待其菌落长成后再铺平板。有人曾广泛使用石蜡棒技术来分离诺卡菌；用各种诱饵法从土壤中分离耐酸放线菌、游动放线菌科的某些属产生的游动孢子。有人用花粉诱饵从土壤中分离出 13 株小瓶菌，其中有些是新种或亚种。

3. 所需菌种的分离

所需菌种的分离效率取决于分离培养基的养分、pH 和加入的选择性抑制剂。表2-3列举了分离放线菌的各种培养基配方。一般凭经验而不是绝对性选择。

表 2-3　用于选择性分离放线菌的若干培养基

主　要　成　分	占　优　势　的　分　离　株
胶态几丁质,矿物盐	链霉菌、小单孢菌
基质浓度减半的营养琼脂	嗜热放线菌
淀粉、酪蛋白、矿物盐	链霉菌、小单孢菌
葡萄糖、天冬酰胺、矿物盐土壤浸液、维生素	马杜拉放线菌、小双孢菌、链孢囊菌
琼脂(诊断灵敏度试验)	诺卡菌
矿物盐、丙酸钠、硫胺素(M_3 琼脂)	红球菌、小单孢菌

其中广泛应用的是几丁质、淀粉-酪素和 M_3 琼脂三种培养基。

几丁质培养基常用来分离土壤和水中的放线菌。但测试过的 500 株链霉菌和其他放线菌中，只有 25% 的菌种具有强的水解几丁质的能力。许多放线菌生长在能利用几丁质的可作为放线菌碳与氮源的"食腐菌"上，而其本身却不利用几丁质。

在淀粉-酪素培养基中长出的放线菌种类与几丁质培养基上生长的相似，但其菌落的密度更大、色素更多，同时细菌也容易生长。于这种培养基中加入 4.6%（质量分数）的 NaCl，有利于链霉菌生长，但不是所有的链霉菌都能耐受这一浓度的 NaCl。

M_3 培养基是选择性分离培养基中较好的一种，这种养分贫乏的培养基阻滞链霉菌的生长，因而容易分离到其他菌属（如红球菌）。

因大多数放线菌都是嗜中性的，分离培养基的 pH 通常在 6.7～7.5 之间。如要分离嗜酸放线菌，pH 宜降低到 4.5～5.0。有人从碱性的加拿大土壤中分离出嗜碱链霉菌，它不能生长在低于 pH 6.1～6.8 的条件下。估计嗜碱性放线菌也可能存在于其他碱性环境中。

在分离培养基中加入抗生素来增加选择性是广泛采用的一种方法。在筛选放线菌时，可加入抗真菌抗生素，因为抗真菌抗生素对放线菌无作用；但不能用抗细菌抗生素，因为放线菌对它们也很敏感。如分离种类较广的放线菌，在分离培养基中加抗细菌抗生素时会使得放线菌及其细菌的数量同时减少，但如果分离的种类不那么广，可加入放线菌能耐受的抗生素，如培养基中加入新生霉素（25μg/mL）和亚胺环己酮（50μg/mL）能分离出普通高温放线菌。

4. 菌落的培养

由于放线菌分离平板通常在 25～30℃ 培养，嗜热菌的培养温度为 45～55℃，而嗜冷菌的培养温度则为 4～10℃，故培养的主要变量为培养时间。分离嗜温菌如链霉菌和小单孢菌一般培养 7～14 天；嗜热菌如高温放线菌只需 1～2 天。有时培养时间短会漏掉一些新的和不寻常的菌株，因此有人在 30℃和 40℃将培养时间延长到 1 个月，结果分离出一些不寻常的种属。也有人在 20℃培养 6 周从海水中获得放线菌。

5. 菌落的选择

菌落的选择常常是分离步骤中最易受挫折和最耗时间的阶段。采用怎样的选择菌落方式取决于筛选的最终目的。

如要分离某一属的放线菌，常可以用显微镜观察分离平板的方法作鉴别。宜用高倍接物镜和长的操作距离。但这种方法一般不易区分分离平板同一属的不同种，故筛选大量菌落时，会多次重复浪费精力。常用以下两种筛选方法：

（1）铺菌法　于分离平板上铺一层单一的试验菌的办法可用来测定各个菌落的抗生素生产能力。

（2）复印平板法　将菌落复印在平板上的办法来研究它们对一系列试验菌的作用。

虽然这类方法可避免大量移植分离平板上所有菌落的麻烦，但这两种方法都有缺点。铺菌法会使所需要的菌落污染，并且只能在每个平板上铺上一种试验菌。菌落复印平板法对不长孢子的链霉菌则不能使用，也不适用于游动细菌的筛选。因此，需要设计一种更为有效的筛选新菌种的方法。

四、重要工业微生物的分离

筛选具有潜在工业应用价值的微生物的第一个阶段是分离，分离是指获得纯的或混合的培养物。接着筛选出那些能产生所需产物或具有某种生化反应的菌种。根据分离的菌种不同，有时可以设计出一种在分离阶段便能识别所需菌种的方法；有时则先用特定的分离方法分离微生物，随后再去识别所需生产菌株。值得注意的是，在要求获得高产菌株的同时，还应考虑推广到生产过程时的经济问题。在筛选所需菌株时宜考虑的一些重要指标：

① 菌的营养特征。在发酵过程中，常会遇到要求采用廉价的培养基或使用来源丰富的原料，如用甲醇作为能源，一般用含有这种成分的分离培养基便可筛选出能适应这种养分的菌种。

② 菌的生长温度。应选择温度高于 40℃的菌种，这样可以大大降低大规模发酵的冷却成本。因此用这一温度来分离培养高温产生菌在经济上是有利的。

③ 菌对所采用的设备和生产过程的适应性。

④ 菌的稳定性。

⑤ 产物的最终得率和产物在培养液中的浓度。

⑥ 容易从培养液中回收产物。

③～⑥是用来衡量分离得到的菌种的生产性能，筛选出的菌种如能满足这几条便有希望成为效益高的生产菌种。但在投入生产之前还必须对其产物的毒性和菌种的生产性能作出评价。

以上所述菌种有些必须从自然环境中通过多种方法分离得到。鉴于在自然环境中所含的无数的微生物中，只有极少数是有用的，因而工业微生物研究者也可从菌种保藏委员会索取。尽管通常购买得到的菌种性能一般比较弱，但被证实具有符合要求的特性后，要比从自然环境中分离更为经济，至少可作为模型来改良和发展分析技术，然后再用于评定天然分离株。

　　理想的分离步骤一般是从土壤环境开始的，土壤中富含各种所需的菌。设计的分离步骤应有利于具有重要工业特性的菌的生长，如加入某些对其他类型菌生长不利的化合物或采用选择性培养条件。

1. 施加选择压力的分离方法

　　（1）富集液体培养　富集液体培养是指能增加混合菌群中所需菌株的数量的一种技术。方法的原理是给混合菌群提供一些有利于所需菌株生长或不利于其他菌型生长的条件。例如，供给特殊的基质或加入某些抑制剂。但应注意的是，所需类型的菌种生长的结果有时会改变培养基的性质，从而改变选择压力，使其他微生物也能生长。通过把富集培养物接种到新鲜的同一培养基可以重新建立选择压力。重复移植几次后接种少量已富集的培养物到固体培养基上，可将占优势的微生物分离出来。这里，移种的时间是关键，应在所需菌种占优势的情况下移种。用连续培养，通过改变限制性基质浓度可以控制两种菌的比生长速率，如图 2-1 所示。

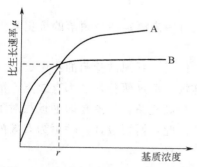

图 2-1　基质浓度对 A、B 两种菌的比生长速率（μ）的影响

　　当基质浓度低于 r 时，菌株 B 将维持比菌株 A 高的比生长速率；而高于 r 时，菌株 A 的比生长速率较高。因而通过改变稀释速率进行富集培养便能分离到所需要的菌种。用连续富集技术分离连续发酵生产的菌种特别适合。因为从分批富集和从固体培养基上纯化而得的微生物，在连续培养中的适应性很差。富集方法还可用于分离具有某种工业生产特性的菌株，如分离一种能适应简单培养基的菌种，这样不仅生产成本低，且不易污染杂菌；又如采用较高的分离温带，有可能分离出在发酵生产中少用冷却水的菌种。

　　连续富集方法，应先进行分批培养，接种量 20%，生长开始后即移种到新鲜培养基中，进行富集培养，并应定期接种土壤浸液或污水，这不仅能分离到有潜力的菌种，还可以考验所需菌种是否耐污染。

　　为了防止连续分离过程中菌体的早期洗出，可采用恒浊器或二级恒化器。恒浊器中具有一光电池，用以测定培养物的浊度和通过上下限两个设定点来启动和中止培养基的加入，以维持一定的浊度，这样便能避免培养物的洗出。这个方法的缺点是不够灵活，不能像恒化器那样改变稀释速率的范围。另一个方法是把二级恒化器中的第一级用作第二阶段恒化器的连续种子来源。它带有一个装有基础培养基并接种了土壤浸液的大瓶。采用连续接种方法直到第二级的光密度增加为止。

　　用连续富集培养方法可以筛选出能共生的稳定混合培养物。例如用甲烷作为碳源在连续富集培养中筛选到一株含有甲烷营养型的共生菌。甲烷营养型在纯型纯种培养下的生长速率、生产率和培养物的稳定性总是比混合菌差。

　　（2）固体培养基的使用　固体培养基常用于分离某些酶产生菌，其选择培养基中常含有所需的基质，以便促使酶产生菌的生长。有人用这种方法分离产生碱性蛋白酶的芽孢杆菌属。用不同 pH 的土壤作为初始种子，分离获得碱性蛋白酶产生菌，其数目与土壤样品的酸碱度有关。一般从碱性土壤中可以收集到众多的产生菌。土壤须经巴氏消毒，以减少不产孢子的微生物。然后铺在 pH 9～10 的琼脂培养基（含有均匀的不溶性蛋白质）表面。碱性蛋白酶产生菌能消化平板上的不溶性蛋白，产生一清晰圈。清晰圈的大小虽然不能完全作为选择高产菌的依据，但这一例子说明选择起始材料的重要性和在分离中应用选择压力和初步鉴定试验的重要意义。

2. 随机分离方法

有些微生物的产物对产生菌的筛选没有任何选择性优势以用来找出对应的一种分离方法，因此常随机地分离所需菌种，并为此发展了一些快速筛选方法。归纳出高产培养基成分的选择性准则如下：①制备一系列的培养基，其中有各种类型的养分成为生长限制因素（即 C、N、P、O）；②使用一聚合或复合形式的生长限制养分；③避免使用容易同化的碳（葡萄糖）或氮（NH_4^+），因为它们可能引起分解代谢阻遏；④确定含有所需的辅因子（CO_2、Mg^{2+}、Mn^{2+}、Fe^{2+}）；⑤加入缓冲液以减少 pH 变化。

（1）抗生素产生菌筛选　让潜在的产生菌生长在含有试验菌的平板上可以鉴定产生菌的抗微生物作用。也可以将微生物分离株生长在液体培养基中，检测其无细胞滤液的抗菌活性。使用液体培养基作为初筛可以避免在琼脂平板上培养与沉浸培养的不一致，但其工作需要更大的空间和设施。

因单独用枯草杆菌作试验菌不能检出对枯草杆菌活性低、对其他试验菌活性高的新抗生素。采用联合试验菌可以分离出它们。黄色霉素（Kirromycin）族的抗生素便是用这类方法找到的。

用一种很专一的筛选技术可以检出新的抗菌药物。例如通过鉴定氨苄西林与测试样品之间对 β-内酰胺酶产生菌克雷伯菌的协同抑制作用，发现了一种 β-内酰胺酶抑制剂——棒酸。Glaxo 公司的研究工作者利用体外酶筛选法筛选羧肽酶的抑制剂，此酶负责细菌细胞壁肽聚糖的交联。

（2）药理活性化合物的筛选　筛选能抑制人体代谢中某一个关键酶的微生物产物的原理是一种化合物，例如在体外抑制一关键人体酶，它可以在体内具有药理作用。若将体外筛选出的活性化合物再用动物做实验，可筛选出新的药理活性化合物。

（3）生长因子产生菌的筛选　生长因子（如氨基酸和核苷酸）的生产不能作为分离步骤中的选择压力，可随机分离产生菌，并通过随后的筛选试验检出产生菌。通过观察分离株能否促进营养缺陷型的生长，便可检出生长因子产生菌。大多数的氨基酸产生菌属于节杆菌、微细菌、短杆菌、微球菌和棒杆菌属，故筛选这类菌时，可在分离培养基中加入抗真菌化合物如亚胺环己酮，以排除真菌。氨基酸产生菌的初筛一般在固体培养基上进行。将含有30～50个菌落的分离平板影印到能进行氨基酸生产和菌生长的固体培养基上约2～3天。用紫外线杀死长好的菌落，然后在其上面铺上一层含营养缺陷型（缺陷所需产物）的菌悬液的琼脂，在 37℃培养 16h 后，检定菌应在产生菌的周围有一生长圈，这样便可从原来的被影印的平板上分离到所需的产生菌。接着将其培养在液体培养基中做定量分析，测定其滤液的氨基酸浓度。

（4）多糖产生菌的筛选　曾从各种环境中分离出多糖产生菌，有人认为制糖工业污水中可能含有很多这种菌种。从这种环境获得的分离株，可在适当的培养基中生长，并可从菌落的黏液状外观识别这类产生菌。

据统计数据表明，应用普通的初筛方法，筛选100000个土壤微生物（放线菌），只能发现5～50个新化合物，并且不能保证从这些新化合物中一定能发现新药或其他有价值的化合物。然而，随着生物技术的发展、分子遗传学和基因工程技术的应用，建立在新型靶位技术上的定靶筛选方法可大大提高新化合物的发现率。

经自然界分离、筛选获得的有价值的菌种在用于工业生产之前，必须经人工选育以得到具一定生产能力的菌种。特别是用于医药上的抗生素，还需通过一系列的安全试验及临床试验，以确定是否是一种有效而安全的新药。

第二节　菌种的选育

20 世纪 40 年代，抗生素工业的兴起推动了微生物遗传学的发展，而微生物遗传变异规律的研究又促进了以抗生素为主的微生物发酵工业的迅猛发展，生产了极有价值的药物和轻化工产品。除了发酵工艺和设备的改进外，发酵工业发展的决定因素是优良菌种的获得。从自然界获得的菌种，通过进一步的菌种选育，不仅可为发酵工业生产提供各种类型的突变株，提高发酵单位，还可以改进产品质量，去除多余的代谢产物和合成新品种，从而使抗生素、氨基酸、核苷酸、有机酸、酶制剂、维生素、生物碱、动植物生长激素、脂肪、蛋白质和其他生理活性物质等产品的产量大幅度增长，经济效益显著提高，同时它又涉及一系列微生物潜在资源的广泛利用和开发，对国民经济有重大的影响。另外，通过菌种选育可以研究菌种的分子生物学和分子遗传学，揭示自然现象的规律和机制。

菌种选育是一门应用科学技术，其理论基础是微生物遗传学、生物化学等，而其研究目的是微生物产品的高产优质化和发展新品种，为生产不断地提供优良菌种，从而促进生产发展。所以，育种工作者要充分掌握微生物学、生物化学、遗传学的基本原理和国内外有关的先进科学技术，灵活而巧妙地将其运用到育种中去，使菌种选育技术不断更新和发展。

菌种选育常采用的自然选育和诱变育种等方法，带有一定的盲目性，属于经典育种的范畴。随着微生物学、生化遗传学的发展，出现了转化、转导、接合、原生质体融合、代谢调控和基因工程等较为定向的育种方法。但目前这些方法成功地用在生产上的例子还不很多。如何将定向育种的技术广泛应用到生产上去，这是摆在育种工作者面前的一项艰巨而又极为重要的任务。

一、自然选育

在生产过程中，不经过人工处理，利用菌种的自发突变而进行菌种筛选的过程叫做自然选育。

所谓自发突变就是指某些微生物在没有人工参与下所发生的突变。称它为自发突变并不意味着这种突变是没有原因的。一般认为引起自发突变有两个原因，即多因素低剂量的诱变效应和互变异构效应。所谓多因素低剂量的诱变效应，是指自发突变实质上是由一些原因不详的低剂量诱变因素引起的长期综合效应，如充满宇宙空间的各种短波辐射、自然界中普遍存在的一些低浓度诱变物质以及微生物自身代谢活动中所产生的一些诱变物质（如过氧化氢）的作用等。所谓互变异构效应是指碱基上的酮基和氨基可以转化成为烯醇式和亚氨基式。平衡一般倾向于酮式和氨基式，但如果正好在 DNA 复制到达某一位置时出现了错误，在它的相对位置上互补的碱基就也会发生错误，就有可能导致相应的突变。由于在任何一瞬间，某一碱基是处于酮式或烯醇式还是氨基式或亚氨基式状态目前还无法预测，所以要预言在某一时间、某一基因将会发生自发突变是难以做到的。但是，人们对这些偶然事件作了大量统计分析后，还是可以发现并掌握其中规律的。例如，据统计，碱基对发生自发突变的概率约为 $10^{-8} \sim 10^{-9}$。

自发突变有两种情况：一种是生产上所不希望有的，表现为菌种的衰退和生产质量的下降；另一种是对生产有益的。为此，为了确保生产水平不致下降，生产菌株经过一定时期的使用后须纯化，淘汰衰退的菌种，保存优良的菌种。这就是通常所指的菌株的自然分离。

总之，自然选育是一种简单易行的选育方法，它可以达到纯化菌种、防止菌种衰退、稳定生产、提高产量的目的。但是自然选育的最大缺点是效率低、进展慢，很难使生产水平大幅度提高。因此，经常把自然选育和诱变育种交替使用，这样可以收到良好的效果。

自然选育（自然分离）的步骤主要是：采样、增殖培养、培养分离和筛选（生产性能测定）。如果产物与食品制造有关，还需对菌种进行毒性鉴定。

二、诱变育种

1. 诱变育种的基本原理

所谓突变是指由于染色体和基因本身的变化而产生的遗传性状的变异。突变主要包括染色体畸变和基因突变两大类。染色体畸变是指染色体或 DNA 片段的缺失、易位、逆位、重复等，而基因突变是指 DNA 分子结构中的某一部位发生变化（又称点突变）。根据突变发生的原因又可分为自然突变和诱发突变。诱发突变是指用各种物理、化学和生物因素人工诱发的基因突变。经诱变处理后，微生物的遗传物质结构发生改变，从而引起微生物的遗传变异。由于引进了诱变剂的处理，故诱变育种使菌种发生突变的频率和变异的幅度得到了提高，从而使筛选获得优良特性的变异菌株的概率得到了提高，这也是使用诱发突变的根本原因。

2. 诱变育种的一般步骤

诱变育种的一般步骤如图 2-2 所示，整个流程主要包括诱变和筛选两个部分。诱变部分包括由出发菌株开始，制出新鲜孢子悬浮液（或细菌悬液）作诱变处理，然后以一定稀释度涂平皿，至平皿上长出单菌落等各步骤。因诱发突变是使用诱变剂促使菌种发生突变，所以诱发所形成的突变与菌种本身的遗传背景、诱变剂种类及其剂量的选择、使用方法均有密切关系，亦可说这三者是诱变部分的关键所在。筛选部分包括经单孢子分离长出单菌落后随机挑至斜面，经初筛和复筛进行生产能力测定和菌种保存（即将筛选出来的高产菌种保藏好）。因此，可以认为，诱变育种的整个过程主要是诱变和筛选的不断重复，直到获得比较理想的高产菌株。最后经考察其稳定性、菌种特性、最适培养条件等后，再进一步进行中试、放大。

3. 诱变育种工作中应注意的几个问题

（1）选择好出发菌株　选好出发菌株对诱变效果有着极其重要的作用。有些微生物比较稳定，遗传物质耐诱变剂的作用强。如果将这种菌株用于生产是很有益的，而用作出发菌株则不适宜。用作诱变的出发菌株必须对它的产量、形态、生理等方面有相当了解。挑选出发菌株的标准是产量高、对诱变剂的敏感性大、变异幅度广，再确定诱变剂的使用及筛选条件。

（2）复合诱变因素的使用　在微生物诱变育种中，可利用各种物理、化学诱变因素来处理菌种。对野生型菌株单一诱变因素有时也能取得好的效果，但对老菌种单一诱变因素重复使用突变的效果不高，这时可利用复合因素来扩大诱变幅度，提高诱变效果。例如，青霉菌的选育中，先以氮芥处理很短时间，使之不足以引起突变，再用紫外线处理，可使诱变频率大为提高。突变频率的增高不仅表现在形态突变方面，而且可从中获得高产菌株。其他如乙烯亚胺和紫外线的复合处理、氯化锂和紫外线的复合处理都用得比较普遍，而且有一定的成效。

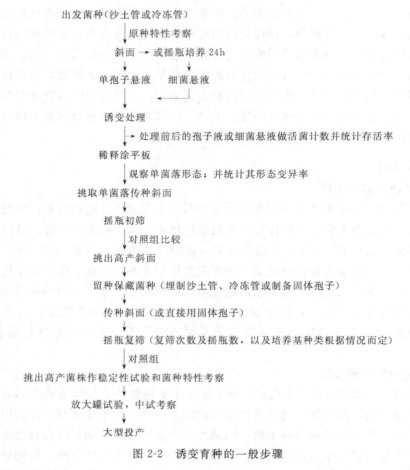

出发菌种(沙土管或冷冻管)

原种特性考察

斜面 → 或摇瓶培养 24h

单孢子悬液　细菌悬液

诱变处理

→ 处理前后的孢子液或细菌悬液做活菌计数并统计存活率

稀释涂平板

观察单菌落形态；并统计其形态变异率

挑取单菌落传种斜面

摇瓶初筛

对照组比较

挑出高产斜面

留种保藏菌种(埋制沙土管、冷冻管或制备固体孢子)

传种斜面(或直接用固体孢子)

摇瓶复筛(复筛次数及摇瓶数，以及培养基种类根据情况而定)

对照组

挑出高产菌株作稳定性试验和菌种特性考察

放大罐试验，中试考察

大型投产

图 2-2　诱变育种的一般步骤

氯化锂本身无诱变作用，但与一些诱变因子一起使用时，与诱变剂具有协同作用，即它能起增变作用。

（3）剂量选择　各种诱变因素有它们各自的诱变剂量单位，如紫外线剂量单位用焦耳，X 射线单位是库(仑)/千克，化学诱变因素一般是以溶液浓度来计算剂量单位。不同诱变剂对不同微生物使用的剂量是不同的，变异率取决于诱变剂量，而变异率和致死率之间有一定关系。因此，可以用致死率作为选择适宜剂量的依据。

凡既能增加变异幅度又能促使变异向正变范围移动的剂量就是合适的剂量。要确定合适的剂量常常要经过多次的摸索，一般诱变效应随剂量的增大而提高，但达到一定剂量后，再增加剂量反而会使诱变率下降。剂量的选择和诱变因素的使用都因菌种不同而异，所以一定要从自己的工作中积累经验，找到最适诱变因素和剂量。

（4）变异菌株的筛选　诱变育种工作的一个主要任务是获得高产变异菌株。从经诱变的大量个体中挑选优良菌种不是一件容易的事。因为不同的菌种表现的变异形式是不同的，一个菌种的变异规律不一定能够应用到另一个菌种中去，所以挑选菌株一般应从菌落形态变异类型着手，去发现那些与产量有关的特性，并根据这些特性，分门别类地挑选一定数量的典型菌株进行发酵和鉴定，以确定各种类型与产量之间的关系。这样，可大大提高筛选的工作效率。

(5) 高产菌株的获得需要筛选条件的配合　在诱变育种过程中高产菌株的获得还必须有合适的筛选条件的配合，如果忽视这一点，则变异后的高产菌株不可能被挑选出来。如在土霉素产生菌选育过程的初筛培养基中适当地增加淀粉和硫酸铵，可筛选到能利用较高浓度的糖和氮及效价亦比原菌株略高的突变株。用该培养基连续筛选，进一步增加糖、氮，发酵差距就更大，代谢慢的菌株，效价就更低，而对糖、氮利用能力强的菌株却更加发挥了它的潜在能力。

总之，在诱变育种过程中要正确处理出发菌株、诱变因素和筛选条件三者的关系。三者之间在诱变育种过程中有紧密的内在联系。当然，在不同的情况下考虑的重点应有所不同，当其中一个因素改变后，对其他两个因素也要作相应改变以适应新的需要。全面辩证地考虑上述三者之间的关系，将是诱变育种能否获得理想效果的关键。

4. 常用诱变剂的使用方法

(1) 紫外线　紫外线是一种使用时间较久、值得推广的诱变剂。它的辐射光源便宜，危险性小，诱变效果好，故应用最广泛，研究得也最多。虽然紫外线的波长范围很宽，但对诱变最有效的波长仅仅是 260nm 左右（253～265nm）。一般诱变时菌（孢子）悬浮液进行处理，紫外灯的功率为 15W，距离固定在 30cm 左右。紫外线的作用机制主要是形成胸腺嘧啶二聚体以改变 DNA 生物活性，造成菌体变异甚至死亡。

(2) 快中子　中子是原子核的组成部分，是不带电荷的粒子，可由回旋加速器、静电加速器或原子反应堆产生。中子不直接产生电离，但能使吸收中子的物质的原子核射出质子来，因而快中子的生物学效应几乎完全是由质子造成的。受中子照射的物质所射出的质子是不定向的，照射后产生的电离则集中在受照射物体内沿着质子的轨迹上。中子分为快中子和慢中子。快中子的能量更大，因而能更多地引起点突变和染色体畸变。用快中子进行诱变育种时，用菌（孢子）悬浮液或长在平皿上的菌落进行处理，所用计量范围约为 100～1500Gy。快中子在诱变育种中有较好的效果，国内已广泛应用。由于剂量测量还不统一，因此诱变结果也很不一致，为此，国际原子能组织已提倡推广标准化的照射装置。

(3) 氮芥　氮芥是一种极易挥发的油状物，它的盐酸盐是白色粉末，一般使用它的盐酸盐，其结构式为：

$$\begin{array}{c} ClCH_2CH_2 \\ \diagdown \\ NH \cdot HCl \\ \diagup \\ ClCH_2CH_2 \end{array}$$

应用时先使氮芥盐酸盐与碳酸氢钠起作用，释放出氮芥子气，再与细胞起作用而造成变异。氮芥诱变机制是它能引起染色体畸变。氮芥是被利用得最早的一种诱变剂，很早就应用于青霉素产生菌的选育，获得了良好的效果。

氮芥盐酸盐在碳酸氢钠溶液中呈游离状态，甘氨酸能与氮芥（在碳酸氢钠参与下）结合，形成无毒化合物，因此它有解毒作用。

(4) 亚硝酸　亚硝酸是一种常用的有效诱变剂，其诱变作用主要是脱去碱基中的氨基。例如 A、C、G 分别被脱去氨基而成为次黄嘌呤（H）、尿嘧啶（U）、黄嘌呤（X）等。复制时，它们分别与 C、A、C 配对。前两种情况可以引起碱基对的转换而造成突变。此外，亚硝酸还会引起 DNA 两条链之间的交联而造成 DNA 结构上的缺失，目前对这方面的机制还不太清楚。

(5) N-甲基-N'-硝基-N-亚硝基胍（NTG）　亚硝基胍是亚硝基烷基类化合物的一种，

可诱发营养缺陷型突变，不经淘汰便可直接得到 12%～80% 的营养缺陷型菌株，故有超级诱变剂之称。它在 pH 低于 5～5.5 的条件下，形成 HNO_2 而引起菌种突变；在碱性条件下以重氮甲烷的形式对 DNA 起烷化作用；在 pH 6 时，两者均不产生，此时的诱变效应可能是由于 NTG 本身对核蛋白体引起的变化所致。NTG 在缓冲液中较难溶解，而在甲酰胺中溶解度较大，因此用甲酰胺溶解 NTG，可以提高处理浓度。通常在浓度为 $300\mu g/mL$、温度为 28℃ 和时间为 60min 的条件下进行处理，容易得到高产菌株。

（6）航天育种　所谓航天育种即利用空间环境高真空、微重力和强辐射的特点，在宇宙射线辐射的作用下，使生物的遗传性状发生变异，从而选育出优良菌种。利用返地卫星或高空气球搭载植物种子进行航天育种，目前已获得满意结果。而利用航天育种技术对微生物进行遗传育种在国内尚处起步阶段。1996 年以来，我国相继组织了返地卫星和高空气球搭载微生物、动物细胞和植物种子，为微生物的诱变育种提供了新的手段。

三、抗噬菌体菌株的选育

1. 噬菌体的分布

噬菌体广泛分布在自然界，存在于土壤、肥料、粪便和污水中。从外科病房病人疮口脓液中容易找到金黄色葡萄球菌噬菌体，从遭受细菌病害的植株上亦可分离到噬菌体。在工厂生产中，对排出的菌体如不及时处理，便有可能在下水道的污水和四周土壤中滋生噬菌体，在情况严重时，甚至从空气中亦能分离到噬菌体。总之，凡是有寄主细胞的地方，一般容易找到它们的噬菌体。

2. 抗噬菌体菌株的选育

在工业微生物发酵过程中，一旦遭受噬菌体的感染，就很易导致菌种被裂解，使生产失败。除采用各种措施防治噬菌体外，选育抗噬菌体菌株是一个非常有效的方法。由于噬菌体很易发生变异，因此又会出现新的噬菌体，对噬菌体原具有抗性的菌株又会出现不抗。所以既要不断收集噬菌体，又要不断选育新的抗性菌株，以确保生产正常进行。

波动试验、涂布试验和影印培养等试验的结果指出，微生物产生对噬菌体的抗性是基因突变的结果，与是否接触噬菌体无关，因此可采用各种方法选育培养。

（1）抗噬菌体菌株选育的几种方法　根据基因突变规律，可采用自然突变和诱发突变等方法获得。

① 自然突变　以噬菌体为筛子，敏感菌株的孢子不经任何诱变由其自然突变为抗性菌株，这种方法获得的抗性突变频率很低。

② 诱发突变　敏感菌株先经诱变因素处理，然后将处理过的孢子液分离在含有高浓度的噬菌体的平板培养基上，经诱变后的存活孢子中如存在抗性变异菌株，就能在此平板上生长。这种菌落生长的速度一般与正常菌落的生长速度相近，诱变可以提高抗性菌株的频率。

除上述方法外，还可将敏感菌孢子经诱变后接入种子培养基，待菌丝长浓后加入高浓度的噬菌体再继续培养几天，然后加入噬菌体反复感染，使敏感菌被噬菌体所裂解，最后取再生菌丝进行平板分离，从中筛选抗性菌株。

（2）抗噬菌体菌株的特性试验　无论从自然突变还是诱发突变所得到的抗噬菌体菌株，在用于生产之前，均需经过反复验证，才能使用。

① 抗噬菌体性状的稳定性试验　抗性菌株分别在孢子培养、种子培养和发酵培养过程中用点滴法或双层琼脂法测定噬菌斑。如都不出现噬菌斑，说明该菌株对此噬菌体具有抗

性。此外，还可以观察抗性菌株经多次传代后对噬菌体的抗性是否稳定。

② 抗性菌株的产量试验　在选育抗噬菌体菌株时，既要求具有抗性，同时亦要求生产能力不低于原敏感菌株，一般抗性菌株与原敏感菌株在某些发酵特性方面会有些改变。因此，要考察它对碳源、氮源、通气量、无机磷的添加量及其他培养条件的要求。例如，采用上述方法获得的林可霉素产生菌的抗噬菌体菌株比原敏感菌株的生产能力有所提高。

③ 真正抗性与溶源性的区别试验　菌株的抗噬菌体特性具有遗传的相对稳定性，抗性表现为多种多样，可因细胞壁结构的改变而阻止噬菌体吸附侵入，也可因生理代谢的改变，使噬菌体不能侵染，即使侵染后也不能增殖释放。这些菌株都具有真正的抗性。溶源性菌株则因细胞中存在原噬菌体，对同一类型噬菌体具有免疫性。表面上看来，这种菌株具有抗性，但可采用物理、化学因素诱导不同的敏感菌看它是否会释放噬菌体。出现噬菌斑的菌株就是溶源菌，而不是真正的抗性菌。

3. 噬菌体的防治

不同发酵类型遭到不同种类噬菌体侵染所出现的现象是不同的，而同一菌种被相同的噬菌体侵染，由于侵染的时间不同，也会造成不同的后果。但都会出现畸形菌丝，菌体迅速消失，pH 上升，发酵产物停止积累，甚至下降等现象。

链霉素、红霉素、万古霉素、金霉素、林可霉素、谷氨酸、丙酮、丁醇、山梨糖、碱性蛋白酶的发酵过程中都会遭到噬菌体的侵染，使生产遭到损失。但如果能随后立即采取防治措施，使生产损失减少。噬菌体的防治是多方面的，大概可分以下几个方面：

(1) 正确判断　根据发酵中出现的异常现象，进行客观的联系分析，及时作出正确的判断，采取相应的挽救措施，以免遭到严重的损失。

(2) 普及有关噬菌体的知识　可使从事种子制备、无菌试验的人员知道什么叫噬菌体，怎样识别噬菌斑，这样无菌检查时就能先发现噬菌体的存在，以便及早采取措施。

(3) 选育抗噬菌体菌株　见前述。

(4) 消灭噬菌体　这是综合防治噬菌体的基础措施之一。在发生噬菌体感染时发酵罐排出的废气夹带有大量噬菌体，造成严重污染和扩散。因此，必须在排气口及下水道喷洒药剂，防止噬菌体扩散。此外，在车间内外亦要定期喷洒药物。常用的药物有漂白粉、甲醛、石灰水等。种子室应尽量设法与外界减少接触，严格执行无菌操作，并检查空气中有无噬菌体存在。在噬菌体感染期间，车间内亦要定时检查噬菌体的分布情况，采取有效措施直至消灭为止。

(5) 收集和保存噬菌体　在生产上出现噬菌体后要收集并保藏起来，以进行研究。因为这是选育抗性菌株及研究防治措施的材料和依据。

总之，防治噬菌体，应以预防为主，同时筛选抗性菌株并保持环境卫生，杜绝噬菌体的滋生，两者结合，才是有效的防治措施。

四、杂交育种

杂交育种一般指两个不同基因型的菌株通过接合或原生质体融合使遗传物质重新组合，再从中分离和筛选出具有新性状的菌株。真菌、放线菌和细菌均可进行杂交育种。杂交育种是选用已知性状的供体菌株和受体菌株作为亲本，把不同菌株的优良性状集中于组合体中。因此，杂交育种具有定向育种的性质。杂交后的杂种不仅能克服原有菌种生活力衰退的趋势，而且，杂交使得遗传物质重新组合，动摇了菌种的遗传基础，使得菌种对诱变剂更为敏感。因此，杂交育种可以消除某一菌种经长期诱变处理后所出现的产量上升缓慢的现象。通过杂交还可以改变产品质量和产量，甚至形成新的品种。总之，杂交育种是一种重要的育种手段。但是，由于操作方法较复杂、技术条件要求较高，其推广和应用受到一定程度的限制。杂交育种主要有常规的杂交育种和原生质体融合这两种方法，近年来，后一种方法较为常见。

1. 细菌的杂交育种

1946 年通过大肠杆菌 K-12 菌株的试验证明了细菌的杂交行为。首先在大肠杆菌 K-12 菌株中诱发一个营养缺陷型（A^-）、不能发酵乳糖（Lac^-）和抗链霉素（SM^r）以及对噬菌体 T_1 敏感（T_1^s）的突变体，可以写成 $A^-B^+Lac^-SM^rT_1^s$；另一菌株中诱发另一个营养缺陷型（B^-）、能发酵乳糖（Lac^+）、对链霉素敏感（SM^s）和抗噬菌体 T_1（T_1^r）的突变株，可以写成 $A^+B^-Lac^+SM^sT_1^r$。这两个菌株各自都不能在基本培养基上生长，如果把浓度大约 10^5 个/mL 的上述两种菌株混合在一起，并接种在基本培养基上，则能长出少数菌落。

实验已证明，如果把上述两种菌株分别接种到一个特制的 U 形管的两端去培养，中间放一片可以使培养液流通，但不能使细菌通过的烧结玻璃隔开，那么基本培养基上就不会出现菌落。这一事实说明细胞的接触是导致基因重组的必要条件。

细菌的杂交还可以通过 F 因子转移、转化和转导等发生基因重组，但通过这些方式进行杂交育种获得成功的报道还不多。

2. 放线菌的杂交育种

放线菌和细菌一样属于原核生物，但它们却像霉菌一样以菌丝形态生长，而且形成分生孢子。所以就本质来讲，虽然放线菌的基因重组过程近似于细菌，但就育种方法来讲它却有许多与霉菌相似的方面。

放线菌属于原核生物，只有一条环状染色体。放线菌染色体结构的特殊性决定其基因重组过程的特殊性。放线菌基因重组过程类似于大肠杆菌，大体上有以下四种遗传体系：

（1）异核现象　有些放线菌的营养缺陷型在混合培养或杂交过程中，经菌丝和菌丝间的接触和融合而形成异核体。异核体指同一条菌丝或细胞中含有不同基因型的细胞核。异核体所形成的菌落在表型上是原养型的，但其基因型分别与亲本之一相同，而无重组体出现。由此证明，在这些放线菌的同一个细胞质里，存在着两种遗传上不同的细胞核，它们在营养上起着互补作用。在繁殖过程中，它们没有发生遗传信息的交换，其后代会出现亲本分离子。

（2）接合现象　菌丝间接触和融合后，相同细胞质里不同基因型的细胞核在双方增殖过程中，发生部分染色体的转移或遗传信息的交换。接合现象的结果导致部分合子的形成。部分合子是由一个供体染色体片段与一个受体染色体的整体或片段相结合而形成的。

（3）异核系的形成　亲本的染色体经过交换后会产生异核系染色体组，它有一个二体区，就是染色体重叠的两节段，在染色体的末端具有串联的重复结构。根据交换数目和染色体间的关系而产生单倍重组体或重组异核体。异核系的菌落很小，遗传类型各不相同，能在基本培养基上或选择性培养基上生长，但将异核系的分生孢子影印到同样培养基上就不能生长。

（4）重组体的形成　异核系不稳定，在菌落生长过程中，染色体重叠的两节段（二体区）的不同位置上发生交换后，能产生重组体孢子。异核系所产生的孢子几乎全部是单倍体，而成为一个单倍的无性繁殖系，能长出各种类型的分离子。但是，重组体也可由部分合子经过双交换而产生。

链霉素基因重组的主要过程如下：

3. 霉菌的杂交育种

霉菌的准性生殖是霉菌杂交育种的主要途径。

（1）遗传标记 杂交育种所用的亲本菌株通常要有一定的遗传标记以便于筛选。可作为亲本菌株的遗传标记有许多种，如营养缺陷型、耐药性突变型等。其中以营养缺陷型作为遗传标记最为常见，下面叙述的杂交方法就是以营养缺陷型作为遗传标记的。通常是将两个用来杂交的野生型菌株，经过诱变得到两株不同的营养缺陷型作为杂交的直接亲本菌株。

（2）异核体形成 要获得异核体有许多种方法，这里仅介绍完全培养基混合培养法。将两个直接亲本（营养缺陷型）的孢子混合接种于液体完全培养基中，培养 1~2 天，挑出生长的菌丝体，用液体基本培养基或生理盐水离心洗涤 3 次，将菌丝取出、撕碎，置于基本培养基平板上培养 7 天，由菌丝碎片长出的菌丝即为异核体。异核体是两个直接亲本菌株经过细胞间的接合而形成的，即在一条菌丝里含有两个遗传特性不同的细胞核，共同生活在均一的细胞质里，能够互补营养，因此能在基本培养基上生长。

（3）杂合二倍体的形成 杂合二倍体是杂交育种的关键。因为杂合二倍体本身不仅已经具备了杂种的特性，而且随着其染色体或基因的重组和分离，还能形成更多类型的杂种（重组体分离子），这就为杂交育种提供了丰富的材料。

杂合二倍体形成的方法是在基本培养基平板上分离异核体所产生的分生孢子，在异核体的分生孢子里偶尔有两个遗传性状不同的细胞核发生了融合，这样就形成了杂合二倍核，这个杂合二倍核经过繁殖，就可以得到杂合二倍体。杂合二倍体的营养要求、分生孢子的颜色以及生长习性都与野生型相近似，其孢子体积和 DNA 含量明显大于其直接亲本。杂合二倍体菌株与单倍体菌株（亲本菌株）相比，具有较高的酶活性，生长速率和糖的利用速率比较快。但异核体自发形成杂合二倍体的频率很低，因此必须人为地提高形成杂合二倍体的频率。常用的方法有：提高异核体的培养温度，用紫外线照射异核体，用樟脑蒸气熏异核体菌丝等。

（4）染色体交换和单倍化 杂合二倍体一般较稳定，但也有极少数杂合二倍体的细胞核在它们无性繁殖的细胞分裂过程中偶然发生染色体交换和单倍化，产生很多类型的二倍或单倍分离子。用诱变剂处理则分离子的类型更多。这些分离子从表型上可以分为亲本型分离子和重组型分离子两种。重组型分离子在二倍体菌落中表现为角变和扇形斑点，而杂交育种的目的是为了获得重组型分离子。

五、原生质体融合技术

对于微生物，有杂交现象的微生物为数不多，在有工业价值的微生物中则更少，而且即使发生杂交遗传重组，其频率亦不高，这就妨碍了基因重组在微生物育种中的应用。但是，由于 20 世纪 70 年代后期在微生物中引入了原生质体融合技术，从而打破了这种不能充分利用遗传重组的局面。原生质体融合首先应用于动植物细胞，以后才应用于真菌、细菌和放线菌。由于该技术能大大提高重组频率，并扩大重组幅度，因此在微生物育种工作中得到广泛利用。

1. 原生质体融合的优越性

所谓原生质体融合就是把两个亲本的细胞壁分别通过酶解作用加以瓦解，使菌体细胞在高渗环境中释放出只有原生质膜包裹着的球状体（称原生质体），两亲本的原生质体在高渗条件下使之混合，由聚乙二醇作为助融剂，使它们互相凝集，发生细胞融合，接着两亲本基因组由接触到交换，从而实现遗传重组。在再生成细胞的菌落中就有可能获得具有理想性状的重组子。

原生质体融合技术有以下优点：

① 去除了细胞壁的障碍，亲株基因组直接融合、交换，实现重组，不需要有已知的遗传系统。即使是相同接合型的真菌细胞也能发生原生质体的相互融合，并可对原生质体进行转化和转染。

② 原生质体融合后两亲株的基因组之间有机会发生多次交换，产生各种各样的基因组合而得到多种类型的重组子。参与融合的亲株数并不限于两个，可以多至三个、四个，这是一般常规杂交所达不到的。

③ 重组频率特别高，因为有聚乙二醇作助融剂。如天蓝色链霉菌的种内重组频率可达到 20%。

④ 可以和其他育种方法相结合，把由其他方法得到的优良性状通过原生质体融合再组合到一个单株中。

⑤ 可以用温度、药物、紫外线等处理，钝化亲株的一方或双方，然后使之融合，再在再生菌落中筛选重组子。这样往往可以提高筛选效率。

由于以上优点，利用原生质体融合来培育工业新菌株已受到国内外重视，并在一些研究中有所突破。但微生物原生质体融合技术用于菌种选育仍属于一种半理性化筛选，因为尽管所采用的两亲株的特性是已知的，但它们基因组的交换、重组是非定向的。

2. 原生质体融合的一般步骤

原生质体融合的一般步骤如图 2-3 所示。

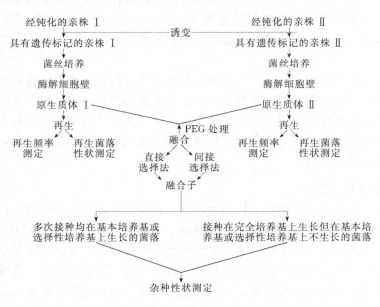

图 2-3 原生质体融合的一般步骤

3. 原生质体融合技术在微生物育种中的应用

原生质体融合技术应用于发酵工业，如抗生素、蛋白酶高产菌株选育、新抗生素产生菌的培育等方面。其在工业良种的培养中可能有以下作用：

① 细菌、链霉菌细胞经过原生质体化与再生过程，不仅仅是一个简单的复原的过程，而且常伴随着基因突变，因此在再生菌落中有可能得到产量提高的变异菌株，例如生二素链霉菌通过原生质体再生使螺旋霉素的产量提高了 2 倍；弗氏链霉菌通过再生使泰乐菌素的生产能力提高了 3 倍多。

② 链霉菌细胞经过原生质体化，再生成细胞时，常常引起细胞内质粒的消除，消除频率可达 13%～85%，而质粒消除的结果常常导致细胞染色体的改变，或使次级代谢途径发生变化（白霉素和金丝霉素），有可能出现有利于提高抗生素产量的变异菌株。

③ 种内融合还可能使抗生素合成中的限速酶得到修饰而使抗生素合成的代谢途径畅通。

④ 有效的种间融合，有可能使两个产生不同抗生素菌株的调节基因和结构基因重组在一起，诱发一些原为"沉默基因"的表达，从而产生新物质。同时种间融合还可能使两个产生不同抗生素菌株的结构基因重组而产生杂种抗生素。

原生质体融合除了用聚乙二醇助融外，还可用电诱导促进原生质体的融合或以脂质体为媒介进行原生质体的融合。应用原生质体融合技术培育新种具有一定的优越性。虽然这一技术本身仍有一些理论问题要探讨解决，应用这一技术来显著地提高工业生产菌株的产量或产生新的生物活性物质，还需要做大量艰苦的工作。但在基因重组技术方面，利用原生质体转化，大大提高了转化的频率。

六、菌种保藏

现在微生物广泛应用于工农业生产、医药卫生及国防事业，但微生物的世代时期一般是很短的，在传代过程中易发生变异甚至死亡，因此常常造成工业生产菌种的退化，并有可能使优良菌种丢失。所以，如何保持菌种优良性状的稳定是研究菌种保藏的重要课题。

1. 菌种保藏的重要意义

菌种是从事微生物学以及生命科学研究的基本材料，特别是利用微生物进行有关生产，如抗生素、氨基酸、酿造等工业，更离不开菌种。所以菌种保藏是进行微生物学研究和微生物育种工作的重要组成部分。其任务首先是使菌种不死亡，同时还要尽可能设法把菌种的优良特性保持下来而不致向坏的方面转化。

当然保藏菌种使其不变异亦是相对而言的。实际上没有一种方法可使菌种绝对不变化，所以研究菌种保藏就是要采用最合适的保存方法，使菌种的变异和死亡减少到最低限度。

菌种是国家的重要资源，世界各国对这项资源都给予极大重视，很早就设置了各种专业性的保存机构，如 ATCC、NRRL 等。1980 年我国成立了中国微生物菌种保藏委员会。

2. 菌种保藏的原理和方法

菌种保藏主要是根据菌种的生理生化特点，人工创造条件，使孢子或菌体的生长代谢活动尽量降低，以减少其变异。一般可通过保持培养基营养成分在最低水平、缺氧状态、干燥和低温，使菌种处于"休眠"状态，抑制其繁殖能力。

一种好的保藏方法，首先应能长期保持菌种原有的优良性状不变，同时还需考虑到方法本身的简便和经济，以便生产上能推广使用。菌种保藏的方法很多，一般有下面几种：

(1) 斜面冰箱保藏法 斜面保藏是一种短期、过渡的保藏方法，用新鲜斜面接种后，在最适条件下培养到菌体或孢子生长丰满后，放在 4℃ 冰箱保存。一般保存期为 3～6个月。

(2) 沙土管保藏法 这是国内常采用的一种方法。适合于产孢子或芽孢的微生物。它是先将沙与土洗净烘干过筛后，将沙与土按比例为 (1～2)∶1 混合均匀，分装于小试管中，装料高度约为 1cm 左右，121℃ 间歇灭菌 3 次，灭菌试验合格后烘干备用。一般沙用 80 目过筛，土用 80～100 目过筛。其次，将斜面孢子制成孢子悬浮液接入沙土管中或将斜面孢子刮下直接与沙土混合，置干燥器中用真空泵抽干，放在冰箱内保存。一般保存期为 1年左右。

(3) 菌丝速冻法 对于不产孢子或芽孢的微生物，一般不能用沙土管保藏。为了方便，可以采用甘油菌丝速冻法。由于该法的保藏温度为 $-20℃$，为了避免微生物受损伤致死，需要甘油作为保护剂。先配制浓度为 50% 的甘油溶液，121℃ 灭菌；再制备浓度为 $10^8 \sim 8^{10}$ 个/mL 的菌悬液；最后将菌悬液和甘油溶液以等体积混合均匀后，置于 $-20℃$ 保藏。

(4) 石蜡油封存法 向培养成熟的菌种斜面上，倒入一层灭过菌的石蜡油，用量要高出斜面 1cm，然后保存在冰箱中。此法适用于不能利用石蜡油作碳源的细菌、霉菌、酵母等微生物的保存。保存期约 1 年左右。

(5) 真空冷冻干燥保藏法 真空冷冻干燥保藏法是目前常用的较理想的一种方法。其基本原理是在较低的温度下 $(-18℃)$，快速地将细胞冻结，并且保持细胞完整，然后在真空中使水分升华。在这样的环境中，微生物的生长和代谢都暂时停止，不易发生变异。因此，菌种可以保存很长时间，一般 5 年左右。这种保藏方法虽然需要一定的设备，要求亦比较严格，但由于该方法保藏效果好，对各种微生物都适用，所以国内外都已较普遍地应用。

这种方法的基本操作过程是先将微生物制成悬浮液，再与保护剂混合，然后放在特制的安瓿内，用低温酒精或干冰，使其迅速冻结，在低温下用真空泵抽干，最后将安瓿真空熔封，并低温保藏。

保护剂一般采用脱脂牛奶或血清等。保护剂的作用可能是在冷冻干燥的脱水过程中代替结合水而稳定细胞成分（细胞膜）的构型，防止细胞膜因为冻结而被破坏。保护剂还可以起支持作用，使微生物疏松地固定在上面。牛奶可用离心或加热的方法脱脂。

(6) 液氮超低温保藏法 液氮超低温保藏法是近几年才发展起来的，此法国外已较普遍采用，是应用范围最广的微生物保藏法。尤其是一些不产孢子的菌丝体，用其他保藏方法不理想，可用液氮保藏法，其保存期最长。用液氮能长期保存菌种，这是因为液氮的温度可达 $-196℃$，远远低于其新陈代谢作用停止的温度 $(-130℃)$，所以此时菌种的代谢活动已停止，化学作用亦随之消失。

液氮超低温保藏法简便易行，关键是要有液氮罐、冰箱设备。该方法要点是：将要保存的菌种（菌液或长有菌体的琼脂块）置于 10% 甘油或二甲基亚砜保护剂中，密封于安瓿内（安瓿的玻璃要能承受很大温差而不致破裂），先将菌液降至 0℃，再以每分钟降低 1℃ 的速度，一直降至 $-35℃$，然后将安瓿放入液氮罐中保存。

(7) 活体保藏法 即寄主保藏法。适用于一些难以用常规方法保藏的动植物病原体和病毒。

3. 国内外主要菌种保藏机构介绍

菌种是一个国家的重要资源，世界各国都对菌种极为重视，设置了各种专业性保藏机构，主要的菌种保藏机构介绍如下：

（1）ATCC：American Type Culture Collection. Rockvill. Maryland. U. S. A.

美国标准菌种收藏所，美国，马里兰州，罗克维尔市。

（2）CSH：Cold Spring Harbor Laboratory. U. S. A.

冷泉港研究室，美国。

（3）IAM：Institute of Applied Microbiology. University of Tokyo，Japan.

日本东京大学应用微生物研究所，日本东京。

（4）IFO：Institute for Fermentation. Osaka，Japan.

发酵研究所，日本大阪。

（5）KCC：Kaken Chemical Company Ltd. Tokyo，Japan.

科研化学有限公司，日本东京。

（6）NCTC：National Collection of Type Culture. London，United Kingdom.

国立标准菌种收藏所，英国伦敦。

（7）NIH：National Institutes of Health. Bethesda，Maryland，U. S. A.

国立卫生研究所，美国，马里兰州，贝塞斯达。

（8）NRRL：Northern Utilization Research and Development Division，U. S. Department of Argiculture. Peoria. U. S. A.

美国农业部、北方开发利用研究部，美国皮奥里亚市。

在我国为了推动菌种保藏事业的发展，1979 年 7 月在国家科委和中国科学院主持下，召开了第一次全国菌种保藏工作会议，在会上成立了中国微生物菌种保藏管理委员会（China Committee for Culture Collection of Microorganisms，CCCMS）委托中国科学院负责担负全国菌种保藏管理业务，下设六个菌种保藏管理中心。

① 普通微生物菌种保藏管理中心（CCGMC）

中国科学院微生物研究所，北京（AS）：真菌，细菌。

中国科学院武汉病毒研究所，武汉（AS-Ⅳ）：病毒。

② 农业微生物菌种保藏管理中心（ACCC）

中国农业科学院土壤肥料研究所，北京（ISF）。

③ 工业微生物菌种保藏管理中心（CICC）

轻工业部食品发酵工业科学研究所，北京（IFFI）。

④ 医学微生物菌种保藏管理中心（CMCC）

中国医学科学院皮肤病研究所，南京（ID）：真菌。

卫生部药品生物制品检定所，北京（NICPBP）：细菌。

中国医学科学院病毒研究所，北京：病毒。

⑤ 抗生素菌种保藏管理中心（CACC）

中国医学科学院抗生素研究所，北京（IA）。

四川抗生素工业研究所，成都（STA）：新抗生素菌种。

华北药厂抗生素研究所，石家庄（IANP）：生产用抗生素菌种。

⑥ 兽医微生物菌种保藏管理中心（CVCC）

农业部兽医药品监察所，北京。

第三节 种子的扩大培养

种子扩大培养是指将保存在沙土管、冷冻干燥管中处休眠状态的生产菌种接入试管斜面活化后，再经过扁瓶或摇瓶及种子罐逐级扩大培养而获得一定数量和质量的纯种过程。纯种培养物称为种子。

目前工业规模的发酵罐容积已达几十立方米或几百立方米。如按 10％ 左右的种子量计算，就要投入几立方米或几十立方米的种子。要从保藏在试管中的微生物菌种逐级扩大为生产用种子是一个由实验室制备到车间生产的过程。其生产方法与条件随不同的生产品种和菌种种类而异。如细菌、酵母菌、放线菌或霉菌生长的快慢，产孢子能力的大小及对营养、温度、需氧等条件的要求均有所不同。因此，种子扩大培养应根据菌种的生理特性，选择合适的培养条件来获得代谢旺盛、数量足够的种子。这种种子接入发酵罐后，将使发酵生产周期缩短，设备利用率提高。种子液质量的优劣对发酵生产起着关键性的作用。

作为种子的准则是：①菌种细胞的生长活力强，移种至发酵罐后能迅速生长，迟缓期短；②生理性状稳定；③菌体总量及浓度能满足大容量发酵罐的要求；④无杂菌污染；⑤保持稳定的生产能力。

种子制备的工艺流程如图 2-4 所示。其过程大致可分为：①实验室种子制备阶段，包括琼脂斜面、固体培养基扩大培养或摇瓶液体培养；②生产车间种子制备阶段，如种子罐扩大培养。

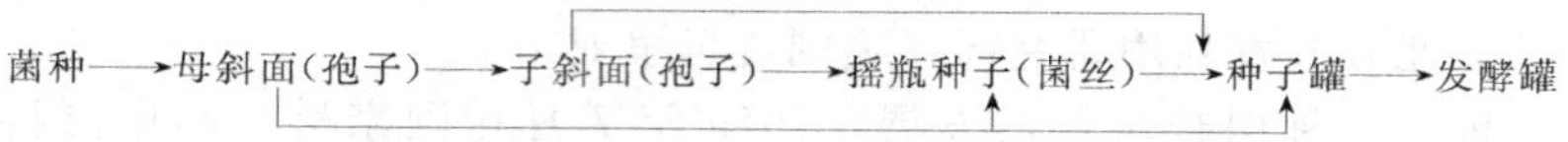

菌种──→母斜面(孢子)──→子斜面(孢子)──→摇瓶种子(菌丝)──→种子罐──→发酵罐

图 2-4 种子制备的工艺流程

一、实验室种子制备

种子制备一般包括两个过程，即在固体培养基上生产大量孢子的孢子制备和在液体培养基中生产大量菌丝的种子制备过程。

1. 孢子制备

孢子制备是种子制备的开始，是发酵生产的一个重要环节。孢子的质量、数量对以后菌丝的生长、繁殖和发酵产量都有明显的影响。不同菌种的孢子制备工艺有其不同的特点。

（1）放线菌孢子的制备　放线菌的孢子培养一般采用琼脂斜面培养基，培养基中含有一些适合产孢子的营养成分，如麸皮、豌豆浸汁、蛋白胨和一些无机盐等。碳源和氮源不要太丰富（碳源约为 1％，氮源不超过 0.5％），碳源丰富容易造成生理酸性的营养环境，不利于放线菌孢子的形成，氮源丰富则有利于菌丝繁殖而不利于孢子形成。一般情况下，干燥和限制营养可直接或间接诱导孢子形成。放线菌斜面的培养温度大多数为 28℃，少数为 37℃，培养时间为 5～14 天。

采用哪一代的斜面孢子接入液体培养，视菌种特性而定。采用母斜面孢子接入液体培养基有利于防止菌种变异，采用子斜面孢子接入液体培养基可节约菌种用量。菌种进入种子罐有两种方法：

一种为孢子进罐法，即将斜面孢子制成孢子悬浮液直接接入种子罐。此方法可减少批与批之间的差异，具有操作方便、工艺过程简单、便于控制孢子质量等优点。孢子进罐法已成为发酵生产的一个方向。

另一种方法为摇瓶菌丝进罐法，适用于某些生长发育缓慢的放线菌。此方法的优点是可以缩短种子在种子罐内的培养时间。

（2）霉菌孢子的制备　霉菌的孢子培养，一般以大米、小米、玉米、麸皮、麦粒等天然农产品为培养基。这是由于这些农产品中的营养成分较适合霉菌的孢子繁殖，而且这类培养基的表面积较大，可获得大量的孢子。霉菌的培养一般为 $25\sim28℃$，培养时间为 $4\sim14$ 天。

（3）细菌培养物的制备　细菌的斜面培养基多采用碳源限量而氮源丰富的配方，牛肉膏、蛋白胨常用作有机氮源。细菌培养温度大多数为 $37℃$，少数为 $28℃$，细菌菌体培养时间一般 $1\sim2$ 天，产芽孢的细菌则需培养 $5\sim10$ 天。

2. 种子制备

种子制备是将固体培养基上培养出的孢子或菌体转入到液体培养基中培养，使其繁殖成大量菌丝或菌体的过程。种子制备所使用的培养基和其他工艺条件，都要有利于孢子发芽和菌丝繁殖。

某些孢子发芽和菌丝繁殖速度缓慢的菌种，需将孢子经摇瓶培养成菌丝后再进入种子罐，这就是摇瓶种子。摇瓶相当于微缩了的种子罐，其培养基配方和培养条件与种子罐相似。

摇瓶种子进罐，常采用母瓶、子瓶两级培养，有时母瓶种子也可以直接进罐。种子培养基要求比较丰富和完全，并易被菌体分解利用，氮源丰富有利于菌丝生长。原则上各种营养成分不宜过浓，子瓶培养基浓度比母瓶略高，更接近种子罐的培养基配方。

二、生产车间种子制备

实验室制备的孢子或摇瓶菌丝体种子移种至种子罐扩大培养，种子罐的培养虽因不同菌种而异，但其原则为采用易被菌利用的成分如葡萄糖、玉米浆、磷酸盐等，同时还需供给足够的无菌空气，并不断搅拌，使菌丝体在培养液中均匀分布，获得相同的培养条件。孢子悬浮液一般采用微孔接种法接种，摇瓶菌丝体种子可在火焰保护下接入种子罐或采用差压法接入。种子罐或发酵罐间的移种方式，主要采用差压法，由种子接种管道进行移种，移种过程中要防止接受罐表压降至零，否则会引起染菌。

1. 种子罐级数的确定

种子罐的作用在于使孢子瓶中有限数量的孢子发芽、生长并繁殖成大量菌丝体，接入发酵培养基后能迅速生长，达到一定菌体量，以利于产物的合成。种子罐级数是指制备种子需逐级扩大培养的次数，这一般根据菌种生长特性、孢子发芽和菌体繁殖速度，以及所采用发酵罐的容积而定。对于生长快的细菌，种子用量比例少，故种子罐相应也少。如谷氨酸生产中，采用茄子瓶斜面或摇瓶种子接入种子罐于 $32℃$ 培养 $7\sim10h$，菌浓度达 $10^8\sim10^9$ 个/mL，即可接入发酵罐作为种子，这称为一级种子罐扩大培养，也称二级发酵。生长较慢的菌种，如青霉素生产菌种，其孢子悬浮液接入一级种子罐于 $27℃$ 培养 $40h$，此时孢子发芽，长出短菌丝，故也称发芽罐。再移至含有新鲜培养基的第二级种子罐，于 $27℃$ 培养 $10\sim24h$，菌丝迅速繁殖，获粗壮菌体，故又称繁殖罐。此菌丝即可移到发酵罐作为种子，这称为二级种子罐扩大培养，也称三级发酵。一般 $50m^3$ 发酵罐都采用三级发酵。又如生长更慢的菌种，链霉素生产菌种灰色链丝菌，一般采用三级种子罐扩大培养。在小型发酵罐（$5\sim30L$）中进行试验时，也有采用直接孢子或菌丝体接入罐中发酵的，称为一级发酵。

种子罐的级数越少，越有利于简化工艺和控制，并可减少由于多次移种而带来染菌的机会。但也必须考虑尽量延长菌丝体（培养物）在发酵罐中生物合成产物的时间，缩短由于种子发芽、生长而占用的非生产时间，以提高发酵罐的生产率［产物/(mL·h)］。

虽然种子罐级数随产物的品种及生产规模而定，但也与所选用工艺条件有关。如改变种子罐的培养条件，加速了孢子发芽及菌体的繁殖，也可相应地减少种子罐的级数。

2. 接种龄与接种量

（1）接种龄　接种龄是指种子罐中培养的菌丝体开始移入下一级种子罐或发酵罐时的培养时间。接入种子罐中的种子，随着培养时间的延长，菌丝量增加，但由于基质的消耗、代谢产物的积累及菌丝体的死亡，菌丝量不再增加，而逐渐趋于老化。因此，选择适当的接种龄显得十分重要。通常，接种龄以菌丝体处于生命力极为旺盛的对数生长期，且培养液中菌体量还未达到最高峰时，较为合适。

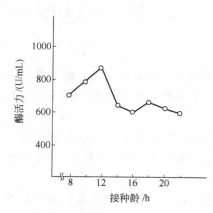

图 2-5　接种龄对碱性
蛋白酶产生的影响

过于年轻的种子接入发酵罐后，往往会出现前期生长缓慢、整个发酵周期延长、产物开始形成的时间推迟，甚至会因菌丝量过少而在发酵罐内结球，造成异常发酵的情况。过老的种子会引起生产能力下降而菌丝过早自溶。

不同品种或同一品种的工艺条件不同，其接种龄是不一样的，一般要经过多次试验，考察其在发酵罐中的生产能力来确定最适的接种龄。如图 2-5 所示的为嗜碱性芽孢杆菌产生碱性蛋白酶的接种龄试验情况，结果表明，以 12h 为接种龄所得的酶活力最高。

（2）接种量　接种量是指移入的种子液体积和接种后培养液体积的比例。在抗生素工业生产中，大多数抗生素发酵的最适接种量为 7%～15%，有时可增加到 20%～25%。而由棒状杆菌生产的谷氨酸发酵中的接种量只需 1%。

接种量的大小取决于生产菌种在发酵罐中生长繁殖的速度。采用较大的接种量可以缩短发酵罐中菌丝繁殖到达高峰的时间，使产物的形成提前到来。这是由于种子量多，同时种子液中含有大量体外水解酶类，有利于对基质的利用和产物的合成，并且生产菌迅速占据了整个培养环境，减少了杂菌生长的机会。但是，如果接种量过多，往往使菌丝生长过快，培养液黏度增加，造成溶解氧不足，而影响产物的合成。如由嗜碱性芽孢杆菌生产碱性蛋白酶的研究中发现，1%接种量产酶活力最高，在 0.5%～4%接种量之间虽有差别，但影响不大，一旦超过 4%则产量明显下降（见图 2-6）。又例如利用大肠杆菌生产青霉酰胺酶，由于接种量过大而使产酶活力大大下降，而接种量过小，除了延长发酵周期外，往往还会引起其他不正常情况。在头孢菌素生产中，由于接种量过小，会产生大量菌丝团，而使产量降低。但有的抗生素如制霉菌素，用 1%接种量比用 10%接种量的效果好，而 0.1%接种量与 1%的效果相似。

近年来，生产多以加大种子量及采用丰富培养基作为获得高产的措施。有的产品采用两个种子罐接一

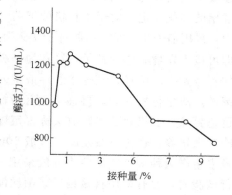

图 2-6　接种量对碱性蛋白酶产生的影响

个发酵罐，称双种法。如卡那霉素生产中采用双种比单种的发酵单位提高 8%，而且达到产量高峰的时间提前。也有的采用倒种法，即以适宜的发酵液倒出适量给另一发酵罐作种子。例如链霉素发酵中，使用倒种法比单种的发酵单位提高 12%。而四环素发酵采用双种效果并不显著。

3. 种子质量的判断

由于菌种在种子罐中的培养时间较短，可供分析的参数较少，使种子的内在质量难以控制，为了保证各级种子移种前的质量，除了保证规定的培养条件外，在过程中还要定期取样测定一些参数以观察基质的代谢变化及菌丝形态是否正常。在生产通常测定的参数为：①pH；②培养基灭菌后磷、糖、氨基氮的含量；③菌丝形态、菌丝浓度和培养液外观（色素、颗粒等）；④其他参数，如接前抗生素含量、某种酶活力等。

用酶活力来判断种子的质量是一种新的尝试，如土霉素发酵中，种子液的淀粉酶活力与发酵单位有一定关系。从表 2-4 可以看出，种子液化淀粉能力强（即淀粉酶活力高）的，则接入发酵罐后土霉素发酵单位也高，反之则低。因此，在选用种子时，用测定种子液中淀粉酶的活力来判断种子质量的方法是可取的。

表 2-4　淀粉液化速度与龟裂链霉菌合成土霉素能力的关系

编　　号	培养基中淀粉完全液化所需时间/h			土霉素相对效价/%
	一级种子	二级种子	发　酵	
1	37	45	42	114.0
2	84	46	45	108.5
3	51	47	47	102.8
4	56	58	64	100.0(对照)

第四节　种子质量的控制

种子质量是影响发酵生产水平的重要因素。种子质量的优劣，主要取决于菌种本身的遗传特性和培养条件两个方面。这就是说既要有优良的菌种，又要有良好的培养条件才能获得高质量的种子。

一、影响孢子质量的因素及其控制

孢子质量与培养基、培养温度、湿度、培养时间、接种量等有关，这些因素相互联系、相互影响，因此必须全面考虑各种因素，认真加以控制。

1. 培养基

构成孢子培养基的原材料，其产地、品种、加工方法和用量对孢子质量都有一定的影响。生产过程中孢子质量不稳定的现象，常常是原材料质量不稳定所造成的。原材料产地、品种和加工方法的不同，会导致培养基中的微量元素和其他营养成分含量的变化。例如，由于生产蛋白胨所用的原材料及生产工艺的不同，蛋白胨的微量元素含量、磷含量、氨基酸组分均有所不同，而这些营养成分对于菌体生长和孢子形成有重要作用。琼脂的牌号不同，对孢子质量也有影响，这是由于不同牌号的琼脂含有不同的无机离子造成的。

此外，水质的影响也不能忽视。地区的不同、季节的变化和水源的污染，均可成为水质波动的原因。为了避免水质波动对孢子质量的影响，可在蒸馏水或无盐水中加入适量的无机盐，供配制培养基使用。例如在配制四环素斜面培养基时，有时在无盐水内加入 0.03% $(NH_4)_2HPO_4$、0.028% KH_2PO_4 及 0.01% $MgSO_4$，确保孢子质量，提高四环素发酵产量。

为了保证孢子培养基的质量，斜面培养基所用的主要原材料糖、氮、磷含量需经过化学分析及摇瓶发酵试验合格后才能使用。制备培养基时要严格控制灭菌后的培养基质量。斜面培养基使用前，需在适当温度下放置一定的时间，使斜面无冷凝水呈现，水分适中有利于孢子生长。

配制孢子培养基还应该考虑不同代谢类型的菌落对多种氨基酸的选择。菌种在固体培养基上可呈现多种不同代谢类型的菌落，各种氨基酸对菌落的表现不同。氮源品种越多，出现的菌落类型也越多，不利于生产的稳定。斜面培养基上用较单一的氮源，可抑制某些不正常型菌落的出现；而对分离筛选的平板培养基则需加入较复杂的氮源，使其多种菌落类型充分表现，以利筛选。因此在制备固体培养基时有两条经验：①供生产用的孢子培养基或作为制备沙土孢子或传代所用的培养基要用比较单一的氮源，以便保持正常菌落类型的优势；②作为选种或分离用的平板培养基，则需采用较复杂的有机氮源，目的是便于选择特殊代谢的菌落。

2. 培养温度和湿度

微生物在一个较宽的温度范围内生长。但是，要获得高质量的孢子，其最适温度区间很狭窄。一般来说，提高培养温度，可使菌体代谢活动加快，缩短培养时间，但是，菌体的糖代谢和氮代谢的各种酶类，对温度的敏感性是不同的。因此，培养温度不同，菌的生理状态也不同，如果不是用最适温度培养的孢子，其生产能力就会下降。不同的菌株要求的最适温度不同，需经实践考察确定。例如，龟裂链霉菌斜面最适温度为 36.5～37℃，如果高于37℃，则孢子成熟早，易老化，接入发酵罐后，就会出现菌丝对糖、氮利用缓慢，氨基氮回升提前，发酵产量降低等现象。培养温度控制低一些，则有利于孢子的形成。龟裂链霉菌斜面先放在 36.5℃培养 3 天，再放在 28.5℃培养 1 天，所得的孢子数量比在 36.5℃培养 4 天所得的孢子数量增加 3～7 倍。

斜面孢子培养时，培养室的相对湿度对孢子形成的速度、数量和质量有很大影响。空气中相对湿度高时，培养基内的水分蒸发少；相对湿度低时，培养基内的水分蒸发多。例如，在我国北方干燥地区，冬季由于气候干燥，空气相对湿度偏低，斜面培养基内的水分蒸发得快，致使斜面下部含有一定水分，而上部易干瘪，这时孢子长得快，且从斜面下部向上长。夏季时空气相对湿度高，斜面内水分蒸发得慢，这时斜面孢子从上部往下长，下部常因积存冷凝水，致使孢子生长得慢或孢子不能生长。试验表明，在一定条件下培养斜面孢子时，在北方相对湿度控制在 40%～45%，而在南方相对湿度控制在 35%～42%，所得孢子质量较好。一般来说，真菌对湿度要求偏高，而放线菌对湿度要求偏低。

在培养箱培养时，如果相对湿度偏低，可放入盛水的平皿，提高培养箱内的相对湿度。为了保证新鲜空气的交换，培养箱每天宜开启几次，以利于孢子生长。现代化的培养箱是恒温、恒湿，并可换气，不用人工控制。

最适培养温度和湿度是相对的，例如相对湿度、培养基组分不同，对微生物的最适温度会有影响。培养温度、培养基组分不同也会影响到微生物培养的最适相对湿度。

3. 培养时间和冷藏时间

丝状菌在斜面培养基上的生长发育过程可分为五个阶段：①孢子发芽和基内菌丝生长阶

段；②气生菌丝生长阶段；③孢子形成阶段；④孢子成熟阶段；⑤斜面衰老菌丝自溶阶段。

（1）孢子的培养时间　基内菌丝和气生菌丝内部的核物质和细胞质处于流动状态，如果把菌丝断开，各菌丝片段之间的内在质量是不同的，有的片段中含有核粒，有的片段中没有核粒，而核粒的多少也不均匀，该阶段的菌丝不适宜于菌种保存和传代。而孢子本身是一个独立的遗传体，其遗传物质比较完整，因此孢子用于传代和保存均能保持原始菌种的基本特征。但是孢子本身亦有年轻与衰老的区别。一般来说衰老的孢子不如年轻孢子，因为衰老的孢子已在逐步进入发芽阶段，核物质趋于分化状态。孢子的培养工艺一般选择在孢子成熟阶段时终止培养，此时显微镜下可见到成串孢子或游离的分散孢子，如果继续培养，则进入斜面衰老菌丝自溶阶段，表现为斜面外观变色、发暗或黄、菌层下陷，有时出现白色斑点或发黑。白斑表示孢子发芽长出第二代菌丝，黑色显示菌丝自溶。孢子的培养时间对孢子质量有重要影响，过于年轻的孢子经不起冷藏，如土霉素菌种斜面培养 4.5 天，孢子尚未完全成熟，冷藏 7～8 天菌丝即开始自溶。而培养时间延长半天（即培养 5 天），孢子完全成熟，可冷藏 20 天也不自溶。过于衰老的孢子会导致生产能力下降，孢子的培养时间应控制在孢子量多、孢子成熟、发酵产量正常的阶段终止培养。

（2）孢子的冷藏时间　斜面孢子的冷藏时间，对孢子质量也有影响，其影响随菌种不同而异。总的原则是冷藏时间宜短不宜长。曾有报道，在链霉素生产中，斜面孢子在 6℃冷藏 2 个月后的发酵单位比冷藏 1 个月的低 18%，冷藏 3 个月后则降低 35%。

4. 接种量

制备孢子时的接种量要适中，接种量过大或过小均对孢子质量产生影响。因为接种量的大小影响到在一定量培养基中孢子的个体数量的多少，进而影响到菌体的生理状态。凡接种后菌落均匀分布整个斜面，隐约可分菌落者为正常接种。接种量过小则斜面上长出的菌落稀疏，接种量过大则斜面上菌落密集一片。一般传代用的斜面孢子要求菌落分布较稀，适于挑选单个菌落进行传代培养。接种摇瓶或进罐的斜面孢子，要求菌落密度适中或稍密，孢子数达到要求标准。一般一支高度为 20cm、直径为 3cm 的试管斜面，丝状菌孢子数要求达到 10^7 以上。

接入种子罐的孢子接种量对发酵生产也有影响。例如，青霉素产生菌之一的球状菌的孢子数量对青霉素发酵产量影响极大，若孢子数量过少，则进罐后长出的球状体过大，影响通气效果；若孢子数量过多，则进罐后不能很好地维持球状体。

除了以上几个因素需加以控制之外，要获得高质量的孢子，还需要对菌种质量加以控制。用各种方法保存的菌种每过一年都应进行一次自然分离，从中选出形态、生产性能好的单菌落接种孢子培养基。制备好的斜面孢子，要经过摇瓶发酵试验，合格后才能用于发酵生产。

二、影响种子质量的因素及其控制

种子质量主要受孢子质量、培养基、培养条件、种龄和接种量等因素的影响。摇瓶种子的质量主要以外观颜色、效价、菌丝浓度或黏度以及糖氮代谢、pH 变化等为指标，符合要求方可进罐。

种子制备是指孢子悬浮液或摇瓶种子接入种子罐后，在罐中繁殖成为大量菌丝的过程。种子制备的目的是为发酵生产提供一定数量和质量的种子。

种子的质量是发酵能否正常进行的重要因素之一。因为种子制备不仅是要提供一定数量的菌体，更为重要的是要为发酵生产提供适合发酵、具有一定生理状态的菌体。种子质量的控制，将以此为出发点。

1. 培养基

种子培养基的原材料质量的控制类似于孢子培养基原材料质量的控制。种子培养基的营养成分应适合种子培养的需要，一般选择一些有利于孢子发芽和菌丝生长的培养基，在营养上易于被菌体直接吸收和利用，营养成分要适当地丰富和完全，氮源和维生素含量较高，这样可以使菌丝粗壮并具有较强的活力。另一方面，培养基的营养成分要尽可能地和发酵培养基接近，以适合发酵的需要，这样的种子一旦移入发酵罐后也能比较容易适应发酵罐的培养条件。发酵的目的是为了获得尽可能多的发酵产物，其培养基一般比较浓，而种子培养基以略稀薄为宜。种子培养基的pH要比较稳定，以适合菌的生长和发育。pH的变化会引起各种酶活力的改变，对菌丝形态和代谢途径影响很大。例如，种子培养基的pH控制对四环素发酵有显著影响。

2. 培养条件

种子培养应选择最适温度。培养过程中通气搅拌的控制很重要，各级种子罐或者同级种子罐的各个不同时期的需氧量不同，应区别控制：一般前期需氧量较少；后期需氧量较多，应适当增大供氧量。在青霉素生产的种子制备过程中，充足的通气量可以提高种子质量。例如，将通气充足和通气不足两种情况下得到的种子都接入发酵罐内，它们的发酵单位可相差一倍。但是，在土霉素发酵生产中，一级种子罐的通气量小一些却对发酵有利。通气搅拌不足可引起菌丝结团、菌丝粘壁等异常现象。生产过程中，有时种子培养会产生大量泡沫而影响正常的通气搅拌，此时应严格控制，甚至可考虑改变培养基配方，以减少发泡。

对青霉素生产的小罐种子，可采用补料工艺来提高种子质量，即在种子罐培养一定时间后，补入一定量的种子培养基，结果种子罐放罐体积增加，种子质量也有所提高，菌丝团明显减少，菌丝内积蓄物增多，菌丝粗壮，发酵单位增高。

3. 种龄

种子培养时间称为种龄，在种子罐内，随着培养时间延长，菌体量逐渐增加。但是菌体繁殖到一定程度，由于营养物质消耗和代谢产物积累，菌体量不再继续增加，而是逐渐趋于老化。由于菌体在生长发育过程中，不同生长阶段的菌体的生理活性差别很大，接种种龄的控制就显得非常重要。在工业发酵生产中，一般都选在生命力最旺盛的对数生长期，菌体量尚未达到最高峰时移种。如果种龄控制不适当，种龄过于年轻的种子接入发酵罐后，往往会出现前期生长缓慢、泡沫多、发酵周期延长以及因菌体量过少而菌丝结团，引起异常发酵等；而种龄过老的种子接入发酵罐后，则会因菌体老化而导致生产能力衰退。在土霉素生产中，一级种子的种龄相差2～3h，转入发酵罐后，菌体的代谢就会有明显的差异。

最适种龄因菌种不同而有很大的差异。细菌的种龄一般为7～24h，霉菌种龄一般为16～50h，放线菌种龄一般为21～64h。同一菌种的不同罐批培养相同的时间，得到的种子质量也不完全一致，因此最适的种龄应通过多次试验，特别要根据本批种子质量来确定。

4. 接种量

移入的种子液体积和接种后培养液体积的比例，称为接种量。发酵罐的接种量的大小与菌种特性、种子质量和发酵条件等有关。不同的微生物其发酵的接种量是不同的。如制霉菌素发酵的接种量为0.1%～1%，肌苷酸发酵接种量1.5%～2%，霉菌的发酵接种量一般为10%，多数抗生素发酵的接种量为7%～15%，有时可加大到20%～25%。

接种量的大小与该菌在发酵罐中生长繁殖的速度有关。有些产品的发酵以接种量大一些更有利,采用大接种量,种子进入发酵罐后容易适应,而且种子液中含有大量的水解酶,有利于对发酵培养基的利用。大接种量还可以缩短发酵罐中菌体繁殖至高峰所需的时间,使产物合成速度加快。但是,过大的接种量往往使菌体生长过快、过稠,造成营养基质缺乏或溶解氧不足而不利于发酵;接种量过小,则会引起发酵前期菌体生长缓慢,使发酵周期延长,菌丝量少,还可能产生菌丝团,导致发酵异常等。但是,对于某些品种,较小的接种量可以获得较好的生产效果。例如,生产制霉菌素时用 1% 的接种量,其效果较用 10% 更好,而 0.1% 接种量的生产效果与 1% 的生产效果相似。

近年来,生产上多以大接种量和丰富培养基作为高产措施。如谷氨酸生产中,采用高生物数、大接种量、添加青霉素的工艺。为了加大接种量,有些品种的生产采用双种法、倒种法,甚至以种子液和发酵液混合作为发酵罐的种子,混种进罐。以上三种接种方法运用得当,有可能提高发酵产量,但是其染菌机会和变异机会也随之增多。

三、种子质量标准

不同产品、不同菌种以及不同工艺条件的种子质量有所不同,况且,判断种子质量的优劣尚需要有丰富的实践经验。发酵工业生产上常用的种子质量标准,大致有如下几个方面:

1. 细胞或菌体

种子培养的目的是获得健壮和足够数量的菌体。因此,菌体形态、菌体浓度以及培养液的外观,是种子质量的重要指标。

菌体形态可通过显微镜观察来确定,以单细胞菌体为种子的质量要求是菌体健壮、菌形一致、均匀整齐,有的还要求有一定的排列或形态。以霉菌、放线菌为种子的质量要求是菌体粗壮,对某些染料着色力强,生产旺盛,菌丝分枝情况和内含物情况良好。

菌体的生长量也是种子质量的重要指标,生产上常用离心沉淀法、光密度法和细胞计数法等进行测定。种子液外观如颜色、黏度等也可作为种子质量的粗略指标。

2. 生化指标

种子液的糖、氮、磷含量的变化和 pH 变化是菌体生长繁殖、物质代谢的反映,不少产品的种子液质量是以这些物质的利用情况及变化为指标。

3. 产物生成量

种子液中产物的生成量是多种发酵产品发酵中考察种子质量的重要指标,因为种子液中产物生成量的多少是种子生产能力和成熟程度的反映。

4. 酶活力

测定种子液中某种酶的活力,作为种子质量的标准,是一种较新的方法。如土霉素生产的种子液中的淀粉酶活力与土霉素发酵单位有一定的关系,因此种子液淀粉酶活力可作为判断该种子质量的依据。

此外,种子应确保无任何杂菌污染。

四、种子异常分析

在生产过程中,种子质量受各种各样因素的影响,种子异常的情况时有发生,会给发酵带来很大的困难。种子异常往往表现为菌种生长发育过快或缓慢、菌丝结团、菌丝粘壁三个方面。

1. 菌种生长发育过快或缓慢

菌种在种子罐生长发育过快或缓慢和孢子质量以及种子罐的培养条件有关。生产中,通入种子罐的无菌空气的温度较低或者培养基的灭菌质量较差是种子生长、代谢缓慢的主要原因。生产中，培养基灭菌后需取样测定其 pH，以判断培养基的灭菌质量。

2. 菌丝结团

在液体培养条件下，繁殖的菌丝并不分散舒展而聚成团状，称为菌丝团，这时从培养液的外观就能看见白色的小颗粒。菌丝聚集成团会影响菌的呼吸和对营养物质的吸收。如果种子液中的菌丝团较少，进入发酵罐后，在良好的条件下，可以逐渐消失，不会对发酵产生显著影响。如果菌丝团较多，种子液移入发酵罐后往往形成更多的菌丝团，影响发酵的正常进行。菌丝结团和搅拌效果差、接种量小有关。一个菌丝团可由一个孢子生长发育而来，也可由多个菌丝体聚集一起逐渐形成。

3. 菌丝粘壁

菌丝粘壁是指在种子培养过程中，由于搅拌效果不好、泡沫过多以及种子罐装料系数过小等原因，使菌丝逐步粘在罐壁上。其结果使培养液中菌丝浓度减少，最后就可能形成菌丝团。以真菌为产生菌的种子培养过程中，发生菌丝粘壁的机会较多。

复 习 题

1. 工业微生物菌种如何筛选？
2. 常见的菌种选育方法有哪些？
3. 种子的扩大培养过程如何？需要注意哪些因素？
4. 影响孢子质量的因素有哪些？影响种子质量的因素有哪些？如何控制？
5. 种子异常的原因有哪些？
6. 种子质量有哪些质量标准？

第三章 培养基制备

职业能力目标

- 能根据生产需求制备淀粉水解糖。
- 能根据生产需求选择生化发酵原料。

专业知识目标

- 能准确地说出工业发酵培养基的主要成分及其作用。
- 能大致地描述培养基的类型及选择原则。
- 能准确地说出培养基配制原则，培养基成分配比的选择，配制培养基的基本过程，固体曲料的配制。

第一节 工业发酵培养基

一、工业常用的碳源

碳源是组成培养基的主要成分之一。常用的碳源有糖类、油脂、有机酸和低碳醇。在特殊情况下，蛋白质水解产物或氨基酸等也可被某些菌种作为碳源使用，由于菌种所含的酶系统不完全一样，各自菌种对不同碳源的利用速率和效率也不一样，如表 3-1 列出了某些细菌在不同碳源中的细胞得率，从表中可见，同样消耗 1g 基质，不同碳源得到的菌体相差很多。

表 3-1　在不同碳源中的细胞得率

碳　　源	细胞得率/(g 细胞/g 基质)	碳　　源	细胞得率/(g 细胞/g 基质)
葡萄糖(糖蜜)	0.51	乙醇	0.68
甲烷	0.62	醋酸盐	0.34
正烷烃	1.03	顺丁烯二酸盐	0.36
甲醇	0.40		

葡萄糖是碳源中最易利用的糖，几乎所有的微生物都能利用葡萄糖，所以葡萄糖常作为培养基的一种主要成分，并且作为加速微生物生长的一种有效的糖。但是过多的葡萄糖会过分加速菌体的呼吸，以致培养基中的溶解氧不能满足需要，使一些中间代谢物（如丙酮酸、乳酸、乙酸等）不能完全氧化而积累在菌体或培养基中，导致 pH 下降，影响某些酶的活性，从而抑制微生物的生长和产物的合成。

糖蜜是制糖时的结晶母液，它是蔗糖厂的副产物。糖蜜含有较丰富的糖、氮素化合物和无机盐、维生素等，它是微生物工业的价廉物美的原料。这种糖蜜主要含有蔗糖，总糖可达 50%～75%，一般糖蜜分甘蔗糖蜜和甜菜糖蜜，二者糖的含量和无机盐的含量都有所不同，使用时应注意。糖蜜常用在酵母和丙酮、丁醇的生产中，抗生素等微生物工业也常用它作碳源。在酒精生产中若用糖蜜代甘薯粉，则可省去蒸煮、制曲、糖化等过程，简化了酒精的生产工艺。

淀粉、糊精等多糖也是常用的碳源，它们一般都要经菌体产生的胞外酶水解成单糖后再被吸收利用。淀粉在发酵工业中被普遍使用，因为使用淀粉可克服葡萄糖代谢过快的弊病，同时其来源丰富，价格也比较低廉。常用的淀粉为玉米淀粉、小麦淀粉和甘薯淀粉等。对有些微生物还可直接利用玉米粉、甘薯粉、土豆粉作碳源。

麦芽被广泛使用在啤酒工业中。纤维素和一些野生的含淀粉较多的植物也是今后开发碳源的广阔天地。它们的成分见表3-2。

表 3-2　一些野生植物的化学成分　　　　　　　　单位：%

种　　类	水　分	粗蛋白	粗脂肪	淀粉	灰　分
橡子	13～22	4～7.5	1.5～5	50～60	1.3～3
鲜蕨根	56	3.3	0.3	20	2.7
菊芋	82.7	2.5	0.1	12.5	1.5
金毛狗脊	11.8	1.53	—	42～47.5	0.84
石蒜	—	4.4	—	40	0.75

油和脂肪也能被许多微生物用作碳源和能源。这些微生物都具有比较活跃的脂肪酶。在脂肪酶的作用下，油或脂肪被水解成甘油和脂肪酸，在溶解氧的参与下，进一步氧化成CO_2和水，并释放出大量的能量。因此，当微生物利用脂肪作碳源时，要供给比糖代谢更多的氧，不然大量脂肪酸和代谢中的有机酸积累，会引起培养液 pH 下降，并影响微生物酶系统的作用。常用的油有豆油、菜油、葵花籽油、猪油、鱼油、棉籽油等。

一些微生物对许多有机酸（如乳酸、柠檬酸、乙酸等）有很强的氧化能力。因此有机酸或它们的盐也能作为微生物的碳源。有机酸的利用常会使 pH 上升，尤其是有机酸盐氧化时常伴随着碱性物质的产生，使 pH 进一步上升。不同的碳源在其分解氧化时，对 pH 的影响各不相同。因此不同的碳源和浓度不仅对微生物碳代谢有影响，而且对整个发酵过程中 pH 的调节和控制也均有影响。

近年来随着石油工业的发展，微生物工业的碳源也有所扩大。正烷烃（一般指从石油裂解中得到的十四碳、十八碳的直链烷烃混合物）已用于有机酸、氨基酸、维生素、抗生素和酶制剂的工业发酵中。甲醇已作为某些生产单细胞蛋白的工厂的主要碳源。另外，石油工业的发展也促使合成乙醇产量的增加。因此，近年来国外用乙醇代粮发酵的工艺发展也十分迅速。乙醇作碳源其菌体收率比葡萄糖等作碳源还高。据研究发现，自然界中能同化乙醇的微生物和能同化糖质的微生物一样普遍，种类也相当多，现在已成功地应用在发酵工业的许多领域中。

二、工业常用的氮源

氮源主要用于构成菌体细胞物质（氨基酸、蛋白质、核酸等）和含氮代谢物。常用的氮源可分为两大类：有机氮源和无机氮源。

1. 有机氮源

常用的有机氮源有花生饼粉、黄豆饼粉、棉籽饼粉、玉米浆、玉米蛋白粉、蛋白胨、酵母粉、鱼粉、蚕蛹粉、尿素、废菌丝体和酒糟等。它们在微生物分泌的蛋白酶作用下，水解成氨基酸，被菌体吸收后再进一步分解代谢。

有机氮源除含有丰富的蛋白质、多肽和游离氨基酸外，往往还含有少量的糖类、脂肪、无机盐、维生素及某些生长因子，因而微生物在含有机氮源的培养基中常表现出生长旺盛、菌丝浓度增长迅速的特点。这可能是由于微生物在有机氮源培养基中，直接利用氨基酸和其他有机氮化合物中的各种不同结构的碳架，来合成生命所需要的蛋白质和其他细胞物质，而无需从糖代谢的分解产物来合成种种所需的物质。有些微生物对氨基酸有特殊的需要。例如，在合成培养基中加入缬氨酸可以提高红霉素的发酵单位，因为在此发酵过程中缬氨酸既可供菌体作氮源，又可供红霉素合成之用。在一般工业生产中，因其价格昂贵，都不直接加入氨基酸。大多数发酵工业都借助于有机氮源，来获得所需氨基酸。在赖氨酸生产中，甲硫氨酸和苏氨酸的存在可提高赖氨酸的产量，但生产中常用黄豆水解液来代替。只有当生产某些用于人类的疫苗，才取用无蛋白质的化学纯氨基酸作培养基原料。

玉米浆是一种很容易被微生物利用的良好氮源。因为它含有丰富的氨基酸（丙氨酸、赖氨酸、谷氨酸、缬氨酸、苯丙氨酸等）、还原糖、磷、微量元素和生长素。玉米浆中含有的磷酸肌醇对促进红霉素、链霉素、青霉素和土霉素等的生产有积极作用。玉米浆是玉米淀粉生产中的副产物，其中固体物含量在50%左右，还含有较多的有机酸（如乳酸），所以玉米浆的pH在4左右。由于玉米的来源不同，加工条件也不同，因此玉米浆的成分常有较大波动，在使用时应注意适当调配。尿素也是常用的有机氮源，但它成分单一，不具有上述有机酸氮源的特点。但在青霉素和谷氨酸等生产中也常被采用，尤其是在谷氨酸生产中，尿素可使 α-酮戊二酸还原并氨基化，从而提高谷氨酸的生产。

有机氮源除了作为菌体生长繁殖的营养外，有的还是产物的前体。例如缬氨酸、半胱氨酸和 α-氨基己二酸是合成青霉素和头孢菌素的主要前体，甘氨酸可作为 L-丝氨酸的前体等。

2. 无机氮源

常用的无机氮源有铵盐、硝酸盐和氨水等。微生物对它们的吸收利用一般比有机氮源快，所以也称之为迅速利用的氮源。但无机氮源的迅速利用常会引起pH的变化，如：

$$(NH_4)_2SO_4 \longrightarrow 2NH_3 + H_2SO_4$$

$$NaNO_3 + 4H_2 \longrightarrow NH_3 + 2H_2O + NaOH$$

反应中所产生的 NH_3 被菌体作为氮源利用后，培养液中就留下了酸性或碱性物质，这种经微生物生理作用（代谢）后能形成酸性物质的无机氮源叫生理酸性物质。若菌体代谢后能产生碱性物质的则此种无机氮源称为生理碱性物质，如硝酸钠；正确使用生理酸碱性物质，对稳定和调节发酵过程的pH有积极作用。例如在制液体曲时，用 $NaNO_3$ 的代谢而得到的 $NaOH$ 可中和生长所释放出的酸，使pH稳定在工艺要求的范围内。又如在另一株黑曲霉发酵过程中用 $(NH_4)_2SO_4$ 作氮源培养液中留下的 SO_4^{2-} 使pH下降，而这对提高糖化型淀粉酶的活力有利。且较低的pH还能抑制杂菌的生长，防止污染。

氨水在发酵中除可以调节pH外，它也是一种容易被利用的氮源，在许多抗生素的生产中得到普遍使用。以链霉素为例，从其生物合成的代谢途径中可知：合成 1mol 的链霉素需要消耗 7mol 的 NH_3。红霉素生产中也有用通氨的，它可以提高红霉素的产率和有效组分的比例。氨水因碱性较强，因此使用时要防止局部过碱，加强搅拌，并少量多次地加入。另外，在氨水中还含有多种嗜碱性微生物，因此在使用前应用碱石棉等过滤介质进行除菌过滤，这样可防止因通氨而引起的污染。

三、无机盐及微量元素

微生物在生长素和生产过程中，需要某些无机盐和微量元素如磷、镁、硫、钾、钠、铁、氯、锰、锌、钴等，以作为其生理活性物质的组成或生理活性作用的调节物。这些物质一般在低浓度时对微生物生长和产物合成有促进作用，在高浓度时常表现出明显的抑制作用。而各种不同微生物及同种微生物在不同的生长阶段对这些物质的最适浓度要求均不相同，因此，在生产中要通过试验预先了解菌种对无机盐和微量元素的最适需求量，以稳定或提高产量。

在培养基中，镁、磷、钾、硫、钙和氯等常以盐的形式（如硫酸镁、磷酸二氢钾、磷酸氢二钾、碳酸钙、氯化钾等）加入，而钴、铜、铁、锰、锌、钼等若缺乏对微生物生长固然不利，但因其需要量很少，除了合成培养基外，一般在复合培养基中不再另外加入。因为复合培养基中的许多动、植物原料如花生饼粉、黄豆饼粉、蛋白胨等都含有微量元素。但有些发酵工业中也有单独加入微量元素的，例如生产维生素 B_{12}，尽管用的也是天然复合材料，但因钴是维生素 B_{12} 的组成成分，因此其需要量是随产物量的增加而增加，所以在培养基中就需要加入氯化钴以补充钴。

（1）磷　是核酸和蛋白质的必要成分，也是重要的能量传递者——三磷酸腺苷的成分。在代谢途径的调节方面，磷起着很重要的作用。磷有利于糖代谢的进行，因此它能促进微生物的生长。但磷若过量时，许多产物的合成常受到抑制，例如在谷氨酸的合成中，磷浓度过高就会抑制 6-磷酸葡萄糖脱氢酶的活性，使菌体生长旺盛，而谷氨酸的产量却很低，代谢向缬氨酸方向转化。还有许多产品如链霉素、土霉素、新生霉素、柠檬酸（表面培养）等都受到磷浓度的影响。据文献报道，许多次级代谢过程对磷酸盐浓度的承受限度比生长繁殖过程低，所以必须严格控制。但有一些产物要求磷酸盐浓度的高些，如黑曲霉 NRRL330 菌种生产 α-淀粉酶，若加入 0.2%磷酸二氢钾则活力可比低磷酸盐提高 3 倍。还有报道用地衣芽孢杆菌生产 α-淀粉酶时，添加超过菌体生长所需要的磷酸盐浓度，则能显著增加 α-淀粉酶的产量。

（2）钙　培养基中钙盐过多时，会形成磷酸钙沉淀，降低了培养基中可溶性磷的含量，因此，当培养基中磷和钙均要求较高浓度时，可将二者分别消毒或逐步补加。

（3）镁　除了组成某些细胞的叶绿素的成分外，并不参与任何细胞物质的组成。但它处于离子状态时，则是许多重要酶（如己糖磷酸化酶、柠檬酸脱氢酶、羧化酶等）的激活剂，镁离子不但影响基质的氧化，还影响蛋白质的合成。镁离子对一些氨基糖苷类抗生素的产生菌有提高菌体对自身所产抗生素的耐受能力的作用，如卡那霉素、链霉素、新生霉素等产生菌。

镁常以硫酸镁的形式加入培养基中，若在碱性溶液中会生成氢氧化镁沉淀，因此配料时要注意。

（4）硫　存在于细胞的蛋白质中，是含硫氨基酸的组成成分和某些辅酶的活性基，如辅酶 A、硫辛酸和谷胱甘肽等。在某些产物（如青霉素、头孢菌素等）分子中硫是其组成部分，所以在这些产物的生产培养基中，需要加入如硫酸钠或硫代硫酸钠等含硫化合物作硫源。

（5）铁　是细胞色素、细胞色素氧化酶和过氧化氢酶的成分，因此铁是菌体有氧氧化必不可少的元素。工业生产上一般用铁制发酵罐，这种发酵罐内的溶液即使不加任何含铁化合物，其铁离子浓度已达到 $30\mu g/mL$。另外，一些天然培养基的原料中也含有铁，所以在一般发酵培养基中不再加入含铁化合物。而有些产品对铁很敏感，如青霉素要求最适铁含量在 $20\mu g/mL$ 以下。又如，在柠檬酸生产中，铁离子的存在会激活顺乌头酸酶的活力，使柠檬酸进一步代谢为异柠檬酸，这样不但降低了产率，而且还给提取工段带来麻烦。据报道，在无铁培养基中产酸率可比含铁培养基提高近 3 倍。生产啤酒时，糖化用水若铁离子浓度高，就会降低酵母的发酵活力，引起啤酒的冷混浊，影响啤酒质量。一般酿造用水铁离子含量应在 0.2～0.5mg/L 以下。因此，上述产品应使用不锈钢发酵罐。

新发酵罐往往会造成培养基铁离子浓度过高，所以要加以处理。处理方法采用在罐内壁涂生漆或耐热环氧树脂等作保护剂，防止铁离子脱落。

（6）氯　氯离子在一般微生物中不具有营养作用，但对一些嗜盐菌来讲是需要的。在一些产生含氯代谢物（如金霉素和灰黄霉素等）的发酵中，除了从其他天然原料和水中带入的氯离子外，还需加入约 0.1% 氯化钾以补充氯离子。啤酒在糖化时，氯离子含量在 20～60mg/L 范围内，则能赋予啤酒柔和的口味，并对酶和酵母的活性有一定的促进作用。但氯离子含量过高会引起酵母早衰，使啤酒带有咸味。

钠、钾、钙、钠、钾、钙等离子虽不参与细胞的组成，但仍是微生物发酵培养基的必要成分。钠离子与维持细胞渗透压有关，故在培养基中常加入少量钠盐，但用量不能过高，否则会影响微生物的生长。钾离子也与细胞渗透压和透性有关，并且还是许多酶的激活剂，它能促进糖代谢。在谷氨酸发酵中，菌体生长时需要钾离子约 0.01%，生产谷氨酸时需要量约为 0.02%～0.1%（以 K_2SO_4 计）。钙离子能控制细胞透性，它不能逆转高浓度无机磷对某些产品（如链霉素等）的抑制作用。常用的碳酸钙本身不溶于水，几乎是中性，但它对代谢过程中的 pH 具有一定的调节作用。在配制培养基时要注意，先要将配好的培养基用碱调到 pH 近中性，才能将 $CaCO_3$ 加入培养基中，这样可以防止 $CaCO_3$ 在酸性培养基中被分解，而失去其在发酵过程中的缓冲能力。要对所采用的 $CaCO_3$ 中 CaO 等杂质含量作严格控制。

锌、钴、锰、铜、锌、钴、锰、铜等微量元素大部分作为酶的辅基和激活剂，一般来讲只在合成培养基中才需加入这些元素。

四、前体物质和促进剂

发酵培养基中某些成分的加入有助于调节产物的形成，而并不促进微生物的生长，这些添加的物质包括前体、抑制剂和促进剂（包括诱导剂、生长因子等）。

1. 前体物质

指某些化合物加入到发酵培养基中，能直接被微生物在生物合成过程中结合到产物分子中去，而其自身的结构并没有多大的变化，但是产物的产量却因加入前体而有较大的提高。前体最早是从青霉素的生产中发现的。在青霉素生产中，人们发现加入玉米浆后青霉素单位可从 $20\mu g/mL$ 增加到 $100\mu g/mL$，进一步研究后发现单位增长的主要原因是玉米浆中含有苯乙胺，它被优先结合到青霉素分子中去，从而提高了青霉素 G 的产量，大大提高了苄青霉素在培养液中所占的比例。一些重要的前体例子见表 3-3。有些物质，例如苯乙酸、丙酸等浓度过高时对菌体会产生毒性。此外，菌体还具有将前体氧化分解的能力，因此在生产中

表 3-3　发酵产品中常用的前体

产　品	前　体	产　品	前　体
青霉素 G	苯乙酸及有关衍生物	维生素 B_{12}	钴化物
青霉素 V	苯氧乙酸	胡萝卜素	β-紫罗兰酮
金霉素	氯化物	L-异亮氨酸	α-氨基丁酸
链霉素	肌醇、精氨酸		D-苏氨酸
红霉素	丙酸、丙醇、丙酸盐	L-色氨酸	邻氨基苯甲酸
		L-丝氨酸	甘氨酸

为了减少毒性和提高前体的利用率，常采用少量多次地加入前体。总的加入量可按每一个产物分子中，进入几个前体分子，按等物质的量计算前体的加入量，总加入量还应考虑菌体氧化分解的那一部分前体。

例 计算红霉素发酵单位为 $4000\mu g/mL$ 时，需要加入多少丙酸前体。

解 红霉素的大环内酯有 21 个碳，由 7 个三碳化合物组成，所以红霉素与丙酸的物质的量之比为 $1:7$（红霉素相对分子质量为 733，丙酸相对分子质量为 74），$4000\mu g/mL$ 红霉素，相当于每升培养液中有 4g 红霉素，所以：

$$\frac{7\times74}{733}=\frac{x}{4}$$

加入丙酸量：

$$x=\frac{7\times74\times4}{733}=2.83g/L=0.28\%$$

考虑到菌体对丙酸的氧化率约为 50%，所以生产上约加入 0.6% 的丙酸，分 4～5 次加入培养液中。

在发酵过程中加入抑制剂会抑制某些代谢途径的进行，同时会使另一代谢途径活跃，从而获得人们所需的某种产物或使正常代谢的某一代谢中间物质积累起来。最早的例子是用微生物发酵生产甘油。在生产甘油的发酵液中加入亚硫酸氢钠，它与代谢过程中产生的乙醛生成加成物。反应式如下：

$$CH_3CHO+NaHSO_3 \longrightarrow CH_3CH(OH)OSO_3Na$$

这样使乙醇代谢途径中的乙醛不能成为 $NADH_2$（还原型辅酶Ⅰ）的受氢体，而使 $NADH_2$ 在细胞中积累，从而激活 α-磷酸甘油脱氢酶的活性，使磷酸二羟基丙酮取代乙醛作 $NADH_2$ 的受氢体而还原为 α-磷酸甘油，其水解后即形成甘油。除亚硫酸氢钠外，亚硫酸钠也是乙醇代谢的抑制剂。它们都能促进甘油的生物合成。在四环素的生产中，加入溴化剂（NaBr）能抑制金霉素形成的代谢途径，促进四环素的生成。

2. 发酵过程中的促进剂

促进剂指那些既不是营养物质又不是前体，但却能提高产量的添加剂。例如加巴比妥盐能使利福霉素毒素活力单位增加，并能使链霉素推迟自溶，延长分泌期；加酵母甘露聚糖可诱导 α-甘露糖苷酶的产生，促使甘露糖链霉素转化为链霉素；控制生物素的加入量，可以促进谷氨酸从细胞内分泌到细胞外；加聚乙烯醇衍生物可防止菌丝结球，提高糖化酶的产量等。近年来在培养基中加入表面活性剂的报道也较多，尤其是在底物和产物均为不溶或微溶于水的发酵中，表面活性剂有增加渗透性、促使固体物分散从而强化传质和传氧的作用。

培养基的组成中除上述这些基本成分外，消沫剂也是一个重要的成分。

第二节 培养基的类型及选择

一、培养基的类型

根据制备培养基对所选用的营养物质的来源，可将培养基分为天然培养基、半合成培养基和合成培养基三类。按照培养基的形态可将培养基分为液体培养基和固体培养基。根据培养基使用目的，可将培养基分为选择培养基、加富培养基及鉴别培养基等。

1. 按纯度分类

按培养基组成物质的纯度可分为合成培养基和天然培养基（复合培养基）。前者所用的原料其化学成分明确、稳定。例如药用葡萄糖、$(NH_4)_2SO_4$、KH_2PO_4 等，这种培养基适合于研究菌种基本代谢和过程的物质变化等科研工作，在生产某些疫苗的过程中，为了防止异性蛋白等杂质混入，也常用合成培养基。但这种培养基营养单一，价格较高，不适合用于大规模工业生产。发酵工业普遍使用天然培养基。它的原料是一些天然动植物产品，相对于合成培养基来讲，其成分不是那么"纯"。例如花生饼粉、蛋白胨等。这些物质的特点是营养丰富，适合于微生物的生长。一般天然培养基中不需要另加微量元素、维生素等物质，而培养基组成的原料来源丰富（大多为农副产品），价格低廉，适用于工业生产。但由于组分复杂，不易重复，如对原料质量等方面不加控制会影响生产的稳定性。

2. 按培养基物理性状分类

按培养基的状态，可分为固体培养基、半固体培养基和液体培养基。固体培养基比较适合于菌种和孢子的培养和保存，也广泛应用于有子实体的真菌类如香菇、银耳等的生产。近年来由于机械化程度的提高，在发酵工业上又开始应用固体培养基进行大规模的生产。其组分常用麸皮、大米、小米、木屑、谷壳和琼脂等，有的还另加一些其他营养成分。半固体培养基即在配好的液体培养基中加入少量的琼脂，一般用量为 0.5%～0.8%，培养基即呈半固体状态，主要用于鉴定菌种，观察细菌运动性及噬菌体的效价滴定等。液体培养基 80%～90%是水，其中配有可溶性的或不溶性的营养成分，是发酵工业大规模使用的培养基，它有利于氧和物质的传递。

3. 按培养基的用途分类

培养基按其用途可分为孢子培养基、种子培养基和发酵培养基三种。

（1）孢子培养基　孢子培养基是供菌种繁殖孢子的一种常用固体培养基，对这种培养基的要求是使菌体迅速生长，产生较多优质的孢子，并要求这种培养基不易引起菌种发生变异。所以对孢子培养基的基本配制要求是：①营养不要太丰富（特别是有机氮源），否则不易产孢子，如灰色链霉菌在葡萄糖-硝酸盐-其他盐类的培养基上都能很好地生长和产孢子，但若加入 0.5%酵母膏或酪蛋白后，就只长菌丝而不长孢子；②所用无机盐的浓度应适量，不然也会影响孢子量和孢子颜色；③要注意孢子培养基的 pH 和湿度。生产上常用的孢子培养基有：麸皮培养基，大米培养基，玉米碎屑培养基和用葡萄糖、蛋白胨、牛肉膏和食盐等配制成的琼脂斜面培养基。大米和小米常用作霉菌孢子培养基，因为它们含氮量少、疏松、表面积大，所以是较好的孢子培养基。大米培养基的水分控制在 21%～25%较为适宜。在酒精生产中，当制曲（固体培养）时，曲料水分含量需控制在 48%～50%，而曲房空气湿度需控制在 90%～100%。

（2）种子培养基　种子培养基是供孢子发芽、生长和大量繁殖菌丝体，并使菌体长得粗壮，成为活力强的"种子"。所以种培养基的营养成分要求比较丰富和完全，氮源和维生素的含量也要高些，但总浓度以略稀薄为好，这样可达到较高的溶解氧，供大量菌体生长繁殖。种子培养基的成分要考虑在微生物代谢过程中能维持稳定的 pH，其组成还要根据不同菌种的生理特征而定。一般种子培养基都用营养丰富而完全的天然有机氮源，因为有些氨基酸能刺激孢子发芽。但无机氮源容易利用，有利于菌体迅速生长，所以种子培养基中常包括有机及无机氮源。最后一级种子培养基的成分最好能较接近发酵培养基，这样可使种子进入发酵培养基后迅速适应，快速生长。

（3）发酵培养基　发酵培养基是供菌种生长、繁殖和合成产物之用。它既要使种子接种后能迅速生长，达到一定的菌丝浓度，又要使长好的菌体能迅速合成所需产物。因此，发酵培养基的组成除有菌体生长所必需的元素和化合物外，还要有产物所需的特定元素、前体和促进剂等。但若生长和生物合成产物需要的总的碳源、氮源、磷源等的浓度太高，或生长和合成两阶段各需的最佳条件要求不同时，则可考虑用分批补料的办法来满足培养基条件。

二、培养基组分和配比的选择

培养基的组分（包括这些组分的来源和加工方法），配比，缓冲能力，黏度，消毒是否易彻底，消毒后营养破坏程度，以及原料中杂质的含量都对菌体生长和产物形成有影响。但目前还不能完全从生化反应的基本原理来推断和计算出适合某一菌种的培养基配方，只能在生物化学、细胞生物学等的基本理论指导下，参照前人所使用的较适合于某一类菌种的经验配方，再结合所用菌种和产品的特性，采用摇瓶、玻璃罐等小型发酵设备，对碳源、氮源、无机盐和前体等进行逐个单因子试验，观察这些因子对菌体生长和产物合成量的影响。最后再综合考虑各因素的影响，得到一个比较适合本菌种的生产配方，以求达到高产目的。为了加快试验时间，可考虑用"正交试验设计"等数学方法来确定培养基组分和浓度，它可以通过比较少的实验次数而得到比较满意的结果。另外，还可通过方差分析，了解哪个因素影响较大，以引起人们的注意。

在考虑培养基总体要求时，要注意一些问题：

① 考虑碳源、氮源时，要注意快速利用的碳（氮）源和慢速利用的碳（氮）源的相互配合，发挥各自的优势，避其所短。

② 选用适当的碳氮比。培养基中碳氮比的影响极为明显。氮源过多，会使菌体生长过于旺盛，pH偏高，不利于代谢产物的积极；氮源不足，则菌体繁殖量少，从而影响产量。碳源过多，则容易形成较低的pH；若碳源不足，易引起菌体衰老自溶。另外，碳氮比不当还会影响菌体按比例地吸收营养物质，直接影响菌体的生长和产物的形成。菌体在不同的生长阶段，其对碳氮比的最适要求也不一样。一般碳源因为既作碳架又作能源，因此用量要比氮多。从元素分析来看，酵母菌细胞中碳氮比约为100:20；霉菌约为100:10；一般工业发酵培养基的碳氮比就要相对高一些。例如谷氨酸生产中取碳氮比100:(15~21)，若碳氮比为100:(0.5~2.0)，则会出现只长菌体，而几乎不合成谷氨酸的现象。碳氮比随碳水化合物及氮源的种类以及通气搅拌等条件而异，很难确定一个统一的比值。

③ 要注意生理酸、碱性盐和pH的变化情况，以及最适pH的控制范围等，综合考虑选用什么生理酸碱性物质及用量，从而保证在整个发酵过程中pH都能维持在最佳状态（有时也可考虑用中间补料来控制pH）。

培养基成分用量的多少，大部分是根据经验而来。但有些主要代谢产物因为它们的代谢途径比较清楚，所以可以根据物料平衡计算来加以确定，例如在酒精生产中可根据淀粉的用量计算酒精的理论产率。酒精的转化式：

$$(C_6H_{10}O_5)_n + nH_2O \xrightarrow[\text{水解}]{\text{糖化}} nC_6H_{12}O_6$$

$$C_6H_{12}O_6 \xrightarrow{\text{发酵}} 2C_2H_5OH + 2CO_2 + \text{热}$$

所以100kg淀粉理论上可以产酒精为：

$$\frac{162}{2 \times 46} = \frac{100}{x}$$

$$x = \frac{2 \times 46 \times 100}{162} = 56.78\text{kg}$$

对次级代谢产物来讲，因为对生物合成途径的了解有限，因此要用化学计量关系来计算培养基养分的得率是比较困难的。但也有人根据物料及能量平衡计算碳源转化为青霉素的得率。Cooney（1979）根据化学反应计量关系和经验数据得出下式：

$$\frac{10}{6}C_6H_{12}O_6 + 2NH_3 + \frac{1}{2}O_2 + H_2SO_4 + C_8H_8O_2 \longrightarrow C_{16}H_{18}O_4N_2S + 2CO_2 + 9H_2O$$

（葡萄糖）　　　　　　　　　　　　　　　　　（苯乙酸）　　　（青霉素 G）

从上式可计算出青霉素 G 的理论得率为每克葡萄糖得 1.1g 青霉素 G。在确定培养基中碳源数量时，还要考虑用于菌体生长和维持所需消耗。

在选择培养基所用的有机氮源时，特别要注意原料的来源、加工方法和有效成分的含量。有机氮源大部分为农副产品，其中所含的成分受产地、加工、贮藏等的影响较大，常会引起产量的波动。例如黄豆饼粉、花生饼粉、棉籽饼粉等，它们的产地不同，有机氮的成分和含量也不同，东北大豆胱氨酸和蛋氨酸的含量比华北、江南产的黄豆含量高，有利于链霉素的生产。又如豆饼粉加工有热榨和冷榨两种，它们对发酵产品的产量影响就各不相同。在酱油生产中采用热榨豆饼较好，因为热榨豆饼中水分含量少，蛋白质含量高，易破碎且使用方便；而链霉素生产却以冷榨豆饼为宜。两种处理方法的豆饼其所含的成分见表 3-4。低温贮藏可延长贮存期，若于室温存放，尤其是夏天，豆饼中的油脂等易氧化变质，影响微生物的生物合成。发霉变质的饼粉对产量也有明显影响。国外为了稳定生产，把棉籽饼粉加工制得成分稳定的商品药用培养基，已用于青霉素等发酵生产。

表 3-4　热榨豆饼和冷榨豆饼的主要成分含量　　　　　　　单位：%

加工方法	水　分	粗蛋白	粗脂肪	碳水化合物	灰　分
冷榨	12.12	46.45	6.12	26.64	5.44
热榨	3.38	47.94	3.74	22.84	6.31

糖蜜是制糖工业的副产物，其工艺有碳酸法和亚硫酸法，这两种工艺所得糖蜜的成分有所不同，见表 3-5。即使同种工艺不同产地的甘蔗（土质、气候）和存放期不同都影响糖蜜的质量，所以它的有效成分波动甚大。用甜菜制作的糖蜜，转化糖含量低，pH 呈碱性。甘蔗糖蜜转化糖含量高，pH 呈酸性。还有些发酵厂用葡萄糖结晶后得的母液作碳源。

表 3-5　甘蔗糖蜜的成分　　　　　　　单位：%

产地及加工方法	相对密度	蔗糖	转化糖	全糖	灰分	蛋白质
广东(亚硫酸法)		33.00	18.08	51.98	13.20	—
广东(碳酸法)	1.49	27.00	20.00	47.00	12.00	0.90
四川(碳酸法)	1.40	35.80	19.00	54.80	11.10	0.54

在制备培养基时水质的影响也应注意，各地区的深井水和自来水的质量有很大差别。其中微量元素的含量，对成分简单的孢子培养基有较大的影响。在制酒或啤酒工业中更要注意选择水源，控制水的硬度、含铁量、含氯量及氨态、硝酸态和亚硝酸态氮的含量，一般常用电渗析或离子交换树脂等进行水的纯化。

培养基的原料在大规模工业生产中用量很大。在选用时，应尽量选用丰富的廉价原料，设法降低成本。例如原来生产赖氨酸用山芋淀粉，后来改用山芋粉为碳源，这样不仅价廉，而且山芋粉中还含有生物素、镁盐等，当培养基改用山芋粉后，就将可省去原来要加的玉米浆、硫酸镁，并使整个成本降低 15%。

有些原料在使用前要进行预处理。如一些谷物或山芋干等农产品，使用前要去除杂草、泥块、石头、小铁钉等杂物以免损坏粉碎机。又如在酒精、丙酮、丁醇等的生产中，淀粉原料使用量大，需要预先进行蒸煮、糊化，使酵母能有效地将其糖化。糊化程度与温度、时间有关，蒸煮温度过低使糊化不充分，影响糖化率；反之，则会发生焦化等情况，影响营养成分，甚至产生黑色素等有害物质。为了避免长时间的蒸煮，可将大块干薯加以粉碎过筛。国外生产抗生素用培养基均通过 200 目筛。有些谷物如大麦、高粱、橡子等原料最好先去皮壳，这样一方面可防止皮壳中有害物和单宁等进入发酵醪（液），影响微生物生长和产物形成；另一方面大量皮壳占去一定体积，降低了设备的利用率，且易堵塞管道，增加流动阻力。在使用糖蜜时，必要时也要进行预处理。例如在柠檬酸生产中，为了去除糖蜜中铁离子，防止异柠檬酸的产生，要预先加入黄血盐去除铁离子。在酒精生产或酵母生产中若使用糖蜜，则需要预先进行稀释、酸化、灭菌、澄清和添加营养盐等处理。因为糖蜜中干物质浓度很大，糖分高，产酸细菌多，灰分和胶体物质也很多，酵母无法生长。

第三节　培养基的配制

一、培养基的配制原则

培养基必须提供合成微生物细胞和发酵产物的基本成分；有利于减少培养基原料的单耗，单位营养物质所合成产物数量大或产率大；有利于提高培养基产物的浓度，以提高单位容积发酵罐的生产能力；有利于提高产物的合成速度，缩短发酵周期；尽量减少副产物的形成；减少对发酵过程中通气搅拌的影响，有利于提高氧的利用率，降低能耗；有利于产品的分离和纯化；并尽可能减少产生"三废"的物质。

当然设计任何一种培养基者不可能面面俱到地满足上述各项要求，需根据具体情况，抓主要环节，使其既满足微生物的营养要求，又能获得优质高产的产品，同时也符合增产节约、因地制宜的原则。发酵培养基的主要作用是为了获得预期的产物，所以根据产物特点来设计培养基。因此，要求营养要适当丰富和完备，菌体生长迅速且健壮，整个代谢过程 pH 适当且稳定，糖、氮代谢能完全符合高单位罐、批的要求，能充分发挥生产菌种合成代谢产物的能力。

1. 根据微生物的培养需要

不同的微生物所需要的培养基成分是不同的，要确定一个合适的培养基，就需要了解生产用菌种的来源、生理生化特性和一般的营养要求，根据不同生产菌种的培养条件、生物合成的代谢途径、代谢产物的化学性质等确定培养基。

2. 营养成分比例恰当

微生物所需的营养物质之间应有适当的比例，培养基中的碳、氮的比例（C/N）在发酵工业中尤其重要。如培养基中氮源过多，会引起微生物生长过于旺盛，而不利于产物的积累；氮源不足，则微生物菌体生长过于缓慢。当培养基中的碳源供应不足时，容易引起微生物菌体的衰老和自溶。培养基的碳氮比不仅会影响微生物菌体的生长，同时也会影响到发酵的代谢途径。不同的微生物菌种、不同的发酵产物所要求的碳氮比是不同的。即使是同一微生物在不同的培养阶段，对培养基的碳氮比的要求也是不一样的。

3. 渗透压

配制培养基时，应注意营养物质要有合适的浓度。营养物质的浓度太低，不仅不能满足微生物生长对营养物质的需求，而且也不利于提高发酵产物的产量和提高设备的利用率。但是，培养基中营养物质的浓度过高时，由于培养基的渗透压太大，会抑制微生物的生长。此外，培养基中的各种离子的浓度比例也会影响到培养基的渗透压和微生物的代谢活动，因此，培养基中各种离子的比例需求要平衡。在发酵生产过程中，在不影响微生物的生理特性和代谢转化率的情况下，通常趋向于在较高浓度下进行发酵，以提高产物产量，并尽可能选育高渗透压的生产菌株。当然，培养基浓度太大会使培养基黏度增加和溶氧量降低。

4. pH

各种微生物的正常生长需要有合适的 pH，一般霉菌和酵母菌比较适于微酸性环境，放线菌和细菌适于各种中性或碱性环境。为此，当培养基配制好后，若 pH 不合适，必须加以调节。当微生物在培养过程中改变培养基的 pH 而不利于本身的生长时，应以微生物菌体对各种营养成分的利用速度来考虑培养基的组成，同时加入缓冲剂，以调节培养液的 pH。

5. 氧化还原电位

对大多数微生物来说，培养基的氧化还原电位一般对其生长的影响不大，即适合它们生长的氧化还原电位范围较广。但对于厌氧菌，由于氧的存在对其有毒害作用，因而往往在培养基中加入还原剂以降低氧化还原电位。

在配制培养基时，除应注意以上几条原则外，还要考虑到营养成分的加入顺序。为了避免生成沉淀而造成营养成分的损失，加入顺序一般为先加入缓冲化合物，溶解后加入主要物质，然后加入维生素、氨基酸等生长素类物质。

二、配制培养基的基本过程

配制培养基的基本流程如下：

原料称量→溶解→调节 pH→过滤澄清→分装→塞棉塞和包扎→灭菌

1. 原料称量、溶解

根据培养基配方，准确称取各种原料成分，在容器（常采用铝锅或不锈钢锅）中先加所需水量的一半，然后依次将各种原料加入水中，用玻璃棒搅拌使之溶化。某些不易溶解的原料如蛋白胨、牛肉膏等可事先在小容器中加水少许并加热溶解后再冲入容器中。有些原料需用量很小，不易称量，可先配成高浓度的溶液，再按比例换算后取一定体积的溶液加入容器中。待原料全部放入容器后，加热使其充分溶解，最后补足需要的全部水量，即成液体培养基，然后调节至所需的 pH。

配制固体培养基时，预先将琼脂称好洗净（粉状琼脂除外，条状琼脂用剪刀剪成小段，以便溶化），然后将液体培养基煮沸，再将琼脂放入，继续加热至琼脂完全溶化。在加热过程中应注意不断搅拌，以防琼脂沉淀糊底烧焦，并应控制火力，以免培养基因暴沸而溢出容器。待琼脂完全溶化后，再用热水补足因蒸发而损失的水分。

2. 酸碱度（pH）的调整

液体培养基配好后，一般要调节至所需的 pH，常用盐酸及氢氧化钠溶液进行调节。

调节培养基酸度的最简单方法是用精密 pH 试纸进行测定。用玻璃棒蘸一滴培养基，点在试纸上进行比色后，如 pH 偏酸，则加 1% 氢氧化钠溶液，偏碱则加 1% 盐酸溶液，经反复几次调节后，即可基本调至所需 pH。此法简便易行，但毕竟较为粗放，难于精确。若需较为准确调节培养基 pH，可用 pH 计测定。

配制大量培养基时，可根据具体情况，如使用 1% NaOH 溶液（或 1% HCl 溶液）对试样调整后，再改用 10% NaOH 溶液（或 10% HCl）对大量培养基进行调整，较为简便。

例如，配制某液体培养基5000mL，经测定pH为6.4，而要求pH为7.2，在调整时，可先取5mL培养基于试管中，用1% NaOH溶液调整，记录碱液用量，再取5mL培养基于另一试管中，再调一次，记录碱液用量。设经过二次调整得知在5mL培养基中需加入1% NaOH溶液0.1mL（两次平均值）即可调整pH为7.2，则可进行换算得出10% NaOH溶液调整剩余大量培养基时所需的总量［溶液总量＝(5000－5－5)×0.1/10］。

使用高浓度的碱液或酸液进行培养基pH调整，可避免由于使用低浓度溶液调整时使用量过多而影响培养基的总体积和浓度，并可节约工作时间。

固体培养基酸碱度的调整与液体培养基类似，一般在加入琼脂前进行，加入琼脂后如需再进行调整时，应注意将培养基温度保持在60℃以上，以防因琼脂凝固影响工作进行。

3. 培养基的过滤和澄清

培养基配成后，往往因其中含有某些未溶解的物质而混浊或不透明，应在分装前过滤，除去沉渣、颗粒，使之澄清透明。特别是用于观察微生物的培养特征及生长情况、生理生化特性以及用于平板计数的固体培养基，都要求使用透明度高的培养基。培养基过滤和澄清的方法有以下几种：

（1）纱布过滤　用3～4层纱布（医用敷料纱布）或1～2层粗平纹白布兜起来，直接倾倒过滤；或把布铺在漏斗上倾倒过滤。这种方法只滤去较粗渣滓，不能使培养基透明。

（2）棉花过滤　用一小块脱脂棉塞在漏斗管的上口，使不致浮起也不要塞得过紧，先用少量清水浸湿后，再倾倒培养基过滤。开始时，棉花空隙大，过滤速度快但透明度差，待滤渣逐渐填充棉花空隙后，即形成透滤层，此时滤速渐慢但透明度越来越好，如不换棉花，而把培养基重复过滤一次，可得到较透明的培养基。

（3）保温过滤　加有琼脂的培养基，不论用纱布或棉花过滤，都应在保持60℃以上的情况下进行，否则易造成琼脂凝固而不能过滤。一般可用预先加温的办法，即将琼脂培养基盛在锅里，并置火上保温，趁热过滤。但在天冷过滤时，有时稍有停顿，琼脂就会凝固在漏斗里的纱布或棉花上。为了保证琼脂培养基过滤顺利，最好使用保温漏斗，由上面的注入孔装入热水，用酒精灯在加热筒的下面加热保温。这种保温过滤装置特别适用于琼脂培养基过滤后的分装（如分装试管制作的斜面），因为分装拖延时间长，如不保温，最易凝固。

4. 培养基的分装

培养基配好后，要根据不同的使用目的，分装到各种不同的容器中，用于不同用途的培养基，其分装量应视具体情况而定，要做到适量、实用。分装量过多或过少，使用容器不当，都会影响以后的工作质量。

培养基都是各种营养物质的混合液，且大多具有黏性，在分装过程中，应注意勿使培养基沾污管口和瓶口，以免弄湿或粘住棉塞造成污染。

分装培养基，通常使用一个大漏斗（小容量分装）或底部有出口的铁筒（大容量分装），吊在漏斗架上或墙上，下口连接一段软橡皮管，橡皮管下面再连接一段末端开口处略细的玻璃管，在橡皮管上夹一个手控弹簧夹。分装时，将玻璃嘴插入试管内，不要触及管壁，捏开弹簧夹，注入定量培养基后，先止住液体，再抽出玻璃管，仍不要触及管壁或管口。

如果大量成批定量分装，可用定量送样器，即将培养基盛入1000mL或500mL定量送样器中，调好所需体积，然后通过抽提、压送，即可分装到试管中。注意抽出试管时，勿使培养基沾污管口。此外，也应注意勿使漏斗下端触及管口或瓶口。

培养基中如有某些不溶于水的原料（如碳酸钙），应在分装前不断搅拌，使成悬浮状态，才能均匀地分装到各容器内。

培养基的分装量，必须依照使用目的及试验的具体情况决定。

5. 塞棉塞和包扎

培养基分装到各种规格的容器（如试管、锥形瓶、克氏瓶等）后，应按管口或瓶口的大小不同分别塞以大小适度、松紧适合的棉塞。加棉塞的作用主要在于阻止外界微生物进入培养基内，防止由此可能导致的污染，同时还可保证良好的通气性能，使微生物能不断地获得无菌空气。塞棉塞后，管装培养基可每 7 支扎成一捆，或排放在铁丝筐内。由于棉塞外面容易附着灰尘及杂菌，且灭菌时容易凝结水汽，因此在灭菌前和存放过程中，应用牛皮纸或废报纸将管口、瓶口或成捆成筐的培养基罩起来，再用橡皮圈或线绳扎紧。

6. 培养基灭菌

一般情况下，经分装、塞棉塞、包扎后，应立即进行灭菌（灭菌法见后）。如延误时间，则因杂菌繁殖滋生，可能导致培养基变质而不能使用。特别在夏季炎热天气，如不及时灭菌，数小时内培养基就可能变质。若确实不能立即灭菌，可将培养基暂放 4℃冰箱或冰柜中，但时间不宜过久。

灭菌后，需做斜面的试管，应趁热及时摆成斜面。斜面也可在特制的斜面架上摆放，斜面的斜度要适当，使斜面的长度约为管长的 1/3。摆放时注意不可使培养基沾污棉塞，冷凝过程中勿移动试管，待斜面完全凝固后，再进行收放。灭菌后的培养，应保温培养 2～3 天，检查灭菌效果，然后使用。数量太大时，可抽样检查，如发现问题，应再次灭菌，以保证使用前的培养基处于绝对无菌状态。

7. 培养基的贮存

培养基不宜配制过多，最好是现配现用。因培养基较长时间搁置不用或贮存不当，往往会因污染、脱水或光照等因素而变质。因工作需要或一时用不掉的培养基应放在低温、低湿、阴暗而洁净的地方保存。试管斜面培养基，因灭菌时棉塞受潮，容易引起污染。因此，新配制的琼脂斜面最好置恒温室数天待棉塞上的冷凝水蒸发后再贮存备用。装于锥形瓶或其他容器的培养基，灭菌前最好用牛皮纸包扎瓶口，以防灰尘落于棉塞或瓶口而引起污染。贮放过程中，不要取下，以减少水分蒸发。对含有染料或其他对光敏感物质的培养基，要特别注意避光保存，特别是要避免阳光的长时间直接照射。

三、固体曲料的配制

在微生物生产特别是微生物工业生产中，常采用一些来源广泛、价格低廉的固体曲料，如小米、大米、麸皮、豆饼、玉米粉、米糠等来培养霉菌。这些物质中含有一定的碳源和氮源以及生长素和微量元素，而且这类物质质地疏松透气，表面积大，因此是配制孢子培养基较为理想的原料。在酿造及发酵工业中，常用此等原料培养种曲得到大量孢子后用来制曲。这种直接用固体原料加水拌成的固体培养基叫做曲料。

1. 曲料的组成原料

配制曲料的原料应视具体培养需要而定，但各种曲料基本上都可分为两部分：一部分是供给营养成分的物质，如豆饼粉、麸皮等；另一部分是造成通气条件的物质，如谷糠、锯末等。选用这些材料，可以因地制宜，就地取料，尽量利用农副产品、各种代用品以节约粮食，降低成本。

为扩大微生物与营养料的接触面积，最大限度地发挥营养成分的作用，曲料的原料应经过粉碎、过筛，达到一定的细度。通常有两种表示细度的单位：一种是以筛孔直径（圆孔）或边长（方孔）（mm）表示，如 0.1mm 筛、0.5mm 筛、1mm 筛等；另一种是以"目"来表示，即在 25.4mm（1 英寸）长度内排有若干筛孔的数值，如 100 目个筛孔的一边总长 25.4mm（1 英寸），50 目即 50 个筛孔的一边总长为 25.4mm（1 英寸）等，其余类推。

用作固体曲料的原料，应该选用优质而新鲜的、发霉变质严重的原料。即使在灭菌后杂菌不再滋长，但由于其中营养价值已经耗损殆尽，且杂菌造成的霉变往往产生有毒物质，对培养菌有抑制作用，而不能选用。经处理的原料，按比例称好后，应在洁净的拌料台或洁净容器里充分混合，使成均匀的混合物。

2. 曲料的加水量

曲料的加水量多少，应该视原料的质地、细度及其持水性而定，此外，也应考虑培养菌的特性（需氧性或兼性需氧性等）、培养条件（温度、湿度）等方面因素。一般情况下，可掌握加水量与原料质量比为 1:(1~1.5)。检验标准是：加水后用手攥起来，稍用力挤握，指缝间有水珠溢出而不滴下为度。

3. 曲料 pH 的调整

测定曲料 pH，可用加水后挤出来的溶液测试，或者取一小块加水后的曲料，放在 pH 试纸上，根据湿润部分的颜色判断其 pH。如在加水拌料时，调整 pH，可将需用碱液容量算入加水量里，一并加入；如在加水后再进行调整，就要注意在加入碱溶液后一定要搅拌均匀，以防调整时，局部误作整体的误差。

第四节　淀粉水解糖的制备

淀粉是由葡萄糖组成的生物分子，大多数微生物都不能直接利用淀粉，如氨基酸的生产菌、酒精酵母等。因此，在氨基酸、抗生素、有机酸、有机溶剂等的生产中，都要求将淀粉进行糖化，制成淀粉水解糖使用。不管是淀粉水解糖中的葡萄糖还是糖蜜中的蔗糖，它们都是菌体发酵最基本的碳源以及菌体生长和繁殖的能量来源，也是组成产物分子培养结构的碳架成分。

在工业生产中，将淀粉水解为葡萄糖的过程称为淀粉的糖化，制得的溶液叫淀粉水解糖。在淀粉水解糖液中，主要糖分是葡萄糖，另外，根据水解条件的不同，尚有数量不等的少量麦芽糖及其他一些二糖、低聚糖等复合糖类。除此以外，原料带来的杂质（如蛋白质、脂肪等）及其分解产物也混入糖液中，葡萄糖、麦芽糖和蛋白质、脂肪分解产物（氨基酸、脂肪酸等）是生产菌生长的营养物，在发酵中易被各种菌利用；而一些低聚糖类、复合糖等杂质则不能被利用，它们的存在，不但降低淀粉的利用率，增加粮食消耗，而且常影响到糖液的质量，降低糖液中可发酵成分。在谷氨酸发酵中，淀粉水解糖液质量的高低，往往直接关系到谷氨酸的生长速度及谷氨酸的积累。因此，如何提高淀粉的出糖率，保证水解糖液的质量，满足发酵高产酸的要求，是一个不可忽视的重要环节。能够作为谷氨酸发酵工业原料的水解糖液，必须具备以下条件：

① 糖液中还原糖的含量要达到发酵用糖浓度的要求。

② 糖液洁净，是否黄色或黄绿色，有一定的透光度。水解糖液的透光度在一定程度上反映了糖液质量的高低。透光度低，常常是由于淀粉水解过程中发生的葡萄糖复合反应程度

高，产生的色素等杂质多，或者由于糖液中的脱色条件控制不当所致。

③ 糖液中不含糊精。糊精并不能被谷氨酸利用，它的存在使发酵过程泡沫增多，易于逃料，发酵难以控制，也容易引起杂菌污染。

④ 糖液不能变质。这就要求水解糖液的放置时间不宜太长，以免长菌、发酵而降低糖液的养分或产生其他的抑制物，一般现做现用。

目前，由淀粉经水解制备葡萄糖（或葡萄糖液）除了应用于氨基酸发酵外，在制药工业（如抗生素类的发酵）、葡萄糖的生产中也普遍使用，而且已发展成为一门独立的工业——葡萄糖工业。

一、淀粉水解糖的制备方法

可以用来制备淀粉水解糖的原料很多，主要有薯类、玉米、小麦、大米等含淀粉原料。根据原料淀粉的性质及采用的水解催化剂的不同，水解淀粉为葡萄糖的方法有下列三种：

1. 酸解法

酸解法（acid hydrolysis method）又称酸糖法，是以酸（无机酸或有机酸）为催化剂，在高温高压下将淀粉水解转化为葡萄糖的方法。

用酸解法生产葡萄糖，具有生产方便、设备要求简单、水解时间短、设备生产能力大等优点。但由于水解作用是在高温、高压及一定酸度条件下进行的，因此，酸解法要求有耐腐蚀、耐高温、耐高压的设备。此外，淀粉在酸水解过程中所发生的化学变化是很复杂的，除了淀粉的水解反应外，尚有副反应发生，这将造成葡萄糖的损失而使淀粉的转化率降低。酸解法对淀粉原料要求较严格，淀粉颗粒不宜过大，大小要均匀，颗粒大，易造成水解不彻底；淀粉乳浓度也不宜过高，浓度高，淀粉转化率低。这些是酸解法存在的待解决的问题。

2. 酶解法

酶解法是用专一性很强的淀粉酶及糖化酶将淀粉水解为葡萄糖的工艺。利用 α-淀粉酶将淀粉液化转化为糊精及低聚糖，使淀粉的可溶性增加，这个过程称为液化。利用糖化酶将糊精及低聚糖进一步水解为葡萄糖，这个过程在生产中称为糖化。淀粉的液化和糖化都是在酶的作用下进行的，故酶解法又有双酶（或多酶）水解法之称，优点如下：

① 采用本法制备葡萄糖，酶解反应条件较温和，因此不需耐高温、高压、耐酸的设备，便于就地取材，容易运作；

② 微生物酶作用的专一性强，淀粉水解的副反应少，因而水解糖液的纯度高，淀粉转化率（出糖率）高；

③ 可在较高淀粉乳浓度下水解，而且可采用粗原料；

④ 用酶法制得的糖液颜色浅，较纯净，无异味，质量高，有利于糖液的充分利用。

但酶解反应时间较长（48h），需要的设备较多，需要具有专门的培养酶的条件，而且酶本身是蛋白质，易引起糖液过滤困难。但是，随着酶制剂生产及应用技术的提高、酶制剂的大量生产，酶法制糖逐渐取代酸法制糖已是淀粉水解制糖的一个发展趋势。

3. 酸酶结合法

酸酶结合法是集中酸解法和酶解法制糖的优点而采用的结合生产工艺。根据原料淀粉性质可采用酸酶水解法或酶酸水解法。

（1）酸酶水解法　是先将淀粉酸解水解成糊精或低聚糖，然后再用糖化酶将其水解成葡萄糖的工艺。如玉米、小麦等谷类原料的淀粉，淀粉颗粒坚硬，如果用 α-淀粉酶液化，在短时间内作用，液化反应往往不彻底。工厂采用淀粉用酸水解到一定的程度（用液化 DE❶ 表示，一般为 10～15），再降温中和后，用糖化酶进行糖化。此法的优点是酸液化速度快，糖化时可采用较高的淀粉乳浓度，提高生产效率，酸用量少，产品颜色浅，糖液质量高。

（2）酶酸水解法　将淀粉乳先用 α-淀粉酶液化到一定的程度，然后用酸水解成葡萄糖的工艺。有些淀粉原料，颗粒大小不一（如碎米淀粉），如果用酸法水解，则常使水解不均匀，出糖率低。生产中应用酶酸水解法，可采用粗原料淀粉，淀粉浓度较酸法要高，生产易控制，时间短，而且酸水解时 pH 可稍高些，以减少淀粉水解副反应的发生。

总之，采用不同的水解制糖工艺，各有其优点和存在的问题。从水解糖液的质量和降低糖耗、提高原料利用率方面来考虑，酶解法最好，其次是酸酶法，酸解法最差。从淀粉水解整个过程所需的时间来看，酸解法最短，酶解法最长。

二、淀粉酸水解原理

淀粉是由数目众多葡萄糖单位经由糖苷键缩合脱水而成的多糖 $[(C_6H_{10}O_5)_n]$。用淀粉质原料生产葡萄糖，很早以来，人们就采用无机盐（通常用盐酸）为催化剂，在高温高压条件下使淀粉发生水解反应，转变为葡萄糖。

1. 淀粉水解过程中的变化

淀粉酸水解反应过程的变化是复杂的。淀粉的颗粒结构被破坏，α-1,4-糖苷键及 α-1,6-糖苷键被切断。这种作用是在酸催化下进行的。水解过程中不仅有葡萄糖，尚有其他的二糖、三糖、四糖及更复杂的糖，只是水解反应的总趋势是大分子向小分子转化，即淀粉→糊精→低聚糖→葡萄糖。淀粉水解的中间产物糊精，是若干分子大于低聚糖的碳水化合物的总称，具有还原性、旋光性、能溶于水，不溶于酒精。因分子大小不同，糊精遇碘可呈不同的颜色。随着淀粉水解程度的增加，糖化液的还原性不断增加，糖液的甜味越来越浓。这是由于生成的葡萄糖、麦芽糖及低聚糖等具有还原性基团。当葡萄糖值超过 60 时，葡萄糖的复合分解反应产生其他有味物质（如龙胆二糖有苦味），且色泽加深。

$$(C_6H_{10}O_5)_n \rightarrow (C_6H_{10}O_5)_x \rightarrow C_{12}H_{22}O_{11} \rightarrow C_6H_{12}O_6$$

$$\text{淀粉} \qquad \text{各种糊精} \qquad \text{麦芽糖} \qquad \text{葡萄糖}$$

2. 淀粉水解反应动力学

参与淀粉水解反应的物质，除淀粉本身以外，还有水和无机催化剂，反应进行的速度应取决于这三种物质。无机酸是催化剂，其氢离子对于反应具有催化作用，但是在反应过程中并不消耗，酸的浓度应该不变化。水解实际上是淀粉分子与水分子之间的双分子反应，反应进行的速率取决于两者的浓度。但在水解情况下，淀粉乳浓度一般较低，水的量较大，虽有一部分水参与反应，但是水的量变化很少，不影响反应速度，于是水解的速率只决定于淀粉的浓度，反应则属于单分子反应的一级化学反应类型。

据研究，水解反应速率常数 k 与几个因素有关，并建立关系式如下：

$$k = \alpha \cdot c_N \cdot \delta \cdot \gamma$$

式中　α——催化剂的活性常数，因不同种类的酸，其 H^+ 解离程度不同，由实验测定 HCl 的 H^+ 能够 100% 解离，其 $\alpha=1$，H_2SO_4 为 0.5～0.52，H_3PO_4 为 0.3，CH_3COOH 为 0.025，HBr 为 1.7，因此，盐酸是一种良好的催化剂；

---

❶ DE 值表示淀粉水解的程度，指的是葡萄糖（所测的还原糖都以葡萄糖计算）占干物质的百分比。

c_N——酸性物质的摩尔浓度；

δ——多糖的水解性常数，可以衡量各种多糖水解的难易程度，如棉花为 1，则淀粉为 400，稻草为 $20\sim25$，半纤维素为 $10\sim4000$，蔗糖为 100000；

γ——温度对水解速率影响的常数，即在水解过程中，温度可以加速淀粉水解的完成，这个数值可以由实验测定。

有人曾以 0.1% 的 HCl 于不同温度下水解淀粉，计算反应速率常数 k 值，发现温度升高 10℃，反应速率增加 3 倍。

从上述情况可以看出，淀粉水解所用的催化剂的种类、浓度、反应温度均对水解反应速率有很大的影响，是水解中必须注意的主要因素。除以上因素外，淀粉水解时，葡萄糖的复合和分解反应也需考虑。

3. 葡萄糖的复合反应

在淀粉的酸水解过程中，水解生成的葡萄糖受到酸和热的催化影响，能通过糖苷键聚合，失掉水分，生成二糖、三糖和其他低聚糖，这种反应称为复合反应。复合反应是可逆的。

两个葡萄糖分子通过复合反应聚合，并不是经过 α-1,4-糖苷键聚合成麦芽糖，而是经过 α-1,6-糖苷键聚合成异麦芽糖和经过 β-1,6-糖苷键聚合成龙胆二糖。对葡萄糖生产来说，复合反应是有害的，它降低葡萄糖的收率，影响葡萄糖的结晶，1 份复合糖（或非葡萄糖质）能阻止 2 份葡萄糖结晶。而且水解液中多数复合糖不能被微生物利用。另外，复合糖的存在也将使谷氨酸发酵的残糖增加，并抑制谷氨酸菌的生长繁殖，使糖酸转化率降低，增加谷氨酸的提取和精制的困难。

4. 葡萄糖的分解反应

葡萄糖受到热的影响发生分解反应，生成 5-羟甲基糠醛，其性质不稳定，可进一步分解成乙酰丙酸、甲酸和有色物质等。这些分解物又能聚合成其他物质，反应是很复杂的。

在淀粉酸糖化过程中，葡萄糖因分解反应所损失的量并不多，经实验测定约在 1% 以下，但所生成的 5-羟甲基糠醛是产生色素的根源。有色物质的存在，将增加糖化液精制困难。试验结果表明，5-羟甲基糠醛和有色物质的生成规律是一致的。当 5-羟甲基糠醛含量高时，色素回深，色素的生成量随葡萄糖浓度的增加而增加，随反应时间的延长而增加且与 pH 有关：pH＝3 时，色素物质形成得最少；pH＞3 或 pH＜3，色素物质形成都多。在上述反应的同时，由于淀粉原料中尚含有少量的蛋白质、脂肪等物质，通过水解生成氨基酸、甘油和脂肪酸等非糖物质，氨基酸与葡萄糖化合生产氨基糖。氨基糖会引起细菌细胞的收缩，对菌体发酵不利。

淀粉经水解反应生成葡萄糖，同时在整个水解过程中，由于受到酸和热的作用，一部分葡萄糖发生复合反应和分解反应。

其中，淀粉的水解反应是主要的，葡萄糖的复合和分解反应是次要的。复合反应和分解反应的发生对葡萄糖的生长是不利的。不仅影响葡萄糖的生产率，而且影响氨基酸发酵的产酸及工厂的生产成本。如何掌握淀粉糖化过程所发生的变化，合理控制水解条件，尽可能降低复合、分解反应的发生，是糖化过程中需要加以解决的问题。

三、淀粉酸水解工艺

淀粉糖化工艺是根据淀粉水解反应和葡萄糖复合反应及分解反应的规律决定的。选择合理的工艺条件，限制复合反应和分解反应，使其达到最低程度。

1. 淀粉酸水解的工艺流程

原料（淀粉、水、盐酸）→调浆→糖化→冷却→中和、脱色→过滤除杂→糖液

2. 技术条件

① 淀粉乳浓度控制在 10.5～12°Bé[1]。

② 盐酸用量占干淀粉的 0.5%～0.8%。通常控制淀粉乳 pH 值 1.5 左右（用国产 pH0.5～5 精密试纸）。

③ 进料压力 0.02～0.03MPa（表压）。

④ 水解压力 0.28MPa（表压）。

⑤ 水解时间根据糖液纯度最高点确定，一般为 15min 左右。

⑥ 水解终点检查，以用无水酒精检查至无白色反应为止。

3. 工艺操作要点

① 淀粉乳进罐前，先检查罐底阀是否关闭，罐内有无积水，如有积水，应全部排出。

② 糖化开始前，先泵入底水（最好底水用盐酸调至 pH1.5），以浸没锅内底盘加热管为度（一般 3000L 水解锅，底水 300～400L），加蒸汽预热 2～3min，使底水沸腾。

③ 淀粉乳用盐酸调至 pH1.5，搅拌均匀，做到无沉淀，无结块，泵入水解锅时，调浆桶内淀粉乳边进料，边搅拌，防止沉淀，进料总量为锅全容积的 70%～80%，料液不能太多，影响翻腾。

④ 进料时，先进蒸汽，以赶跑罐内空气，并保持罐内 0.02MPa 压力，然后进料。一定要保持正压，使进入的淀粉乳越过糊化温度（各种淀粉的糊化温度见淀粉的特性），使之迅速液化成可溶性淀粉。水解时大排气，料液翻腾好，水解均匀。糖化时间短，糖的色泽浅，否则直接进料后再升温，淀粉浆会结块，比较难糖化。

⑤ 进料压力要恒定，防止忽高忽低，上下波动。应用蒸汽阀和进料阀调节流量。

⑥ 糖化开始，应随时注意蒸汽压力，严防水解液倒压，一旦出现压力下降到接近糖化压力时应立即关掉蒸汽阀，并与锅炉相连。

⑦ 合理控制水解锅排气阀，进料和升压时排气阀要适当开大，既要防止逃液，又要保持锅内料液充分沸腾。当锅内压力升到规定压力 0.28MPa（表压）时，排气阀可开启少许。

⑧ 水解完毕，放料要快，以免水解过头。进入中和桶要及时降温，以免颜色加深。

4. 酸水解条件的控制及对糖液质量的影响

淀粉的酸水解过程，必须先将原料调成粉浆，保持一定的浓度及 pH，然后将料液打入糖化锅，在一定条件下进行水解糖化。由于淀粉的浓度、酸的浓度及糖化时间对淀粉的水解反应、葡萄糖的复合反应、葡萄糖的分解反应都有直接的影响。因此，在酸法糖化中，必须合理进行调节控制，希望将淀粉水解完全转变为葡萄糖，限制复合反应和分解反应的发生，使其达到最低程度。

（1）淀粉乳浓度的选择 淀粉水解时，淀粉乳的浓度越低，水解液的葡萄糖值越高，色泽越淡。因浓度低，有利于淀粉的水解反应，而不利葡萄糖的复合反应。淀粉乳的浓度高，则有利于复合、分解反应的发生。

---

[1] 采用玻璃管式浮计中的一种特殊分度方式的波美计所给出的值称为波美度，符号为°Bé。用于间接地给出液体的密度。分为重波美度（Bh）和轻波美度（Bl）。

重波美度 $\rho = \dfrac{144.3}{144.3 - Bh} \mathrm{g/cm^3}$；轻波美度 $\rho = \dfrac{144.3}{144.3 + Bl} \mathrm{g/cm^3}$。

随着淀粉乳浓度的降低，糖液中葡萄糖值增加。当淀粉乳从 $19°Bé$ 降到 $18°Bé$ 时，水解糖液 DE 值变化幅度最大，约上升 1.47%；若淀粉乳浓度继续下降，糖液 DE 值虽然继续上升，但上升的幅度不太显著。相反，淀粉乳浓度越高，糖液的 DE 值越低。

在工业生产中，各厂都根据淀粉质原料的情况，制定自己的水解淀粉浆浓度范围。薯类淀粉较易水解，浓度可稍高一些；精制淀粉比粗淀粉的浓度可高些；在设备充分的条件下，水解浓度可低些。

(2) 酸的种类和用量　许多酸对淀粉的水解反应均有催化作用，但工业上普遍使用的是催化效率较高的盐酸、硫酸和草酸。

酸在糖化过程中是一种催化剂，从理论上说，糖化前后其量保持不变。但由于淀粉中有杂质，如蛋白质、脂肪、灰分等成分都能降低酸的有效浓度。蛋白质分解成氨基酸，是两性化合物，消耗一部分酸与之中和；灰分中的磷酸盐也能与酸反应，消耗一部分酸；糖化中蒸汽也能带走一部分酸。因此，使得实际耗酸量大大超过理论量。一般用盐酸量占干淀粉的 $0.6\%\sim0.7\%$，调 pH 至 1.5 左右。

(3) 糖化的压力和时间　淀粉水解是用蒸汽直接进行加热的。温度随压力升高而升高，因此常以压力为控制因素。压力与水解反应速率成正比，压力升高，水解反应速率加快。因此，在淀粉水解时，为加快水解速率，提高设备的生产能力，可采用增大水解反应压力的方法。

掌握糖化终点，控制糖化时间是十分重要的。当糖液的葡萄糖值达到最高点后即不再上升，相反会随着糖化时间的延长而稍有下降。这时如果不及时放料，势必事倍功半。

5. 糖化设备结构对糖液质量的影响

淀粉水解反应都是在糖化锅内进行的。糖化锅的结构对糖液质量有影响。为了保证糖化均匀，使糖液达到最高葡萄糖纯度后，能迅速从锅内放出，糖化锅的容积一般不宜过大。容积过大，会延长进出料的时间，淀粉水解时间差别大，部分先水解生成的葡萄糖易发生复合、分解反应。蒸汽量不足和不稳定的情况下，常使水解时间加长，带来不良后果。锅体太高，会造成锅内上下部的水解速率相差较大，放料时难保证下部的先出料；锅体太矮，必须增大锅体直径而造成锅内死角区，使糖化不均匀而导致局部淀粉结块，影响糖化进行。

一般谷氨酸厂采用糖化锅径高比 1:1.5 左右。另外，糖化锅的附属管道应保证进出料迅速，物料受热均匀，有利于升压，有利于消灭死角，尽量缩短加料、放料、升温、升压等辅助时间。实践证明，辅助时间缩短，糖液的葡萄糖值高，色素浅。

6. 水解糖液中和脱色除杂

在淀粉水解的糖液中，除了淀粉的水解产物葡萄糖、麦芽糖等单糖及低聚糖外，淀粉原料中还含有其他物质（如蛋白质、脂肪、纤维素、无机盐等复合物），它们在水解过程中也发生变化。如蛋白质的水解产物——氨基酸能与葡萄糖反应，使糖液色泽加深。蛋白质及其他胶体物质的存在将使谷氨酸发酵时泡沫增加。同时糖化是在较高酸度下进行的，糖化液的pH 低，因此，必须加以中和、脱色、除杂，才能供发酵使用。

(1) 中和　从糖化锅出来的糖化液温度很高（$140\sim150℃$），需经冷却才能进行中和。中和即降低糖液的酸度，调节 pH，使糖液中胶体物质析出，便于过滤除去。生产中使用的中和剂有纯碱和烧碱。纯碱（Na_2CO_3）性质温和，糖液质量好，但产生的泡沫多，生产中难以控制。烧碱即 NaOH，将 NaOH 配成溶液，浓度过高易造成局部过碱，葡萄糖焦化而产生焦糖，焦糖能抑制谷氨酸菌的生长，增加色泽，难以精制。

中和时应将 Na_2CO_3 化成碱水缓慢进行，否则由于局部碱性过大，复合物和分解物易形成，造成糖的损失，增加提取的困难。要求边中和边测 pH，保持 pH 在 4.6～5.0 之间。一般在中和操作中注意控制中和温度为 60～70℃。温度高，脱色效果较差；温度低将使糖黏度增大，难过滤。

（2）脱色、除杂　水解糖液中存在杂质，对菌体发酵不利，也影响产品的提炼，需进行脱色除杂处理。其方法有活性炭吸附法、离子交换法、新型磺化煤脱色法。

活性炭表面积大，有无数微小的孔隙，它可将杂质、尘埃、色素吸附掉。同时，活性炭也有过滤作用。活性炭吸附工艺简单，脱色效果好，操作容易。一般活性炭用量相当于淀粉量的 0.6%～0.8%。脱色温度一般为 65℃。因温度影响吸附，温度高，吸附能力差，脱色较长，杂质除不干净；反之，温度过低，料液中杂质发黏，不易吸附，过滤困难。脱色 pH 为 4.6～5.0，在酸性条件下，活性炭脱色能力强。脱色时加活性炭后，搅拌 30min，混匀使活性炭与杂质充分接触。活性炭用后可用水洗涤，可在下次掺入新炭继续使用，降低成本。

离子交换树脂具有选择性强，脱色效果较好，便于管道化、连续化及自动化操作，减轻劳动强度的优点。目前国产树脂选择性较差，脱色能力较低，而且价格高。

新型磺化煤不同于一般的磺化煤，它具有粒度细（40～120 目）、脱色力强的特点。这种磺化煤尚可直接用于淀粉糖化。在淀粉加酸糖化时，加入淀粉量 1.8% 的磺化煤粉一起糖化。当糖化完成时，糖液即可直接过滤，滤液透光率 97%～98%。但使用磺化煤直接糖化，会造成阀门磨损及堵塞管道，故尚未被采用。

（3）压滤　压滤温度不宜过高，温度高虽然容易过滤，但中和到等电点的蛋白质等胶体物质沉淀不完全，且滤液降温后，蛋白质等胶体物质又会沉淀出来。而采用低温过滤，由于糖液黏度增大，又会发生过滤困难。所以一般宜采用 60～70℃ 温度压滤。

四、双酶水解法制糖

以淀粉为原料采用酸水解法制备糖液，由于需要高温、高压和酸催化剂，会产生一些非发酵性糖及有色物质，这不仅降低了淀粉转化率，而且生产出来的糖液质量差。自20 世纪 60 年代以来，国外在酶水解研究上取得了新进展，使淀粉水解取得了重大突破，日本率先实现工业化生产，随后其他国家相继采用了这种先进的制糖方法。酶法制糖以作用专一性的酶制剂作为催化剂，反应条件温和，复合和分解反应减少，不仅可以提高淀粉的转化率及糖液的浓度，而且可大幅度地改善糖液的质量，是目前最为理想、应用最广的制糖方法。

1. 液化

（1）淀粉酶的水解作用　淀粉双酶水解法包括液化和糖化两个步骤，均是在酶的作用下完成的。淀粉的液化是在 α-淀粉酶的作用下完成的，α-淀粉酶能水解淀粉内部的 α-1,4-糖苷键，不能水解 α-1,6-糖苷键，但能越过 α-1,6-糖苷键继续水解 α-1,4-糖苷键，而将 α-1,6-糖苷键留在水解产物中。

α-淀粉酶水解淀粉是从淀粉分子内部进行的，故此酶属于内酶，水解中间段的 α-1,4-糖苷键，水解先后次序没有规律，断裂发生在 C^1—O 之间。水解产物随淀粉种类及作用时间而异，直链淀粉分子水解产物为葡萄糖、麦芽糖和麦芽三糖。高酶量时麦芽三糖可进一步水解成葡萄糖。支链淀粉最终产物除了前述的几种外，还有异麦芽糖及含有 α-1,6-糖苷键的低聚糖。α-1,6-糖苷键的存在常使水解速度下降。

（2）淀粉液化的条件及液化程度的控制

① 淀粉的糊化与老化　由于淀粉颗粒的结晶性结构对酶作用的抵抗力非常强，不能使淀粉酶直接作用于淀粉，而需要先加热淀粉乳，使淀粉颗粒吸水膨胀、糊化，破坏其结晶性的结构。

淀粉的糊化是指淀粉受热后，淀粉颗粒膨胀，晶体结构消失，互相接触变成糊状液体，即使停止搅拌，淀粉也不会再沉淀的现象。发生糊化现象的温度称为糊化温度。一般来讲，糊化温度有一个范围，表 3-6 列出了各种淀粉的糊化温度。

表 3-6　各种淀粉的糊化温度

淀粉来源	淀粉颗粒大小 /μm	糊化温度/℃		
		开 始	中 点	终 点
玉米	5～25	62.0	67.0	72.0
蜡质玉米	10～25	63.0	68.0	72.0
高直链玉米(55%)		67.0	80.0	
马铃薯	15～100	50.0	63.0	68.0
木薯	5～35	52.0	59.0	64.0
小麦	2～45	58.0	61.0	64.0
大麦	5～40	51.5	57.0	59.5
黑麦	5～50	57.0	61.0	70.0
大米	3～8	68.0	74.5	78.0
豌豆(绿色)		57.0	65.0	70.0
高粱	5～25	68	73.0	78.0
蜡质高粱	6～30	67.5	70.5	74.0

淀粉的老化实际上是分子间氢键已断裂的糊化淀粉又重新排列形成新的氢键的过程，也就是复结晶过程。在糖化过程中，淀粉酶很难进入老化淀粉的结晶区起作用，使淀粉很难液化，更不能进一步糖化，必须采用相应的措施控制糊化淀粉的老化。淀粉糊的老化与淀粉的种类、pH、温度及加热方式、淀粉糊的浓度等有关。老化程度可以通过冷却结成的凝胶体强度来表示，见表 3-7。

表 3-7　各种淀粉糊的老化程度比较

原　料	淀粉糊丝长度	直链淀粉含量/%	冷却时结成的凝胶体强度
小麦	短	25	很强
玉米	短	26	强
高粱	短	27	强
黏高粱	长	0	不结成凝胶体
木薯	长	17	很弱
马铃薯	长	20	很弱

② 液化的方法与选择　淀粉液化作用是在淀粉酶的作用下完成的，而酶是一种具有生物活性的蛋白质。酶的作用受很多条件的影响，如酶的作用底物（淀粉原料）、pH、温度等，这些条件直接影响酶的活力、酶反应速率和酶的稳定性。

液化的分类方法很多，以水解动力不同可分为酸法、酸酶法、酶法以及机械液化法；以生产工艺操作方式不同可分为间歇式、半连续式和连续式；以设备不同可分为管式、罐式、喷射式;以加酶方式不同分为一次加酶、二次加酶、三次加酶液化法;以酶制剂耐温性不同可分为中温法、高温酶法、中温酶与高温酶混合法等。各类液化方法的比较见表 3-8。

表 3-8 各类液化方法的比较

液化方法		基本条件	优 点	缺 点
酸法液化		淀粉乳含量 30%,pH 1.8~2.0,液化温度 135℃,10min,液化 DE 值 15%~18%	适合任何精制淀粉,所得的糖化液过滤性能好	有色物质及复合糖类生成,淀粉转化率低,糖液质量差,糖化液中含有微量和不溶性糊精
酶法液化	间歇液化法(直接升温液化法)	淀粉乳含量 30%,pH 6.5,液化温度 85~90℃,30~60min,液化 DE 值 15%~18%	设备要求低,操作容易	液化效果一般,经糖化后的糖化液过滤性差,糖浓度低
	半连续液化法(高温液化法或喷淋液化法)	淀粉乳含量 30%,pH 1.8~2,液化温度 90℃,30~60min,液化 DE 值 15%~18%	设备要求低,操作容易,效果比直接升温好	料液容易溅出,操作安全性差,蒸汽用量大,液化温度未达到高温酶最适温度,液化效果一般,糖化液过滤性能差
	喷射液化法	淀粉乳含量 30%,pH 6.5,液化温度 95~140℃,120min,液化 DE 值 15%~17%	液化效果好,液化液清亮、透明、质量好,葡萄糖的收率高	

作为发酵工业碳源使用的糖液,其黏度的高低会直接影响或决定后道发酵、提取工艺的难易,因此这种糖液的过滤速度一定要求特别快。在液化方法上一般选用两次加酶法,以求降低糖液的黏度。从国内的条件来看,通常选用一次加酶的蒸汽喷射液化法较为合适。

(3)蒸汽喷射液化工艺及条件

① 工艺过程

调浆→配料→一次喷射液化→液化保温→二次喷射→高温维持→二次液化→冷却→糖化

在配料罐内,将淀粉加水调制成淀粉乳,用 Na_2CO_3 调 pH,使 pH 处于 5.0~7.0 之间。加入 0.15% 的氯化钙作为淀粉酶的保护剂和激活剂,再加入耐温 α-淀粉酶,料液经搅拌均匀后用泵打入喷射液化器。从喷射器中出来的料液和高温蒸汽直接接触,料液在很短时间内升温至 95~97℃。此后料液进入保温罐保温 60min,温度维持在 95~97℃,然后进行二次喷射。在第二只喷射器内料液和蒸汽直接接触,使温度迅速升至 145℃ 以上,并在维持罐内维持该温度 3~5min 左右,彻底杀死 α-淀粉酶。然后料液经真空闪急冷却系统进入二次液化罐,将温度降低到 95~97℃。在二次液化罐内加入耐高温 α-淀粉酶,液化约 30min,用碘呈色试验合格后,结束液化。

此工艺利用喷射器将蒸汽喷射入淀粉乳薄膜,在短时间内通过喷射器快速升温至 145℃,完成糊化、液化,使形成的不溶性淀粉颗粒在高温下分散,数量也大为减少,从而使所得的液化液既透明又易于过滤,淀粉的出糖率也高。同时采用了真空闪急冷却,增高了液化液的浓度。

② 淀粉液化条件 淀粉是以颗粒状态存在的,具有一定的结晶性结构,不容易与酶充分发生作用,如淀粉酶水解淀粉颗粒和水解糊化淀粉的速度比为 1:20000。因此必须先加热淀粉乳,使淀粉颗粒吸水膨胀,使原来排列整齐的淀粉层结晶结构被破坏,变成错综复杂的网状结构。这种网状会随温度的升高而断裂,加之淀粉酶的水解作用,淀粉链结构很快被水解为糊精和低聚糖分子,这些分子的葡萄糖单位末端具有还原性,便于糖化酶的作用。由于不同原料来源的淀粉颗粒结构不同,液化程度也不同,薯类淀粉比谷类淀粉易液化。

淀粉酶的液化能力与温度和 pH 有直接关系。每种酶都有最适的作用温度和 pH 范围。

而且 pH 和温度是互相依赖的，一定温度下有较适宜的 pH。

酶活力的稳定性还与保护剂有关，生产中可通过调节加入的 $CaCl_2$ 浓度，提高酶活力稳定性。一般控制钙离子浓度 0.01mol/L。钠离子对酶活力稳定性也有作用，其适宜浓度为 0.01mol/L 左右。

工业生产上，为了加速淀粉液化速度，多采用较高温度液化，例如 85~90℃或者更高温度，以保证糊化完全，加快酶反应速率。但是温度升高时，酶活力损失加快。因此，在工业上加入 Ca^{2+} 或 Na^+，使酶活力稳定性提高。

不同来源的酶对热的稳定性也不同，国产 BF-7658 淀粉酶在 30%~35%淀粉含量下，85~87℃时活力最高，当温度达到 100℃时，10min 后，则酶的活力全部消失。谷类的淀粉酶热稳定性较低，曲霉淀粉酶热稳定性则更低。国外曾报道一种丹麦生产的淀粉酶，在30%~40%淀粉乳中，短时间 5~10min 能耐受 110℃高温，比一般枯草杆菌淀粉酶要高20℃，且只需要很少量的 Ca^{2+} 就可维持其活力。目前在工业生产中广泛使用耐高温的 α-淀粉酶效果很好。在淀粉的液化过程中，需要根据酶的不同性质，控制反应条件，保证酶反应的活力最高，在最稳定的条件下进行。

③ 液化程度控制　淀粉经液化后，分子量逐渐减少，黏度下降，流动性增强，给糖化酶的作用提供了有利条件。但是，假如让液化继续下去，虽然最终水解产物也是葡萄糖和麦芽糖等，但这样所得糖液葡萄糖值低；而且淀粉的液化是在较高的温度下进行的，液化时间加长，一部分已液化的淀粉又会重新结合成硬束状态，使糖化酶难以作用，影响葡萄糖的产率，因此必须控制液化程度。

在液化过程中，液化程度太低，液化液的黏度就大，难于操作。葡萄糖淀粉酶属于胞外酶，水解只能由底物分子的非还原性末端开始，底物分子越小，水解的机会就越小，因此就会影响到糖化的速度。液化程度低，淀粉易老化，不利于糖化，特别是会使糖化液的过滤性相对较差。同时液化过程的液化程度也不能太高，因为葡萄糖淀粉酶是先与底物分子生成络合结构，影响催化效率，使糖化液的最终 DE 值偏低。

淀粉液化的目的是为了给糖化酶的作用创造条件，而糖化酶水解糊精及低聚糖等分子时，需先与底物分子生成络合结构，然后才发生水解作用，使葡萄糖单位从糖苷键中裂解出来。这就要求被作用的底物分子有一定的大小范围，才有利于糖化酶生成这种结构，底物分子过大或过小都会妨碍酶的结合和水解速度。根据发酵工厂的生产经验，在正常液化条件下，控制淀粉水解程度在葡萄糖值为 10~20 之间为好（即此时保持较多量的糊精及低聚糖、较少量的葡萄糖）。而且，液化温度较低时，液化程度可偏高些，这样经糖化后糖化液的葡萄糖值较高。淀粉酶液化终点常可以碘液显色来控制。

液化达到终点后，酶活力渐丧失，为避免液化酶对糖化酶的影响，需对液化液进行灭酶处理。一般液化结束，升温到 100℃保持 10min 即可完成，然后降低温度，供糖化用。

2. 糖化

（1）糖化酶的水解作用　糖化是利用糖化酶（也称葡萄糖淀粉酶）将淀粉液化产生糊精及低聚糖进一步水解成葡萄糖的过程。糖化过程中葡萄糖含量不断增加。糖化酶对底物的作用是从非还原性末端开始进行的，属于外切酶，一次切下葡萄糖单位，产生 α-葡萄糖。糖化酶对 α-1,4-糖苷键和 α-1,6-糖苷键都能进行水解。

液化液的糖化速度与酶制剂的用量有关，糖化酶制剂用量决定于酶活力高低。酶活力高，则用量少；液化液浓度高，加酶量要多。生产上采用 30%淀粉时，用酶量按 80~

100U/g 淀粉计。糖化初期，糖化进行速度快，葡萄糖值不断增加，迅速达到 95%，以后糖化较慢，达到一定时间后，葡萄糖值不再上升，接着就稍有下降。因此，当葡萄糖值达到最高时，应当停止酶反应（可加热到 80℃，20min 灭酶），否则葡萄糖值经 α-1,6-糖苷键复合反应而降低。复合反应发生的程度与酶的浓度及底物浓度有关。提高酶的浓度，缩短糖化时间，最终葡萄糖值也高；但酶浓度过高反而能促进复合反应的发生，导致葡萄糖值降低。而糖化的底物浓度（即液化液浓度）大，也使复合反应增强。因此，在糖化的操作中，必须控制糖化酶的用量及糖化底物的性质，才能保证糖液的质量。

糖化的温度和 pH 决定于所用糖化剂的性质。采用曲霉糖化酶，一般温度为 60℃，pH 4.0~5.0。在大生产中，根据酶的特性，尽量选用较高的温度糖化，这样糖化速度快些，也可减少杂菌污染的可能性。采用较低的 pH 可使糖化液颜色浅，便于脱色。如应用黑曲霉 3912-12 的酶制剂，糖化在 50~64℃、pH 4.3~4.5 下进行；根霉 3092 糖化酶，糖化在 54~58℃、pH 4.3~5.0 下进行，糖化时间 24h，一般 DE 值可达到 95% 以上；采用 UV-11 糖化酶，在 pH 3.5~4.2、55~60℃ 温度下糖化，DE 值可达到 99%。

采用酶法糖化，糖化液的质量比酸法糖化已大大提高，但由于糖化酶对 α-1,6-糖苷键的水解速度慢，对葡萄糖的复合反应有催化作用，使得糖化生成的葡萄糖又经 α-1,6-糖苷键结合成为异麦芽糖等，影响葡萄糖的得率。国外曾报道，在糖化过程中加入能水解 α-1,6-糖苷键的葡萄糖苷酶，与糖化酶一起糖化，并选用较高的糖化 pH（6.0~6.2），抑制糖化酶催化复合反应作用，可提高葡萄糖的产率，所得糖化液含葡萄糖可达 99%，而单独采用糖化液含葡萄糖一般都不超过 96%。

（2）糖化工艺条件及控制　糖化是在一定浓度的液化液中，调整适当温度与 pH，加入需要量的糖化酶制剂，保持一定时间，使溶液达到最高的葡萄糖值。其工艺过程如下：

液化→糖化→灭酶→过滤→贮糖计量→发酵

液化结束后，迅速将液化液用酸调 pH 至 4.2~4.5，同时迅速降温至 60℃，然后加入糖化酶，60℃ 保温数小时后，用无水酒精检验无糊精存在时，将料液 pH 调到 4.8~5.0，同时加热到 90℃，保温 30min，然后将料液温度降低到 60~70℃ 时开始过滤，滤液进入贮罐备用。

五、水解糖液的质量要求

淀粉水解糖液是生产菌的主要碳源，而且也是合成发酵产物的原料。它的质量好坏直接影响发酵，关系到生产菌产率的高低。一般条件下应做到现用现制备，以保证水解糖液的新鲜、纯净。如果必须暂时贮存备用，糖液贮桶一定要保持清洁，防止酵母菌等浸入滋生。一旦浸入杂菌，便可利用糖产酸、产气、产酒精，使 pH 降低，糖液含量减少。有的厂在贮糖桶内设置加热管，使水解糖液保持 50~60℃，有效地防止酵母菌的滋生。

淀粉水解糖质量对发酵的影响：

① 若淀粉水解不完全，有糊精的存在，不仅造成浪费，而且糊精存在使发酵过程中产生大量泡沫，影响发酵正常进行，甚至有引起染菌的危险。

② 若淀粉水解过度，葡萄糖发生复合反应生成龙胆二糖、异麦芽糖等非发酵性糖；葡萄糖还会发生分解反应生成羟甲基糠醛，并进一步与氨基酸作用生成类黑素。这些物质不仅造成浪费，而且还抑制菌体生长。

③ 若淀粉原料中蛋白质含量多，当糖液中和、过滤时去除不彻底，培养基中含有蛋白质及水解产物时，会使发酵液产生大量泡沫，造成逃液和染菌。

淀粉原料不同，水解工艺条件不同，水解糖液中含生物素量不同会影响发酵过程中生物素量的控制。

第五节　生化发酵原料

一、糖蜜原料

糖蜜是很好的发酵原料，用糖蜜原料发酵生产，可降低成本，节约能源，简化操作，便于实现高糖发酵工艺，有利于产品得率和转化率的提高。糖蜜原料中，有些成分不适用于发酵，所以在使用糖蜜原料时，可先进行处理，以满足不同发酵产品的需求。

1. 糖蜜原料的分类

生物发酵工业所用的糖蜜，主要是指制糖工业上的废糖蜜，它是甘蔗糖厂或甜菜厂的一种副产品。糖蜜是一非结晶糖分，本身含有相当数量的发酵性糖，因此是生物工业大规模生产的良好原料。

甘蔗糖蜜是以甘蔗为原料的糖厂的一种副产品，它的产量约为原料蔗糖的 $2.5\%\sim3\%$，甘蔗糖蜜中含有 $30\%\sim36\%$ 蔗糖和 20% 转化糖。甜菜糖蜜是甜菜为原料的糖厂的一种副产品，它的产量约占甜菜量的 $3\%\sim4\%$，含蔗糖 5%，转化糖 1%。高级糖蜜是指甘蔗榨汁（糖浆）加入适量的硫酸或用酵母转化酶处理，制成转化糖，该糖蜜由于提高了溶解度，可使糖浓度提高 $70\%\sim85\%$。此外还有两种废糖蜜：一种是精制粗糖时所分离出的糖蜜，称为粗糖蜜；另一种是葡萄糖工业上，不能再结晶葡萄糖的母液，称为葡萄糖蜜。

2. 糖蜜原料的性质和组成

糖蜜的外观是一种黏稠、黑褐色、呈半流体状的物体，pH 为 5.5 左右，相对密度 1.43。糖蜜的组成因制糖原料的种植、贮藏及加工方法等条件的不同而有差异。各种糖蜜的糖类组成也不相同，除含有发酵性的糖分外，还含有胶体物质、灰分、维生素、氨基酸。甘蔗糖蜜中的生物素较甜菜糖蜜中高。

3. 糖蜜的预处理

糖蜜的预处理，包括澄清和脱钙处理，对生物素缺陷型菌体生产来说（如谷氨酸），还应该进行脱生物素处理，一般所说的预处理是指澄清处理和脱钙处理。

（1）糖蜜澄清处理的目的　糖蜜中由于含有大量的灰分和胶体，不但影响菌体生长，也影响产品的纯度，特别是胶体的存在，使发酵中产生大量的泡沫，影响发酵生产。因此，应进行适当的澄清处理，一般有加酸法、加热加酸法和添加絮凝剂澄清处理法几种。

（2）谷氨酸发酵中糖蜜的预处理　目前，谷氨酸发酵中，使用生物素缺陷型菌株，发酵培养基中的生物素含量为 $5\mu g/L$ 左右，而糖蜜中（特别是甘蔗糖蜜中）的生物素含量为 $1\sim10\mu g/g$，显然不适合谷氨酸的发酵。因此，在使用糖蜜原料发酵生产谷氨酸时，必须想方设法降低糖蜜中生物素含量。一般有活性炭处理法、树脂法以吸附生物素；用化学药品剂拮抗生物素或使用其他营养缺陷型菌株（如氨基酸缺陷型、甘油或油酸缺陷型、精氨酸缺陷型等菌株）。还可能通过改变生产工艺（如添加青霉素）来改变细胞渗透性。即使培养基中生物素含量高，细胞膜仍是谷氨酸向外渗透的途径，因而不影响谷氨酸产量。

二、其他发酵原料

植物生物体是地球上各类植物利用阳光的能量进行光合作用的产物。全世界植物生物体

的年生成量高达 1.55×10^{11} t 干物质。这些生物体储存的总能量是当前全世界能耗总量的 10 倍，因此，它是一种十分巨大的潜在能源。而且它会年复一年地生成，所以是一种再生资源，永远不会枯竭。

植物生物体主要组成是纤维素，为此，利用纤维素原料或其他工业原料来进行发酵生产是人类长期以来一直从事研究的课题。第一次世界大战期间，德国就研究成功纤维素酸水解酒精的工艺。近年来，用纤维素和半纤维生产酒精的研究有了突破性的进展，纤维素和半纤维素已成为最有潜力的酒精生产原料。

目前用于发酵产品生产的纤维素原料可分为农作物纤维下脚料，森林和木材加工工业下脚料，工厂纤维和半纤维素下脚料及城市生活纤维物质等四类。这些物质均可经过一定的处理用于发酵产品的生产。

1. 石油代粮食发酵原料

微生物工业是用粮最多的产业，每生产 1t 酒精，耗粮 3t 左右；每生产 1t 有机酸，耗粮 3～8t。抗生素、酶制剂等用粮尤大，全世界微生物工业消耗粮食是十分惊人的。随着微生物工业的日益发展，面临着原料供应不足的问题，迫切需要开辟新原料，如利用石油发酵。在目前石油是地球上蕴藏量十分丰富的资源，因此石油代粮发酵有着重大的意义。能利用石油的微生物种类很多，分布很广，石油微生物几乎能利用所有的石油成分，或将其同化形成菌体或某些产物。

从原料选择的方面来看，究竟采用石油为原料，还是用石油制品为原料，不能下定论，应因地制宜来选择。但在石油化工发展的基础上，鉴于目前的发酵设备及技术条件，似乎使用醋酸、乙醇等原料将会是一种有效的代粮资源。与其他碳源相比，不仅具有溶水性好、本身没有毒性等优点，而且有较高的发酵率和转化率，控制方便。

2. 农作物纤维下脚料

常见的农作物纤维下脚料有麦草、稻草、玉米芯、高粱秆、花生壳、稻壳等。我国每年农作物的秸秆产量接近 5×10^8 t。

3. 森林和木材加工工业的下脚料

森林采伐时，有许多纤维下脚料产生，如树枝、树梢（占整个树的 4%～12%）、树桩（占木材产量的 4%～5%）。另外，森林中不成材的树木和枯干也占整个木材储藏量的 15%，三者相加达木材储量的 23%～32%。

木材加工工业中，边角料和木屑占加工木材量的 25%～30%，其中 1/3 是木屑。森林和木材加工工业的下脚料都是制造发酵产品的纤维素原料。前苏联和北欧等森林资源丰富的国家和地区也有用木材直接加工酒精的例子。我国森林资源不富裕，用这一部分纤维素原料制酒精的发展前景不佳。迄今为止，除新中国建立初期在东北建设了两个木材水解酒精厂外，没有新的发展。

4. 食品加工业下脚料

（1）乳清 是奶酪加工工业的副产品，含有 4.5%～5.0% 的乳清。乳清是一种由一个葡萄糖和一个半乳糖构成的双糖，为此，大多数酵母不能利用。菌株 *Candida cremoris* 和 *Candida psedotripecalis* 则能很容易地发酵乳清为酒精。20 世纪 40 年代就有人利用乳清进行小规模的酒精发酵。目前它是西方国家研究的一个酒精发酵原料。我国的奶制品工业不发达，乳清量不大，短期内乳清发酵产业不会有实用价值。

（2）甘薯淀粉渣和马铃薯淀粉渣 是淀粉工业的下脚料，随着我国淀粉工业的发展，其数量会有所增加。目前在江苏的酒精厂每年都要加工一定量的甘薯淀粉渣。甘薯淀粉渣含淀粉 $40\%\sim51.7\%$，鲜马铃薯淀粉渣含淀粉 $14\%\sim16\%$。

复 习 题

1. 工业发酵培养基的主要成分有哪些？
2. 培养基的类型有哪些？如何选择培养基的成分和配比？
3. 如何配制培养基？
4. 淀粉酸水解的原理是什么？水解工艺如何？
5. 常用的生化发酵原料有哪些？

第四章 灭菌和空气净化

- 能使用常见的灭菌方法。
- 能根据生产需求选择培养基灭菌,以及设备、管道灭菌的条件。
- 能根据生产需求对空气除菌,进行无菌检测,安全处理发酵废气废物。

- 能大致地描述空气净化流程。
- 能准确地说出影响培养基灭菌的因素。

在工业微生物培养过程中,只允许生产菌的存在和生长繁殖,不允许其他微生物存在。因此在所有发酵过程中,特别是在种子移植过程、扩大培养过程以及发酵前期,必须进行纯种培养。在这些过程中存在着丰富的营养物质,而且生产菌的浓度不高,一旦受到杂菌污染(称为染菌),就会产生各种不良后果:①由于杂菌的污染,使反应的基质或产物消耗,造成产率下降;②由于杂菌所产生的某些代谢产物,或染菌后发酵液的某些理化性质发生改变,使产物的提取变得困难,造成产率降低或产品质量下降;③污染的杂菌可能会分解产物而使生产失败;④污染的杂菌大量繁殖,会改变反应介质的 pH,从而使反应发生异常变化;⑤发生噬菌体污染,微生物细胞被裂解而使生产失败等。

因此,在整个培养过程中必须牢固树立无菌观念,强调无菌操作,具体采取以下措施:①设备应保证灭菌,并且无泄漏、无死角;②种子无污染,确保纯种;③所用培养基必须灭菌;④培养过程中加入的物料应经过灭菌处理,并且加入过程中确保无污染;⑤通入的气体应经过除菌处理。好氧发酵中通入的空气除菌不彻底是发酵染菌的主要原因之一,因此,空气除菌是好氧培养过程中的一个重要环节。

第一节 灭 菌

一、常见灭菌方法

灭菌是指利用物理或化学方法杀灭或除去物料及设备中一切生命物质的过程,比消毒的要求更加严格。在发酵工业生产中,为保证纯种培养,在接种之前,要对培养基、空气系统、补料或流加系统、设备和管道等进行灭菌,还要对生产环境进行消毒,防止杂菌或噬菌体的大量繁殖。常用的灭菌方法有以下几种:

1. 化学灭菌

一些化学药剂能与微生物的细胞发生反应而具有杀菌的作用。常用的化学药剂有甲醛、氯(或次氯酸钠)、高锰酸钾、环氧乙烷、季铵盐(或新洁尔灭)、臭氧等。由于化学药剂也会与培养基中的一些成分作用,而且加入培养基后不易去除,所以化学灭菌法一般不用于培养基的灭菌,适用于车间环境的灭菌、接种操作前小型器具的灭菌等。化学药剂的使用,根据灭菌对象的不同有浸泡、添加、擦拭、喷洒、气态熏蒸等。

2. 射线灭菌

射线灭菌就是利用紫外线、高能电磁波或放射性物质产生的 γ 射线等进行灭菌的方法，以紫外线最为常用。紫外线对芽孢和营养细胞都能起作用，但细菌芽孢和霉菌孢子对紫外线的抵抗力较强。紫外线的穿透力较低，仅适用于表面灭菌和无菌室、培养室等空间的灭菌，对固体物料灭菌不彻底，也不能用于液体物料的灭菌。250～270nm 波长范围杀菌效率高，以波长在 260nm 左右杀菌效率最高。除紫外线外，也可利用 0.6～14nm 的 X 射线或由 ^{60}Co 产生的 γ 射线进行灭菌。近年来，微波灭菌设备的兴起，为灭菌提供了新的选择。

3. 干热灭菌

干热灭菌是指在高温作用下，微生物细胞发生氧化，微生物体内蛋白质发生变性、电解质浓缩，引起中毒，从而导致微生物死亡。由于微生物对干热的耐受能力比对湿热强得多，所以干热灭菌与湿热相比所需的温度要高，时间要更长，一般为 160～170℃，1～1.5h。实际应用时，对一些要求保持干燥的实验器具和材料（如培养皿、接种针、固定化细胞用的载体等）可以用干热灭菌。

4. 湿热灭菌

湿热灭菌就是指利用饱和水蒸气进行灭菌。由于蒸汽具有很强的穿透能力，而且在冷凝时能释放出大量的热能，易使微生物细胞中的蛋白质、酶和核酸分子内部的化学键（特别是氢键）受到破坏，引起不可逆转的变性，导致微生物死亡。其灭菌效果远远好于干热灭菌。同时，蒸汽的价格便宜，来源方便，灭菌效果可靠，是目前最常用的灭菌方法。一般的湿热灭菌条件是 121℃，30min。

5. 过滤除菌

过滤除菌就是利用过滤方法截留微生物，达到除菌的目的。此法只适用于澄清流体和气体的除菌。工业上常用过滤除菌方法大量制备无菌空气，供好氧微生物的深层培养使用。对于热敏性培养基也采用过滤方法实验除菌。在产品生产过程中，也可利用无菌过滤方法来处理料液，以获得无菌产品。

以上的一些灭菌方法，有时也可根据需要结合使用。如动物细胞离体培养的培养基中通常含有血清、多种氨基酸、维生素等热敏性物质，在制备这类培养基时，可将其中的热敏性溶液用无菌过滤的方法除菌，其他物质的溶液则用湿热灭菌，也可将热敏性物质在较低温度或较短时间内灭菌，再与其他部分合并使用。

二、培养基的灭菌

由于培养基的灭菌大多数采用湿热方法，所以这里介绍培养基的湿热灭菌。

1. 微生物的死亡速率与理论灭菌时间

（1）微生物的热阻　每一种微生物都有一定的最适生长温度范围，存在一个最低限和最高限，当微生物处于最低限温度以下时，处于休眠状态。而当温度高于最高限，细胞的蛋白质就易发生凝固变性，导致微生物在短时间内死亡。一般无芽孢的细菌，在 60℃ 下 10min 即可全部被杀死；而有芽孢细菌的芽孢能经受较高的温度，在 100℃ 下要经过数分钟甚至数小时才能被杀死。某些嗜热菌芽孢能在 120℃ 下耐受 20～30min，但这种菌在培养基中出现的概率较低。一般认为灭菌的彻底与否以能否杀死细菌芽孢为标准。

杀死微生物的极限温度称致死温度。在致死温度下，杀死全部微生物所需要的时间称为致死时间。在致死温度以上，温度越高，致死时间越短。由于微生物细胞对热的抵抗力不同，因此它们的致死温度和致死时间也有差别。微生物对热的抵抗能力通常用"热阻"表示。热阻是指微生物在某一特定条件（主要是温度和加热方式）下的致死时间。相对热阻是指某一微生物在某条件下的致死时间与另一微生物在相同条件下的致死时间的比值，表 4-1 是几种微生物对湿热的相对抵抗力。可见，细菌的芽孢比大肠杆菌对湿热的抵抗力约高 3000000 倍。

表 4-1　微生物对湿热的相对抵抗力

微生物名称	相对抵抗力	微生物名称	相对抵抗力
大肠杆菌	1	霉菌孢子	2～10
细菌芽孢	3000000	病　毒	1～5

　　(2) 微生物的热死规律——对数残留定律　微生物热死是指微生物受热失活直到死亡。微生物受热死亡主要是由微生物细胞内酶蛋白受热凝固变性所致。在一定温度下，微生物受热后其死亡细胞的个数变化与化学反应的浓度变化一样，遵循一定的规律。在微生物受热失活的过程中，微生物不断被杀死，活细胞不断减少。因此，微生物受热死亡的速率与微生物存活细胞数目有关，即微生物受热死亡的速率与任一瞬间残存的微生物活细胞数成正比：

$$\frac{\mathrm{d}N}{\mathrm{d}t} = -kN \tag{4-1}$$

式中　N——培养基中残存的活细胞数；

　　　t——受热时间，min；

　　　k——反应速率常数，又称比死亡速率常数，min^{-1}。

　　若开始灭菌时（$t=0$），培养基中活微生物数为 N_0，经过 t 时间后活微生物数变成 N_t，将式(4-1)积分得到：

$$\ln\frac{N_t}{N_0} = -kt \tag{4-2}$$

　　或

$$N_t = N_0 \mathrm{e}^{-kt} \tag{4-3}$$

　　式 (4-3) 称为对数残留定律，可以根据残留菌数 N_t 的要求计算所需的灭菌时间 t。将存活率 N_t/N_0 对时间 t 在半对数坐标上绘图，可得到一条直线，其斜率的绝对值就是比死亡速率常数 k。图 4-1 是大肠杆菌在不同温度下的残留曲线，可以看出，温度越高，k 值（斜率的绝对值）越大，微生物越容易死亡。某些微生物受热死亡的速率不完全符合对数残留定律，将存活率 N_t/N_0 对时间 t 在半对数坐标上绘图，得到的不是直线（图 4-2）。这主要是由于这类微生物中既存活着营养细胞，也存活着耐热的芽孢，但温度越高，k 值（斜率的绝对值）越大，微生物越容易死亡这个规律不变。

　　上述式中的反应速率常数 k 是微生物耐热性的一种特征，它随微生物的种类和灭菌温度的变化而变化。在相同的温度下，k 值越小，则此微生物越耐热。一般情况下，微生物芽孢的 k 值远小于其营养细胞；不同细菌的芽孢的 k 值也不相同，表 4-2 列出了 121℃下几种芽孢细菌的 k 值。同一种微生物在不同的灭菌温度下，k 值也不同：灭菌温度越低，k 值越小；温度越高，k 值越大，微生物死亡越快。如硬脂嗜热芽孢杆菌 FS1518 在 104℃下 k 值为 $0.0342\mathrm{min}^{-1}$，121℃时 k 值为 $0.77\mathrm{min}^{-1}$，而 131℃时 k 值则为 $15\mathrm{min}^{-1}$。可见，提高灭菌

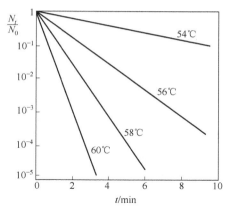

图 4-1　大肠杆菌在不同温度下的残留曲线

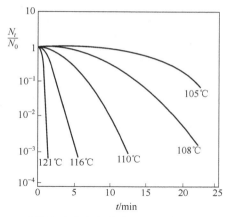

图 4-2　嗜热脂肪芽孢杆菌在不同温度下的残留曲线

表 4-2　121℃下几种芽孢细菌的 k 值

细菌名称	k/min^{-1}	细菌名称	k/min^{-1}
枯草芽孢杆菌	3.8～2.6	硬脂嗜热芽孢杆菌 FS617	2.9
硬脂嗜热芽孢杆菌 FS1518	0.77	产气梭状芽孢杆菌 PA3679	1.8

温度，k 值增大，灭菌时间显著缩短。

随着时间的延长，加热后的残留菌数呈对数减少，且温度越高，死亡越快。但培养基灭菌时并不是始终符合对数残留定律，特别是在受热后很短的时间内，培养基中油脂、糖类及一定浓度的蛋白质会增加微生物的耐热性；高浓度盐类、色素能降低其耐热性。同时，随着灭菌条件的加强，培养基的成分可能也会受到破坏，如糖溶液焦化变色、蛋白质变性、维生素失活、醛糖与氨基化合物反应、不饱和醛聚合、一些化合物发生水解等。因此，培养基的灭菌一般都采用高温短时间加热的方式，这样可以达到彻底灭菌和把营养成分的破坏减少到最低限度的目的。表 4-3 示出了不同灭菌条件下培养基营养成分的破坏情况。

表 4-3　不同灭菌条件下培养基营养成分的破坏情况

温度/℃	灭菌时间/min	营养成分破坏/%	温度/℃	灭菌时间/min	营养成分破坏/%
100	400	99.3	130	0.5	8
110	30	67	140	0.08	2
115	15	50	150	0.01	<1
120	4	27			

从式（4-3）可得：

$$t = \frac{1}{k}\ln\frac{N_0}{N_t} \quad \text{或} \quad t = \frac{2.303}{k}\lg\frac{N_0}{N_t} \tag{4-4}$$

从式（4-4）可见，灭菌时间取决于培养基中所含的原始微生物数（N_0）、灭菌的程度（N_t）和 k 值。在培养基中有各种各样的微生物，不可能逐一加以考虑。如果将全部微生物作为耐热的细菌芽孢来考虑，虽然会延长灭菌时间或提高灭菌温度，但灭菌效果得到了保证。

另一个问题是灭菌的程度，如果要达到彻底灭菌，即 $N_t = 0$，则 t 为 ∞，实际操作中这显然不可能。因此，在设计时常采用 $N_t = 0.001$（即灭菌 1000 次有一次失败的机会）。

最后要注意的是通过式（4-4）计算得到的是理论灭菌时间，实际的设计和操作中可做适当的延长或缩短。

2. 培养基的分批灭菌

培养基的分批灭菌就是指将配制好的培养基放在发酵罐或其他容器中，通入蒸汽将培养基和所用设备一起灭菌的操作过程，也称实罐灭菌。在实验室，由于培养基量较少而采用的灭菌锅灭菌也是分批灭菌。在工业上，培养基的分批灭菌不需要专门的灭菌设备，设备投资少，灭菌效果可靠，对灭菌用蒸汽要求低（0.2～0.3MPa 表压），但因其灭菌温度低、时间长而对培养基成分破坏大，其操作难以实现自动控制。分批灭菌是中小型发酵罐经常采用的一种培养基灭菌方法。

（1）分批灭菌的操作　分批灭菌在所用的发酵罐中进行。将培养基在配料罐中配制好，通过专用管道用泵输送到发酵罐，开始灭菌。图 4-3 是通用式发酵罐常见的管路配备。一般有空气管路和排气管路、取样用的取样管道、放料用的出料管道、接种管道、消沫剂管道、补料管道等。发酵罐传热用的夹套或蛇管因采用间壁传热，与发酵罐内部不相通。

在进行培养基灭菌之前，通常先把发酵罐的空气用过滤器灭菌并用空气吹干。进料完毕后，开动搅拌以防料液沉淀。然后开启夹套蒸汽阀，缓慢引进蒸汽，使料液预热升温至 80℃左右后关闭夹套蒸汽阀门。开三路（空气、出料、取样）进气阀，开排气阀，包括进料管、补料管、接种管排气阀。当升温至 110℃左右，控制进出气阀门直至 121℃（表压 0.1MPa）开始保温，保温一般为 30min。保温结束后，关闭过滤器排气阀、进气阀。关闭夹套下水道阀，开启冷却水进回水阀。待罐压低于过滤器压力时，开启空气进气阀引入无菌空气。随后引入冷却水，将培养基温度降至培养温度。

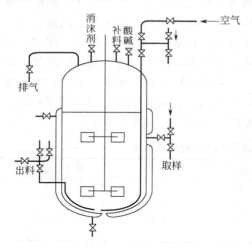

图 4-3　通用式发酵罐常见的管路配备

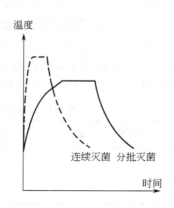

图 4-4　培养基灭菌过程中温度的变化

（2）分批灭菌的计算　分批灭菌的过程包括升温、保温和降温三个阶段，如图 4-4 所示。灭菌主要是在保温过程中实现，在升温段后期，也有一定的灭菌作用。

培养基的升温，可以在夹套或蛇管内通入蒸汽间壁加热，也可直接将蒸汽通入培养基中，或兼用。但直接通蒸汽会因冷凝水的加入改变培养基的消后体积。

培养基的保温阶段，是灭菌的主要时段。习惯上，把保温时间视为灭菌时间。

降温是培养基灭菌后用冷却水间壁将培养基冷却至培养所要求温度的过程。随着发酵罐容积的加大，分批灭菌的升温和降温时间就延长，由此造成培养基成分的破坏。同时，发酵罐的设备利用率也有所降低。

分批灭菌中，如果不计升温阶段所杀灭的菌数，把培养基中所有的菌都看作是在保温阶段（灭菌温度）被杀灭，这样可以简单地利用式（4-4）粗略计算灭菌所需要的时间。

例 4-1 有一发酵罐内装 $40m^3$ 培养基，在 121℃ 温度下进行实罐灭菌。原污染程度为每 1mL 有 2×10^5 个耐热细菌芽孢，121℃ 时灭菌速率常数为 $1.8min^{-1}$。求灭菌失败概率为 0.001 时所需要的灭菌时间。

解 $N_0 = 40\times10^6\times2\times10^5 = 8\times10^{12}$ 个

$N_t = 0.001$ 个

$k = 1.8min^{-1}$

灭菌时间：$t = \dfrac{2.303}{k}\lg\dfrac{N_0}{N_t} = \dfrac{2.303}{1.8}\lg\dfrac{8\times10^{12}}{0.001} = 20.34min$

但是实际上，培养基在加热升温时（即升温阶段）就有部分被杀灭，特别是当培养基加热至 100℃ 以上，这个作用较为显著。因此，保温灭菌时间实际上比上述计算的时间要短。严格地讲，在降温阶段也有杀菌作用，但降温时间较短，在计算时一般不考虑。

在升温阶段，培养基温度不断升高，菌死亡速率常数也不断增大，反应速率常数与温度有一定关系。

$$k = Ae^{-\frac{\Delta E}{RT}} \tag{4-5}$$

式中 A——系数，s^{-1}；

ΔE——活化能，J/mol；

R——气体常数，$8.314J/(mol\cdot K)$；

T——热力学温度，K。

上式也可改写成：

$$\lg k = \frac{-\Delta E}{2.3026RT} + \lg A \tag{4-6}$$

当以某耐热杆菌的芽孢为灭菌对象时，此时 $A = 1.34\times10^{36} s^{-1}$，$\Delta E = 2.84\times10^5$ J/mol，因此，式（4-6）可写成：

$$\lg k = \frac{-14835.08}{T} + 36.127 \tag{4-7}$$

利用式（4-7）可以求得不同温度下的反应速率常数。

考虑到升温阶段对灭菌的贡献，实际上保温开始时培养基中活微生物数不是 N_0，而是 N_p，得：

$$N_p = \frac{N_0}{e^{k_m t_p}} \tag{4-8}$$

式中 t_p——升温阶段时间，可从 100℃ 开始算起，可从经验值或通过热量恒算取得该数值，s；

k_m——这一温度段内的灭菌常数之平均值，s^{-1}。

$$k_m = \frac{\int_{T_1}^{T_2} k\,dT}{T_2 - T_1} \tag{4-9}$$

式（4-9）中的积分可以通过图解积分法求得。

例 4-2 在例 4-1 中，灭菌过程的升温阶段，培养基从 100℃ 上升到 121℃，共需 15min。求升温阶段结束时，培养基中芽孢数和保温所需时间。

解　$T_1 = 273 + 100 = 373K$

$T_2 = 273 + 121 = 394K$

先通过式（4-7）求得不同温度下的 k 值，再用图解积分法求得：

$$\int_{T_1}^{T_2} k \, dT = 0.128$$

$$k_m = \frac{0.128}{T_2 - T_1} = \frac{0.128}{394 - 373} = 0.0061 \ (s^{-1})$$

培养基中芽孢数：$N_p = \dfrac{N_0}{e^{k_m t_p}} = \dfrac{8 \times 10^{12}}{e^{0.0061 \times 15 \times 60}} = 3.3 \times 10^{10}$（个）

保温所需时间：$t = \dfrac{2.303}{k} \lg \dfrac{N_p}{N_t} = \dfrac{2.303}{1.8} \lg \dfrac{3.3 \times 10^{10}}{0.001} = 17.3$（min）

由此可见，考虑升温段的灭菌作用后，保温时间比不考虑减少了 15%。所以发酵罐体积越大，其分批灭菌的升温时间长，就更应该考虑升温段的灭菌作用，其保温时间应该更短。

3. 培养基的连续灭菌

培养基分批灭菌的显著缺点是对培养基成分破坏大、升降温时间长，尤其是在发酵罐体积越来越大的今天，其在高温下持续的时间越长，其培养基成分遭受破坏也越严重。而以"高温、快速"为特点的连续灭菌，就是将配制好的培养基在通入发酵罐时进行加热、保温、降温的灭菌过程，也称为连消。图 4-5 是连续灭菌的设备流程图。连续灭菌时，培养基在短时间内被加热到灭菌温度（一般高于分批灭菌温度，130～160℃），短时间保温（一般为 5～8min）后，被快速冷却，再进入早已灭菌完毕的发酵罐。

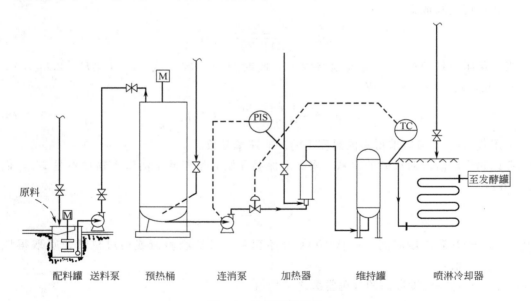

图 4-5　连续灭菌设备

培养基采用连续灭菌时，发酵罐应在连续灭菌开始前先进行空罐灭菌（空罐灭菌的方法基本和分批灭菌相同）。加热器、维持罐及冷却器也应事先灭菌。组成培养基的不同成分（耐热与不耐热，糖与氮源）可在不同温度下分开灭菌，以减轻培养基受热破坏的程度。

培养基的连续灭菌因具有对培养基破坏小、可以实现自动控制、提高发酵罐的设备利用率、蒸汽用量平稳等优点而被广泛应用，尤其在培养基体积较大时。但对加热蒸汽的压力要求较高，一般不小于 0.45MPa。同时连续灭菌需要一组附加设备，设备投资大。

连续灭菌时，配料罐用于培养基的配制。然后将培养基用泵打入预热桶中。

预热桶的作用是定容与预热。预热的目的是使培养基在后续的加热过程中能迅速升温到指定的灭菌温度，同时可避免将过多的冷凝水带入培养基，还可减少震动和噪声。一般可以将培养基预热到 70～90℃。

预热好的培养基由连消泵打入加热器。加热器又称连消塔，使培养基与蒸汽混合并迅速达到灭菌温度。加热采用的蒸汽压力一般为 0.45～0.8MPa，其目的是使培养基在较短的时间（20～60s）里快速升温。加热器常用的有塔式和喷射式两种。

加热后通过保温将培养基维持灭菌温度一段时间，这是杀灭微生物的主要过程。其设备有维持罐和管式维持器两种。保温设备一般用保温材料包裹，但不直接通入蒸汽。管式维持器的优点是管的直径较小，物料可一直沿管子向前流动，先进先出，不会返混；而维持罐由于直径远大于进料管，培养基在罐内混合，不能做到先进先出，返混现象严重，因而延长了保温时间。

保温结束以后，必须迅速降温至接近培养温度（40～45℃），避免培养基营养成分的破坏。国内大多数采用喷淋冷却器，也有采用螺旋板换热器、板式换热器、真空冷却器等。

连续灭菌的理论灭菌时间计算可延用对数残留定律，如忽略升温的灭菌作用，保温时间为：

$$t = \frac{1}{k}\ln\frac{c_0}{c_t} \quad \text{或} \quad t = \frac{2.303}{k}\lg\frac{c_0}{c_t} \tag{4-10}$$

式中　c_0——单位体积培养基在灭菌前的菌浓度，个/mL；

　　　c_t——单位体积培养基在灭菌后的菌浓度，个/mL。

例 4-3　若将例 4-1 中的培养基采用连续灭菌，灭菌温度为 131℃，求灭菌所需的维持时间。

解　$\lg k = \dfrac{-14835.08}{T} + 36.127 = \dfrac{-14835.08}{273+131} + 36.127 = -0.593$

$k = 0.255 \text{s}^{-1} = 15.3 \text{min}^{-1}$

$c_0 = 2 \times 10^5$ 个/mL

$c_t = \dfrac{0.001}{40 \times 10^6} = 2.5 \times 10^{-11}$个/mL

$t = \dfrac{2.3026}{k}\lg\dfrac{c_0}{c_t} = \dfrac{2.3026}{15.3}\lg\dfrac{2 \times 10^5}{2.5 \times 10^{-11}} = 2.39 \text{min}$

可见，灭菌温度升高 10℃后采用连续灭菌，则保温时间大为缩短。

如果采用维持罐保温还必须考虑返混的情况，为确保灭菌效果，实际维持时间常取理论灭菌时间的 3～5 倍。

4. 影响培养基灭菌的因素

影响培养基灭菌的因素除了所污染杂菌的种类、数量、灭菌温度和时间外，培养基成分、pH、培养基中颗粒、泡沫等对培养基灭菌也有影响。

（1）培养基成分　油脂、糖类及一定浓度的蛋白质增加微生物的耐热性，高浓度有机物会包裹于细胞的周围形成一层薄膜，影响热的传递，因此在固形物含量高的情况下，灭菌温度可高些。例如，大肠杆菌在水中加热至 60～65℃便死亡；在 10%糖液中，需 70℃、4～6min；在 30%糖液中需 70℃、30min。

低质量分数（1%～2%）的 NaCl 溶液对微生物有保护作用，随着质量分数的增加，保护作用减弱，当质量分数达 8%～10%以上则减弱微生物的耐热性。

（2）pH pH 对微生物的耐热性影响很大。pH=6.0～8.0，微生物最耐热；pH<6.0，氢离子易渗入微生物细胞内，从而改变细胞的生理反应促使其死亡。所以培养基 pH 愈低，灭菌所需的时间愈短，见表 4-4。

表 4-4 pH 对灭菌时间的影响

温度/℃	孢子数/(个/mL)	灭菌时间/min				
		pH=6.1	pH=5.3	pH=5.0	pH=4.7	pH=4.5
120	10000	8	7	5	3	3
115	10000	25	25	12	13	13
110	10000	70	65	35	30	24
100	10000	740	720	180	150	150

（3）培养基中的颗粒 培养基中的颗粒小，灭菌容易，颗粒大，灭菌难。一般含有小于 1mm 的颗粒对培养基灭菌影响不大，但颗粒大时，影响灭菌效果，应过滤除去。

（4）泡沫 培养基的泡沫对灭菌极为不利，因为泡沫中的空气形成隔热层，使传热困难，难以杀灭微生物。对易产生泡沫的培养基在灭菌时，可加入少量消泡剂。对有泡沫的培养基进行连续灭菌时更应注意。

5. 分批灭菌和连续灭菌比较

连续灭菌与分批灭菌比较有很多优点，尤其是生产规模大时，优点更为显著。主要体现在以下几方面：①可采用高温短时灭菌，培养基受热时间短，营养成分破坏少，有利于提高发酵产率；②发酵罐利用率高；③蒸汽负荷均匀；④采用板式换热器时，可节约大量能量；⑤适宜采用自动控制，劳动强度小。

但当培养基中含有固体颗粒或培养基中有较多泡沫时，以采用分批灭菌为好，因为在这种情况下用连续灭菌容易导致灭菌不彻底。对于容积小的发酵罐，连续灭菌的优点不明显，而采用分批灭菌比较方便。

三、培养基与设备、管道灭菌条件

（1）杀菌锅内灭菌 固体培养基灭菌蒸汽压力 0.098MPa，维持 20～30min；液体培养基灭菌蒸汽压力 0.098MPa，维持 15～20min；玻璃器皿及用具灭菌，压力 0.098MPa，30～60min。

（2）种子罐、发酵罐、计量罐、补料罐等的空罐灭菌及管道灭菌 从有关管道通入蒸汽，使罐内蒸汽压力达 0.147MPa，维持 45min，灭菌过程从阀门、边阀排出空气，并使蒸汽通过达到死角灭菌。灭菌完毕，关闭蒸汽后，待罐内压力低于空气过滤器压力时，通入无菌空气保持罐压 0.098MPa。

（3）空气总过滤器和分过滤器灭菌 排出过滤器中的空气，从过滤器上部通入蒸汽，并从上、下排气口排气，维持压力 0.174MPa 灭菌 2h。灭菌完毕，通入压缩空气吹干。

（4）种子培养基实罐灭菌 从夹层通入蒸汽间接加热至 80℃，再从取样管、进风管、接种管进蒸汽，进行直接加热，同时关闭夹层蒸汽进口阀门，升温至 121℃，维持 30min。谷氨酸发酵的种子培养基实罐灭菌为 110℃，维持 10min。

（5）发酵培养基实罐灭菌 从夹层或盘管进入蒸汽，间接加热至 90℃，关闭夹层蒸汽，从取样管、进风管、放料管三路进蒸汽，直接加热至121℃，维持30min。谷氨酸发酵培养基实罐灭菌为105℃，维持5min。

（6）发酵培养基连续灭菌　一般培养基为130℃，维持5min；谷氨酸发酵培养基为115℃，维持6～8min。

（7）消泡剂灭菌　直接加热至121℃，维持30min。

（8）补料实罐灭菌　根据料液不同而异。淀粉料液为121℃，维持5min。

（9）尿素溶液灭菌　105℃，维持5min。

第二节　空气净化

大多数微生物为好氧微生物，在培养时需要提供氧气，最常用的氧源就是空气。而空气中除了含有氧气外，还含有其他多种成分，其中有一些是不能进入培养系统的，因此必须对空气进行净化。

一、空气的除菌

空气是气态物质的混合物，主要成分为氮气和氧气，还含有惰性气体、二氧化碳和水蒸气等。此外，在空气中悬浮有很多灰尘，主要是由无机物微粒、烟灰、花粉和种类繁多的微生物所组成。空气中常见的微生物主要是细菌、酵母菌、霉菌和病毒。

空气中微生物的数量和环境有着密切的关系。一般干燥寒冷的北方，空气中含微生物较少，而潮湿温暖的南方空气中含微生物较多，城市空气中的微生物比人口稀少的农村多，地平面空气中的微生物比高空中多。工程设计中常以微生物浓度 10^4 个/m^3 作为空气的污染指标。

1. 发酵用无菌空气的质量标准

发酵用的无菌空气，就是将自然界的空气经过压缩、冷却、减湿、过滤等过程，达到以下标准：

① 连续提供一定流量的压缩空气。发酵用无菌空气的设计和操作中常以通气比或VVM来计算空气的用量。VVM的含义是单位时间（min）单位体积（m^3）培养基中通入标准状况下的空气的体积（m^3），一般为0.1～2.0。

② 空气的压强（表压）为0.2～0.4MPa。压强过低不利于克服发酵罐中的下游阻力，压强过高则不必要。

③ 进入过滤器之前，空气的相对湿度 $\varphi \leqslant 70\%$。这是为了防止空气过滤介质的受潮。

④ 进入发酵罐的空气温度可比培养温度高10～30℃。虽然对于发酵而言，空气的温度低较好，但太低的温度需要消耗过多的能量。

⑤ 压缩空气的洁净度，在设计空气过滤器时，一般指标取失败概率为 10^{-3}。也可以把100级作为无菌空气的洁净指标。100级指每立方米空气中，尘埃粒子数最大允许值≥0.5μm的为3500，≥5μm的为0；微生物最大允许数为5个浮游菌/m^3，1个沉降菌/m^3。

2. 空气预处理

图4-6是空气设备净化系统流程。一般把这个流程中空气过滤器以前的部分称为空气预处理阶段。在预处理阶段的设备简单介绍如下：

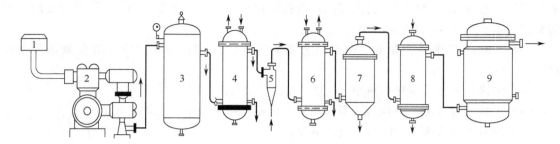

图 4-6　空气设备净化系统流程

1—粗过滤器；2—压缩机；3—贮罐；4,6—冷却器；

5—旋风分离器；7—丝网分离器；8—加热器；9—过滤器

（1）采风塔　采风塔应建在工厂的上风处，远离烟囱。采风塔可采用铁皮或混凝土建造，要求越高越好，至少 10m，设计的气体流速在 8m/s 左右。有时可把采风塔建成采风室，直接建在空压机房上面，以节省地方和充分利用空间。

（2）粗过滤器　粗过滤器安装在空压机吸入口前，又称前置过滤器。其主要作用是拦截空气中较大的灰尘以保护空气压缩机，同时也起到一定的除菌作用，减轻总过滤器的负担。粗过滤器应具有阻力小、灰尘容量大的特点，否则会成为阻力而影响压缩机吸气。过滤介质可采用泡沫塑料（平板式）或者无纺布（折叠式），设计流速为 0.1~0.5m/s。

（3）空气压缩机　空气压缩机的作用是提供动力，以克服随后的各个设备的阻力。目前国内常用的空压机有往复式空压机、螺杆式空压机和涡轮式空压机。应根据空气用量，结合本地实际及空压机的特点合理选用空压机。为保证连续供气，一般不提倡使用单台空压机。

（4）空气贮罐　空气贮罐的作用是消除空气压缩机的脉动，这对于往复式空压机特别重要。如果选用螺杆式或涡轮式空压机，由于其排气是均匀而连续的，则压缩空气贮罐可以省去。

（5）冷却器　空压机出口温度一般在 120℃ 左右，必须冷却。另外在潮湿季节或地区，空气中含水量较高，为避免过滤介质受潮而失效，冷却还可以达到除湿的目的。

空气冷却器可采用列管式换热器，空气走壳程，管内走冷却水。一般中小型工厂采用两级空气冷却器串联来冷却压缩空气。在夏天第一级冷却器可用循环水来冷却空气，第二级冷却器要采用 9℃ 左右的低温水来冷却压缩空气。由于空气被冷到露点以下会有凝结水析出，故冷却水的下部应设置排除凝结水的接管口。

（6）气液分离设备　冷却后的压缩空气，会带有来自空压机的润滑油，尤其是往复式空压机。如果冷却温度低于露点，空气中还会有水。所以在冷却器后面安装了气液分离设备，除去空气中的油和水，以保护过滤介质。

用在这里的气液分离设备一般有两类：一是利用离心力沉降的旋风分离器，主要除去空气中绝大多数的 20μm 的液滴；二是利用惯性拦截的介质分离器，如丝网除沫器，它可去除 1μm 以上的雾滴，去除率约为 98%。

（7）空气加热设备　压缩空气经过气液分离设备把夹带在空气中的液滴、雾沫除去后，其相对湿度仍为 100%（如果冷却到露点以下）。在进入总过滤器之前为了把空气的相对湿度从 100% 降到 70% 以下，应该再将空气加热。

3. 空气的过滤除菌

各种不同的培养过程，鉴于其所用菌种的生长能力强弱、生长速度的快慢、培养周期的长短以及培养基的差异，对空气灭菌的要求也不相同。所以，对空气灭菌的要求应根据具体情况而定，但一般仍可按 10^{-3} 的染菌概率考虑。空气净化的方法有热灭菌法、静电除菌、介质过滤除菌法。

过滤除菌法，是让含菌空气通过过滤介质，以阻截空气中所有微生物，而取得无菌空气。按除菌机制不同，可分为绝对过滤和深层介质过滤两类。

绝对过滤所用过滤介质的滤孔小于细胞和孢子，从而能将微生物阻留在介质的一侧，例如将多孔的聚乙烯醇缩甲醛树脂（PVF）经过热处理制成孔径小于 $0.3\mu m$ 的滤膜。悬浮于空气中的菌体大小一般为 $0.5\sim5\mu m$，因而这种材料有很好的除菌效果。纤维素、硅酸硼纤维、聚四氟乙烯等都可作为过滤介质。由于孔隙小于微生物，空气中即使有液滴也不会影响其除菌效果。为了使过滤介质有较长的使用寿命，要求空气在进行过滤前，先经过粗滤器除去较大的颗粒。该方法主要应用于医疗及特种发酵。

深层介质过滤所用介质的孔隙一般大于微生物细胞，为了达到所需的除菌效果，介质必须有一定的厚度。这种介质的除菌机理比较复杂，主要是依靠气流通过滤层时，基于滤层纤维网格的层层阻碍，迫使气体在流动过程中产生无数次改变气速大小和方向的绕流运动，而菌体微粒由于具有一定的质量，在以一定速度运动时具有惯性，碰到介质时，由于惯性作用而离开气流，在摩擦、黏附作用下被滞留在介质表面上，这种捕集微粒的作用叫做惯性撞击截留作用。目前工厂和实验室多采用深层介质过滤。

深层过滤介质又分为两类：第一类过滤介质有棉花、玻璃纤维、合成纤维和颗粒状活性炭，图 4-7 是用这类介质填充的过滤器；第二类是将过滤材料做成纤维滤纸、金属烧结板等，图 4-8 是滤纸过滤器，这些材料除菌效率高，无需填充得很厚，如果用超细玻璃纤维滤纸只需要少量几张就可以了。

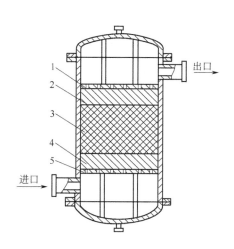

图 4-7　纤维介质-活性炭过滤器示意图

1—上花板；2,4—纤维介质；
3—活性炭颗粒；5—下花板

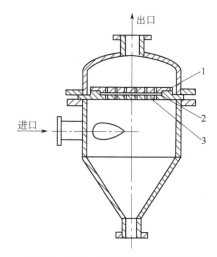

图 4-8　旋风式滤纸过滤器示意图

1—上花板；2—滤纸；3—下花板

在实验室或中试规模，空气过滤器只设一级，而大发酵工厂大多采用两级甚至三级过滤。第一级过滤器常称为总过滤器，二、三级过滤器称为分过滤器。

过滤器在使用前，也需要进行灭菌，一般是使用蒸汽灭菌，灭菌后用压缩空气吹干。总过滤器约每月灭菌一次，为了使总过滤器不间断地进行工作，一般应有备用，以便在灭菌时替换使用。

二、空气净化流程

空气净化的一般流程是把吸气口吸入的空气先经过压缩前的过滤，再进入压缩机。从空压机出来的空气（一般高温高压）先冷却到适当的温度，并通过气液分离设备除去油和水，再加热到一定温度，最后通过总过滤器和分过滤器除菌，从而获得洁净度、压力、温度和流量都符合要求的无菌空气。

具有一定压力的无菌空气可以克服空气在预处理、过滤除菌及有关设备、管道、阀门、过滤介质等的压力损失，并在培养过程中能维持一定的罐压。因此过滤除菌的流程必须有供气设备——空气压缩机，对空气提供足够能量，同时还要具有高效的过滤除菌设备以除去空气中的微生物颗粒。对于其他附属设备则要求尽量采用新技术以提高效率，精简设备流程，降低设备投资、运转费用和动力消耗，并简化操作。但流程的制订要根据具体所在地的地理、气候环境和设备条件来考虑。如在环境污染比较严重的地方要改变吸风的条件（如采用高空吸风），以降低过滤器的负荷，提高空气的无菌程度；而在温暖潮湿的地方则要加强除水设施以确保和发挥过滤器的最大除菌效率。

要保持过滤器在比较高的效率下进行过滤，并维持一定的气流速度和不受油、水的干扰，则应有一系列的加热、冷却及分离和除杂设备来保证。空气净化的一般流程如下：

空气吸气口→粗过滤器→空气压缩机→一级空气冷却器→二级空气冷却器

空气加热器←丝网除沫器←旋风分离器←空气贮罐←分水器

总空气过滤器→分空气过滤器→无菌空气

空气过滤除菌有多种工艺流程，下面介绍几种较典型的流程：

1. 两级冷却、加热除菌流程

图 4-6 即为两级冷却、加热除菌流程示意图。它是一个比较完善的空气除菌流程，可适应各种气候条件。它能充分地分离油水，使空气达到较低的相对湿度后进入过滤器，以提高过滤效率。该流程的特点是两次冷却、两次分离、适当加热。两次冷却、两次分离油水的好处是能提高传热系数，节约冷却用水，油水分离得比较完全。经第一冷却器冷却后，大部分的水、油都已结成较大的雾粒，且雾粒浓度较大，故适宜用旋风分离器分离。第二冷却器使空气进一步冷却后析出一部分较小雾粒，宜采用丝网分离器分离，这样发挥丝网能够分离较小直径雾粒的作用，且分离效果好。通常，第一级冷却到 30～35℃，第二级冷却到 20～25℃。除水后，空气的相对湿度仍是 100%，须用丝网分离器后的加热器加热将空气中的相对湿度降低至 50%～60%，以保证过滤器的正常运行。

两级冷却、加热除菌流程尤其适用于潮湿的地区，其他地区可根据当地的情况，对流程中的设备作适当的增减。

2. 冷热空气直接混合式空气除菌流程

图 4-9 为冷热空气直接混合式空气除菌流程。从流程图可以看出，压缩空气从贮罐出来后分成两部分，一部分进入冷却器，冷却到较低温度，经分离器分离水、油雾后与另一部分未处理过的高温压缩空气混合，此时混合空气已达到温度为 30～35℃，相对湿度为 50%～60% 的要求，再进入过滤器过滤。该流程的特点是可省去第二冷却后的分离设备和空气再加

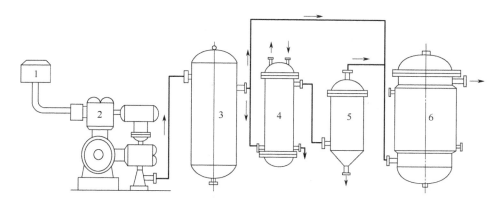

图 4-9 冷热空气直接混合式空气除菌流程

1—粗过滤器；2—压缩机；3—贮罐；4—冷却器；5—丝网分离器；6—过滤器

热设备，流程比较简单，利用压缩空气来加热吸水后的空气，冷却水用量少。该流程适用于中等湿含量地区，但不适用于空气湿含量高的地区。

3. 高效前置过滤空气除菌流程

图 4-10 为高效前置过滤空气除菌的流程示意图。它采用了高效率的前置过滤设备，利用压缩机的抽吸作用，使空气先经中、高效过滤后，再进入空气压缩机，这样就降低了主过滤器的负荷。经高效前置过滤后，空气的无菌程度已经相当高，再经冷却、分离，进入主过滤器过滤，就可获得无菌程度很高的空气。此流程的特点是采用了高效率的前置过滤设备，使空气经多次过滤，因而所得的空气无菌程度很高。

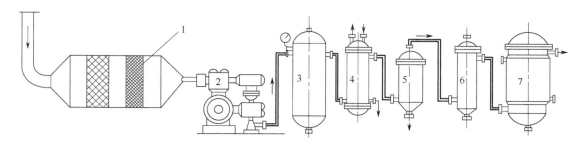

图 4-10 高效前置过滤空气除菌流程

1—高效前置过滤器；2—压缩机；3—贮罐；4—冷却器；

5—丝网分离器；6—加热器；7—过滤器

4. 利用热空气加热冷空气的流程

图 4-11 为利用热空气加热冷空气的流程示意图。它利用压缩后的热空气和冷却后的冷空气进行热交换，使冷空气的温度升高，降低相对湿度。此流程对热能的利用比较合理，热交换器还可兼作贮气罐，但由于气-气换热的传热系数很小，加热面积要足够大才能满足要求。

三、无菌检测及发酵废气废物的安全处理

1. 无菌检测

工业生产中，为明确责任、跟踪生产进程、及早发现染菌等问题，一般在菌种制备、发

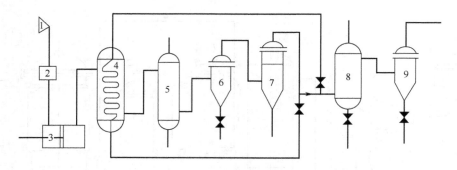

图 4-11 利用热空气加热冷空气的流程示意图

1—高空采风；2—粗过滤器；3—压缩机；4—热交换器；5—冷却器；
6,7—析水器；8—空气总过滤器；9—空气分过滤器

酵罐接种前后和培养过程中都按时采样，进行无菌检测。对发酵液的无菌检测有三种方式：无菌试验，镜检，试剂盒检验。

无菌试验有肉汤培养法、双碟法、斜面培养法等。肉汤法是直接用装有酚红肉汤的无菌试管取样，37℃培养，观察培养基颜色的变化，确定是否染菌。双碟法是取样在双碟培养基上划线，取样培养 6h 后反复划线，培养 24h 后观察有无菌落。斜面培养法是接种于斜面上，培养 24h 后观察有无菌落。

镜检采用显微镜直接观察取样中有无杂菌，明显的优势是快速，但染菌初期或杂菌少时无法确定，一般与肉汤法配合使用。

试剂盒是近几年出现的快速、高效检测灭菌效果和染菌的新手段。

空气系统的无菌检测主要考察过滤器是否失效。过滤器失效的检测方法一是检测过滤器两侧的压降，压降大说明过滤介质被堵塞；二是用粒子计数器测定空气中的粒子数是否超标，有无达到洁净度要求。

2. 发酵废气废物的安全处理

发酵过程中，发酵罐不断排出废气，其中夹带部分发酵液和微生物。中小型试验发酵罐厂采用在排气口接装冷凝器的方法回流部分发酵液，以避免发酵液体积的大幅下降。大型发酵罐的排气处理一般接到车间外经沉积液体后从"烟囱"排出。当发生染菌事故后，尤其发生噬菌体污染后，废气中夹带的微生物一旦排向大气将成为新的污染源，所以必须将发酵尾气进行处理。目前国内发酵行业普遍采用的方法是将尾气经碱液处理后排向大气。发生噬菌体污染后，虽经碱液处理，吸风口空气中尚有噬菌体存在，这些噬菌体又难以经过滤除去。利用噬菌体对热的耐受力差的特点，在空气预处理流程中，将贮罐紧靠着空压机。此时的空气温度很高，空气在贮罐中停留一段时间可达到杀灭噬菌体的作用。

一旦发生发酵污染，发酵液需处理后方可排放，否则造成新的污染源。一般是直接通入蒸汽灭菌处理，也可加入甲醛再用湿热灭菌处理。

复 习 题

1. 常见的灭菌方法有哪些？
2. 空气净化的流程有哪些？

3. 培养基与设备、管道灭菌有什么条件？

4. 影响培养基灭菌的因素有哪些？

5. 分批灭菌如何操作？如何计算灭菌的时间？

6. 写出空气净化的一般工艺流程。

7. 什么是微生物的致死温度？微生物的热死规律是什么？

第五章 发酵过程及控制

职业能力目标

● 能根据生产中温度、溶氧、pH、CO_2、泡沫、种子质量及基质浓度对发酵过程的影响规律，找出最适宜条件，采取相应控制措施，提高生产效率。

● 能够判断发酵终点，对发酵过程进行重要检测。

专业知识目标

● 能准确地说出生产中温度、溶氧、pH、CO_2、泡沫、种子质量及基质浓度对发酵过程的影响及基本规律。

● 能大致地描述不同发酵方式的理论基础，比较分批发酵、补料-分批发酵、连续发酵的异同及优劣。

● 能大致地描述发酵动力学的有关原理，发酵器的分类及发展趋势。

第一节 发 酵 方 式

发酵原本是指在厌氧条件下葡萄糖通过酵解途径生成乳酸或乙醇等的分解代谢过程。现在从广义上将发酵看作是微生物把一些原料养分在合适的发酵条件下经过特定的代谢转变成所需产物的过程。微生物具有合成某种产物的潜力，但要想在生物反应器中顺利实现以最大限度地合成所需产物却并不容易。发酵是一种很复杂的生化过程，其好坏涉及诸多因素。最基本的是取决于生产菌种的性能。但有了优良的菌种之后，还需要有最佳的环境条件（即发酵工艺）加以配合，才能使其生产能力充分表现出来。因此必须研究生产菌种的最佳发酵工艺条件，如原料的质量、种子的质量、营养要求、培养温度、pH、对氧的需求等，据此设计合理的发酵工艺，使生产菌种处于最佳的产物合成条件下，才能取得优质高产的效果。

微生物发酵是多达数十步甚至数百步的生物化学反应，其过程远比化学反应过程复杂，往往环境条件的微小变化，就会对微生物的生产能力产生明显影响。发酵生产受许多因素的影响和工艺条件的制约，即使同一种生产菌种和培养基配方，不同厂家的生产水平也不一定相同。这是由于各厂家的生产设备、培养基的来源、水质和工艺条件也不尽相同。因此，必须因地制宜，掌握菌种的特性，根据本厂的实际条件，制订有效的控制措施。通常，菌种的生产性能越高，其生产条件越难满足。由于高产菌种对工艺条件的波动比低产菌种更敏感，因此研究菌体的培养规律、外界控制因素对过程的影响及如何优化条件，才能有效控制发酵过程，达到最佳效果。使生产过程达到预期的目的，是发酵工程的重要任务。

微生物培养亦称微生物发酵，发酵生产按微生物培养工艺不同可以分为固态发酵和液态发酵两种类型。两者在工艺过程上大体相同，主要工艺过程为：

斜面菌种培养→菌体或孢子悬浮液制备→种子扩大培养→发酵培养

成品←提纯与精制←发酵产物与发酵基质分离

　　固态发酵是将微生物接种到经过处理的固体发酵基质上，或将发酵原料及菌体吸附在疏松的固体支撑物上，通过微生物的代谢活动，使发酵原料转化成发酵产品。采用固态发酵工艺所需设备简单，不需要结构复杂的发酵堆；操作方法简单，能耗较低，不需要大量的通风和搅拌。但是固态发酵不宜采用自动化控制，劳动强度较大，生产率较低。液态发酵是将物料首先制备成液态，再将微生物接入进行发酵。液态发酵容易实现自动化生产，生产效率高。

　　深层培养可分为分批培养、补料-分批（流加培养）培养、半连续培养（发酵液带放）、连续培养和灌注培养五种方式，不同的操作方式具有不同的特征，各有其优缺点。以发酵方式可分为分批发酵（间歇发酵）、补料-分批发酵和连续发酵等。

　　在发酵生产中采用何种培养方式应视生产所用微生物的生长特性、代谢特性及发酵动力学等因素综合考虑。如发酵基质浓度对微生物的生长和代谢有抑制作用，应采用流加培养方式，以消除高底物浓度对发酵的影响。

一、分批发酵

1. 分批发酵的理论基础

　　分批发酵是指在一个密闭系统内投入有限数量的营养物质后，接入少量的微生物菌种进行培养，使微生物生长繁殖，在特定的条件下只完成一个生长周期的微生物培养方法。该方法在发酵开始时，将微生物菌种接入已经灭菌的培养基中，在微生物最适宜的培养条件下进行培养，在整个培养过程中，除氧气的供给、发酵尾气的排出、消泡剂的添加和控制 pH 需加入的酸或碱外，整个培养系统与外界没有其他物质的交换。分批培养将细胞和培养液一次性装入反应器内，进行培养，细胞不断生长，产物也不断形成，经过一段时间反应后，将整个反应系取出。分批培养的特点是操作简单，易于掌握，因而是最常见的操作方式。

　　分批培养过程中随着培养基中营养物质的不断减少，微生物生长的环境条件也随之不断变化，不能使细胞自始至终处于最优条件下。因此，微生物分批培养是一种非稳态的培养方法。但是在培养基接种后只要维持一定温度，对于好氧培养过程则还需进行通气搅拌，在培养过程中，培养液中的细胞浓度、基质浓度和产物浓度不断变化，但有一定规律。分批发酵是一种准封闭式系统，种子接种到培养基后除了气体流通外发酵液始终留在生物反应器内。在此简单系统内所有液体的流量等于零，故由物料平衡，得式（5-1）～式（5-3）的微分方程：

$$\frac{d[X]}{dt}=\mu[X] \tag{5-1}$$

$$\frac{d[S]}{dt}=-q_S[X] \tag{5-2}$$

$$\frac{d[P]}{dt}=q_P[X] \tag{5-3}$$

式中　[X]——菌体浓度，g/L；
　　　　t——培养时间，h；
　　　　μ——比生长速率，h^{-1}；
　　　　[S]——基质浓度，g/L；
　　　　q_S——比基质消耗速率，g/(g·h)；
　　　　[P]——产物浓度，g/L；
　　　　q_P——比产物形成速率，g/(g·h)。

以上由细胞生长、基质消耗和产物生长的微分方程构成的微分方程组，反映了分批发酵中细胞、基质和产物浓度的变化情况。对各种不同的微生物分批发酵过程，通过实验研究这三个参数的变化规律，建立适当的微分方程组，就可以对分批发酵进行模拟，进而进行优化控制，最终达到提高生产效率的目的。

分批发酵过程一般可粗分为四期，即适应期（也有称停滞期或延滞期的）、对数（指数）生长期、生长稳定期和死亡期；也可细分为六期，即停滞期、加速期、对数期、减速期、静止期和死亡（衰亡）期，如图 5-1 所示。

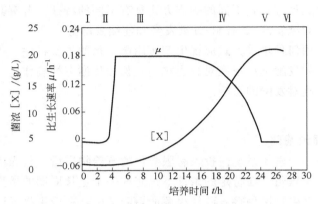

图 5-1 分批培养中的微生物的典型生长曲线

（1）停滞期（Ⅰ） 在停滞期，即刚接种后的一段时间内，细胞不生长，细胞数目和菌量基本不变，这是由于菌对新的生长环境有一适应过程，其长短主要取决于种子的活性、接种量、培养基的可利用性以及浓度。菌龄短的菌种停滞期也短，在对数生长期接种停滞期最短，种子老化会使停滞期延长。带培养液接种比种子经分离培养液后接种的延滞期要短，但带培养液的种子易老化，不易保藏。对于经分离后的浓缩种子，若在接种时添加适量的培养滤液，则可缩短延滞期。此外，对有些微生物培养在接种时添加某种激活剂可大大缩短延滞期。菌龄相同的菌种，则接种量越大，停滞期越短，而培养基的浓度对停滞期的长短影响不大。停滞期的长短差别很大：短的几乎觉察不到，瞬间即可完成；而长的要在接种后 2～3 天才开始生长。种子一般应采用对数生长期且达到一定浓度的培养物，该种子能耐受含高渗化合物和低 CO_2 分压的培养基。工业生产中从发酵产率和发酵指数以及避免染菌角度考虑，希望尽量缩短停滞期。

（2）加速期（Ⅱ） 加速期通常很短，大多数细胞在此期的比生长速率在短时间内从最小值升到最大值。如这时菌已完全适应其环境，养分过量又无抑制剂便进入恒定的对数（生长）期（Ⅲ）。

（3）对数期（Ⅲ） 在这一阶段，由于培养基营养物质丰富，有毒代谢物少，细胞生长不受限制，所以细胞浓度随培养时间呈对数增长，可用式（5-1）表示。将其积分，再取自然对数，得：

$$\ln[X]_t = \ln[X]_0 + \mu t \qquad (5-4)$$

式中 $[X]_0$——菌的初始浓度；

$[X]_t$——经过培养时间 t 的菌体浓度。

将菌体浓度的自然对数与时间（$\ln[X]_t$-t）作图可得一直线，其斜率为 μ，即比生长速率。比生长速率与微生物种类、培养温度、pH、培养基成分及限制基质浓度等因素有关。

在对数生长期，细胞的生长不受限制，因此，在对数生长期的比生长速率达最大，可用 μ_{max} 表示。一些微生物如产黄青霉、构巢曲霉、贝内克菌的典型 μ_{max} 值分别为 $0.12h^{-1}$、$0.36h^{-1}$、$4.24h^{-1}$。对数生长期的长短主要取决于培养基，包括溶氧的可利用性和有害代谢产物的积累。

（4）减速期（Ⅳ） 在对数生长期，随着细胞的大量繁殖，培养基中养分迅速减少，有害代谢物逐渐积累，细胞的比生长速率逐渐下降，即进入减速期（Ⅳ）。细胞的生长不可能再无限制地继续，这时比生长速率成为养分、代谢产物和时间的函数，常用 Monod 方程表示。当限制性基质浓度很低时，增加该基质浓度能显著提高细胞的比生长速率，否则就不明显。但是，有时高浓度的基质会对细胞的生长产生抑制作用，即发生基质抑制现象。比如用醋酸为基质培养产朊假丝酵母，以亚硝酸盐培养基培养消化杆菌等。细胞在代谢与形态方面逐渐变化，经短时间的减速后进入生长静止（稳定）期。减速期的长短取决于菌对限制性基质的亲和力（K_S 值），亲和力高，即 K_S 值小，则减速期短。

（5）静止期（Ⅴ） 在静止期，因营养物质耗尽，有害物质大量积累，细胞的浓度达到最大值，不再增加。实际上是一种生长和死亡的动态平衡，净生长速率等于零，即：

$$\mu = \alpha$$

式中 α——比死亡速率。

由于此期菌体的次级代谢十分活跃，许多次级代谢物在此期大量合成，菌的形态也发生较大的变化，如菌已分化、染色变浅、形成空胞等。当养分耗竭，对生长有害的代谢物在发酵液中大量积累，便进入死亡期（Ⅵ）。

（6）死亡期（Ⅵ） 在死亡期，细胞开始死亡，活细胞的浓度不断下降，这时 $\alpha > \mu$，细胞生长呈负增长。工业发酵一般不会等到菌体开始自溶时才结束培养。发酵周期的长短不仅取决于前面五期的长短，还取决于菌的初始浓度 $[X]_0$。

2. 重要的生长参数

分批培养中基质初始浓度对菌生长的影响如图 5-2 所示。

（1）得率系数 Y 在浓度较低的范围（A—B）内，静止期的细胞浓度与初始基质浓度成正比，可用式（5-5）表示：

$$[X] = Y([S]_0 - [S]_t) \tag{5-5}$$

式中 $[S]_0$——初始基质浓度，g/L；

$[S]_t$——经培养时间 t 时基质浓度，g/L；

Y——得率系数，g 细胞/g 基质。

在 A—B 的区域，当生长停止时，$[S]_t$ 等于零。式（5-5）可用于预测用多少初始基质便能得到相应的菌量。

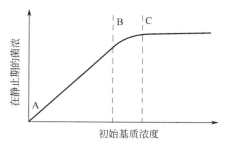

图 5-2 分批培养中基质初始浓度对菌生长的影响

（2）比生长速率 μ 在 C—D 的区域，菌量不随初始基质浓度的增加而增加。这时菌体的进一步生长受到积累的有害代谢物的限制。用 Monod 方程可描述比生长速率和残留的限制性基质浓度之间的关系：

$$\mu = \frac{\mu_{max}[S]}{K_S + [S]} \tag{5-6}$$

式中 μ——比生长速率，h^{-1}；

μ_{max}——最大比生长速率，h^{-1}；

[S]——基质浓度，g/L；

K_S——基质利用常数，相当于 $\mu = \mu_{max}/2$ 时的基质浓度，g/L，是菌对基质的亲和力的一种度量。

分批培养中后期基质浓度下降，代谢有害物积累，已成为生长限制因素，产值下降。其快慢取决于菌体对限制性基质的亲和力大小，K_S 小，对 μ 的影响较小，当 $[S]_t$ 接近 0 时，μ 急速下降；K_S 大，μ 随 $[S]_t$ 的减小而缓慢下跌，当 $[S]_t$ 接近 0 时，μ 才迅速下降到零，见图 5-3。

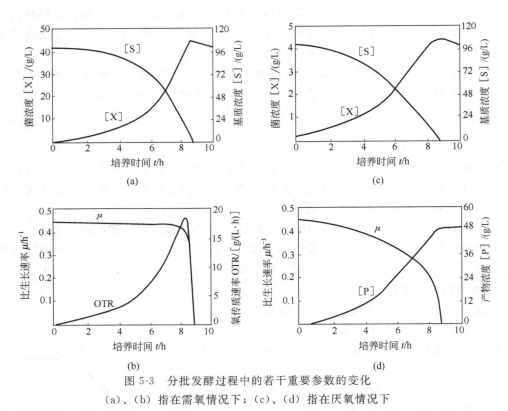

图 5-3 分批发酵过程中的若干重要参数的变化

（a）、（b）指在需氧情况下；（c）、（d）指在厌氧情况下

3. 分批发酵的优缺点

分批发酵在工业生产上占有重要地位。分批培养的优点是：周期短，培养基一次灭菌，一次投料，容易实现无菌状态；操作简单，易于操作控制，产品质量稳定；培养浓度较高，易于产品分离。但是分批培养的辅助时间较多，设备生产能力低。在目前国内外绝大多数发酵生产中，都是采用分批培养的方法。

若细胞本身为产物，可采用能支持最高生长量的培养条件；以初级代谢物为产物的，可设法延长与产物关联的对数生长期；对次级代谢物的生产，可缩短对数生长期，延长静止（生产）期，或降低对数期的生长速率，从而使次级代谢物更早形成。但分批发酵不适用于测定其过程动力学，因使用复合培养基，不能简单地运用 Monod 方程来描述生长，存在基质抑制问题，出现二次生长现象。对基质浓度敏感的产物，或次级代谢物，比如抗生素，用分批发酵不合适，因其周期较短，一般在 1~2 天，产率较低。这主要是由于养分的耗竭，无法维持下去。据此，发展了补料-分批发酵。

二、补料（流加）-分批发酵

1. 补料-分批发酵理论基础

补料-分批发酵是指先将一定量的培养液装入反应器，在适宜的条件下接种细胞，进行培养，细胞不断生长，产物也不断形成。随着细胞对营养物质的不断消耗，向反应器中不断补充新的营养成分，使细胞进一步生长代谢，避免由于养分不足导致发酵过早结束，到反应终止时取出整个反应系。流加培养是介于分批培养过程与连续培养过程之间的一种过渡培养方法。一般出现在下列两种情况中：一种情况是培养过程中的主要底物是气体；另一种情况是存在底物抑制。若底物是气体，如甲烷发酵，则不可能将底物一次加入，只能在培养过程中连续不断地通入。对于存在底物抑制的培养系统，采用连续流加培养基的方法，可使发酵液中一直保持较低的底物浓度，从而解除底物抑制。目前国内外的酵母生产行业大多采用这种操作方法。

目前补料-分批培养已在发酵工业上普遍用于氨基酸、抗生素、维生素、酶制剂、单细胞蛋白、有机酸以及有机溶剂等的生产过程。目前补料-分批发酵的类型很多，就补料的方式而言，有连续补料、不连续补料和多周期补料；每次补料又可分为快速补料、恒速补料、指数速度补料和变速补料；按反应器中发酵液体积区分，又有变体积和恒体积之分；从反应器数目分，又有单级和多级之分；从补加的培养基成分来分，又可分为单一组分补料和多组分补料。

流加培养的特点就是能够调节培养环境中营养物质的浓度。一方面，它可以避免某些营养成分的初始浓度过高而出现底物抑制现象；另一方面，能防止某些限制性营养成分在培养过程中被耗尽而影响细胞的生长和产物的形成，这是流加培养与分批培养的明显不同。由于新鲜培养液的加入，整个过程中反应体积是变化的，这是它的一个重要特征。

根据不同情况，存在不同的流加方式。从控制角度可分为无反馈抑制流加和有反馈抑制流加两种：无反馈抑制流加包括定量流加和间断流加等；有反馈抑制流加，一般是连续或间断地测定系统中限制性营养物质的浓度，并以此为控制指标，来调节流加速率或流加液中营养物质的浓度等。

若只有料液的输入，没有输出，发酵液的体积在增加。若分批培养中的细胞生长受一种基质浓度的限制，则在任一时间的菌浓度可用下式表示：

$$[X]_t = [X]_0 + Y([S]_0 - [S]_t) \tag{5-7}$$

式中　$[X]_0$——初始菌浓度，g/L；

　　　$[X]_t$——t 时的菌浓度，g/L；

　　　$[S]_0$——初始基质浓度，g/L；

　　　$[S]_t$——t 时的基质浓度，g/L。

若$[S]_t=0$，则其最终菌浓为$[X]_{max}$，只要$[X]_0 \ll [X]_{max}$，则：

$$[X]_{max} \approx Y[S]_0 \tag{5-8}$$

如果当$[X]_t=[X]_{max}$时开始补料，其稀释速率 $D < \mu_{max}$，实际上基质一进入培养液中很快便被耗竭，故可得输入的基质等于细胞消耗的基质。虽然培养液中的总菌量 $[X]_T$ 随时间的延长而增加，但细胞浓度$[X]_t$并未提高，因此 $\mu = D$。这种情况称为准稳态。随时

间的延长，D 将随体积的增加而减少。D 可用下式表达：

$$D = \frac{F}{V} = \frac{F}{V_0 + Ft} \tag{5-9}$$

$$V = V_0 + Ft$$

式中　V_0——发酵液原来的体积，L；

　　　D——稀释速率，h^{-1}；

　　　t——补料时间，h；

　　　F——补料流速，L/h；

　　　V——t 时发酵液体积，L。

因此，按 Monod 方程，残留的基质应随 D 的减小而减小，导致细胞浓度的增加。但在 μ 的分批-补料操作中 $[S]_0 \gg K_S$，因此，在所有实际操作中残留基质浓度的变化非常小，可当作是零。故只要 $D < \mu_{\max}$，$K_S \gg [S]_0$，便可达到准稳态。恒化器的稳态和补料-分批发酵的准稳态的主要区别在于恒化器的 μ 是不变的，而补料-分批发酵的 μ 是降低的。补料-分批发酵的优点在于它能在这样一种系统中维持很低的基质浓度，从而避免快速利用碳源的阻遏效应和能够按设备的通气能力去维持适当的发酵条件，并且能减缓代谢有害物的不利影响。

2. 分批-补料的优化

为了获得最大的产率，需采取优化补料的策略，可以从实际分批-补料培养中改变补料的速率（如边界控制）实现。在分批培养的前期 μ 应维持在其最大值（$\mu_{\max}$）；下一阶段 μ 应保持在临界值（μ_c）。这种控制策略可理解为细胞生长和产物合成的两阶段生产步骤。Shioya（1992）将生物反应器的优化分为三个步骤，如图 5-4 所示，即过程的建模、最佳解法的计算和解法实现。为此，需考虑模型与真实过程之间的差异和优化计算的难易。在建模阶段出现的问题之一是怎样定量描述包括在质量平衡方程中的反应速率。

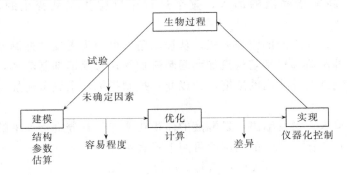

图 5-4　生物反应器优化的三个步骤

Shioya 等对分批培养进行优化和控制的方法如图 5-5 所示，用一模型鉴别和描述比生长速率与比生产速率之间的关系，通过最大原理获得比生长速率的最佳策略和这一策略的实现。

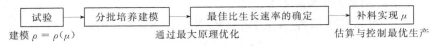

图 5-5　分批培养中实现最佳生产的方法

在建模阶段拟解决的问题之一是定量描述物料平衡中的以基质、产物等浓度表示的各反应速率。分批培养中的最大目标是在一定的运转时间 t_f 下使产量最大化。比生长速率 μ 在此被看做是决定性变量，其变化取决于基质补料速率的变化，是过程的重要参数之一，表征生物反应器的动态特性。为了获得最大的细胞产量，应在培养期间使产值最大。为此，应使培养基中的糖浓度保持在一最适范围。如没有现成的在线葡萄糖监控仪，可控制发酵过程中CO_2呼吸商RQ值和乙醇浓度。但应强调指出，RQ和乙醇浓度的控制只能用于使比生长速率最大化。为了维持分批培养中产值不变，常用一指数递增的补料策略。这可使生长速率维持恒定，直到收率系数Y减小。故可用补料的办法控制比生长速率。但如果计算补料速率所需的初始条件和参数不对，则比生长速率便根本不等于所需数值。

酵母的生产与代谢不仅取决于是否有足够的氧，而且与糖的含量有关。当糖含量很低时（0.028%），在有氧条件下，酵母不产生乙醇，其生长收率可达50%；当糖含量较高时，酵母菌在生长的同时，产生部分乙醇，酵母收率低于50%；而当培养液中的糖含量达5%时，即使在有足够氧的条件下，酵母菌的生长也会受到抑制，且产生大量乙醇，酵母收率很低。因此，为了获取较高的生长速率和较高的酵母收率，必须使培养液中糖的含量保持在较低的水平。显然，采用一次投料的方法是不行的，这样在发酵的初始阶段将会产生大量酒精，影响酵母的生长和收率。采用流加的方法可获得满意的结果。在整个发酵过程中，培养液中的糖含量都保持在较低的水平（一般为0.1%~0.5%），酵母利用多少就流加多少，流加速率等于酵母的糖耗速率。这样酵母处在较低糖含量的培养条件下，以较快的速度生长，其酵母的收率也能取得令人满意的结果，所以酵母培养采用流加培养。

酿酒酵母的培养温度会影响其比生长速率和酸性磷酸酯酶的比生产速率。当温度低一些，27℃有利于μ值；温度高一些，32.5℃有利于酸性磷酸酯酶比生产速率的提高。最终产物浓度与改变温度的时间（μ_{max}到μ_c）6h是最适合的。

三、半连续发酵

半连续培养又称为反复分批培养或换液培养，在补料-分批发酵的基础上加上间歇放掉部分发酵液（行业中称为带放）便可称为半连续发酵。带放是指放掉的发酵液和其他正常放罐的发酵液一起送去提炼工段。这是反应器内培养液的总体积保持不变的操作方式。这种操作方式可以反复收获培养液，对于培养基因工程动物细胞分泌有用产物或病毒增殖过程比较适用。例如，采用微载体系统培养基因工程iCHO细胞，待细胞长满微载体后，可反复收获细胞分泌的乙肝表面抗原（HBsAg）制备乙肝疫苗。

考虑到补料-分批发酵虽可通过补料补充养分或前体的不足，但由于有害代谢物的不断积累，产物合成最终难免受到阻遏。放掉部分发酵液，再补入适当料液，不仅补充养分和前体，而且代谢有害物被稀释，从而有利于产物的继续合成。但半连续发酵也有它的不足：①放掉发酵液的同时也丢失了未利用的养分和处于生产旺盛期的菌体；②定期补充和带放使发酵液稀释，送去提炼的发酵液体积更大；③发酵液被稀释后可能产生更多的代谢有害物，最终限制发酵产物的合成；④一些经代谢产生的前体可能丢失；⑤有利于非产生菌突变株的生长。据此，在采用此工艺时必须考虑上述的技术限制，不同的品种应根据具体情况具体分析。

四、连续发酵

连续培养或连续发酵是发酵过程中一边补入新鲜的料液，一边以相近的流速放料，维持发酵液原来的体积。使微生物细胞能在近似恒定状态下生长的微生物发酵培养方式。可以采用罐式或搅拌发酵罐及管式反应器。它与封闭系统中的分批培养方式相反，是在开放的系统中进行的培养方式。在连续培养过程中，微生物细胞所处的环境条件，如营养物质的浓度、产物的浓度、pH 以及微生物细胞的浓度、比生长速率等可以自始至终基本保持不变，甚至还可以根据需要来调节微生物细胞的生长速率。因此，连续培养的最大特点是微生物细胞的生长速率、产物的代谢均处于恒定状态，可以达到稳定、高速培养微生物细胞或产生大量代谢产物的目的。此外，对于细胞的生理或代谢规律的研究，连续培养是一种重要的手段。

连续培养过程可以连续不断地收获产物，并能提高细胞密度，在生产中被应用于培养非贴壁依赖性细胞。如英国 Celltech 公司采用连续培养杂交瘤细胞的方法，连续不断地生产单克隆抗体。

1. 单级连续发酵的理论基础

在任何连续发酵开始，都要先做分批培养，使微生物在接种后生长繁殖达到一定细胞浓度，并进入产物合成期，然后才开始以恒定流量向发酵罐流加培养基，同时以相同的流量流出培养液，使发酵罐内培养液的体积保持恒定，微生物持续生长，合成产物。连续发酵达到稳态时放掉发酵液中的细胞量等于生成细胞量。流入罐内的料液使得发酵液变稀，流量与培养液体积之比可用 D 来表示，称为稀释率（h^{-1}），表示单位时间内加入的培养基体积占发酵罐内培养基体积的比例，其倒数表示培养液在发酵罐内平均停留时间。

$$D = \frac{F}{V} \qquad (5\text{-}10)$$

式中　D——稀释率，h^{-1}；

　　　F——料液流量，L/h；

　　　V——发酵液的体积，L。

在一定时间内细胞浓度的净变化：

$$\frac{d[X]}{dt} = \mu[X] - D[X] \qquad (5\text{-}11)$$

式中　$\mu[X]$——生长速率，$g/(L \cdot h)$；

　　　$D[X]$——细胞排放速率，$g/(L \cdot h)$。

在稳态条件下 $d[X]/dt = 0$，即 $\mu[X] = D[X]$，故：

$$\mu = D \qquad (5\text{-}12)$$

即在稳态条件下细胞的比生长速率与稀释率相等，可通过补料速率来控制比生长速率，因 V 不变，稀释率大小将有一定限制，即有一临界稀释率 D_c。将式（5-12）代入式（5-6）并简化，得：

$$[S] = \frac{K_s D}{\mu_{max} - D} \qquad (5\text{-}13)$$

式（5-13）解释了 D 如何控制 μ。细胞生长将导致基质浓度下降，直到残留基质浓度等于能维持 $\mu = D$ 的基质浓度。如基质浓度消耗到低于能支持相关生长速率的水平，细胞的丢失速率将大于生成的速率，这样基质浓度 [S] 将会提高，导致生长速率的增加，平衡又恢复。

连续培养系统又称为恒化器，培养物的生长速率受其周围化学环境影响，即受培养基的一种限制性组分控制。设备的差异、菌贴罐壁和培养物的生理因素等会造成恒化器的实验结果可能与过去理论预测的结果不同。

2. 多级连续培养

基本恒化器的改进有多种方法，但最普通的办法是把多个发酵罐串联起来，第一罐类似单罐培养，以后下一级罐的进料即为前一发酵罐的出料，这样就组成了多级串联培养（多级恒化系统）。多级恒化系统见图 5-6。多级恒化器的优点是在不同级的罐内存在不同的条件。这将有利于多种碳源的利用和次级代谢物的生产，提高生产能力。如采用葡萄糖和麦芽糖混合碳源培养产气克雷伯菌，第一级罐内只利用葡萄糖，在第二级罐内利用麦芽糖，菌的生长速率远比第一级小，同时形成次级代谢产物。由于多级连续发酵系统比较复杂，用于研究工作和生产实际有较大的困难。

由于恒化器运行中将部分菌体返回罐内，从而使罐内菌体浓度大于简单恒化器所能达到的浓度，即 $Y([S]_0-[S]_t)$。可通过以下两种办法浓缩菌体：①限制菌体从恒化器中排出，让流出的菌体浓度比罐内的小；②将流出的发酵液送到菌体分离设备中，如让其沉积或将其离心，再将部分浓缩的菌体送回罐内。

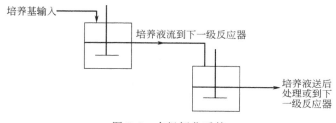

培养基输入

培养液流到下一级反应器

培养液送后处理或到下一级反应器

图 5-6　多级恒化系统

这种方法相当于不断接种，增加了罐内的菌体浓度；导致残留基质浓度比简单恒化器小；菌体和产物的最大产量增加；临界稀释率也提高。菌体反馈恒化器能提高基质的利用率，可以改进料液浓度不同系统的稳定性，适用于被处理的料液较稀的品种，如酿造和废液处理。

3. 连续培养在工业生产中的应用

连续培养在产率、生产的稳定性和易于实现自动化方面比分批发酵优越，但污染杂菌的概率和菌种退化的可能性增加。培养物产率可定义为单位发酵时间形成的菌量。从一批发酵到另一批发酵的间隔时间包括打料、灭菌、发酵周期、放罐等。青霉素连续发酵可较分批发酵产量提高 65%。在连续培养中，选取适当的限制性基质，可大大提高产量，例如采用氯或磷代替葡萄糖作为限制性基质，连续生产链球菌培养乳酸，其生产速率分别提高 4.2 倍及12.8 倍。

用红曲霉发酵生产 β-半乳糖苷酶时，为防止葡萄糖对半乳糖诱导作用的抑制，可采用二级连续培养，即在第一级罐中加葡萄糖为碳源，以促进菌体生长；第二级用半乳糖诱导酶的生长，可使酶的生长速率提高 57%。

用连续培养进行发酵生产，早在 20 世纪 20 年代就开始采用连续培养法生产饲料酵母，此后，人们对各种连续培养进行了大量的研究工作。虽然有关酵母、丝状真菌、细菌、放线菌、藻类等各种微生物连续培养的报道很多，但大多数都是试验性的，而不是大规模的工业化生产。到目前为止，有关工业化的连续培养生产有以下几个方面：

（1）酵母、细菌等单细胞蛋白产品　20 世纪 20 年代开始采用连续培养法生产饲料酵母，这是最早的单细胞蛋白产品。目前，由造纸厂亚硫酸盐废液连续培养生产饲料酵母较为普遍。到 20 世纪 50 年代末，以糖蜜为原料连续培养生产药用酵母和面包酵母的工业开始形成。由于酵母菌的生长受糖浓度的抑制，当糖浓度较高时，酵母进行有氧代谢产生大量酒精，从而使酵母得率下降。一般采用 2~5 个反应器串联，在各反应器中同时连续流加糖液，从第一个反应器开始，酵母浓度逐渐增高，但各反应器中糖的浓度却基本保持一致。与批式流加培养比较，其设备生产能力可提高 50% 左右。

（2）酒精、啤酒、醋酸等初级代谢产物 酒精、啤酒、醋酸、葡萄糖酸等初级代谢产物的连续发酵开始于 20 世纪 50 年代初。50 年代后期，国内外相继实现了糖蜜制酒精的连续发酵生产。20 世纪 60 年代初，用淀粉质原料连续发酵制造酒精的工业化生产已获得成功。酒精连续发酵多采用 10 个左右的反应器串联，酒精浓度可达 10% 左右，发酵液的平均停留时间一般不到分批发酵时间的一半，只需 30h 左右。啤酒连续发酵的流程有多级搅拌罐式、多级塔式和单塔式三种，其中以单塔连续发酵较为多见。塔式啤酒连续发酵的特点是发酵速率高，塔内具有较高的酵母浓度，一般比分批发酵大 16 倍左右，因此发酵时间大幅度降低。醋酸的连续发酵生产多采用单级自吸式反应器和塔式反应器。

（3）污水的生化处理 用活性污泥处理废水普遍采用连续培养的方法。由于废水中的底物浓度相对较低，因而废水处理大多采用浓缩细胞部分回流的方法，以提高生物滤池的生产能力。

工业化连续培养应用较为广泛的国家有德国、加拿大、澳大利亚、新西兰和美国等。在中国连续培养的研究与生产始于 20 世纪 50 年代。目前已实现的有：由造纸厂亚硫酸盐废液连续生产饲料酵母，以糖蜜为原料连续生产药用酵母和酒精，用淀粉质原料生产酒精的连续发酵已被广泛应用。此外，污水的连续生化处理已被广泛采用，啤酒和面包酵母的连续发酵已完成了中间试验。

4. 连续培养中存在的问题

与分批发酵相比，连续发酵过程具有许多优点：在连续发酵达到稳态后，其非生产占用的时间要少许多，故其设备利用率高，单位时间产量高。发酵设备以外的外围设备（如蒸汽锅炉、泵）利用率高，可以及时排除在发酵过程中产生的对发酵过程有害的物质。但连续发酵技术也存在一些问题，如杂菌的污染、菌种的稳定性问题。

（1）污染杂菌问题 在连续发酵过程中需要长时间不断地向发酵系统供给无菌的新鲜空气和培养基，这就增加了染菌的机会。尽管可以通过选取耐高温、耐极端 pH 和能够同化特殊营养物质的菌株作为生产菌种来控制杂菌的生长，但这种方法的应用范围有限。故染菌问题仍然是连续发酵技术中不易解决的课题。

了解杂菌在什么样的条件下发展成为主要的菌群便能更好地掌握连续培养中杂菌污染的问题。

在分批培养中任何能在培养液中生长的杂菌将存活和增长。但在连续培养中杂菌能否积累取决于它在培养系统中的竞争能力。故用连续培养技术可选择性地富集一种能有效使用限制性养分的菌种。

（2）生产菌种突变问题 微生物细胞的遗传物质 DNA 在复制过程中出现差错的频率为 10^{-6}。尽管自然突变频率很低，一旦在连续培养系统中的生产菌中出现某一个细胞的突变，且突变的结果使这一细胞获得高速生长能力，但失去生产特性的话，它会最终取代系统中原来的生产菌株，而使连续发酵过程失败。而且，连续培养的时间愈长，所形成的突变株数目愈多，发酵过程失败的可能性便愈大。并不是菌株的所有突变都造成危害，因绝大多数的突变对菌株生命活动的影响不大，不易被发觉。但在连续发酵中出现生产菌株的突变却对工业生产过程特别有害。因工业生产菌株均经多次诱变选育，消除了菌株自身的代谢调节功能，利用有限的碳源和其他养分合成适应人们需求的产物。生产菌种发生回复突变的倾向性很大，因此这些生产菌种在连续发酵时很不稳定，低产突变株最终取代高产生产菌株。

为了解决这一问题，曾设法建立一种不利于低产突变株的选择性生产条件，使低产菌株逐渐被淘汰。例如，利用一株具有多重遗传缺陷的异亮氨酸渗漏型高产菌株生产 L-苏氨酸。此生产菌株在连续发酵过程中易发生回复突变而成为低产菌株。若补入的培养基中不含异亮氨酸，那些不能大量积累苏氨酸而同时失去合成异亮氨酸能力的突变株则从发酵液中被自动地去除。

五、灌注培养

灌注培养是指细胞接种后进行培养，一方面新鲜培养基不断加入反应器，另一方面又将反应液连续不断地取出，但细胞留在反应器内，使细胞处于一种不断的营养状态。

当高密度培养动物细胞时，必须确保补充给细胞足够的营养以及去除有毒的代谢废物。在半连续培养中，可以采用取出部分用过的培养基和加入新鲜培养基的办法来实现。这种分批部分换液办法的缺点在于当细胞密度达到一定量时，废代谢产物的浓度可能在换液前就达到产生抑制作用的程度。降低废代谢产物的有效方法就是用新鲜的培养基进行灌注，通过调节灌注速率可以把培养过程保持在稳定的、废代谢产物低于抑制水平的状态下。一般在分批培养中密度为 $(2\sim4)\times10^6$ 个细胞/mL，在灌注系统中可达到 $(2\sim4)\times10^7$ 个细胞/mL。灌注技术已经应用于许多不同的培养系统中，规模分别为几十升至几百升。

第二节　发酵动力学

微生物是发酵培养过程的主体，细胞内有各种酶系，它摄取原料中的养分后，通过体内的特定酶系进行复杂的生化反应，将底物转化成有用的产品。微生物发酵过程包括微生物的生长、反应基质的消耗和代谢产物的生成，其中细胞的生长是关键。发酵动力学是对微生物的生长和产物形成的描述，它研究细胞生长速率和发酵产物的生成速率以及环境条件对这些速率的影响。发酵动力学的研究是了解微生物发酵过程的实质所必需的，通过发酵动力学的研究建立发酵过程的数学模型，从而为发酵过程的工艺设计和管理控制提供理论基础，达到提高产品的产率及降低成本的目的。

一、发酵动力学类型

发酵动力学类型是为了描述菌体生长，碳源利用与代谢产物形成速度变化，以及它们之间的动力学关系而建立的。微生物种类繁多，具有氧化、还原、分解、合成、转换和积累某种产物等多种代谢机能，通常是按微生物需氧的特点来区分发酵类型：第一类是需氧性发酵，由好氧菌引起，发酵时必须充分供氧，如谷氨酸、柠檬酸、抗生素、生长激素、酶制剂等的生产；第二类是厌氧性发酵，由厌氧菌引起，发酵时必须隔离空气，分子氧的存在对发酵有害，只有在需要保持罐压时才向发酵罐中通入无菌空气，如乳酸、丙酮、丁醇等的生产；第三类是兼性发酵，由兼性厌氧菌引起，在有氧存在时进行有氧性发酵，在无氧存在时进行厌氧性发酵，如酒精、酵母菌体的生产。

按菌体生长、碳源消耗、产物形成三者之间的动力学关系来区分发酵类型，能清楚地比较各种发酵的特点。Gaden 根据发酵过程中产物的形成与底物利用之间关系的不同，将发酵分为三类：

Ⅰ型为生长联系型，又称简单发酵型，产物直接由碳源代谢而来，产物生成速度的变化与微生物对碳源利用速度的变化相平行，产物生成和糖的利用有直接的化学计量关系，产物形成与微生物的生长相偶联。例如酵母菌的酒精发酵和供氧条件下生产酵母菌体都属于这一类型。蘑菇菌丝、苏云金杆菌等的培养亦属于此类。在单细胞微生物中，菌体增长与时间的关系多为对数关系。酵母生产就是根据对数生长关系和菌体产量常数（在一定的培养条件下，菌体产量与碳源消耗之比）计算加糖速度，以防止过量糖的加入引起酒精产生。在厌氧条件下，酵母菌生长与产物生成是相平行的；在有氧的条件下，糖的消耗速度和菌体生成的速度是平行的过程。在这些发酵过程中，菌体生长、碳源消耗、产物生成三种速度都有一个高峰，三个高峰几乎在相同时间出现。

Ⅱ型为部分生长联系型，或生长部分相关型，又称中间发酵型。产物不是碳源的直接氧化产物，而是菌体内生物氧化过程的主流产物，碳源既供微生物的生长又供产物生成，碳源利用率较高，产物形成的量也较多。糖的消耗主要在微生物的旺盛生长阶段和产物最大形成期，但糖的消耗与产物合成无直接计量关系，产物生成与微生物的生长部分偶联。例如，在用黑曲霉进行柠檬酸发酵时，发酵早期糖被用于满足菌体生长，直到其他营养成分耗尽为止。然后代谢进入柠檬酸积累阶段，产物积累的数量与糖的利用数量有关，这一过程仅能得到少量的能量。又如土霉素的生产，开始时代谢活动极其微弱，当开始产生初级菌丝后，代谢旺盛而不大量分泌抗生素，随后初级菌丝断裂，呼吸率和核酸形成下降，抗生素分泌量增加。产生次级菌丝后，抗生素形成量迅速增加，核酸仍有生成而呼吸下降，最后生长停顿，代谢再度降低，然而抗生素仍能继续分泌一段时间。在这些发酵过程中，菌体生长和最终产物的生成虽分为两个阶段，但二者并未截然分开，在产物大量形成阶段菌体增长可能出现第二次高峰，也可能降低或停止。

Ⅲ型为非生长联系型，又称复杂发酵型。这一型的特点是产物形成一般在菌体生长接近或达到最高生长期。产物合成与碳源利用无准量关系，产物生成量远远低于碳源消耗量，产物生成在菌体生长和基质消耗完以后才开始，与生长不偶联，所形成的产物均是次级代谢产物。例如青霉素和链霉素、维生素的生产多属于此类。整个过程分为两个时期：第一个时期为菌体生长期，积累菌体和能量代谢的各个方面都极为旺盛，而抗生素的生成量极微；第二个时期为抗生素合成期，氧化代谢的各个方面较弱，而产物的积累逐渐达到高峰。但两个时期也有关联，往往不能截然分开。

Deindoerfer 根据发酵的进程，将发酵分为五类，即单一型、并进型、连贯型、分段型和复合型。

（1）单一型 底物按固定的化学计量关系转化为产物，过程无中间产物积累。单一型发酵动力学类型分为两个类型，即生长反应型和非生长反应型。

（2）并进型 底物按不定的化学计量关系转化为产物，没有中间产物的积累。这类反应过程产生一种以上的产物，但产物不是按固定的化学计量关系转化的，生成产物的相对速度往往随营养成分浓度而变化。

（3）连贯型 底物转化为产物的过程中有一定的中间产物的积累。如假单胞杆菌在把葡萄糖发酵成葡萄糖酸时，先把葡萄糖转化为葡萄糖内酯，然后再转化成葡萄糖酸。

（4）分段型 分段型有两种情况：一种是底物在转化为产物前全部转化为中间产物；另一种情况是营养物按先后顺序有选择地转化为产物。分段型由两个单一型反应组成，这两个单一型反应可能是由酶的诱导作用加以调节控制。

弱氧化醋酸杆菌氧化葡萄糖为 5-酮基葡萄糖酸就是分段型。在这一过程中，首先将全部葡萄糖转化为葡萄糖酸，然后再将葡萄糖酸转化为 5-酮基葡萄糖酸。

大肠杆菌的二阶段式生长也是分段型。在同时供给葡萄糖和山梨醇作为基质的情况下，先利用葡萄糖，用完葡萄糖后再开始利用山梨醇。Monod 将这种生长方式称为"二段生长"。

（5）复合型　绝大多数发酵过程实际上是由上述各种基本反应类型组合而成的，其复杂程度可能相差极大。青霉素发酵就显示了这种情况。青霉素菌丝体的生长曲线是典型的二段式生长，青霉素的生成曲线也显示为两个阶段，并落后于菌丝体的生长曲线。在糖耗尽与青霉素出现之前的一段时间内有某种中间产物的积累。

二、微生物生长动力学

微生物生长动力学研究的是微生物细胞的生长速率和环境条件对生长速率的影响。微生物在生长过程中，通过新陈代谢活动，部分营养物质转变成细胞物质，表现出细胞质量增加和细胞体积增大，这是个体生长的过程。当生长到一定限度时，微生物细胞开始繁殖，表现出细胞个体数目增加，这是群体生长的过程。无论是细胞质量增加或细胞体积增大，还是细胞个体数目增加，都是微生物生长的体现。

1. 生长速率

在微生物的培养过程中，菌体浓度的增加速率与菌体浓度、基质浓度和抑制剂浓度有关。生长速率与培养液中的菌体浓度成正比，比例系数一般用 μ 表示，称为比生长速率。它与许多因素有关，当温度、pH、基质浓度等条件改变时，μ 随之改变。

2. 比生长速率与基质浓度的关系

（1）Monod 方程　Monod 根据经验得出，在培养液中无抑制剂存在时，底物浓度与比生长速率的关系可表示为：

$$\mu = \frac{\mu_{\max}[S]}{K_S + [S]} \qquad (5\text{-}6)$$

当限制性底物浓度非常小时，比生长速率与限制性底物浓度成正比，微生物的生长显示为一级反应。

当限制性底物浓度很大时，比生长速率达到最大比生长速率 $\mu_{\max}$，菌体的生长速率与底物浓度无关，而与菌体浓度成正比，微生物的生长显示为零级反应。

当限制性底物浓度很高时，对于某些微生物，高浓度的基质对生长有抑制作用，因而当 μ 达某一值时，再提高底物浓度，比生长速率反而下降，这时 $\mu_{\max}$ 仅表示一种潜在的力量，实际上是达不到的。

（2）其他比生长速率方程式　Monod 方程式是描述比生长速率与底物浓度关系最基本的方程式，其他的方程式还有：①多个限制基质的 Monod 式；②Tessier 方程式；③Moser 方程式；④Contois 方程式。对于 BOD 测定用方程④可知，当单位菌体所具有的底物很小时，菌体的比生长速率与底物浓度成正比，而与菌体浓度成反比。

3. 生长抑制

微生物的生长速率或底物消耗速率与酶反应一样，存在着各种形式的抑制现象。

（1）抑制剂抑制　由于微生物的生长合成是一系列酶催化反应的结果，因此酶催化反应中的各种抑制剂同样对微生物的生长有抑制作用。例如 *Saccharomyces cerevisiae* 利用葡萄糖的速率受培养基中山梨糖的抑制，在以葡萄糖为主要底物培养 Monascus sp. 时，半乳糖对 Monascus sp. 的生长同样起竞争性抑制作用。

（2）底物抑制　高浓度底物对代谢途径的抑制作用是所摄取的过量底物本身或其代谢底物抑制酶活力的过程，或是由于基因水平影响酶的生成机制，从而最终控制底物摄取速度，并影响生长速度的过程。底物抑制的一个明显例子是酵母菌生长过程中的 Crabtree 效应。当培养液中葡萄糖的浓度超过 5% 时，即使在足够的氧供应条件下，也会使酵母细胞的生长速度明显下降，这种现象称 Crabtree 效应。

（3）产物抑制　酒精发酵中酵母菌的生长为产物抑制的一个例子，乙醇对酵母比生长速率的影响为非竞争性抑制。

4. 逻辑定律

对于稳定的连续发酵过程，由于其底物浓度等培养条件都维持不变，比生长速率为一常数。对于分批发酵，在对数生长期，发酵液中的底物浓度较高，比生长速率接近最大比生长速率，底物浓度的变化不会引起 μ 的明显变化，可认为是常数。但就整个分批发酵而言，随着时间的推移，由于培养液中营养物质的消耗、细胞重量的增加和代谢产物的生成，使得培养条件随着时间不断变化，比生长速率亦随之变化。可用逻辑定律来说明，比生长速率与菌体浓度有关，且随时间的延长而降低。

三、产物形成动力学

微生物发酵中，产物生成速率与细胞浓度、细胞生长速率及基质浓度等有关，不同的发酵生产有着不同的动力学模式，其中底物和抑制剂可以是多个。下面首先介绍生长与产物形成的关系，然后介绍几个具体发酵中产物形成的动力学模型。

1. 产物形成与生长的关系

细胞生长与代谢产物形成之间的动力学关系决定于细胞代谢中间产物所起的作用。描述这种关系的模式有三种，即生长联系型模式、非生长联系型模式和复合型模式。

（1）生长联系型模式　在这种模式中，当底物以化学计量关系转变成单一的一种产物时，产物形成速率与生长速率成正比关系，代谢产物一般称为初级代谢产物，这类代谢产物的发酵称为初级代谢，如乙醇、柠檬酸、氨基酸和维生素等代谢产物的发酵。

（2）非生长联系型模式　在这种模式中，产物的形成速率只和细胞浓度有关，代谢产物一般称为次级代谢产物，大多数抗生素发酵都属于次级代谢。需要指出的是，虽然所有的非生长联系型产物都称为次级代谢产物，但并非所有的次级代谢产物一定都是非生长联系型。次级代谢产物是一种习惯叫法，因这类产物产生于次级生长。

（3）复合型模式　Luedeking 等在研究以乳酸菌生产干酪乳时，发现在不同条件下，分别体现上述两种模式，即由二者复合而成。

2. 产物形成动力学模型举例

青霉素为典型的次级代谢产物，青霉素的生产速率与菌体浓度成正比，而与生长速率无关。同时，青霉素发酵受产物抑制，而当产物达到一定浓度时，产物的生成就会停止。

谷氨酸发酵的菌体生长和产物积累分两个阶段，谷氨酸发酵前期主要是菌体生长，不产或极少产酸，而后期菌体生长与死亡达到动态平衡。

酒精发酵产物乙醇对比生长速率表现为非竞争性抑制。在分批发酵过程中，随着底物的消耗和产物的形成，酒精的生产速率会越来越低。

四、生长得率与产物得率

1. 生长得率和产物得率的定义

微生物生长和产物形成是生物物质的转化过程。在这个过程中，供给发酵的营养物质转化成细胞和代谢产物。生长得率是定量描述细胞对营养物质的得率的系数，而产物得率就是描述产物对营养物质的得率的系数，得率系数代表转化的效率。

生长得率：消耗每单位数量的基质所得到的菌体，称为基质的生长得率。

同一菌体，采用不同基质进行培养时，所得的生长得率和产物得率不同。

2. 理论得率与表观得率

如上所述的生长得率实际上是指细胞对底物的表观得率。细胞在生长繁殖过程中，不仅合成新的细胞和使细胞个体长大需要消耗底物，同时维持细胞本身的生命活动也要消耗一定的底物。把只考虑细胞合成时细胞对底物的得率叫做生长的理论得率；把既考虑细胞合成又考虑细胞维持时细胞对底物的得率叫做生长的表观得率。理论得率与表观得率的区别与联系在于：

① 理论得率只取决于细胞的组成与合成途径，是与生长速率无关的常数；表观得率与生长速率及培养条件有关，在培养过程中，不同时期的表观得率可能有所不同。

② 在生长速率较高时，维持细胞生命所需的底物相对于合成细胞所消耗的底物来说很少，一般可忽略不计，这时二者近似相等；而在生长速率很低时，维持细胞生命所需的底物相对较多，往往不可忽略，前者大于后者。

③ 表观得率可在培养过程中随时测定，而理论得率却不能直接测定。

3. 生长得率的其他表示方法

（1）氧生长得率 消耗每单位数量的氧所得到的菌体量称为氧生长得率。氧生长得率随菌种和底物的不同而不同，以葡萄糖、果糖、蔗糖等糖类物质为底物进行好氧培养时，大多数微生物的氧生长得率值在 1g 菌体/g 氧左右。

（2）有效电子 生物反应的特色之一是通过呼吸链（电子传递）的氧化磷酸化反应生成 ATP，消耗 1mol 氧接受 4 个电子。从各种有机物燃烧热值（热焓变化）的平均值得每一个有效电子（ave）的热焓变化为 110.88kJ，这样碳源的能量可通过有效电子数来计算。例如 1mol 葡萄糖完全氧化需 6mol 氧，故其总有效电子数为 24mol，于是葡萄糖完全氧化的热焓变化值为：

$$\Delta H_s = 24 \times (-110.88) = -2661(kJ/mol\ 葡萄糖)$$

生长得率也可以用有效电子生长得率表示，即传递每个有效电子所获得的菌体量。

（3）ATP 生长得率 消耗 1mol ATP 得到的菌体量称为 ATP 生长得率 Y_{ATP}。许多微生物的 Y_{ATP} 大致相同，大约 10g 细胞/mol ATP。这个数值已经被用作估算细胞理论得率的一个常数。

（4）能量生长得率 能量生长得率的定义为：增加的菌体量与（菌体中保持能量＋分解代谢能量）之比值。一种方法是用呼吸来表示分解代谢，从呼吸量来计算分解代谢的能量；另一种方法是采用所消耗的碳源和代谢产物各自的燃烧热之差来计算。其中第一种方法只适合于好氧培养。

第三节 发酵过程主要影响因素及其控制

微生物发酵是在一定条件下进行的，其代谢变化是通过各种检测参数反映出来的。特别是菌体生长代谢过程中 pH 的变化，它是菌体生长和代谢的综合表现。一般发酵过程控制主要参数有以下几种：pH、温度（发酵整个过程或不同阶段中所维持的温度）、溶解氧浓度（需氧菌发酵的必备条件）、基质浓度（发酵液中糖、氮、磷等重要营养物质的浓度）、空气流量（每分钟内向单位体积发酵液通入空气的体积，也叫通风比）、压力（发酵过程中发酵罐维持的压力）、搅拌转速、搅拌功率、黏度（细胞生长或细胞形态的一项标志，也能反映发酵罐中菌丝分裂过程的情况）、浊度（及时反映单细胞生长状况的参数）、料液流量、产物的浓度、氧化还原电位（影响微生物生长及其生化活性）、废气中的氧含量、废气中的 CO_2 含量、菌丝形态、菌体浓度等。下面择其主要因素来讨论。

一、种子质量

发酵期间生产菌种生长的快慢和产物合成的多寡在很大程度上取决于种子的质量。有关种子质量标准请参阅第二章第四节。

1. 接种菌龄

接种菌龄是指种子罐中培养的菌体自开始移种到下一级种子罐或发酵罐的培养时间。一般而言，应以菌种的对数生长期后期，即培养液中菌种浓度接近高峰时所需的时间较为适宜。处于对数生长期的微生物，因其整个群体的生理特性比较一致，细胞成分平衡发展和生长速率恒定，是发酵生产中用作种子的最佳种龄。种龄过老或过嫩，都因菌种的延滞期长，不但延长发酵周期，而且会降低发酵产量。过老的种子虽然菌量较多，但接种后会导致生产能力的下降，菌体过早自溶。因此必须严格掌握种子种龄，以免贻误时机。不同品种或同一品种不同工艺条件的发酵，其接种菌龄也不尽相同。最适宜的接种菌龄要经多次试验，根据其最终发酵结果而定。

2. 接种量

接种量是指移种的种子液体积和培养液体积之比。一般发酵常用的接种量为 5%～10%；抗生素发酵的接种量有时可增加到 20%～25%，甚至更大。接种量的大小直接影响发酵周期，是由发酵罐中菌的生长繁殖速度决定的。通常，采用较大的接种量可缩短生长达到高峰的时间，节约发酵培养的动力消耗，提高设备利用率，使产物的合成提前。这是由于种子量多，同时种子液中含有大量胞外水解酶类，有利于基质的利用，并且生产菌在整个发酵罐内迅速占优势，从而减少杂菌生长的机会。所以一般都将菌种扩大培养，进行两级发酵或三级发酵。但是，如果培养基内的环境条件对菌体的生长比较有利，则接种量对菌种延滞期的影响较小。一般来说，接种量与菌种的延滞期长短呈反比。接种量大，菌种的延滞期短；接种量小，菌种的延滞期长。但在发酵生产上，由于种子培养比较费时，如接种量过大，也可能使菌种生长过快，培养液黏度增加，导致溶氧不足，势必造成代谢废物增多，反而影响产物的合成。

二、温度对发酵的影响及控制

温度是影响有机体生长繁殖最重要的因素之一，因为任何生物化学的酶促反应都是直接与温度变化有关的。对微生物发酵来说，温度的影响是多方面的，主要表现在对细胞生长、产物形成、发酵液的物理性质和生物合成方向等方面，可以影响各种发酵条件，最终影响微生物的生长和产物形成。

1. 温度对微生物生长的影响

由于生长代谢以及繁殖都是酶促反应，根据酶促反应的动力学来看，温度升高，反应速度加快，呼吸强度加强，必然最终导致细胞生长繁殖加快。但随着温度的上升，酶失活的速度也越快，菌体衰老提前，发酵周期缩短，这对发酵生产是极为不利的。

不同的微生物，其最适宜生长温度和耐受温度范围各异。如图 5-7 所示，嗜冷菌、嗜温菌、嗜热菌和嗜高温菌的最适宜生长温度分别为 18℃、37℃、55℃ 和 85℃ 左右，其共同特点是：其适应力在比最适宜温度低的温度范围要强于高温度范围的；其生长温度的跨度为 30℃ 左右。

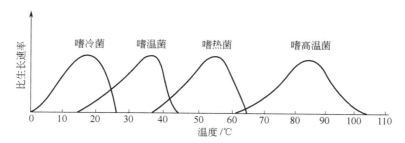

图 5-7　温度对嗜冷菌、嗜温菌、嗜热菌和嗜高温菌比生长速率的影响

微生物的生长速率 $d[X]/dt$ 可用式（5-14）的数学模型表示：

$$\frac{d[X]}{dt} = \mu[X] - \alpha[X] \tag{5-14}$$

式中　μ——比生长速率；

α——比死亡速率。

通常温度对比生长速率与比死亡速率的影响可用阿伦尼乌斯（Arrhenius）方程式表示：

$$\ln\mu = \ln A - \frac{E_a}{RT} \tag{5-15}$$

$$\ln\alpha = \ln A' - \frac{E_a'}{RT} \tag{5-16}$$

式中　A——Arrhenius 常数；

E——Arrhenius 活化能，kJ/mol，E_a 表示生长活化能，E_a' 表示死亡活化能（一般为 104～122kJ/mol）；

R——气体常数，J/(mol·K)；

T——热力学温度，K。

若在半对数坐标纸上以最大比生长速率 $\ln\mu_m$ 对温度 T 的倒数作曲线，如图 5-8 所示，曲线的弯曲部分的温度大于最适温度。

微生物典型活化能值在 50～70kJ/mol。超过最适生长温度，比生长速率开始迅速下降，这是由于微生物的死亡率增大。微生物死亡的活化能 E_a' 为 300～380kJ/mol。高的死亡活化能值说明死亡速率的增加远大于低活化能的生长速率的

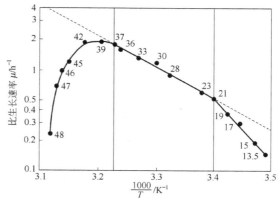

图 5-8　在葡萄糖过量的培养基上温度对大肠杆菌比生长速率的影响

增加。此外，活化能 E_a 反映酶反应速率受温度变化的影响程度，由实验可测得青霉菌生长、合成和呼吸的活化能分别为 34kJ/mol、112kJ/mol 及 116kJ/mol，从这些数据说明，青霉素合成速率对温度特别敏感。

温度也影响碳-能源基质转化为细胞的得率。如图 5-9 所示，在多形汉逊酵母连续培养过程中甲醇转化率最大时的温度比 μ 最大时的温度要低。其细胞得率随温度升高而降低，主要原因是维持生命活动的能量需求增加。维持系数的活化能为 50～70kJ/mol。转化率最大处的温度一般略低于最适宜生长温度。如需使转化率达到最大，这一点对过程的优化特别重要，而对生长速率则不是那么重要。

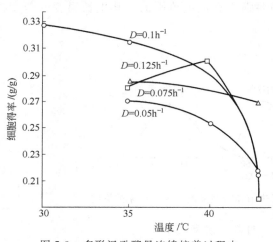

图 5-9　多形汉逊酵母连续培养过程中
细胞得率与温度的关系

温度影响细胞的各种代谢过程，生物大分子的组分，如比生长速率随温度上升而增大，细胞中的 RNA 和蛋白质的比例也随着增长。这说明为了支持高的生长速率，细胞需要增加 RNA 和蛋白质的合成。对于重组蛋白的生产，曾将温度从 30℃ 更改为 42℃ 来诱导产物蛋白的形成。

几乎所有微生物的脂质成分均随生长温度变化。温度降低时细胞脂质的不饱和脂肪酸含量增加。细菌的脂肪酸成分随温度而变化的特性是细菌对环境变化的响应。脂质的熔点与脂肪酸的含量成正比。因膜的功能取决于膜中脂质组分的流动性，而后者又取决于脂肪酸的饱和程度，故微生物在低温下生长时必然会伴随脂肪酸不饱和程度的增加。

2. 温度对发酵的影响

在过程优化中应了解温度对生长和生产的影响是不同的。一般，发酵温度升高，酶反应速率增大，生长代谢加快，生产期提前。但酶本身很容易因过热而失去活性，表现在菌体容易衰老，发酵周期缩短，影响最终产量。温度除了直接影响过程的各种反应速率外，还通过改变发酵液的物理性质间接影响过程的各种反应速率，随着温度的升高，气体在溶液中的溶解度减小，氧的传递速率也会改变。另外，温度还影响基质的分解速率，以及菌对养分的分解和吸收速率，间接影响产物的合成。

温度还会影响生物合成的方向。例如，在四环类抗生素发酵中，金色链丝菌能同时产生四环素和金霉素，在低于 30℃ 下，合成金霉素的能力较强。合成四环素的比例随温度的升高而增大，在 35℃ 时只产生四环素。

近年来发现温度对代谢有调节作用。在低温 20℃，氨基酸合成途径的终产物对第一个酶的反馈抑制作用比在正常生长温度 37℃ 的更大。故可考虑在抗生素发酵后期降低发酵温度，让蛋白质和核酸的正常合成途径关闭得早些，从而使发酵代谢转向产物合成。

发酵过程中，随着微生物对营养物质的利用，以及机械搅拌的作用，将产生一定的热能。同时由于罐壁散热、水分蒸发等原因也会损失热量。在分批发酵中研究温度影响的试验数据有很大的局限性，因产量的变化究竟是温度的直接影响还是因生长速率或溶氧浓度变化的间接影响难以确定。用恒化器可控制其他与温度有关的因素，如生长速率等的变化，使在不同温度下保持恒定，从而能不受干扰地判断温度对代谢和产物合成的影响。

3. 最适温度的选择

选择最适发酵温度应该考虑两个方面，即微生物生长的最适温度和产物合成的最适温度，整个发酵周期内仅选用一个最适温度不一定好。因为不同的菌种、菌种不同的生长阶段以及不同的培养条件，最适温度都会不同。适合细菌生长的温度不一定适合产物的合成。例如，黄原胶的发酵前期生长温度控制得低一些，在 27℃；中后期稍高一些，控制在 32℃，可加速前期的生长和明显提高产胶量约 20%。在 $t \leqslant 24℃$ 黄原胶的形成显著滞后于生长，呈典型的次级代谢模式。$t \geqslant 27℃$ 黄原胶的合成紧跟生长，从对数生长期开始直到静止期。在 35℃ 细胞生长受阻，$\mu = 0$；$27 \sim 31℃$，$\mu_{max} = 0.26 h^{-1}$。在 22℃ 和 33℃ 的细胞得率分别为 $0.53 g/g$ 和 $2.8 g/g$；在 22℃ 和 33℃ 的黄原胶得率分别为 54% 和 90%。黄原胶比形成速率随温度升高而增加。黄原胶中的丙酮酸含量随温度变化在 $1.9\% \sim 4.5\%$ 之间，最高出现在 $27 \sim 30℃$。这说明黄原胶单胞菌的最适生长温度在 $24 \sim 27℃$ 之间，黄原胶形成最适温度在 $30 \sim 33℃$ 之间。在 $20 \sim 25h$ 进行变温发酵对前期生长和中后期产胶有利。

在抗生素发酵中，细胞生长和代谢产物积累的最适温度往往不同。例如，青霉素产生菌生长的最适温度为 30℃，但产生青霉素的最适温度是 24.7℃。至于何时应该选择何种温度，则要看当时生长与生物合成哪一个是主要方面。在生长初期，抗生素还未开始合成，菌丝体浓度很低时，以促进菌丝体迅速生长繁殖为目的，应该选择最适宜菌丝体生长的温度。当菌丝体浓度达到一定程度，到了抗生素分泌期时，生物合成成为主要方面，就应该满足生物合成的最适温度，这样才能促进抗生素的大量合成。在乳酸发酵中也有这种情况，乳酸链球菌的最适生长温度是 34℃，而产酸的最适温度不超过 30℃。因此需要在不同的发酵阶段选择不同的最适温度。

最适发酵温度的选择实际上是相对的，还应根据其他发酵条件进行合理的调整，需要考虑的因素包括菌种、培养基成分和浓度、菌体生长阶段和培养条件、产热和散热的因素，如生物热、搅拌热、蒸发热、辐射热等其他发酵条件，灵活掌握。例如，供氧条件差的情况下最适发酵温度可能比正常良好的供氧条件下低一些。这是由于在较低的温度下氧溶解度相应大一些，菌的生长速率相应小一些，从而弥补了因供氧不足而造成的代谢异常。此外，还应考虑培养基的成分和浓度。使用稀薄或较易利用的培养基时提高发酵温度，则养分往往过早耗竭，导致菌丝过早自溶，产量降低。例如玉米浆比黄豆饼粉更容易利用，因此在红霉素发酵中，提高发酵温度使用玉米浆培养基的效果就不如黄豆饼粉培养基的好，提高温度有利于菌体对黄豆饼粉的利用。

因此，在各种微生物的培养过程中，各个发酵阶段最适温度的选择是从各方面综合进行考虑确定的。在四环素发酵中前期 $0 \sim 30h$，以稍高温度促进生长，尽可能缩短非生产所占用的发酵周期。此后 $30 \sim 150h$ 以稍低温度维持较长的抗生素生产期，150h 后又升温，以促进抗生素的分泌。虽然这样做会同时促进菌的衰老，但已临近放罐，无碍大局。青霉素发酵采用变温培养（$0 \sim 5h$，30℃；$5 \sim 40h$，25℃；$40 \sim 125h$，20℃；$125 \sim 165h$，25℃），比 25℃ 恒温培养提高青霉素产量近 15%。这些例子说明通过控制最适温度可以提高抗生素的产量，进一步挖掘生产潜力还需注意其他条件的配合。

工业生产上，所用的大发酵罐在发酵过程中一般不需要加热，因发酵中释放了大量的发酵热，需要冷却的情况较多。利用自动控制或手动调整的阀门，将冷却水通入发酵罐的夹层或蛇形管中，通过热交换来降温，保持恒温发酵。如果气温较高（特别是我国南方的夏季气温），冷却水的温度又高，致使冷却效果很差，达不到预定的温度，就可采用冷冻盐水进行循环式降温，以迅速降到最适温度。因此大工厂需要建立冷冻站，提高冷却能力，以保证在最适温度下进行发酵。

三、溶氧浓度对发酵的影响及其监控

在好氧深层培养中，溶氧（DO）是需氧微生物生长所必需的。在发酵过程中，影响耗氧的因素有以下几方面：

（1）培养基的成分和浓度显著影响耗氧　培养液营养丰富，菌体生长快，耗氧量大；发酵浓度高，耗氧量大；发酵过程补料或补糖，微生物对氧的摄取量随着增大。

（2）菌龄影响　耗氧呼吸旺盛时，耗氧量大。发酵后期菌体处于衰老状态，耗氧量自然减弱。

（3）发酵条件影响　耗氧在最适宜条件下发酵，耗氧量大。

（4）有毒代谢产物影响　发酵过程中，排除有毒代谢产物如二氧化碳、挥发性的有机酸和过量的氨，也有利于提高菌体的摄氧量。

由于氧在水中的溶解度很低，从而使溶氧往往成为最易控制的因素，氧气的供应往往是发酵能否成功的重要限制因素之一。随着高产菌株的广泛应用和丰富培养基的采用，对氧气的要求更高。即使培养基被空气饱和，它所贮存的氧量仍然是很少的，在发酵旺盛时期，一般也只能维持正常呼吸 $15 \sim 30s$，其后微生物的呼吸就会受到抑制。在对数生长期即使发酵液中的溶氧能到 100% 空气饱和度，但是若此时中止供氧，发酵液中溶氧在几分钟之内便耗竭，使溶氧成为限制因素。氧是一种难溶于水的气体，空气中的氧在纯水中的溶解度更低。培养基因含有大量的有机和无机物质，氧的溶解度比水中还要更低。这就决定了大多数微生物深层培养需要适当的通气条件，才能维持一定的生产水平。在 $28℃$ 氧在发酵液中的 100% 空气饱和浓度只有 $7mg/L$ 左右，比糖的溶解度小 7000 倍。

实际上，生物氧化中氧吸收的效率多数低于 2%，通常情况下常常低于 1%。也就是说，通入发酵罐约 99% 的无菌空气被白白浪费掉。而且大量无用空气还是引起过多泡沫的因素，所以通气效率的改进可减少空气的使用量，从而减少泡沫的形成和杂菌污染的机会。

在工业发酵中产率是否受氧的限制，单凭通气量的大小是难以确定的。因溶氧的高低不仅取决于供氧、通气搅拌等，还取决于需氧状况。故了解溶氧是否足够的最简便有效的办法是就地监测发酵液中的溶氧浓度。从溶氧变化的情况可以了解氧的供需规律及其对生长和产物合成的影响。

现今常用的测氧方法主要是基于极谱原理的电流型测氧覆膜电极。这类电极又分为极谱型和原电池型两种。前者需外加 $0.7V$ 稳压电源，多数采用白金和银-氯化银电极；后者具有电池性质，在有氧条件下自身能产生一定电流，多数为银-铅电极。这两种电极在一定条件下和一定溶氧范围内其电流输出与溶氧浓度成正比。用于发酵行业的测氧电极必须经得起高压蒸汽灭菌，如能耐 $130℃$、$1h$ 灭菌和具有长期的稳定性，其漂移不大于 $1\%/d$，其精度和准确度在 $\pm3\%$。

生产罐使用的电极一般都装备有压力补偿膜，小型玻璃发酵罐用的电极通常采用气孔平衡式。这两种电极各有优缺点。极谱型电极由于其阴极面积很小，电流输出也相应小，且需

外加电压，故需配套仪表，通常还配有温度补偿，整套仪器价格较高，但其最大优点莫过于它的输出不受电极表面液流的影响。这点正是原电池型电极所不具备的。原电池型电极暴露在空气中时其电流输出约 $5\sim30\mu A$（主要取决于阴极的表面积和测试温度），可以不用配套仪表，经一电位器接到电位差记录仪上便可直接使用。

运用溶氧参数来指导发酵生产是溶氧监控技术推广应用的关键。以下介绍国内外如何应用溶氧参数来控制发酵的技术和经验。

1. 临界氧

目前有三种表示溶氧浓度的单位：

（1）氧分压或张力（dissolved oxygen tension，DOT）　以大气压或毫米汞柱❶表示，100％空气饱和水中的 DOT 为 $0.2095\times760=159$（mmHg）。这种表示方法多在医疗单位中使用。

（2）绝对浓度　以 mgO_2/L 纯水或 $\mu gO_2/L$ 纯水表示。这种方法主要在环保单位应用较多。用 Winkler 化学法可测出水中溶氧的绝对浓度，但用电极法不行，除非是纯水。因此，发酵行业只用第三种方法。

（3）空气饱和度　以百分数来表示。在含有溶质，特别是盐类的水溶液中，其绝对氧浓度比纯水低，但用氧电极测定时却基本相同。用化学法测发酵液中的溶氧也不现实，因发酵液中的氧化还原性物质对测定有干扰。因此，采用空气饱和度百分数表示。这只能在相似的条件下，在同样的温度、罐压、通气搅拌下进行比较。这种方法能反映菌的生理代谢变化和对产物合成的影响。在应用时，必须在接种前标定电极。方法是在一定的温度、罐压和通气搅拌下以培养基被空气100％饱和为基准。

所谓临界氧是指不影响呼吸所允许的最低溶氧浓度。对产物而言，便是不影响产物合成所允许的最低浓度。呼吸临界氧值可用尾气 O_2 含量变化和通气量测定。也可用一种简便的方法——用响应时间很快（95％的响应在30s内）的溶氧电极测定。其要点是在过程中先加强通气搅拌，使溶氧上升到最高值，然后中止通气，继续搅拌，在罐顶部空间充氮。这时溶氧会迅速直线下降，直到其直线斜率开始减小时所处的溶氧值便是其呼吸临界氧值，由此求得菌的摄氧率 $[mgO_2/(L\cdot h)]$。各种微生物的临界氧值以空气氧饱和度表示：细菌和酵母为 $3\%\sim10\%$；放线菌为 $5\%\sim30\%$；霉菌为 $10\%\sim15\%$。

通过在各批发酵中维持溶氧在某一浓度范围，考察不同浓度对生产的影响，便可求得合成的临界氧值。实际上，呼吸临界氧值不一定与产物合成临界氧值相同。如卷须霉素和头孢菌素的呼吸临界氧值分别为 $13\%\sim23\%$ 和 $5\%\sim7\%$；其抗生素合成的临界氧值则分别为 8% 和 $10\%\sim20\%$。生物合成临界氧浓度并不等于其最适氧浓度。前者是指溶氧不能低于其临界氧值；后者是指生物合成有一最适溶氧浓度范围，即除了有一低限外，还有一高限。如卷须霉素发酵，$40\sim140h$ 维持溶氧在 10% 显然比在 0 或 45% 的产量要高。

生长过程从培养液中溶氧浓度的变化可以反映菌的生长生理状况。随菌种的活力和接种量以及培养基的不同，溶氧在培养初期开始明显下降的时间不同，一般在接种后 $1\sim5h$ 内，这也取决于供氧状况。通常，在对数生长期溶氧明显下降，从其下降的速率可估计菌的大致生长情况。抗生素发酵在前期 $10\sim70h$ 通常会出现一溶氧低谷阶段。如土霉素在 $10\sim30h$；卷须霉素、烟曲霉素在 $25\sim30h$；赤霉素在 $20\sim60h$；红霉素和制霉菌素分别在 $25\sim50h$ 和

❶　1mmHg（毫米汞柱）$=133.322Pa$。

$20 \sim 60h$；头孢菌素 C 和两性霉素在 $30 \sim 50h$；链霉素在 $30 \sim 70h$。溶氧低谷到来的早晚与低谷时的溶氧水平随工艺和设备条件而异。二次生长时溶氧往往会从低谷处上升，到一定高度后又开始下降，这是利用第二种基质的表现。生长衰退或自溶时会出现溶氧逐渐上升的规律。

值得注意的是，在培养过程中并不是维持溶氧越高越好。即使是专性好氧菌，过高的溶氧对生长可能不利。氧的有害作用是通过形成新生氧（超氧化物基 O_2^-，过氧化物基 O_2^{2-} 或羟基自由基 OH^-）破坏许多细胞组分体现的。有些带巯基的酶对高浓度的氧敏感。好氧微生物曾发展一些机制，如形成触酶——过氧化物酶和超氧化物歧化酶（SOD），使其免遭氧的摧毁。次级代谢产物为目标函数时，控制生长不使过量是必要的。

2．溶氧作为发酵异常的指示

在掌握发酵过程中溶氧和其他参数间的关系后，如发酵溶氧变化异常，便可及时预告生产可能出现的问题，以便及时采取措施补救。

（1）有些操作故障或事故引起的发酵异常现象能从溶氧的变化中得到反映　如停止搅拌，未及时开搅拌或搅拌发生故障，空气未能与液体充分混合均匀等都会使溶氧比平常低许多。又如一次加油过量也会使溶氧水平显著降低。

（2）可以从溶氧的变化看出中间补料是否得当　如赤霉素发酵，有些罐批会出现"发酸"现象。这时，氨基氮迅速上升，溶氧会很快升高。这是由于供氧条件不强的情况下，补料时机掌握不当和间隔过密，导致长时间溶氧处于较低水平所致。溶氧不足的结果，产生乙醇，并与代谢中的有机酸反应，形成一种带有酒香味的醋类，视为"发酸"。

（3）污染杂菌　遇到这种情况溶氧会出现异常，迅速（一般 $2 \sim 5h$ 内）跌到零，并长时间不回升。这比无菌试验发现染菌要提前几个小时。但不是一染菌溶氧就掉到零，要看杂菌的好氧情况和数量，在罐内与生产菌比，看谁占优势。有时会出现染菌后溶氧反而升高的现象。这可能是生产菌受到杂菌抑制，而杂菌又不太需氧的缘故。

（4）作为质量控制的指标　在天冬氨酸发酵中前期是好氧培养，后期时转为厌氧培养，酶活力大为提高。掌握由好氧转为厌氧培养的时机颇为关键。当溶氧下降到 45% 空气饱和度时由好氧切换到厌氧培养，并适当补充养分可提高酶活力 6 倍。在酵母及一些微生物细胞的生产中溶氧是控制其代谢方向的指标之一。溶氧分压要高于某一水平才会进行同化作用。当补料速度较慢和供氧充足时糖完全转化为酵母、CO_2 和水；若补料速度提高，培养液的溶氧分压跌到临界值以下，便会出现糖的不完全氧化，生成乙醇，结果酵母的产量减少。溶氧浓度变化还能作为各级种子罐的质量控制和移种指标之一。

3．溶氧参数在过程控制方面的应用

国内外都有将溶氧、尾气 O_2、CO_2、pH 一起控制青霉素发酵的成功例子。控制的原则是加糖速率应正好使培养物处在半饥饿状态，即仅能维持菌的正常生理代谢，而把更多的糖用于产物的合成，并且其摄氧率不至于超过设备的供氧能力。用 pH 来控制加糖速率的主要缺点是发酵中后期 pH 的变化不敏感，以致察觉不到补料系统的错乱，或发觉后也为时已晚。

利用带有氧电极的直接类比的加糖系统没有 pH 系统这方面控制的缺陷。图 5-10 所示的系统，其加糖阀由一种控制器操纵。当培养液的溶氧高于控制点时，糖阀开大，糖的利用需要消耗更多的氧，导致溶氧读数的下跌；反之，当读数下降到控制点以下，加糖速率便自动减小，摄氧率也会随之降低，引起溶氧读数逐渐上升。

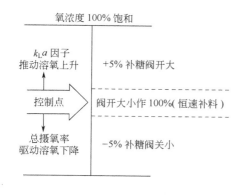

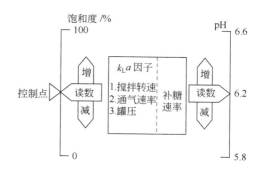

图 5-10　溶氧在加糖控制上的应用　　　　图 5-11　溶氧和 pH 控制系统

图 5-11 显示，这种控制系统是按溶氧、k_La 因子、菌的需氧之间的变化来决定补糖速率的增减。k_La 因子是按 pH 的趋势调节的。要降低 pH 就需要加更多的糖，这样又会使溶氧下降到低于控制点。要维持原来的控制点就必须加强通气搅拌或增加罐压。推动 pH 上升的要求恰好相反。

此控制系统的优点在于：①它能使发酵的溶氧控制更符合需求；②达到"控制"参数所需时间缩短；③可减少由于种子质量的不稳定而导致的批与批间的产量波动；④能及时调节搅拌与通气以克服发酵过程中出现的干扰。此系统的缺点是发酵早期只能用人工操纵。这是由于一方面菌量少，还不足以启动 k_La 控制系统；另一方面每批种子的生理状态也有差异，没有精确的预订程序可循。但过了这一阶段便可改用自动控制加糖阀操纵。

4. 溶氧的控制

发酵液中溶氧的任何变化都是氧的供需不平衡的结果，故控制溶氧水平可从氧的供需着手。供氧方面可从式（5-17）考虑：

$$\frac{dc}{dt} = k_La(c^* - c_L) \tag{5-17}$$

式中　$\dfrac{dc}{dt}$——单位时间内发酵液溶氧浓度的变化，$mmol\ O_2/(L \cdot h)$；

　　k_L——氧传质系数，m/h；

　　a——比界面面积，m^2/m^3；

　　c^*——氧在水中的饱和浓度，$mmol/L$；

　　c_L——发酵液中的溶氧浓度，$mmol/L$；

　　k_La——液相体积氧传递系数，h^{-1}。

由此可见，凡是使 k_La 和 c^* 增加的因素都能使发酵供氧改善。k_La 的测定以往是采用亚硫酸法、排气法或取样法，这三种方法测定的数据都不能反映发酵过程中 k_La 值的实时变化。目前采用的直接测定法和动态测定法可以正确地表示 k_La 值的变化状况。

原则上发酵罐的供氧能力无论提得多高，若工艺条件不配合，还会出现溶氧供不应求的现象。欲有效利用现有的设备条件便需适当控制菌的摄氧率。事实上工艺方面有许多行之有效的措施，如控制加糖或补料速率、改变发酵温度、液化培养基、中间补水、添加表面活性剂等，只要这些措施运用得当，便能改善溶氧状况和维持合适的溶氧水平。

增加 c^* 可采用以下办法：

① 在通气中掺入纯氧或富氧，使氧分压提高。用纯氧来增加氧分压的方法又称富氧通气，有几种制备富氧空气的主要方法。例如，深冷分离法可制得纯度 99.6%～99.8% 的氧，再按一定比例与空气混合后使用。另一种吸附分离法是令空气通过装有吸附剂的柱子，使氮和二氧化碳被吸附。还有膜分离法，是利用有机高分子膜制备含氧 30% 的富氧空气。这三种方法都使成本提高，不够经济。这是因为氧气的成本高许多。但对产值高的品种，规模较小的发酵，在关键时刻，即菌的摄氧率达高峰阶段，采用富氧气体以改善供氧状况是可取的。这应当是改善供氧措施中的最后一招。用纯氧时切忌直接通入罐内，因高浓氧遇油可能引起爆炸，故纯氧应与空气混合后使用较为安全。在生产中采用控制气体成分的办法既费事又不经济。

② 提高罐压，这固然能增加但同时也会增加溶解 CO_2 的浓度，因它在水中的溶解度比氧高 30 倍。在高的罐压下，不利于液相中二氧化碳的排出，并且罐压过大，对细胞的渗透压有不利影响。影响 pH 和菌的生理代谢，还会增加对设备强度的要求，因此增加罐压有一定的限度。

③ 改变通气速率，其作用是增加液体中夹持气体体积的平均成分。在通气量较小的情况下增加空气流量，溶氧提高的效果显著，但在流量较大的情况下再提高空气流速，对氧溶解度的提高不明显，反而会使泡沫大量增加，引起"逃液"。

提高设备的供氧能力，以氧的体积传递（简称供氧）系数 k_La 表示，从改善搅拌考虑，更易收效。改善设备条件以提高供氧系数是积极的，但有些措施还要在放罐后才能进行。改变搅拌器直径或转速可增加功率输出，从而提高 a 值。另外，改变挡板的数目和位置，使剪切发生变化也会影响 a 值。

在考察设备各项工程参数和工艺条件对菌的生长和产物形成的影响时，同时测定该条件下的溶氧参数对判断氧的供需是大有好处的。以下介绍这方面的一些实例：

(1) 搅拌转速对溶氧的影响　对于装有机械搅拌器的发酵罐，搅拌器可以从多方面改善通气效率，如可将通入培养液的空气打散成细小的气泡，防止小气泡的凝集，从而增大气液相的有效接触面积；使液体形成涡流，延长气泡在液体中的停留时间；增加液体的湍动程度，减少气泡外滞流液膜的厚度，从而减小传递过程的阻力；使培养液中的成分均匀分布，细胞在培养液中均匀地悬浮，有利于营养物质的吸收和代谢物的及时分散。对于没有搅拌器的通气发酵罐，则是利用空气带动液体运动，产生搅拌作用。当然搅拌功率也并非越大越好，因为过于激烈的搅拌，产生很大的剪切力，可能对细胞造成损伤。另外，激烈的搅拌还会产生大量的搅拌热，增加传热的负担。一般带搅拌器的发酵罐中，都装有 4～6 块挡板，或以蛇管兼作挡板。如没有挡板，则液体在搅拌时形成中心下降的旋涡。挡板能使液体形成轴向运动，因此提高了混合效果。据报道，增设一块挡板，通气效率增加 20 倍之多。

在赤霉素发酵中溶氧水平对产物合成有很大的影响。通常在发酵 15～50h 之间溶氧下降到 10% 空气饱和度以下。此后如补料不妥，使溶氧长期处在较低水平，便会导致赤霉素的发酵单位停滞不前。因此，将搅拌转速从 155r/min 提高到 180r/min，结果使氧的传质效果提高，有利于产物的合成。溶氧开始回升的时间因搅拌加快而提前 24h，赤霉素生物合成的启动也提前 1 天，到 158h 发酵单位已超过对照放罐的水平。搅拌加快后很少遇到因溶氧不足而使发酵"发酸"，发酵单位不增长的现象。

溶氧浓度与氧的供需有关，若供需平衡，则浓度暂时不变；失去平衡会改变溶氧浓度。影响需氧的工艺条件见表 5-1。

表 5-1　影响需氧的工艺条件

项　目	工 艺 条 件	项　目	工 艺 条 件
菌种特性	好氧程度 菌龄、数量	补料或加糖 温度	配方、方式、次数和时机 恒温或阶段变温控制
	菌的聚集状态、絮状或小球状	溶氧与尾气 O_2 及 CO_2 水平	按生长或产物合成的临界值控制
培养基的性能	基础培养基组成、配比	消泡剂或油	种类、数量、次数和时机
	物理性质：黏度、表面张力等	表面活性剂	种类、数量、次数和时机

（2）培养液性质及培养基养分的丰富程度的影响　发酵过程中，微生物自身的生长繁殖和代谢可引起发酵液的性质，如密度、黏度、表面张力、扩散系数等的不断变化，这些性质的变化都会影响 k_La 值。在其他条件相同（如发酵罐体积、操作条件等）时，如果液体的性质有较大的不同，k_La 也会不同。液体的黏度增大时，传质阻力就增大，致使通气效率降低。限制养分的供给可减少菌的生长速率，也可限制菌对氧的大量消耗，从而提高溶氧水平。这看来有些"消极"，但从总的经济情况看，在设备供氧条件不理想的情况下，控制菌量，使发酵液的溶氧不低于临界氧值，从而提高菌的生产能力，达到高产目标。

（3）温度的影响　由于氧传质的温度系数比生长速率的低，降低发酵温度可得到较高的溶氧值。但在偏离最适宜生长温度的情况下，影响了菌的呼吸。据此，采用降温办法以提高溶氧的前提是尽量减少对产物合成的副作用。表 5-2 比较了各种控制溶氧可供选择的措施。

表 5-2　溶氧控制措施的比较

措　施	影响对象	投资	运转成本	效果	对生产作用	备　注
搅拌转速	k_La	高	低	高	好	在一定限度内，避免过分剪切
挡板	k_La	中	低	高	好	设备上需改装
空气流量	c^*a	低	低	低		可能引起泡沫
气体成分	c^*	中到低	高	高	好	高氧可能引起爆炸，适合小型
罐压	c^*	中	低	中	好	罐强度、密封要求高
养分浓度	需求	中	低	高	不肯定	响应较慢，需及早行动
表面活性剂	k_L	低	低	变化	不肯定	需试验确定
温度	需求 c^*	低	低	变化	不肯定	不是常有用

溶氧只是发酵参数之一。它对发酵过程的影响还必须与其他参数配合起来分析。如搅拌对发酵液的溶氧和菌的呼吸有较大的影响，但分析时还要考虑到它对菌丝形态、泡沫的形成、CO_2 的排除等其他因素的影响。溶氧参数的监测，研究发酵中溶氧的变化规律，改变设备或工艺条件，配合其他参数的应用，必然会在发酵生产控制、增产节能等方面起重要作用。

四、pH 对发酵过程的影响及控制

1. pH 对发酵过程的影响

pH 是微生物生长和产物合成非常重要的状态参数，因此，必须掌握发酵过程中 pH 变化的规律，及时监控，使它处于生产的最佳状态。大多数微生物生长适应的 pH 跨度为 3～4 个 pH 单位，其最佳生长 pH 跨度在 0.5～1。不同微生物的生长 pH 最适宜范围不一样，细菌和放线菌在 6.5～7.5，酵母在 4～5，霉菌在 5～7。其所能忍受的 pH 上下限分别为：5～8.5，3.5～7.5 和 3～8.5；但也有例外。pH 影响膜的通透性。一般而言，生长最适宜温度高的菌种，其最适 pH 也相应高一些。可由此设计微生物生长的最适宜条件（温度、pH），

控制杂菌的生长。

微生物生长和产物合成阶段的最适 pH 通常是不一样的。这不仅与菌种特性有关，也与产物的化学性质有关。如各种抗生素生物合成的最适 pH 如下：链霉素和红霉素为中性偏碱，6.8～7.3；金霉素、四环素为 5.9～6.3；青霉素为 6.5～6.8；柠檬酸为 3.5～4.0。

培养开始时发酵液的 pH 影响是不大的，因为微生物在代谢过程中，迅速改变培养基 pH 的能力十分惊人，在发酵过程中 pH 是变化的。例如，以花生饼粉为培养基进行土霉素发酵，最初将 pH 分别调到 5.0、6.0 和 7.0，发酵 24h 后，这三种培养基的 pH 已经不相上下，都在 6.5～7.0 之间。但是当外界条件发生较大变化时，菌体就失去了调节能力，发酵液的 pH 将会不断波动。引起这种波动的原因除了取决于微生物自身的代谢外，还与培养基的成分、微生物的活动有极大的关系。使 pH 上升的物质被称为生理碱性物质，如有机氮源、硝酸盐、有机酸等，如以 NO_3^- 为氮源，H^+ 被消耗，NO_3^- 还原为 $R—NH_3^+$，pH 上升；而碳源的代谢则往往起到降低 pH 的作用，这类物质称为生理酸性物质。NH_3 在溶液中以 NH_4^+ 的形式存在。它被利用成为 $R—NH_3^+$ 后，在培养基内生成 H^+；如以氨基酸作为氮源，被利用后产生的 H^+，使 pH 下降。总之，凡是导致酸性物质的生成或碱性物质的消耗的代谢过程，就会引起 pH 下降，反之，凡是导致碱性物质的生成或酸性物质的消耗的代谢过程，就会引起 pH 上升。

pH 的变化会影响各种酶活力、菌对基质的利用速率和细胞的结构，从而影响菌的生长和产物的合成。产黄青霉的细胞壁厚度随 pH 的增加而减小。其菌丝的直径在 pH=6.0 时为 2～3μm；在 pH=7.4 时为 2～18μm，呈膨胀酵母状细胞，随 pH 下降菌丝形状将恢复正常。pH 还会影响菌体细胞膜电荷状况，引起膜渗透性的变化，从而影响菌对养分的吸收和代谢产物的分泌。此外，通气条件的变化，菌体自溶或杂菌污染，都可能引起发酵液 pH 的变化。

2. 最适 pH 的选择

选择最适 pH 的原则是既有利于菌体的生长繁殖，又可以最大限度地获得高的产量。一般最适 pH 是根据实验结果来确定的，通常将发酵培养基调节成不同的起始 pH，在发酵过程中定时测定并不断调节 pH，以维持其起始 pH，或者利用缓冲剂来维持发酵液的 pH。同时观察菌体的生长情况，菌体生长达到最大值的 pH 即为菌体生长的最适 pH。产物形成的最适 pH 也可以如此测得。以利福霉素为例，由于利福霉素 B 分子中的所有碳单位都是由葡萄糖衍生的，在生长期葡萄糖的利用情况对利福霉素 B 的生产有一定的影响。试验证明，其最适 pH 在 7.0～7.5 范围。当 pH=7.0 时，平均得率系数达最大值；pH=6.5 时为最小值。在利福霉素 B 发酵的各种参数中，从经济角度考虑，平均得率系数最重要。故 pH=7.0 是生产利福霉素 B 的最佳条件。在此条件下葡萄糖的消耗主要用于合成产物，同时也能保证适当的菌量。

试验结果表明，生长期和生产期的 pH 分别维持在 6.5 和 7.0 可使利福霉素 B 的产率比整个发酵过程 pH 维持在 7.0 的条件下产率提高 14%。

3. pH 的控制

在测定了发酵过程中不同阶段的最适 pH 要求之后，便可以采用各种方法来控制。在工业生产中，调节 pH 的方法并不是仅仅采用酸碱中和，因为酸碱中和虽然可以迅速中和培养基中当时存在的过量酸碱，但是却不能阻止代谢过程中连续不断发生的酸碱变化。即使连续不断地进行测定和调节，也是徒劳无益的，因为这没有根本改善代谢状况。发酵过程中引起

pH 变化的根本原因如上所述，是因为微生物代谢营养物质的结果，所以调节控制 pH 的根本措施主要应该考虑培养基中生理酸性物质与生理碱性物质的配比，然后是通过中间补料进一步加以控制。补料也不是仅仅加入酸碱来控制，仍然常用生理酸性物质［如（NH₄）₂SO₄］和生理碱性物质（如氨水）来控制，这些物质不仅可以调节 pH，还可以补充氮源。当 pH 和氨氮含量均低时，补加氨水；若 pH 较高，而氨氮较低时，应该补加（NH₄）₂SO₄。也可以在基础培养基中加适量的 CaCO₃ 调节 pH。在青霉素发酵中按产生菌的生理代谢需要，调节加糖速率来控制 pH，这比用恒速加糖、pH 由酸碱控制可提高青霉素的产量 25%。有些抗生素品种，如链霉素，采用通 NH₃ 控制 pH，既调节了 pH 在适合于抗生素合成的范围内，也补充了产物合成所需的氮源。在培养液的缓冲能力不强的情况下 pH 可反映菌的生理状况。如 pH 上升超过最适值，意味着菌处在饥饿状态，可加糖调节；加糖过量又会使 pH 下降。用氨水中和有机酸需谨慎，过量的 NH₃ 会使微生物中毒，导致呼吸强度急速下降。故在通氨过程中监测溶氧浓度的变化可防止菌的中毒。常用 NaOH 或 Ca(OH)₂ 调节 pH，但也需注意培养基的离子强度和产物的可溶性。故在工业发酵中维持生长和产物所需的最适 pH 是生产成败的关键之一。

五、二氧化碳和呼吸商

1. CO₂ 对发酵的影响

CO₂ 是呼吸和分解代谢的终产物。几乎所有发酵均产生大量 CO₂。CO₂ 也可作为重要的基质，如在精氨酸的合成过程中其前体氨甲酰磷酸的合成需要 CO₂ 基质。无机化能营养菌能以 CO₂ 作为唯一的碳源加以利用。异养菌在需要时可利用补给反应来固定细胞本身。CO₂ 的代谢途径通常能满足这一需要。如发酵前期大量通气，可能出现 CO₂ 受限制，导致适应（停滞）期的延长。

溶解在发酵液中的 CO₂ 对氨基酸、抗生素等发酵有抑制或刺激作用。大多数微生物适应低浓度 CO₂（体积分数 0.02%~0.04%）。当尾气浓度 CO₂ 高于 4% 时微生物的糖代谢与呼吸速率下降；当 CO₂ 分压为 0.08×10⁵ Pa 时，青霉素比合成速率降低 40%。又如发酵液中溶解浓度 CO₂ 为 1.6×10⁻² mol/L 时会强烈抑制酵母的生长。当进气 CO₂ 含量占混合气体流量的 80% 时酵母活力与对照值相比降低 20%。在充分供氧下即使细胞的最大摄氧率得到满足，发酵液中的 CO₂ 浓度对精氨酸和组氨酸发酵仍有影响。组氨酸发酵中 CO₂ 浓度大于 0.05×10⁵ Pa 时其产量随 CO₂ 分压的提高而下降。精氨酸发酵中有一最适宜 CO₂ 分压，为 0.125×10⁵ Pa，高于此值对精氨酸合成有较大的影响。因此，即使供氧已足够，还应考虑通气量，需降低发酵液中 CO₂ 的浓度。

CO₂ 对微生物发酵也有影响，如牛链球菌发酵生产多糖，最重要的发酵条件是提供的空气中要含有 5% 的 CO₂，CO₂ 对某些发酵还能产生抑制作用，如对肌苷、异亮氨酸、组氨酸、抗生素等的发酵，特别是抗生素发酵中。CO₂ 对氨基糖苷类抗生素——紫苏霉素（西索米星）的合成也有影响。当进气中的 CO₂ 含量为 1% 和 2% 时，紫苏霉素的产量分别为对照的 2/3 和 1/7。CO₂ 分压为 0.0042×10⁵ Pa 时四环素发酵单位最高。高浓度 CO₂ 会影响产黄青霉的菌丝形态：当 CO₂ 含量为 0~8% 时菌呈丝状；CO₂ 含量高达 15%~22% 时，大多数菌丝变膨胀、粗短；CO₂ 含量更高，为 0.08×10⁵ Pa 时出现球状或酵母状细胞，青霉素合成受阻，其比生产速率约减少 40%。

CO₂ 对细胞的作用是影响细胞膜的结构。溶解 CO₂ 主要作用于细胞膜的脂肪酸核心部位，而 HCO_3^- 则影响磷脂，亲水头部带电荷表面及细胞膜表面上的蛋白质。当细胞膜的脂质相中 CO_2 浓度达到一临界值时，膜的流动性及表面电荷密度发生变化。这将导致膜对许多基质的运输受阻，影响了细胞膜的运输效率，使细胞处于"麻醉"状态，生长受抑制，形态发生变化。

工业发酵罐中 CO_2 的影响值得注意，因罐内的分压 CO_2 是液体深度的函数。在 10m 高的罐中，在 $1.01×10^5Pa$ 的气压下操作，底部的 CO_2 分压是顶部的两倍。为了排除 CO_2 的影响，需综合考虑在发酵 CO_2 液中的溶解度、温度和通气状况。在发酵过程中如遇到泡沫上升，引起逃液时，有时采用减少通气量和提高罐压的措施来抑制逃液，这将增加 CO_2 的溶解度，对菌的生长有害。

2. 呼吸商与发酵的关系

发酵过程中菌的呼吸商 RQ 值为发酵过程中摄氧率（OUR）和 CO_2 的释放率（CER）之比：

$$RQ = \frac{CER}{OUR}$$

发酵过程中尾气 O_2 含量的变化恰与 CO_2 含量变化成反向同步关系。由此可判断菌的生长、呼吸情况，求得呼吸商 RQ 值。RQ 值可以反映菌的代谢情况，如酵母培养过程中 RQ=1，表示通过有氧分解代谢途径进行糖代谢，仅供生长，无产物形成；如 RQ>1.1，表示通过 EMP 途径，生成乙醇；RQ=0.93，生成柠檬酸；RQ<0.7，表示生成的乙醇被当作基质再利用。

在抗生素发酵中，生长、维持和产物形成阶段的 RQ 值也不一样。在青霉素发酵中，生长、维持和产物形成阶段的理论 RQ 值分别为 0.909、1.0 和 4.0。由此可见，在发酵前期的 RQ<1；在过渡期由于葡萄糖代谢不仅用于生长，也用于生命活动的维持和产物的形成，此时的 RQ 值比生长期略有增加。产物形成对 RQ 的影响较明显。如产物的还原性比基质大时，其 RQ 值就增加；反之，当产物的氧化性比基质大时，其 RQ 值就要减小。其偏离程度取决于单位菌体利用基质形成产物的量。

在实际生产中测得的 RQ 值明显低于理论值，说明发酵过程中存在着不完全氧化的中间代谢物和葡萄糖以外的碳源。如油的存在（它的不饱和与还原性）使 RQ 值远低于葡萄糖为唯一碳源的 RQ 值，在 0.5～0.7 范围，其随葡萄糖与油量之比波动。如在生长期提高油与葡萄糖量之比（O/G），维持加入总碳量不变，结果 OUR 和 CER 上升的速度减慢，且菌浓增加也慢；若降低 O/G，则 OUR 和 CER 快速上升，菌浓迅速增加。这说明葡萄糖有利于生长，油不利于生长。由此得知，油的加入主要用于控制生长，并作为维持和产物合成的碳源。

3. CO_2 浓度的控制

CO_2 在发酵液中的浓度变化不像溶氧那样有一定的规律，它的大小受到许多因素的影响，如细胞的呼吸强度、发酵液的流变学特性、通气搅拌程度、罐压大小、设备规模等。由于 CO_2 的溶解度比氧气大，所以随着发酵罐压力的增加，其含量比氧气增加得更快。大容量发酵罐的发酵液正压发酵，致使罐底部压强达 $1.5×10^5Pa$。CO_2 浓度增大时，若通气搅拌不改变，CO_2 不易排出，在罐底形成碳酸，使 pH 下降，进而影响微生物细胞的呼吸和产物合成。有时为了防止"逃液"而采用增加罐压消泡的方法，会增加 CO_2 的溶解度，不利于细胞的生长。

如果 CO_2 浓度对发酵有促进作用，应该提高其浓度；反之，应设法降低其浓度。通过提高通气量和搅拌速率，在调节溶氧的同时，还可以调节 CO_2 的浓度，通气使溶氧保持在临界值以上，CO_2 又可随着废气排出，使其维持在引起抑制作用的浓度之下。降低通气量和搅拌速率，有利于提高 CO_2 在发酵液中的浓度。

CO_2 的产生与补料控制有密切关系，例如，在青霉素发酵中，补糖可增加排气中 CO_2 的浓度，并降低培养液的 pH。因为在菌体生长、繁殖、青霉素合成等方面，都消耗糖而产生 CO_2，增加发酵液中的 CO_2 浓度，而致使 pH 下降。可见，补糖、CO_2 浓度和 pH 之间有相关性，作为青霉素补料工艺控制的重要参数，其中排气中 CO_2 的变化比 pH 的变化更为敏感。

六、基质浓度对发酵的影响及补料控制

1. 基质浓度对发酵的影响

许多用于生产贵重商品的培养基配方一般公司都保密，这说明发酵培养基对工业发酵生产的重要性。先进的培养基组成和细胞代谢物的分析技术，加上统计优化策略和生化研究，对于建立能充分支持高产、稳产和经济的发酵过程是关键的因素。

如培养基过于丰富，会使菌生长过盛，发酵液非常黏稠，传质状况很差。细胞不得不消耗许多能量来维持其生存环境，即用于非生产的能量倍增，对产物的合成不利。

碳源浓度对产物形成的影响以酵母的 Crabtree 效应为例。如酵母生长在高糖浓度下，即使溶氧充足，它还会进行无氧发酵，从葡萄糖产生乙醇。

如在谷氨酸发酵中以乙醇为碳源，控制发酵液的乙醇浓度在 2.5～3.5g/L 范围内可延长谷氨酸合成时间。又如在葡萄糖氧化酶（GOD）发酵中葡萄糖对 GOD 的形成具有双重作用，低浓度下有诱导作用；高浓度会起分解代谢物阻遏作用。葡萄糖的代谢中间产物，如柠檬酸三钠、苹果酸钙和丙酮酸钠，对 GOD 有明显的抑制作用。据此，降低葡萄糖用量，从 8% 降至 6%，补入 2% 氨基乙酸或甘油，可以使酶活力分别提高 26% 和 6.7%。

2. 补料控制

分批发酵常因配方中的糖量过多造成细胞生长过旺，供氧不足。解决这个问题可在过程中加糖和补料。补料的作用是及时供给菌合成产物的需要。对酵母生产，过程补料可避免 Crabtree 效应引起的乙醇的形成，导致发酵周期的延长和产率降低。通过补料控制可调节菌的呼吸，以免过程受氧的限制。这样做可减少酵母发芽，细胞易成熟，有利于酵母质量的提高。补料-分批培养也可用于研究微生物的动力学，比连续培养更易操作且更为精确。

近年来对补料的方法、时机和数量以及料液的成分、浓度都有过许多研究。有的采用一次性大量或多次少量或连续流加的办法；连续流加方式又可分为快速、恒速、指数和变速流加。采用一次性大量补料方法虽然操作简便，比分批发酵有所改进，但这种方法会使发酵液瞬时大量稀释，扰乱菌的生理代谢，难以控制过程在最适于生产的状态。少量多次虽然操作麻烦些，但这种方法比一次大量补料合理，为国内大多数抗生素发酵车间所采纳。从补加的培养基成分来分，有用单一成分的，也有用多组分的料液。

优化补料速率要根据微生物对养分的消耗速率及所设定的发酵液中最低维持浓度而定。不论生物反应器的体积传质系数大小，它们均有一最佳补料速率。补糖速率的最佳点与 k_La 有关。k_La 大的（400h^{-1}），补糖速率也需相应加大，结果生产水平也会相应提高。供氧能力差的设备，其补料速率也相应减小，才能达到这一设备的最高生产水平，但其最高发酵单位要比供氧好的设备低 23%。

黄原胶发酵中通过间歇补糖，在生长期控制发酵液中葡萄糖含量在 $30\sim40g/L$ 水平可防止细胞的衰退和维持较高的葡萄糖传质速率，从而提高黄原胶的比生产速率，发酵 96h 产胶达 43g/L。

补料时机的判断对发酵成败也很重要，时机未掌握好会适得其反。补料时机是以有用菌的形态，发酵液中糖浓度，溶氧浓度，尾气中的氧和 CO_2 含量，摄氧率或呼吸商的变化作为依据的。如 Waki 等在补料-分批发酵中通过监控 CO_2 的生成来控制 *Trichoderma reesei* 的纤维素酶生产。不同的发酵品种有不同的依据，一般以发酵液中的残糖浓度为指标。对次级代谢产物的发酵，还原糖浓度一般控制在 5g/L 左右的水平；也有用产物的形成来控制补料。如现代酵母生产是借自动测量尾气中的微量乙醇来严格控制糖蜜的流加。这种方法会导致低的生长速率，但其细胞得率接近理论值。

不同的补料方式会产生不同的效果，如表 5-3 所示。

表 5-3　发酵过程补料方式对细胞密度、比生长速率和产率的影响

菌　　种	中　间　补　料	通气成分	细胞密度 /(g/L)	比生长速率 /h^{-1}	产率 /[g/(L·h)]
大肠杆菌	补葡萄糖，控制溶氧不低于临界值	O_2	26	0.46	2.3
大肠杆菌	改变补蔗糖量，控制溶氧不低于临界值	O_2	42	0.36	4.7
大肠杆菌	按比例补入葡萄糖和氨，控制 pH	O_2	35	0.28	3.9
大肠杆菌	按比例补入葡萄糖和氨，控制 pH，低温，维持最低溶氧浓度大于 10%	O_2	47	0.58	3.6
大肠杆菌[①]	以恒定速率补加碳源，使氧的供应不受限制为条件	O_2	43	0.38	0.8
大肠杆菌（含重组质粒）	补碳源，限制细胞的生长，避免产生乙酸	空气	65	0.10~0.14	1.3
大肠杆菌（含重组质粒）	补碳源，控制细胞生长	空气	80	0.2~1.3	6.2

① 用合成培养基，其余均采用完全培养基。

以含有或没有重组质粒的大肠杆菌为例，通过补料控制溶氧不低于临界值可使细胞密度大于 40g/L；补入葡萄糖、蔗糖及适当的盐类，并通氨控制 pH，对产率的提高有利；用补料方法控制生长速率在中等水平有利于细胞密度和发酵产率的提高。

在谷氨酸发酵中，在某一生长阶段，生产菌的摄氧率与基质消耗速率之间存在着线性关联。据此，可用摄氧率控制补料速率，将其控制在与基质消耗速率相等的状态。测定分批加糖过程中尾气氧浓度，可求得摄氧率（OUR），OUR 与糖耗速率（q_sX）之间的关系：

$$K=\frac{OUR}{q_sX}=\frac{耗氧量(mmol\ O_2)}{糖耗(mmol)} \tag{5-18}$$

利用 K 值和摄氧率可间接估算糖耗。按反应式（5-19）计算，理论上可得 K 值为 1.5。但实际在式（5-19）中最佳 K 值为 1.75。

$$C_6H_{12}O_6+1.5O_2+NH_3\longrightarrow C_5H_9O_4N+CO_2+3H_2O \tag{5-19}$$

对三批谷氨酸发酵中糖浓度的控制受 K 值的影响发现：$K=1.51$ 情况下糖耗估计过高，发酵罐中补糖过量；$K=2.16$ 的情况下糖耗又过低；只有在 $K=1.75$ 的情况下加糖速率等于糖耗速率。

青霉素发酵是补料系统用于次级代谢物生产的范例。在分批发酵中总菌量、黏度和氧的需求一直在增加，直到氧受到限制。因此，可通过补料速率的调节来控制生长和氧耗，使菌处于半饥饿状态，使发酵液有足够的氧，从而达到高的青霉素生产速率。加糖可控制对数生长期和生产期的代谢。在快速生长期加入过量的葡萄糖会导致酸的积累和氧的需求大于发酵的供氧能力；加糖不足又会使发酵液中的有机氮当作碳源利用，导致 pH 上升和菌量失调。因此，控制加糖速率使青霉素发酵处于半饥饿状态对青霉素的合成有利。对数生长期采用计算机控制加糖来维持溶氧和 pH 在一定范围内可显著提高青霉素的产率。在青霉素发酵的生产期溶氧比 pH 对青霉素合成的影响更大，因此此期溶氧为控制因素。

在青霉素发酵中加糖会引起尾气 CO_2 含量的增加和发酵液的 pH 下降，这是由于糖被利用产生有机酸和 CO_2，并溶于水中，而使发酵液的 pH 下降。糖、CO_2、pH 三者的相关性可作为青霉素工业生产上补料控制的参数。尾气 CO_2 的变化比 pH 更为敏感，故可测定尾气的 CO_2 释放率来控制加糖速度。

苯乙酸是青霉素的前体，对合成青霉素起重要作用，但发酵液中前体含量过高对菌有毒，故宜少量多次补入，控制在亚抑制水平，以减少前体的氧化，提高前体结合到产物中的比例。产黄青霉对使用前体的品种和耐受力随菌种的特性的不同，有很大的差别。如高产菌种 399# 所用的苯乙酰胺的最适宜维持浓度为 0.3g/L；菌种 RA18 使用的苯乙酸，其最适浓度在 1.0～1.2g/L 范围。

七、泡沫对发酵的影响及其控制

1. 泡沫的产生及其影响

发酵过程中因通气搅拌、发酵产生的 CO_2 以及发酵液中糖、蛋白质和代谢物等稳定泡沫的物质的存在，使发酵液含有一定数量的泡沫，这是正常的现象。空气进入发酵液后，为了增加氧溶解速度，可以通过搅拌使大气泡变为小气泡，以增加气体与液体的接触面积，导致氧传递速率增加，这样也有利于二氧化碳气体的逸出。为了达到充分的气体交换目的，气泡应该在发酵液中有一定的滞留时间。一般在含有复合氮源的通气发酵中会产生大量泡沫，发酵性泡沫中氧分压很低，而二氧化碳分压则很高，这类泡沫相当稳定且不易破碎，对发酵产生许多不利影响，也是"逃液"的主要原因。微生物细胞生长代谢和呼吸也会排出气体，如氨气、二氧化碳等，这些气体使发酵液产生的气泡也称为发酵性泡沫。在这些泡沫产生的原因中，气体通过纯水的气-液界面时形成的气泡只能维持瞬间。泡沫的稳定性主要与液体的表面性质（如表面张力、表观黏度和泡沫的机械强度）有密切的关系。培养基中的花生饼粉、玉米浆、皂苷、黄豆饼粉、糖蜜等中所含的蛋白质，以及微生物菌体等具有稳定泡沫的作用。许多起泡物质是表面活性物质，此外，培养基的浓度、温度、酸碱度及泡沫的表面积对泡沫的稳定性也有一定的影响。但是过多的泡沫不利，加入消泡剂是消除泡沫的重要手段。使用的消泡剂是表面活性物质，尽管会引起溶氧浓度的暂时下降，但最终会有效地改善发酵液的通气效率。"逃液"给发酵带来许多副作用，主要表现在：

① 降低了发酵罐的装料系数，发酵罐的装料系数（料液体积/发酵罐容积）一般取 0.7 左右。通常充满余下空间的泡沫约占所需培养基的 10%，且配比也不完全与主体培养基相同。

② 增加了菌群的非均一性，由于泡沫高低的变化和处在不同生长周期的微生物随泡沫漂浮，或黏附在罐壁上，使这部分菌有时在气相环境中生长，引起菌的分化，甚至自溶，从而影响了菌群的整体效果。

③ 增加了污染杂菌的机会，发酵液溅到轴封处，容易染菌。

④ 大量起泡，控制不及时，会引起"逃液"，招致产物的流失。

⑤ 消泡剂的加入有时会影响发酵或给提炼工序带来麻烦。

2. 发酵过程中泡沫的消长规律

发酵过程中泡沫的多寡与通气搅拌的剧烈程度和培养基的成分有关，泡沫随着通气量和搅拌速度的增加而增加，并且搅拌所引起的泡沫比通气来得大。所以当泡沫过多时，可以通过减少通气量和搅拌速度作消极预防。玉米浆、蛋白胨、花生饼粉、黄豆饼粉、酵母粉、糖蜜等是发泡的主要因素。其起泡能力随品种、产地、加工、贮藏条件不同而有所不同，还与配比有关。如丰富培养基，特别是花生饼粉或黄豆饼粉的培养基，黏度比较大，产生的泡沫多又持久。在同一浓度下，起泡能力最强的是玉米浆，其次是花生饼粉，再其次是黄豆饼粉。糖类本身起泡能力较低，但在丰富培养基中高浓度的糖增加了发酵液的黏度，起稳定泡沫的作用。例如，葡萄糖在黄豆饼粉溶液中的浓度越高，起泡能力也越强。此外，培养基的灭菌方法、灭菌温度和时间也会改变培养基的性质，从而影响培养基的起泡能力。如糖蜜培养基的灭菌温度从110℃升高到130℃，灭菌时间为半个小时，发泡系数 q_m 几乎增加一倍（q_m 表征泡沫和发泡液体的技术特性），与通气期间达到的泡沫柱的高度 H_f 和自然泡沫溃散时间 τ_d 的乘积成正比；与泡沫形成时间 τ_f 成反比。这是由于形成大量蛋白黑色素和5-羟甲基糠醛（呋喃醇）所致。

在发酵过程中发酵液的性质随菌的代谢活动不断变化，是泡沫消长的重要因素。霉菌发酵过程中液体表面性质与泡沫寿命之间有一定的关系。发酵前期，泡沫的高稳定性与高表观黏度和低表面张力有关。随着过程中蛋白酶、淀粉酶的增多及碳、氮源的利用，起稳定泡沫作用的蛋白质降解，发酵液黏度降低，表面张力上升，泡沫减少。另外，菌体也有稳定泡沫的作用。在发酵后期菌体自溶，可溶性蛋白增加，又促进泡沫增多。

3. 泡沫的控制

泡沫的控制方法可分为机械消泡和消泡剂消泡两大类。近年来也有从生产菌种本身的特性着手，预防泡沫的形成。如单细胞蛋白生产中筛选在生长期不易形成泡沫的突变株。也有用混合培养方法，如产碱菌、土壤杆菌同莫拉菌一起培养来控制泡沫的形成。这是一株菌产生的泡沫形成物质被另一种协作菌同化的缘故。

（1）机械消泡　机械消泡是借机械引力起剧烈振动或压力变化起消泡作用。消泡装置可安装在罐内或罐外。罐内可在搅拌轴上方安装消泡桨，形式多样，泡沫借旋风离心场作用被压碎，也可将少量消泡剂加到消泡转子上以增强消泡效果。罐外法是将泡沫引出罐外，通过喷嘴的加速作用或离心力粉碎泡沫。机械消泡的优点在于不需引进外界物质，如消泡剂，从而减少染菌机会，节省原材料，且不会增加下游工段的负担。其缺点是不能从根本上消除泡沫成因。

（2）消泡剂消泡　发酵工业常用的消泡剂分天然油脂类、聚醚类、高级醇类和聚硅氧烷类、脂肪酸、亚硫酸、磺酸盐等。其中使用最多的是天然油脂和聚醚类。常用的天然油脂有玉米油、豆油、米糠油、棉籽油、鱼油和猪油等，除作消泡剂外，还可作为碳源，其消泡能力不强。需注意油脂的新鲜程度，以免生长和产物合成受抑制。应用较多的聚醚类为聚氧丙烯甘油和聚氧乙烯氧丙烯甘油（俗称泡敌）。用量为0.03%左右，消泡能力比植物油大10倍以上。泡敌的亲水性好，在发泡介质中易铺展，消泡能力强，但其溶解度也大，消泡活性维持时间较短。在黏稠发酵液中使用效果比在稀薄发酵液中更好。十八醇是高级醇类中常用的一种，可单独或与载体一起使用。它与冷榨猪油一起能有效控制青霉素发酵的泡沫。聚乙二醇具有消泡效果持久的特点，尤其适用于霉菌发酵。聚硅氧烷类消泡剂的代表是聚二甲基硅氧烷及其衍生物。其不溶于水，单独使用效果很差。它常与分散剂（微晶 SiO_2）一起使用，也可与水配成 10% 的纯聚硅氧烷乳液。这类消泡剂适用于微碱性的放线菌和细菌发酵。在 pH 为 5 左右的发酵液中使用，效果较差。还有一种羟基聚二甲基硅氧烷是一种含烃基的亲水性聚硅氧烷消泡剂，曾用于青霉素和土霉素发酵中。消泡能力随羟基含量（0.22%～3.13%）的增加而提高。此外，氟化烷烃是一种潜在的消泡剂，它的表面能比烃类、有机硅类要小，为 0.009～0.018N/m。

（3）消泡剂的应用　消泡剂或称消沫剂，多数是溶解度较小、分散性较差的高分子化合物，所以消泡剂在发酵罐中能否起作用取决于它们的扩散能力。增效剂起到帮助消泡剂扩散和缓慢释放的作用，可以加速和延长消泡剂的作用，减少其黏性。消泡的效果（特别是合成消泡剂的消泡效果）与使用方式有关。其消泡作用取决于它在发酵液中的扩散能力。消泡剂的分散可借助于机械方法或某种分散剂，如水，将消泡剂乳化成细小液滴。分散剂的作用在于帮助消泡剂扩散和缓慢释放，具有加速和延长消泡剂的作用，减小消泡剂的黏性，便于输送。如土霉素发酵中用泡敌、植物油和水按（2～3）：（5～6）：30 的比例配成乳化液，消泡效果很好，不仅节约了消泡剂和油的用量，还可在发酵全程使用。

消泡作用的持久性除了与本身的性能有关，还与加入量和时机有关。同样用量的消泡剂少量多次与少次多量的持久效果大不一样。少量多次或滴加可以收到有效防止泡沫产生和节省用量的双重效果。在青霉素发酵中曾采用滴加玉米油的方式，防止了泡沫的大量形成，有利于产生菌的代谢和青霉素的合成，且减少了油的用量。使用天然油脂时应注意不能一次加得太多，过量的油脂固然能迅速消泡，但也抑制气泡的分散，使体积氧传质系数 k_La 中的气-液比表面积 a 减小，从而显著影响氧的传质速率，使溶氧迅速下跌，甚至到零。油还会被脂肪酶等降解为脂肪酸与甘油，并进一步降解为各种有机酸，使 pH 下降。有机酸的氧化需消耗大量的氧，使溶氧下降。加强供氧可减轻这种不利作用。油脂与铁会形成过氧化物，对四环素、卡那霉素等抗生素的生物合成有害。在豆油中添加 0.1%～0.2% α-萘酚或萘胺等抗氧化剂可有效防止过氧化物的产生，消除它对发酵的不良影响。

过量的消泡剂通常会影响菌的呼吸活性和物质（包括氧）透过细胞壁的运输。因此，应尽可能减少消泡剂的用量。在应用消泡剂前需做比较性试验，找出一种对微生物生理、产物合成影响最小，消泡效果最好，且成本低的消泡剂。此外，化学消泡剂应制成乳浊液，以减少同化和消耗。为此，宜联合使用机械与化学方法控制泡沫，并采用自动监控系统。当然，消泡是一种消极的方法，一般是万不得已才用。总之，消泡剂的选择和实际使用还有许多问题，应结合生产实际加以注意和解决。

第四节　发酵过程检测和自控

发酵是有微生物参与的复杂的生化过程，发酵工业生产过程的控制比较困难，目前有许多重要的物性参数因为没有合适的传感器而不能在线测量。一般来说，菌种的生产性能越高，表达它应有的生产潜力所需要的环境条件就越难满足，控制要求越严。高产菌种比低产菌种对环境条件的波动更为敏感，控制要求更严。因此，如果缺乏有关发酵调控方面的基本知识，是很难保证生产的稳定和发展的。可通过研究过程参数，了解发酵过程的变化，简化发酵模型，使发酵容易控制。

发酵传感器是一类特殊的化学传感器，它是以生物活性单元（如酶、抗体、核酸、细胞等）作为生物敏感基元，对被测目标物具有高度选择性的检测器。其优点是选择性好，灵敏度高，反应速度快，运行成本低，能在复杂的体系中对某特定指标进行连续监测。

发酵传感器是由固定化的生物材料及与其密切配合的转换器组成的分析工具。它通过各种物理、化学型信号转化器捕捉目标物与敏感基元之间的反应，然后将反应的程度用离散或连续的电信号表达出来，从而得出被测物的浓度。

发酵传感器特异性好，特定的生物传感器对所测定物质高度专一，测定时发酵液不需分离即可直接测定；灵敏度高，可检测 $0.1\sim1.0\,mg/L$ 浓度的物质，最小极限为 $10^{-4}\,mg/L$；稳定性相对较差；发酵传感器的生物膜片均为生物活性物质，使用时不能加热杀菌处理，需采用其他方法进行灭菌；制作工艺精细，废品率高。

发酵传感器可广泛应用于发酵生产的在线监测。利用氨基酸氧化酶传感器可测定各种氨基酸，包括谷氨酸、L-天冬氨酸等十几种氨基酸。乙醇、葡萄糖也可以用相应的酶传感器进行检测。在环境监测方面，传统的方法测定生化需氧量（BOD）需要 5 天时间，而且操作复杂；使用生物传感器测 BOD 只需要 15min。在临床应用上，用酶、免疫传感器等生物传感器来检测体液中的各种化学成分，为医生的诊断提供依据。利用生物工程技术生产药物时，将传感器用于生化反应的监视，可以迅速地获得各种数据，有效地加强生物工程产品的质量管理。

一、发酵传感器

在发酵生产中，实现自动化控制的主要关键是测量各种环境参数的传感器。只有准确和及时地测定发酵过程中的各项工艺参数，才有可能实现环境参数的自动控制与调节。

发酵过程检测是为了取得所给定发酵过程及其菌株的生理生化特征数据，以便对过程实施有效的控制。为了适应自控的需要，应尽可能通过安装在发酵罐内的传感器检知发酵过程变量变化的信息，然后由变送器把非电信号转换成标准电信号，让仪表显示、记录或传送给电子计算机处理。

1. 传感器的性能指标

（1）可靠性　这是传感器最重要的特征，发酵控制中所使用的传感器应具有较高的可靠性，能在发酵条件下连续测定，稳定性好。传感器发生故障的方式有急剧故障及慢性或断续性故障两种。前者包括传感器破损、线路断开等；后者如传感器中电解液的消耗、膜上培养基或细胞的附着等。一般来说，前者比后者更容易发现，造成的损失可能更小。

（2）准确性　测量值与已知值或实际值之差称为误差，一般以一段时间内测量指示值的平均值与已知值之差或测量指示值与已知值之间的标准差表示。为了提高测量的准确性，传感器必须定期进行校正。

（3）精确度　测量精确度是重复测量的概率，它受测量方法、所用仪器、操作人员的业务素质、实验室条件等因素的影响，一般以实际值不发生变化的某一段时间内测量指示值的标准差来表示。

（4）响应时间　在测量位点有指示值与实际值之间的时间滞后，它由反应滞后与传递滞后所造成。响应时间一般以达到实际值的 95% 所需的时间表示。

（5）分辨能力　又称识别能力，是指测量中所能分辨的最小变化值。对于模拟量，它主要是一个刻度的观察问题；对于数字量，是有意义的最小数字的变化单位。

（6）灵敏度　对灵敏度有各种各样的描述方式，一般指的是传感器所能反映的最小测量单位。

（7）量程　是传感器所能感受的最大值与最小值之差。但在实际应用中一般只取其一部分，称为设计跨度。如电阻温度计测量范围－200～850℃，但一般在发酵工业中的设计跨度为 0～150℃或 0～50℃。

（8）特异性　是传感器只与被测变量反应而不受过程中其他变量和周围环境条件变化影响的能力。影响特异性的因素除了传感器本身的性能以外，还与传感器使用的环境条件有关，可以通过保持环境条件稳定、使用时满足其设计要求等措施减小对传感器信号的干扰。

传感器一般与发酵液直接接触，为了保证发酵的安全，必须保证传感器无菌。大部分物理和物理化学传感器都可以与发酵液一起进行高温灭菌。但有的传感器，如 pH 或溶氧传感器，灭菌后需要重新校正。有些不能耐受高温的传感器须在罐外用其他方法灭菌后再装入。

2. 发酵传感器分类

根据发酵过程中环境参数的性质，发酵设备的传感器可分为两大类，即测定物理参数的传感器和测定化学参数的传感器。

目前物理参数的测定基本上都已经具备了相应的传感器，只有黏度参数还没有相应的传感器，只能取样进行离线测量。用于化学参数测定的传感器少，除了测量氧和二氧化碳含量的传感器已经广泛用于发酵生产外，许多化学参数仍需采用离线测量的方法进行测定。

发酵传感器还可以通过从传感器输出信号的产生方式、传感器中生物分子识别元件的敏感物质和信号转化器三个角度进行分类：

① 根据生物活性物质不同，可分为各种酶传感器和微生物传感器；

② 根据转化器和产生信号的不同，可分为电极式、热敏电阻式、光电纤维式、半导体式和压电晶体式，其中以电极式应用最广；

③ 根据传感器输出信号的产生方式不同，可以分为生物亲和型生物传感器、代谢型生物传感器和催化型生物传感器。

酶传感器是应用固定化酶作为敏感元件的发酵传感器。依据信号转换器的类型，酶传感器大致可分为酶电极、酶场效应管传感器、酶热敏电阻传感器。

葡萄糖传感器组成：葡萄糖氧化酶与聚丙烯酰胺凝胶混合后，用包埋法制备成葡萄糖氧化酶膜，与氧电极构成葡萄糖传感器，如图 5-12。

乙醇传感器组成：由 H_2O_2 电极和乙醇氧化酶膜组成乙醇传感器。

测量范围：0～30%（体积分数）。相对误差 2%；响应时间 20s。

使用寿命：半衰期 30d 左右。

微生物传感器：在不损坏微生物机能

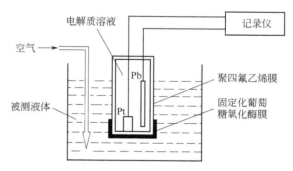

图 5-12　葡萄糖传感器示意图

情况下，可将微生物固定在载体上制作出微生物敏感膜。微生物传感器与酶传感器相比，有以下特点：

① 微生物的菌株比分离提纯的酶的价格低得多，因而制成的传感器便于推广普及；

② 微生物细胞内的酶在适当的环境中活性不易降低，因此微生物传感器的寿命更长；

③ 即使微生物体内的酶催化活性已经丧失，也还可以因细胞的增殖使之再生；

④ 对于需要辅助因子的复杂的连续反应，应用微生物则更容易完成。

微生物传感器从工作原理上可分为两种类型：一类是以微生物呼吸活性为指标的呼吸活性测定型；另一类是以微生物代谢产物为指标的电极活性物质测定型。例如：谷氨酸传感器是由具有较高谷氨酸脱羧酶活性的微生物膜和 CO_2 电极组成，如图 5-13 所示。氨传感器活性污泥中分离得到的硝化菌，固定于乙酸纤维素膜上，将其安装于氧电极上构成测定铵（氨）的微生物传感器。氨传感器结构如图 5-14 所示。

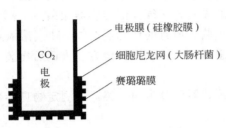

图 5-13　谷氨酸传感器示意图

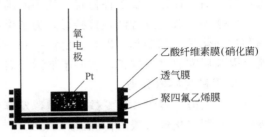

图 5-14　氨传感器示意图

二、发酵过程重要检测技术

工业发酵研究和开发的主要目标之一是建立一种能达到高产低成本的可行过程。在发酵控制中，主要有人工控制和自动控制。人工控制分为直接观测和取样分析，直接观测虽然直接便捷，但存在较大的误差；取样分析准确性高，但必须离线测定，存在一定的滞后性。自动控制通过各种传感元件或传感仪，将各种参数转变为电信号传输给控制器或计算机，进行常规控制或计算机控制。自动控制可以使发酵参数得以及时调节，生产稳定性高。自动控制不仅可以增加产量，提高产品质量，而且可以提高劳动生产率及改善生产的安全性。

工业发酵研究和开发的主要目标之一是建立一套可行的工艺过程，达到提高产量和降低成本的目的，也就是发酵过程的优化。任何微生物发酵都是在一定条件下进行的，其代谢变化是通过各种检测参数反映出来的。发酵过程的好坏完全取决于能够维持一个可以调控的有利于生产的良好环境，达到此目的最直接和有效的方法是通过直接测量发酵的变量来调节生物过程，而在线测量是高效过程运行的先决条件。

发酵过程要控制的参数包括状态参数和间接参数。状态参数是指能反映过程中菌体的生理代谢状况的参数，可以通过传感器等测量仪器直接测得，所以又称为直接参数，包括物理参数和化学参数，如 pH、溶氧、溶解 CO_2、尾气 O_2、尾气 CO_2、黏度、菌体浓度等。间接参数是指那些不能直接测量得到，需根据基本参数通过计算求得的参数，如摄氧率（OUR）、CO_2 释放率（CER）、体积溶氧系数（k_La）、呼吸商（RQ）等。在发酵过程检测中，除了使用传感器外，还引入了其他一些现代分析技术，其中最重要的是生物量、尾气成分和发酵液成分测定。

1. 生物量分析

生物量是发酵过程中极其重要的一个变量。发酵过程优化和控制由经验走向模型化，生物量的定量监测或估计量必不可少，但在目前，还不具备理想的直接用来监测生物量的在线传感器，即使是离线分析，结果也不十分令人满意。

（1）干细胞浓度　取一定量发酵液，过滤并洗涤除去可溶物质，将滤饼干燥至恒重而得。此法作为其他测定方法的参比方法。

（2）DNA 含量　细胞中 DNA 含量在发酵过程中大体保持不变，而与营养状况、培养基的组成、代谢及生长速率关系不大。因此，发酵液中 DNA 含量可计算成生物量。

（3）沉降量或压缩细胞体积　用自然静置或离心法测得的沉降量或压缩细胞体积，可作为生物量的粗略估计。

（4）黏度　主要用于指示丝状菌的生长和自溶，而与生物量不直接相关。一般使用旋转式黏度计进行测量。

（5）强度　用于澄清培养基中低浓非丝状菌的测量，测得的光密度（OD）与细胞浓度成线性关系。可用任何常规比色计或分光光度计进行，波长一般采用 $420\sim660nm$。吸光率要求 $0.3\sim0.5$。对于 $600\sim700nm$ 的入射光，一个吸光率单位大约相当于 $1.5g$ 细胞干重。

2. 尾气分析

尾气分析能在线、即时反映生产菌的生长情况。通风发酵尾气中 pH 的减少和 CO_2 的增加是培养基中营养物质好氧代谢的结果。这两种气体（CO_2、O_2）的在线分析所获得的摄氧率（OUR）和 CO_2 释放率（CER）是目前有效的微生物代谢活性指示值。目前主要有红外 CO_2 分析仪（IR）、热导式气相色谱法（GC）、CO_2 电极法、质谱仪等。IR 和电极法较为常用。O_2 分析仪有顺磁氧分析仪、极谱氧电极和质谱仪。不同品种的发酵和操作条件、OUR、CER 和 RQ 的变化不一样。以面包酵母补料-分批发酵为例，有两种主要原因导致乙醇的形成。如培养基中基质浓度过高或氧的不足，便会形成乙醇，前一种情况，称为负巴斯德效应。当乙醇产生时 CER 升高，OUR 维持不变。因此，RQ 的增加是乙醇产生的标志。应用尾气分析控制面包酵母分批发酵收到良好的效果；将 RQ 与溶氧控制结合，采用适应性多变量控制策略可以有效地提高酵母发酵的产率和转化率、负荷和热传质系数。后者是一种关键的设计变量，它的监测能反映高黏度或积垢问题。

3. 发酵液成分分析

发酵液成分的分析对于认识和控制发酵过程也是十分重要的。高效液相色谱（HPLC）具有分辨率高、灵敏度好、测量范围广、快速及系统特异性等优点，目前已成为实验室分析的主导方法。但进行分析前必须选择适当的色谱柱、操作温度、溶剂系统、梯度等，而且样品要经过亚微米级过滤处理。与适当的自动取样系统连接，HPLC 可对发酵液进行在线分析。

近年来，与自动取样系统连接的流动注射分析（FIA）系统也应用到发酵液成分的在线分析中。它的基本原理是通过一个旋转进样阀将一定体积的样品溶液"注射"到连续流动的载流中，在严格控制分散的条件下，使样品流同试剂流混合反应，最后流经检测池进行测定。检测部分可以是现有的各种自动分析仪，如分光光度计。

有关菌浓的测量方法很多，如称重法、离心叠集法、浊度法、细胞蛋白质测定法、核酸测定法、ATP 测定法、染色计数法、平板计数法等直接测量方法，但只能用于离线取样分析；而荧光测量法、电容测定法、排气分析法等现在已经可以在线分析。

三、发酵过程自动控制

发酵过程的自动控制是根据对过程变量的有效测量和对发酵过程变化规律的认识，借助于有自动化仪表和计算机组成的控制器，控制一些发酵的关键变量，达到控制发酵过程的目的。

1. 典型自控技术

在人工控制中，控制的精度大多数场合取决于工作人员的操作水平，而高素质的操作人员的劳动费用是非常高的。自动控制技术是借助于自动化仪表和控制元件组成的控制器，对过程变量进行有效的测量和控制，控制一些发酵过程的关键变量，使过程按预定的目标进行。

在发酵过程的自动控制中，有前馈控制、反馈控制和自适应控制。经常采用的是反馈控制，检测器（传感器）对发酵参数 $x(t)$ 进行测量，测量结果转变为电信号形式的检测量 $y(t)$，传送给控制器，控制器将检测量与控制参数的设定值 $r(t)$ 进行比较，得出偏差，根据偏差采用某种控制算法确定控制动作，对过程参数进行调控，如图 5-15 所示。

2. 自动控制系统

发酵自动控制系统通常由传感器、变送器和执行机构、转换器、过程接口和监控计算机构成。

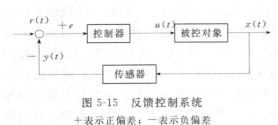

图 5-15 反馈控制系统
＋表示正偏差；－表示负偏差

自动控制系统中除了有可以测量发酵系统中物理和化学等直接参数的传感器外，那些根据直接参数对不可测的变量进行估计的变量估计器，也可以称为传感器。它对过程参数进行检测，并产生一个相应的输出信号。

变送器是指一些特殊的电路装置，它可以将传感器获得的信号转变成可以被控制器接受的标准信号。变送器有时与传感器安装在同一装置内。

执行机构是指直接实施控制动作的元件，如电磁阀、气动控制阀、电动控制阀、变速电机、蠕动泵等，它反映控制器输出的信号或者操作者手动干预而改变的控制变量。执行机构可以连续动作，也可以间歇动作。

自动控制系统主要分为四种类型：开关控制，比例控制，积分控制和微分控制。

（1）开关控制 开关控制是反馈控制中最简单的控制系统，它是由一个全开或是全关的末端控制元件（阀、开关等）控制。例如，发酵温度的开关控制系统，如图 5-16 所示。它通过温度传感器检知反应器内温度，如果低于设定值，冷水阀关闭，蒸汽或热水阀打开；如果高于设定值，蒸汽或热水阀关闭，冷水阀打开，从而使温度控制在一定的范围内。

（2）比例控制 比例控制是指控制器的输出变化与通过传感器所检测到的由环境变化（通常叫做误差）所产生的输出信号成比例。误差（环境变化）越大，则起始校正动作也越大。当控制器的放大系数很大时，此控制模式可以看成是一种高振荡的简单开关

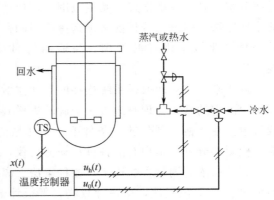

图 5-16 发酵温度的开关控制系统
TS—温度传感器；$x(t)$—检测量；
$u_h(t)$—加温控制输出量；$u_0(t)$—冷却控制输出量

控制器。随着控制器放大系数减小，振荡减小。比例控制的振荡时间比开关控制大大减少。

（3）积分控制 积分控制器的控制信号与偏差相对于时间的积分成正比，由于控制器对误差的积分需要一定的时间，因此在起始阶段输出信号的变化是相当缓慢的。与采用比例控制的控制选定参数相比，积分控制器与设定值的最大偏差是相当大的。

（4）微分控制　微分控制器的控制信号与误差信号的变化速率成正比，如果误差是一个常数，则无控制动作。如果仅用计算机计算，另由管理人员参考计算结果对生产过程进行调节，这种操作形式称为离线操作。如果用计算机对所得到的控制对象的有关变量进行计算，并输出计算结果至调节机构，由调节机构对生产过程进行调节，这种操作形式称为在线操作，即计算机控制。发酵生产上专用的计算机由工业控制机及外围设备组成，工业控制机包括主机 CPU、存储器、通用外部设备。

工业控制机的控制系统有开环控制、闭环控制两种。开环控制系统是计算机与被控对象间只有单向控制结构的系统，即计算机只向控制对象输出数据和命令，不需要得到被控对象的状态信息。闭环系统是一种具有双向控制结构的系统，即带反馈的控制系统。发酵生产中适用的计算机控制系统，需向计算机输入被控对象的状态信息，计算机据此给出各种指令，指挥执行机构调节发酵罐工作，是一种闭环系统。如果控制单个发酵罐，可用小型机或微型机，如果控制多个发酵罐或进行全厂控制，还需建立分级控制系统，即由多台计算机按不同层次构成的、各层次有不同分工要求的控制系统。

计算机控制的方式有：

① 程序控制　是在发酵过程开始之前，将发酵过程的各项条件及其变化顺序编制成固定程序，发酵实施过程中采用自动化工具，按预定的工艺要求，对生产过程进行顺序控制。程序控制为开口控制，它不论过程执行效果的好坏，都按预定的程序执行，不对发酵的工艺过程进行实时调节。例如分批式发酵过程的灭菌、加料、接种、搅拌与通风、补料、放罐、清洗等。

② 定值调节　是指对发酵过程中的某些参数给出固定要求，并对被调参数按偏差的情况进行连续调节。例如发酵过程温度的定值调节过程，工艺给定值 30℃。若发酵液温度测定值为 29℃，正偏差 1℃，系统自动控制减小冷却水进量，或提高加热水的温度，以提高发酵液的温度达到给定值。偏差越大，冷却水的量减少得越多。若发酵液温度测定值为 31℃，也就是负偏差 1℃，则系统自动控制加大冷却水用量，或降低加热水温度，偏差越大，冷却水的增加量越大。

③ 最优控制　是指根据生产情况，随时改变某些参数给定值，以达到生产过程的最优化控制。最优控制常用观察指标：最高产量，最优质量，最佳经济效益等。最优控制时，根据生产过程的变化情况，改变其中某些参数给定值，使产量达到最大。

使用计算机对发酵过程中的有关参数进行数据分析，可深入了解发酵过程的物理、化学、生理和生化条件，指导生产，调整操作参数，获取新的信息。否则这些条件或者无从了解或者由于测定或计算费事、费时而只能在事后才能加以测定。由直接测定的数据，如密度、搅拌功率、搅拌转速等，可计算出其他间接的数据。这些直接或间接的数据可进一步用作其他研究目的，如放大、过程控制等，这就把物理化学特性与发酵放大结合起来。就生理性质而言，采用可靠的气体（氧及二氧化碳）分析仪所得的结果可用来对微生物的二氧化碳排出和氧吸收进行实时研究。就这一点来说，生化反应器起到微分呼吸仪的作用。通过测量微生物的氧吸收量和二氧化碳排出量可取得其实际呼吸活动的信息。另外，可将呼吸商、糖代谢数据以及传质系数三者联系起来作出对过程控制的决定。

由生物化学性质可得到呼吸活动及糖代谢等信息，这对了解发酵的代谢途径是很重要的。通过计算机可确定碳平衡的变化，运用寄存数据可得细胞产量。采用不同的底物并将计算得到的细胞产率和有机能量产率加以比较，可能反映出有机化合物的分解代谢机制。这些变量之间的关系将有助于阐明发酵过程的主要代谢途径以及发酵生产的效率。

除了 pH、溶氧外还没有一种可就地监测培养基成分和代谢产物的传感器。这是由于开发可灭菌的探头或建立无菌取样系统有一定困难。故发酵液中的基质（糖、脂质、盐、氨基酸）、前体和代谢产物（抗生素、酶、有机酸和氨基酸）以及菌量的监测目前还是依赖人工取样和离线分析。所采用的分析方法包括湿化学法、分光光度分析、原子吸收、HPLC、GC、GCMS 到核磁共振（NMR）等。离线分析的特点是所得的过程信息是不连贯的和迟缓的。除流动细胞光度术外没有一种方法能反映微生物的状态。为此，曾采用几种系统特异的方法，如用于测定丝状菌的形态的成像分析、胞内酶活的测量等。

随着计算机价格的下降和功能的不断增强，发酵监测和控制得到更大的改进。这为装备实验室和工厂规模的联（计算）机发酵监控提供机会。为了解决一些养分和代谢物的测定需依赖离线分析仪的问题，曾开发一些新的就地检测的传感器。一些在线生物传感器和基于酶的传感器所具备的高度专一性和敏感性有可能满足在线测量这些基质的要求。现还存在灭菌、稳定性和可靠性问题，为此，有人发展了一些连续流动管式取样方法和临床实验室技术。此外，还研究了其他一些基于声音、压电薄膜、生物电化学、激光散射、电导纳波谱、荧光、热量计测量菌量的方法。

用传感器测得的信号一般并不与发酵过程变量成简单的线性关系，但也能使测量值与用于控制的状态变量进行关联。在适当的校验条件下，菌量测量的新技术——导纳波谱（admittance spectroscopy）、IR 光导纤维光散射检测、测定 NAD(P)H 的在线荧光探头均显示相当好的直接关联，但受生物与物化等多样性的影响。同样，离子选择电极可用于测定许多重要的培养基成分，但所测的值是活度，需要进行一系列的干扰离子、离子效应和螯合的校正。这些装置有许多已商品化，但还存在一些灭菌、探头响应的解释问题。这些或许说明它们还未得到推广的原因，目前主要在试验室和中试规模下应用。

有一种自动在线葡萄糖分析仪与适应性控制策略结合可用于高密度细胞培养，控制葡萄糖的浓度在设定点处。还有一种基于葡萄糖氧化酶固定化的可消毒的葡萄糖传感器曾用于大肠杆菌补料-分批发酵中。采用流动注射分析（FIA）法同一些智能数据处理方法，如基于知识的系统，人工神经网络、模糊软件传感器与卡尔曼滤波器结合，作在线控制用，可快速可靠地监测样品，所需时间少于 2min。在线 HPLC 系统被用于监测重组大肠杆菌的计算机控制的补料-分批发酵中的乙酸浓度。

光学测量方法在工业应用上更具吸引力，因为它是非侵入性的，且可靠。曾开发了一种二维荧光分光术，用于试验和工业规模生产，以改进生物过程的监测性能。此法是基于荧光团（fluorphore），可用于监测蛋白质。曾将近红外分光术用于重组大肠杆菌培养中的碳氮养分及菌量与副产物的在线测量，采用就地显微镜监测可以获得有关细胞大小、体积、生物量的信息。

Katakura 等（1998）构建了一种简单的由一半导体气体传感器和一继电器组成的甲醇控制系统。这种装置传感器的输出电压随甲醇浓度指数升高（$1\sim10g/L$）而呈指数下降（$0.3\sim1V$）趋势，具有良好的线性关系。其他气体（包括乙醇、氧）对甲醇在线监测的干扰可忽略。温度的影响很大是因为直接影响甲醇在气液相中的平衡。故需将温度控制在 $[(30\pm0.1)℃]$，以使温度漂移的影响减到最小。搅拌速度在 $300\sim1000r/min$ 并不影响甲醇浓度的在线测量，但空气流量的影响不可忽视，被固定在 $3L/min$。

Sato 等在清酒糖化期间采用一种 ATP 分析仪（ATPA-1000）在线测量酿酒酵母的胞内

ATP 。用一种含有 0.08％苄索氯铵（benzethonium chloride）的试剂萃取胞内 ATP，萃取液中的 ATP 浓度用 FIA 法测定，用一光度计测量由细菌的荧光素-荧光素酶反应产生的生物荧光强度。在分析仪中这些反应自动进行。测量一个样品所需时间为 4min。这些操作与测量都是在一定间隔时间自动进行的。

　　Tanaka 等利用尾气分析对纤维素酶产生菌工业发酵过程进行在线参数估算，他们利用一种基于 CER、OUR 与化学计量关系方法对过程的基质消耗、细胞生长速率、酶生产速率进行在线测定。虽然控制技术在实验室规模的效果不错，但在工业规模的应用却远不如人意。在大的生物反应器中由于搅拌不够充分，导致基质周期性变化，从而显著降低菌的得率。现时许多环境条件的测量，如前体、基质浓度，还不能进行在线直接反馈控制。因此，常用的发酵环境调节方法是基于把离线和在线测量联合应用于单回路反馈控制。反馈回路中离线测量的应用对控制的质量有重要作用。

　　用反馈控制能很好地维持发酵条件，但不一定能使发酵在最佳的条件下运行。为了改进发酵系统的性能需考虑一些能反映菌的生理代谢而不只是其所处环境条件。通过改变基质添加速率可直接控制 OUR，从而控制微生物的生长。利用 DO 变化作为 OUR 的指示，以此控制补料-分批青霉素发酵的补料。热的生成（由能量平衡求得）可用于反映若干代谢活性。在新生霉素发酵中利用热的释放，通过补料速率来调节其比生长速率。也有用质量平衡来进行在线估算。此技术曾用于补料-分批、连续酵母发酵和次级代谢物发酵。平衡技术更适合于用合成或半合成培养基的发酵，即使这样，也会有部分碳不知去向。

　　计算机在发酵中的应用有三项主要任务：过程数据的储存，过程数据的分析和生物过程的控制。数据的存储包含以下内容：顺序地扫描传感器的信号，将其数据条件化，过滤和以一种有序并易找到的方式储存。数据分析的任务是从测得的数据用规则系统提取所需信息，求得间接（衍生）参数，用于反映发酵的状态和性质。过程管理控制器可将这些信息显示，打印和作曲线，并用于过程控制。控制器有三个任务：按事态发展或超出回路设定点的控制；过程灭菌，投料，放罐阀门的有序控制；常规的反应器环境变量的闭环控制。此外，还可设置报警分析和显示。一些巧妙的计算机监控系统主要用于中试规模的仪器装备良好的发酵罐。对大规模的生物反应器，计算机主要应用于监测和顺序控制。有些新厂确实让计算机控制系统充分发挥其潜在的作用。

　　最先进形式的优化控制可使生产效率达到最大，这在中试规模也还未成熟。近年来，曾将知识库系统用于改进（提供给操作人员的）信息质量和提高过程自动监督水平。张嗣良等以细胞代谢流分析与控制为核心的生物反应工程学观点，通过试验研究，提出了基于参数相关的发酵过程多水平问题研究的优化技术与多参数调整的放大技术。他们设计了一种新概念生物反应器，以物料流检测为手段，通过过程优化与放大，达到大幅度提高青霉素、红霉素、金霉素、肌苷、鸟苷、重组人血清白蛋白的发酵水平。他们采用计算机参数监控系统，并对相关参数进行研究，得到 r-HAS 发酵过程多参数趋势曲线。

第五节　发酵终点的判断

　　发酵类型不同，要求达到的目标也不同，因而对发酵终点的判断标准也应有所不同。对原材料与发酵成本占整个生产成本的主要部分的发酵品种，主要追求提高产率 ［kg/(m³·h)］、得率（转化率）（kg 产物/kg 基质）和发酵系数 ［产物 kg/(罐容积 m³·发酵周期

h）］。如下游提炼成本占主要部分且产品价值高，则除了高产率和发酵系数外，还要求高的产物浓度。

微生物发酵终点的判断，对提高产物的生产能力和经济效益是很重要的。生产能力是指单位时间内单位罐体积的产物积累量。生产过程不能只单纯追求高生产力，而不顾及产品的成本，必须把二者结合起来，既要有高产量，又要降低成本。

发酵过程中的产物有的是随菌体的生长而形成，如初级代谢产物氨基酸等；有的代谢产物的产生与菌体生长无明显的关系，生长阶段不产生产物，直到生长末期，才进入产物分泌期，如抗生素的合成就是如此。但是无论是初级代谢产物还是次级代谢产物发酵，到了发酵末期，菌体的分泌能力都要下降，产物的生产能力相应下降或停止。有的产生菌在发酵末期，营养耗尽，菌体衰老而进入自溶，释放出体内的分解酶，会破坏已形成的产物。

要确定一个合理的放罐时间，需要考虑下列几个因素：

一、经济因素

发酵时间需要考虑经济因素，也就是，要以最低的成本来获得最大生产能力的时间为最适发酵时间。在实际生产中，发酵周期缩短，设备的利用率高。但在生产速率较小（或停止）的情况下，单位体积的产物产量增长就有限，如果继续延长时间，使平均生产能力下降，而动力消耗、管理费用支出、设备消耗等费用仍在增加，因而产物成本增加。所以，需要从经济学观点确定一个合理时间。

二、产品质量因素

发酵时间长短对后续工艺和产品质量有很大的影响。如果发酵时间太短，势必有过多的尚未代谢的营养物质（如可溶性蛋白、脂肪等）残留在发酵液中。这些物质对下游操作提取、分离等工序都不利。如果发酵时间太长，菌体会自溶，释放出菌体蛋白或体内的酶，又会显著改变发酵液的性质，增加过滤工序的难度，这不仅使过滤时间延长，甚至使一些不稳定的产物遭到破坏。所有这些影响，都可能使产物的质量下降，产物中杂质含量增加，故要考虑发酵周期长短对提取工序的影响。

三、特殊因素

在个别特殊发酵情况下，还要考虑特殊因素。对老品种的发酵来说，放罐时间都已掌握，在正常情况下，可根据作业计划，按时放罐。但在异常情况下，如染菌、代谢异常（糖耗缓慢等），就应根据不同情况，进行适当处理。为了能够得到尽量多的产物，应该及时采取措施（如改变温度或补充营养等），并适当提前或拖后放罐时间。

合理的放罐时间是由实验来确定的，即根据不同的发酵时间所得的产物产量计算出发酵罐的生产能力和产品成本，采用生产力高而成本又低的时间，作为放罐时间。

考虑放罐时间时，还应考虑下列因素，如：体积生产率［每升发酵液每小时形成的产物量（g）］和总生产率（放罐时发酵单位除以总发酵生产时间）。这里总发酵生产时间包括发酵周期和辅助操作时间，因此要提高总的生产率，则有必要缩短发酵周期。这就要在产物合成速率较低时放罐。延长发酵虽然略能提高产物浓度，但生产率下降，且耗电大，成本提高，因此每吨冷却水所得到的产量下跌。另外，放罐时间对下游工序有很大影响。

放罐过早，会残留过多的养分（如糖、脂肪、可溶性蛋白），对提取不利（这些物质能增加乳化作用，干扰树脂的交换）；放罐过晚，菌体自溶，会延长过滤时间，还会使产品的量降低（有些抗生素单位下跌），扰乱提取作业计划。放罐临近时，加糖、补料或消泡剂都要慎重，因残留物对提取有影响。补料可根据糖耗速度计算到放罐时允许的残留量来控制。一般判断放罐的主要指标有产物浓度、氨基氮、菌体形态、pH、培养液的外观、黏度等。过滤速度一般对染菌罐尤为重要。放罐时间可根据作业计划进行，但在异常发酵时，就应当机立断，以免倒罐。新品种发酵，更需摸索合理的放罐时间。不同发酵产品，发酵终点的判断略有出入。总之，发酵终点的判断需综合多方面的因素统筹考虑。

复 习 题

1. 试分析分批发酵、补料分批发酵和连续发酵的优缺点。
2. 比生长速率、基质比消耗速率、产物比形成速率有何区别？
3. 微生物生长过程中碳源平衡的意义是什么？
4. 各种得率系数的意义是什么？
5. 分析分批培养中产物比形成速率的表达式，说明在生产过程中如何提高产品的产量。

第六章　发酵生产染菌及防治

职业能力目标

● 能根据生产中发酵异常现象进行原因分析，包括种子培养和发酵的异常现象、染菌的检查和判断、发酵染菌原因分析等。

● 能够判断杂菌污染的途径，挽救与处理杂菌污染的措施。

专业知识目标

● 能大致说出染菌对发酵过程的影响，染菌发生的不同时间、程度对发酵的影响。

在工业上，发酵生产过程大多为纯种培养过程，需要在没有杂菌污染的条件下进行。而发酵生产的环节又比较多，尤其是好氧微生物的发酵生产，既要连续搅拌和供给新鲜的无菌空气，又要不断排放出被利用后的空气，还要多次添加消泡剂、补充培养基、定时取样测定及不断改变空气量等，在这些操作中都和外界发生了接触，因此在发酵生产中要完全杜绝染菌就有很大的困难。所谓发酵染菌是指在发酵过程中，生产菌以外的其他微生物侵入了发酵系统，从而使发酵过程失去真正意义上的纯种培养。为了防止染菌，人们采取了一系列措施，如改进生产工艺，对发酵罐、管道和其他附属设备、培养基及制造无菌空气等过程严格灭菌。对水、空气除严格按无菌要求供应外，还健全了生产技术管理制度，大大降低了生产过程中的染菌率。但是至今仍无法完全避免染菌的严重威胁，轻者影响了产品的收率和产品质量，重者会导致"倒罐"，整个发酵完全失败，给企业造成严重的经济损失。据报道，国外抗生素发酵染菌率为 2%～5%，国内的青霉素发酵染菌率为 2%，链霉素、红霉素和四环素发酵染菌率为 5%，谷氨酸发酵噬菌体感染率 1%～2%。染菌对发酵产率、提取率、得率、产品质量和"三废"治理等都有很大的影响。

虽然染菌总是有原因的，但从国内外目前的报道来看，在现有的科学技术条件下要做到完全不染菌有一定困难。在目前的生产技术水平下，通过不断提高技术、强化生产过程管理，还是可以最大限度地防止发酵染菌的发生。而且一旦发生染菌，就应尽快找出污染的原因，并采取相应的有效措施，把发酵染菌造成的损失降低到最小。

第一节　染菌对发酵的影响

尽管染菌对发酵过程的影响是很大的，但由于生产的产品不同、污染杂菌的种类和性质不同、染菌发生的时间不同以及染菌的途径和程度不同，染菌造成的危害及后果也是不相同的。

一、染菌对不同发酵过程的影响

由于各种发酵过程所使用的微生物菌种、培养基以及发酵的条件、产物的性质不同，染菌造成的危害程度也不同。如青霉素的发酵过程，由于许多杂菌都能产生青霉素酶，因此不管染菌是发生在发酵前期、中期或后期，都会使青霉素迅速被分解破坏，使目的产物最终产率降低，危害十分严重。对于核苷或核苷酸的发酵过程，由于所用的生产菌种是多种营养缺陷型微生物，其生长能力差，所需的培养基营养丰富，因此更容易受到杂菌的污染，而且染菌后，培养基中的营养成分迅速被消耗，更加不利于生产菌的生长和代谢产物的生成。对于柠檬酸等有机酸的发酵过程，一般在产酸后，发酵液的 pH 降低，此时杂菌的生长变得困难，在发酵中、后期就较少发生染菌，因此对于有机酸的发酵主要是要预防发酵前期染菌。

但是，不管是对于哪种发酵过程，一旦发生染菌，都会由于培养基中的营养成分被消耗或代谢产物被分解，严重影响到产物的生成，使发酵产品的产量大为降低。谷氨酸发酵周期短，生产菌繁殖快，培养基不太丰富，一般较少污染杂菌，但噬菌体污染对谷氨酸发酵的威胁非常大。

二、染菌发生的不同时间对发酵的影响

从发生染菌的时间来看，染菌可分为种子培养期染菌、发酵前期染菌、发酵中期染菌和发酵后期染菌四个不同的染菌时期，不同的染菌时期对发酵所产生的影响也是有区别的。

（1）种子培养期染菌　种子培养的目的主要是使微生物细胞生长与繁殖，增加微生物的数目，为发酵作准备。一般种子罐中的微生物菌体浓度较低，而其培养基的营养又十分丰富，容易发生染菌。若将污染的种子带入发酵罐，则会造成更大的危害，因此应严格控制种子染菌情况的发生。一旦发现种子受到杂菌的污染，应经灭菌后弃去，并对种子罐、管道等进行仔细检查和彻底灭菌。

（2）发酵前期染菌　在发酵前期，微生物菌体主要是处于生长、繁殖阶段，这段时期代谢的产物很少，相对而言这个时期也容易发生染菌。染菌后的杂菌将迅速繁殖，与生产菌争夺培养基中的营养物质，严重干扰生产菌的正常生长、繁殖及产物的生成，甚至会抑制或杀灭生产菌。

（3）发酵中期染菌　发酵中期染菌将会导致培养基中的营养物质大量消耗，并严重干扰生产菌的生长和代谢，影响产物的生成。有的杂菌在染菌后大量繁殖，产生酸性物质，使 pH 下降，糖、氮等的消耗加速，菌体发生自溶，致使发酵液发黏，并产生大量的泡沫，最终导致代谢产物的积累减少或停止；有的染菌后会使已生成的产物被利用或破坏。从目前的情况来看，发酵中期染菌一般较难挽救，危害性较大，在生产过程中应尽力做到早发现、快处理。

（4）发酵后期染菌　由于到了发酵后期，培养基中的糖、氮等营养物质已接近耗尽，且发酵的产物也已积累较多，如果染菌量不太大，对发酵的影响相对来说就要小一些，可继续进行发酵。对发酵产物来说，发酵后期染菌对不同的产物的影响也是不同的，如抗生素、柠檬酸的发酵，染菌对产物的影响不大；肌苷酸、谷氨酸、氨基酸等的发酵，后期染菌也会影响产物的产量、提取和产品的质量。

三、染菌程度对发酵的影响

染菌的程度对发酵的影响是很大的。染菌程度愈严重，即进入发酵罐内的杂菌数量愈多，对发酵的危害也就愈大。当生产菌在发酵过程已有大量的繁殖，并已在发酵液中占优势，污染极少量的杂菌，对发酵不会带来太大的影响，因为进入发酵液的杂菌需要有一定的时间才能达到危害发酵的程度，而且此时环境对杂菌繁殖已相当不利。当然如果染菌程度严重时，尤其是在发酵的前期或发酵的中期，对发酵将会产生严重的影响。

染菌的后果因污染的杂菌种类、数量和发酵阶段不同而有所不同。一般，从染菌的种类

大致可以判断其来源。染芽孢杆菌有可能是灭菌不彻底所致；染大肠杆菌则怀疑是否有脏水污染，如蛇管穿孔；染球菌、短杆菌有可能来自空气。抗生素发酵前期染菌比较麻烦，控制不当，杂菌生长比生产菌快，则容易倒罐。遇到早期染菌，原则上可适当改变生长参数，使有利于生产菌而不利于杂菌的生长，如降低发酵温度等。加入某些抑制杂菌的化合物也不失为一种应急办法，条件是这种化合物对生产菌无害，对生产影响不大和在下游精制阶段能被完全去除。中后期染菌除非是染噬菌体，否则后果不会那么严重，这时发酵液中已产生一定浓度的抗生素，对杂菌已有一定抑制作用。实际生产中常采用大接种量的原因之一是即使不慎污染了极少量杂菌，生产菌也能很快占优势。

第二节　发酵异常现象及原因分析

一、种子培养和发酵的异常现象

发酵过程中的种子培养和发酵的异常现象是指发酵过程中的某些物理参数、化学参数或生物参数发生与原有规律不同的改变，这些改变必然影响发酵水平，使生产蒙受损失。对此，应及时查明原因，加以解决。

1. 种子培养异常

种子培养异常表现在培养的种子质量不合格。种子质量不合格会给发酵带来较大的影响，然而种子内在质量常被忽视。由于种子培养的周期短，可供分析的数据较少，因此种子异常的原因一般较难确定，也使得由种子质量引起的发酵异常原因不易查清。种子培养异常的表现主要有菌体生长缓慢、菌丝结团、代谢不正常、菌体老化以及培养液的理化参数变化。

（1）菌体生长缓慢　种子培养过程中菌体数量增长缓慢的原因很多。培养基原料质量下降、菌体老化、灭菌操作失误、供氧不足、培养温度偏高或偏低、酸碱度调节不当等都会引起菌体生长缓慢。此外，接种物冷藏时间长或接种量过低而导致菌体量少，或接种物本身质量较差等也都会使菌体数量增长缓慢。

（2）菌丝结团　在培养过程中有些丝状菌容易产生菌丝团，菌体仅在表面生长，菌丝向四周伸展，而菌丝团的中央结实，使内部菌丝的营养吸收和呼吸受到很大影响，从而不能正常地生长。菌丝结团的原因很多，例如：通气不良或停止搅拌导致溶解氧浓度不足；原料质量差或灭菌效果差导致培养基质量下降；接种的孢子或菌丝保藏时间长而菌落数少，泡沫多；罐内装料小、菌丝粘壁等会导致培养液的菌丝浓度比较低；此外，接种物种龄短等也会导致菌体生长缓慢，造成菌丝结团。

（3）代谢不正常　代谢不正常表现为糖、氨基氮等变化不正常，菌体浓度和代谢产物不正常。造成代谢不正常的原因很复杂，除与接种物质量和培养基质量差有关外，还与培养环境条件差、接种量小、杂菌污染等有关。

2. 发酵异常

不同种类的发酵过程所发生的发酵异常现象，形式虽然不尽相同，但均表现出菌体生长速度缓慢、菌体代谢异常或过早老化、糖耗慢、pH 的异常变化、发酵过程中泡沫的异常增多、发酵液颜色的异常变化、代谢产物含量的异常下跌、发酵周期的异常拖长、发酵液的黏度异常增加等。

（1）菌体生长差　由于种子质量差或种子低温放置时间长导致菌体数量较少、停滞期延长、发酵液内菌体数量增长缓慢、外形不整齐。种子质量不好、菌种的发酵性能差、环境条件差、培养基质量不好、接种量太少等均会引起糖、氮的消耗少或间歇停滞，出现糖、氮代谢缓慢现象。

（2）pH过高或过低　发酵过程中由于培养基原料质量差、灭菌效果差、加糖、加油过多或过于集中，将会引起pH的异常变化。而pH变化是所有代谢反应的综合反映，在发酵的各个时期都有一定规律，pH的异常变化就意味着发酵的异常。

（3）溶解氧水平异常　可以根据发酵过程中出现的异常现象如溶解氧（DO）、pH、排气中的CO_2含量以及微生物菌体酶活力等的异常变化来检查发酵是否染菌。对于特定的发酵过程要求一定的溶解氧水平，而且在不同的发酵阶段其溶解氧的水平也是不同的。如果发酵过程中的溶解氧水平发生了异常的变化，一般就是发酵染菌的表现。

在正常的发酵过程中，发酵初期菌体处于适应期，耗氧量很少，溶解氧基本不变；当菌体进入对数生长期，耗氧量增加，溶解氧浓度很快下降，并且维持在一定的水平，在这阶段中操作条件的变化会使溶解氧有所波动，但变化不大；而到了发酵后期，菌体衰老，耗氧量减少，溶解氧又再度上升；当感染噬菌体后，生产菌的呼吸作用受抑制，溶解氧浓度很快上升。发酵过程感染噬菌体后，溶解氧的变化比菌体浓度更灵敏，因此就能更准确地预见染菌的发生。

由于污染的杂菌好氧性不同，产生溶解氧异常的现象也是不同的。当杂菌是好氧性微生物时，溶解氧的变化是在较短时间内下降，直到接近于零，且在长时间内不能回升。但并非一旦染菌溶解氧就下降，若杂菌是非好氧性微生物，而生产菌由于受污染而抑制生长，使耗氧量减少，溶解氧反而升高。一般来讲，补料或加油也会引起溶解氧迅速下降，在低谷处维持1～3h即回升。这与染菌使溶解氧变化是不同的。

红霉素发酵过程中污染噬菌体或其他不明原因会出现发酵液变稀，溶解氧迅速回升。如第23批的发酵液在发酵90h后短时间内下降到比接种后的发酵液的黏度还要低。与此同时，溶解氧迅速上升，图6-1显示了红霉素发酵生产溶解氧实际监测情况。

污染噬菌体常表现为发酵液变稀，溶解氧迅速回升。如图6-2所示，谷氨酸发酵在正常情况下溶解氧在12～18h下降到最低点，约在10%～20%空气饱和度的水平，维持到放罐

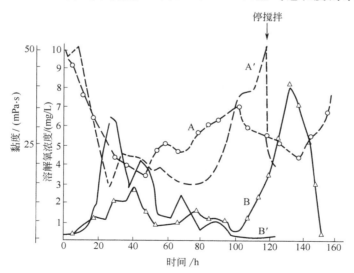

图6-1　红霉素发酵过程溶解氧和黏度的变化

A、B分别为22批生产发酵罐的DO和黏度变化；

A′、B′分别为23批生产发酵罐的DO和黏度变化

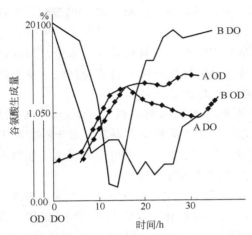

图 6-2 谷氨酸发酵遇到噬菌体后的代谢变化
A—正常情况；B—染噬菌体情况

前约 5h 开始上升，到放罐时溶解氧处于 50% 以上。这是很有规律的变化。菌的生长，其 OD（光密度）值在过了短暂适应期后便上升，在 12h 后随菌的浓度增加而减缓，维持到放罐。而污染噬菌体后发现溶解氧提前在 15h 上升，但 OD 此时还在上升。这是由于当时的菌已受侵袭，其呼吸强度下降的缘故，直到 2~3h 后 OD 才开始下降。因此溶解氧可以比 OD 提前 2~3h 预报发酵异常情况。

对于特定的发酵过程，工艺确定后，排出的气体中 CO_2 含量的变化是规律的。染菌后，培养基中糖的消耗发生变化，引起排气中 CO_2 含量的异常变化，如杂菌污染时，糖耗加快，CO_2 含量增加；噬菌体污染后，糖耗减慢，CO_2 含量减少。因此，可根据 CO_2 含量的异常变化来判断是否染菌。

（4）泡沫过多 一般在发酵过程中泡沫的消长是有一定的规律的。但是，由于菌体生长差、代谢速度慢、接种物嫩或种子未及时移种而过老、蛋白质类胶体物质多等，都会使发酵液在不断通气、搅拌下产生大量的泡沫。除此之外，培养基灭菌时温度过高或时间过长，葡萄糖受到破坏后产生的氨基糖会抑制菌体的生长，也会使泡沫大量产生，从而使发酵过程的泡沫发生异常。

（5）菌体浓度过高或过低 在发酵生产过程中菌体或菌丝浓度的变化是按其固有的规律进行的。但如果罐温长时间偏高，或停止搅拌时间较长造成溶解氧不足，或培养基灭菌不当导致营养条件较差、种子质量差、菌体或菌丝自溶等均会严重影响到培养物的生长，导致发酵液中菌体浓度偏离原有规律，出现异常现象。

二、染菌的检查和判断

发酵过程是否染菌应以无菌试验的结果为依据进行判断。在发酵过程中，如何及早发现杂菌的污染并及时采取措施加以处理，是避免染菌造成严重经济损失的重要手段。因此，生产上要求能准确、迅速地检查出杂菌的污染。目前常用于检查是否染菌的无菌试验方法主要有显微镜检查法、肉汤培养法、平板（双碟）培养法、发酵过程的异常观察法等。

1. 显微镜检查法（镜检法）

用革兰氏染色法对样品进行涂片、染色，然后在显微镜下观察微生物的形态特征，根据生产菌与杂菌的特征进行区别，判断是否染菌。如发现有与生产菌形态特征不一样的其他微生物存在，就可判断为发生了染菌。此法检查杂菌最为简单、直接，也是最常用的检查方法之一。必要时还可进行芽孢染色或鞭毛染色。

但在染菌的初期，要从显微镜检中发现是很难的，如能从视野中发现杂菌时，染菌已很严重。

2. 肉汤培养法

通常用组成为 0.3% 牛肉膏、0.5% 葡萄糖、0.5% 氯化钠、0.8% 蛋白胨、0.4% 酚红溶液（pH＝7.2）的葡萄糖酚红肉汤作为培养基，将待检样品直接接入经完全灭菌后的肉汤培养基中，分别于37℃、27℃进行培养，随时观察微生物的生长情况，并取样进行镜检，判断是否有杂菌。肉汤培养法常用于检查培养基和无菌空气是否带菌，同时此法也可用于噬菌体的检查。

3. 平板划线培养或斜面培养检查法

将待检样品在无菌平板上划线，分别于37℃、27℃进行培养，一般24h后即可进行镜检观察，检查是否有杂菌。有时为了提高平板培养法的灵敏度，也可以将需要检查的样品先置于37℃条件下培养6h，使杂菌迅速增殖后再划线培养。无菌试验时，如果肉汤连续三次发生变色反应（由红色变为黄色）或产生混浊，或平板培养连续三次发现有异常菌落的出现，即可判断为染菌。有时肉汤培养的阳性反应不够明显，而发酵样品的各项参数确有可疑染菌，并经镜检等其他方法确认连续三次样品有相同类型的异常菌存在，也应该判断为染菌。一般来讲，无菌试验的肉汤或培养平板应保存并观察至本批（罐）放罐后12h，确认为无杂菌后才能弃去。无菌试验期间应每6h观察一次无菌试验样品，以便能及早发现染菌。

三、发酵染菌原因分析

发酵染菌后，一定要找出染菌的原因，以总结防止发酵染菌的经验教训，积极采取必要措施，把杂菌消灭在发生之前。如果对已发生的染菌不作具体分析，不了解染菌原因，未采取相应的措施来防止染菌，将会对生产造成严重的后果。造成发酵染菌的原因有很多，且常因工厂不同而有所不同，但设备渗漏、空气净化达不到要求、种子带菌、培养基灭菌不彻底和技术管理不善等是造成各厂污染杂菌的普遍原因。表6-1是日本工业技术院发酵研究所对抗生素发酵染菌原因分析，表6-2为某厂链霉素发酵染菌原因分析，表6-3是上海天厨味精厂谷氨酸发酵染菌原因分析。

表6-1 日本工业技术院发酵研究所对抗生素的发酵染菌原因分析

染 菌 原 因	染菌百分率/%	染 菌 原 因	染菌百分率/%
种子带菌或怀疑种子带菌	9.64	接种管穿孔	0.39
接种时罐压跌零	0.19	阀门渗漏	1.45
培养基灭菌不透	0.79	搅拌轴密封渗漏	2.09
总空气系统有菌	19.9	发酵罐盖漏	1.54
泡沫冒顶	0.48	其他设备渗漏	10.13
夹套穿孔	12.0	操作问题	10.15
盘管穿孔	5.89	原因不明	24.91

表6-2 某厂链霉素发酵染菌原因分析

染 菌 原 因	染菌百分率/%	染 菌 原 因	染菌百分率/%
外界带入杂菌（取样、补料等带入）	8.20	蒸汽压力不够或蒸汽量不足	0.60
设备穿孔	7.60	管理问题	7.09
空气系统有菌	26.00	操作违反规则	1.60
停电罐压下跌	1.60	种子带菌	0.60
接种	11.00	原因不明	35.00

表6-3 上海天厨味精厂谷氨酸发酵染菌原因分析

染 菌 原 因	染菌百分率/%	染 菌 原 因	染菌百分率/%
空气系统染菌	32.05	补料、取样带菌	4.30
设备问题	15.46	种子带菌	1.72
管理和操作不当	11.34	环境污染及原因不明	35.13

　　由表中可以看出，由于不同厂家的设备渗漏概率、技术管理好坏不同，而使各种染菌原因的百分率有所不同，其中尤以设备渗漏和空气带菌而染菌较为普遍且严重。值得注意的是，不明原因的染菌，分别达 24.91%、35.00% 和 35.13%。这表明，目前分析染菌原因的水平还有待于进一步提高。

1. 染菌的杂菌种类分析

　　对于每一个发酵过程而言，污染杂菌种类的影响是不同的。如在抗生素的发酵过程中，青霉素的发酵污染细短产气杆菌比粗大杆菌的危害更大；链霉素的发酵污染细短杆菌、假单胞杆菌和产气杆菌比污染粗大杆菌危害更大；四环素的发酵过程最怕污染双球菌、芽孢杆菌和荚膜杆菌；柠檬酸的发酵最怕青霉菌的污染；谷氨酸发酵最怕噬菌体污染。因噬菌体蔓延迅速，难以防治，容易造成连续污染。若污染的杂菌是耐热的芽孢杆菌，可能是由于培养基或设备灭菌不彻底、设备存在死角等引起；若污染的是球菌、无芽孢杆菌等不耐热杂菌，可能是由于种子带菌、空气过滤效率低、除菌不彻底、设备渗漏和操作问题等引起；若污染的是真菌，就可能是由于设备或冷却盘管的渗漏、无菌室灭菌不彻底或无菌操作不当、糖液灭菌不彻底（特别是糖液放置时间较长）而引起。

2. 发酵染菌的规模分析

　　从染菌的规模来看，主要有三种：

　　(1) 大批量发酵罐染菌　　如发生在发酵前期，可能是种子带菌或连消设备引起染菌；如果染菌发生在发酵中期、后期，且这些杂菌类型相同，则一般是空气净化系统存在诸如空气系统结构不合理、空气过滤器介质失效等问题；如果空气带菌量不多，无菌试验的显现时间较长，这就使空气带菌的分析和防治增加了难度。

　　(2) 部分发酵罐染菌　　如果染菌发生在发酵前期，就可能是种子染菌、连消系统灭菌不彻底；如果是发酵后期染菌，则可能是中间补料染菌，如补料液带菌、补料管渗漏。

　　(3) 个别发酵罐连续染菌　　此时如果采用间歇灭菌工艺，一般不会发生连续染菌。个别发酵罐连续染菌，大都是由于设备渗漏造成，应仔细检查阀门、罐体或罐器等是否清洁。一般设备渗漏引起的染菌，会出现每批染菌时间向前推移的现象。

3. 不同污染时间分析

　　(1) 染菌发生在种子培养阶段　　或称种子培养基染菌。此时通常是由种子带菌、培养基或设备灭菌不彻底，以及接种操作不当或设备的因素等引起染菌。

　　(2) 在发酵过程的初始阶段发生染菌　　或称发酵前期染菌。此时大部分染菌也是由种子带菌、培养基或设备灭菌不彻底、接种操作不当或设备因素、无菌空气带菌等原因而引起。

　　(3) 发酵后期染菌　　大部分是由空气过滤不彻底、中间补料染菌、设备渗漏、泡沫顶盖以及操作问题而引起染菌。

第三节　　杂菌污染的途径和防治

　　从技术上分析，染菌的途径有以下几方面：种子（包括进罐前菌种室阶段）出问题；培养基的配制和灭菌不彻底；设备上特别是空气除菌不彻底和过程控制操作上的疏漏。遇到染菌首先要检测杂菌的来源。对顽固的染菌，应对种子、消后培养基和补料液、发酵液及无菌空气取样做无菌试验，对设备试压检漏，只有系统、严格监测和分析才能判断其染菌原因，做到有的放矢。

种子带菌的检查可从菌种室保藏的菌种、斜面、摇瓶直到种子罐。保藏菌种定期进行复壮、单孢子分离和纯种培养；斜面、摇瓶和种子罐种子做无菌试验，可以用肉汤和斜面或平板培养基检查有无杂菌。显微镜观察菌形是否正常，应注意在显微镜检不出杂菌时不等于真的无杂菌，需做无菌试验才能最后确定。

培养基和设备没消透的原因有多方面，如蒸汽压力或灭菌时间不够，培养基配料未混合均匀，存在结块现象，设备未清洗干净，特别是罐冲洗不到的死角处，有结痂而未铲除干净。

设备方面特别是老设备也常会遇到各种问题，如夹层或盘管、搅拌轴密封和管道的渗漏，空气除菌的效果差，管道安装不合理，存在死角等是造成染菌的重要原因。

过程控制主要包括接种、过程加糖补料和取样操作等是否严密规范。一级种子罐的接种可分为血清瓶针头、管道或火焰敞口式接种，罐与罐之间的移种前管道冲洗或灭菌不当也会出问题。

一、种子带菌及其防治

由于种子带菌而发生的染菌率虽然不高，但它是发酵前期染菌的重要原因之一，是发酵生产成败的关键，因而对种子染菌的检查和染菌的防治是极为重要的。种子带菌的原因主要有保藏的斜面试管菌种染菌、培养基和器具灭菌不彻底、种子转移和接种过程染菌以及种子培养所涉及的设备和装置染菌等。针对上述染菌原因，生产上常用以下一些措施予以防治：

（1）严格控制无菌室的污染　根据生产工艺的要求和特点，建立相应的无菌室，交替使用各种灭菌手段对无菌室进行处理。除常用的紫外线灭菌外，如发现无菌室已污染较多的细菌，可采用石炭酸或土霉素等进行灭菌；如发现无菌室有较多的霉菌，则可采用制霉菌素等进行灭菌；如果污染噬菌体，通常就用甲醛、双氧水或高锰酸钾等灭菌剂进行处理。

（2）在制备种子时对沙土管、斜面、锥形瓶及摇瓶均严格进行管理，防止杂菌进入而受到污染。为了防止染菌，种子保存管的棉花塞应有一定的紧密度，且有一定的长度，保存温度尽量保持相对稳定，不宜有太大变化。

（3）对每一级种子的培养物均应进行严格的无菌检查，确保任何一级种子均未受杂菌感染后才能使用。

（4）对菌种培养基或器具进行严格的灭菌处理，保证在利用灭菌锅进行灭菌前，先完全排除锅内的空气，以免造成假压，使灭菌的温度达不到预定值，造成灭菌不彻底而使种子染菌。

二、空气带菌及其防治

无菌空气带菌是发酵染菌的主要原因之一。要杜绝无菌空气带菌，就必须从空气的净化工艺和设备的设计、过滤介质的选用和装填、过滤介质的灭菌和管理等方面完善空气净化系统。

加强生产环境的卫生管理，减少生产环境中空气的含菌量，正确选择采气口，如提高采气口的位置或前置粗过滤器，加强空气压缩前的预处理，如提高空压机进口空气的洁净度。

设计合理的空气预处理工艺，尽可能减少生产环境中空气带油、水量，提高进入过滤器的空气温度，降低空气的相对湿度，保持过滤介质的干燥状态，防止空气冷却器漏水，防止冷却水进入空气系统等。

设计和安装合理的空气过滤器，防止过滤器失效。选用除菌效率高的过滤介质，在过滤器灭菌时要防止过滤介质被冲翻而造成短路，避免过滤介质烤焦或着火，防止过滤介质的装填不均而使空气走短路，保证一定的介质充填密度。当突然停止进空气时，要防止发酵液倒流入空气过滤器，在操作过程中要防止空气压力的剧变和流速的急增。

三、操作失误导致染菌及其防治

曾经有一位对灭菌很有经验的工程师被邀请到一经常发生染菌事故的发酵工厂协助解决染菌问题。他在较短时间内对设备几乎没有什么改造的情况下便将该厂的染菌率从70％～80％降到10％以下，其成功的经验只有一条，即：加强生产技术管理，严格按工艺规程操作，分清岗位责任事故，奖罚分明。有些厂忽视车间的清洁卫生，跑、冒、滴、漏随处可见，这样的厂染菌就时常发生。由此可见，即使有好的设备，没有科学严密的管理，染菌照样难以收拾。因此，要克服染菌，生产技术和管理应并重。

一般来说，稀薄的培养基比较容易灭菌彻底，而淀粉质原料，在升温过快或混合不均匀时容易结块，使团块中心部位"夹生"，蒸汽不易进入将杂菌杀死，但在发酵过程中这些团块会散开，而造成染菌。同样，由于培养基中麸皮、黄豆饼一类的固形物含量较多，在投料时溅到罐壁或罐内的各种支架上，容易形成堆积，这些堆积物在灭菌过程由于传热较慢，一些杂菌也不易被杀灭，一旦灭菌操作完成后，通过冷却、搅拌、接种等操作，含有杂菌的堆积物将重新返回培养液中，造成染菌。通常对于淀粉质培养基的灭菌采用实罐灭菌较好，一般在升温前先通过搅拌混合均匀，并加入一定量的淀粉酶进行液化；有大颗粒存在时应先过筛除去，再行灭菌。对于麸皮、黄豆饼一类的固形物含量较多的培养基，采用罐外预先配料，再转至发酵罐内进行实罐灭菌较为有效。

灭菌时由于操作不合理，未将罐内的空气完全排除，造成压力表显示"假压"，使罐内温度与压力表指示的不对应，培养基的温度以及罐顶局部空间的温度达不到灭菌的要求，导致灭菌不彻底而染菌。因此，在灭菌升温时，要打开排气阀门，使蒸汽能通过并驱除罐内冷空气，一般可避免此类染菌。

培养基在灭菌过程中很容易产生泡沫，发泡严重时泡沫可上升至罐顶甚至逃逸，以致泡沫顶罐，杂菌很容易藏在泡沫中。由于泡沫的薄膜及泡沫内的空气传热差，使泡沫内的温度低于灭菌温度，一旦灭菌操作结束并进行冷却时，这些泡沫就会破裂，杂菌就会释放到培养基中，造成染菌。因此，要严防泡沫升顶，尽可能添加消泡剂防止泡沫的大量产生。

在连续灭菌过程中，培养基灭菌的温度及其停留时间必须符合灭菌的要求，尤其是在灭菌结束前的最后一部分培养基也要善始善终，以确保彻底灭菌。避免蒸汽压力的波动过大，应严格控制灭菌的温度，过程最好采用自动控温。

发酵过程中越来越多地采用了自动控制，一些控制仪器逐渐被应用。如用于连续测定并控制发酵液pH的复合玻璃电极、测定溶氧浓度的探头等，这些探头或元件如用蒸汽进行灭菌，不但容易损坏，还会因反复经受高温而大大缩短其使用寿命。因此，一般常采用化学试剂浸泡等方法来灭菌。但常会因灭菌不彻底，放入发酵罐后导致染菌。

四、设备渗漏或"死角"造成的染菌及其防治

设备渗漏主要是指发酵罐、补糖罐、冷却盘管、管道阀门等，由于化学腐蚀（发酵代谢所产生的有机酸等发生腐蚀作用）、电化学腐蚀（如氧溶解于水，使金属不断失去电子，加快腐蚀作用）、磨蚀（如金属与原料中的泥沙之间磨损）、加工制作不良等原因形成微小漏孔后发生渗漏染菌。

由于操作、设备结构、安装及其他人为因素造成的屏障等原因，使蒸汽不能有效到达预

定的灭菌部位，而不能达到彻底灭菌的目的。生产上常把这些不能彻底灭菌的部位称为"死角"。

盘管是发酵过程中用于通冷却水或蒸汽进行冷却或加热的蛇形金属管。由于存在温差（内冷却水温、外灭菌温度），温度急剧变化，或发酵液的 pH 低、化学腐蚀严重等原因，使金属盘管受损，因而盘管是最易发生渗漏的部件之一，渗漏后带菌的冷却水进入罐内引起染菌。生产上可采取仔细清洗，检查渗漏，及时发现，及时处理，杜绝污染。

空气分布管一般安装于靠近搅拌桨叶的部位，受搅拌与通气的影响很大，易磨蚀穿孔造成"死角"，产生染菌。尤其是采用环形空气分布管时，由于管中的空气流速不一致，靠近空气进口处流速最大，离进口处距离越远流速越小，因此，远离进口处的管道常被来自空气过滤器中的活性炭或培养基中的某些物质所堵塞，最易产生"死角"而染菌。通常采取频繁更换空气分布管或认真洗涤等措施。

发酵罐体易发生局部化学腐蚀或磨蚀，产生穿孔渗漏。罐内的部件如挡板、扶梯、搅拌轴拉杆、联轴器、冷却管等及其支撑件、温度计套管焊接处等的周围容易聚集污垢，形成"死角"而染菌。采取罐内壁涂刷防腐涂料、加强清洗并定期铲除污垢等是有效消除染菌的措施。

发酵罐的制作不良，如不锈钢衬里焊接质量不好，使不锈钢与碳钢之间不能紧贴，导致不锈钢与碳钢之间有空气存在，在灭菌加温时，由于不锈钢、碳钢和空气这三者的膨胀系数不同，不锈钢会鼓起，严重者还会破裂，发酵液通过裂缝进入夹层从而造成"死角"染菌。采用不锈钢或复合钢可有效克服此缺点。同时，发酵罐封头上的人孔、排气管接口、照明灯口、视镜口、进料管口、压力表接口等也是造成"死角"的潜在因素，一般通过安装边阀，使灭菌彻底，并注意清洗是可以避免染菌的。

除此之外，发酵罐底常有培养基中的固形物堆积，形成硬块，这些硬块包藏有脏物，且有一定的绝热性，使藏在里面的脏物、杂菌不能在灭菌时被杀死，导致染菌。通过加强罐体清洗、适当降低搅拌桨位置都可减少罐底积垢，减少染菌。发酵罐的修补焊接位置不当也会留下"死角"而染菌。

管路的安装或管路的配置不合理易形成"死角"染菌。发酵过程中与发酵罐连接的管路很多，如空气、蒸汽、水、物料、排气、排污管等，一般来讲，管路的连接方式要有特殊的防止微生物污染的要求，对于接种、取样、补料和加油等管路一般要求配置单独的灭菌系统，能在发酵罐灭菌后或发酵过程中进行单独的灭菌。发酵工厂的管路配置原则是使罐体和有关管路都可用蒸汽进行灭菌，即保证蒸汽能够达到所有需要灭菌的部位。在实际生产过程中，为了减少管材，经常将一些管路汇集到一条总的管路上，如将若干只发酵罐的排气管汇集在一条总的排气管上，在使用中会产生相互串通、相互干扰，一个罐染菌往往会影响其他罐，造成其他发酵罐的连锁染菌，不利于染菌的防治。采用单独的排气、排水和排污管可有效防止染菌的发生。

生产上发酵过程的管路大多数是以法兰连接，但常会发生诸如垫圈大小不配套、法兰不平整、安装没有对中、法兰与管子的焊接不好、受热不均匀使法兰翘曲以及密封面不平等现象，从而形成"死角"而染菌。因此，法兰的加工、焊接和安装要符合灭菌的要求，务必使各衔接处管道畅通、光滑、密封性好，垫片的内径与法兰内径匹配，安装时对准中心，甚至尽可能减少或取消连接法兰等措施，以避免和减少管道出现"死角"而染菌。

管件的渗漏易造成染菌。实际上管件的渗漏主要是指阀门的渗漏，目前生产上使用的阀门不能完全满足发酵工程的工艺要求，是造成发酵染菌的主要原因之一。采用加工精度高、材料好的阀门可减少此类染菌的发生。

五、噬菌体污染及其防治

利用细菌或放线菌进行的发酵生产容易受噬菌体的污染，由于噬菌体的感染力非常强，传播蔓延迅速，且较难防治，对发酵生产有很大威胁。噬菌体是一种病毒，其直径约 $0.1\mu m$，可以通过环境污染、设备的渗漏或"死角"、空气系统、培养基灭菌过程、补料过程及操作过程等进入发酵系统。

由于发酵过程中噬菌体侵染的时间、程度不同以及噬菌体的"毒力"和菌株的敏感性不同，所表现出的症状也不同。比如氨基酸的发酵过程，感染噬菌体后，常使发酵液的光密度在发酵初期不上升或回降；pH 逐渐上升，可到 8.0 以上，且不再下降或 pH 稍有下降，停滞在 pH＝7～7.2 之间，氨的利用停止；糖耗、温度升高缓慢或停止；产生大量的泡沫，有时使发酵液呈现黏胶状；谷氨酸的产量很少，增长缓慢或停止；镜检时可发现菌体数量显著减少，甚至找不到完整的菌体；CO_2 排出量异常，产物含量急剧下降；发酵周期延长，培养时间延长；发酵液发红、发灰，泡沫很多、难中和，提取分离困难，收率很低等。

噬菌体在自然界中分布很广，在土壤、腐烂的有机物和空气中均有存在，一般来说，造成噬菌体污染必须具备有噬菌体、活菌体、噬菌体与活菌体接触的机会和适宜的环境等条件。噬菌体是专一性的活菌寄生体，脱离寄主噬菌体不能自行生长繁殖。由于作为寄主的菌体大量存在；噬菌体对于干燥有相当强的抗性；同时噬菌体有时也能脱离寄主在环境中长期存在；并且在实际生产中，常由于空气的传播，使噬菌体潜入发酵的各个环节，从而造成污染，因此环境污染噬菌体是造成噬菌体感染的主要根源。

至今最有效的防治噬菌体染菌的方法是以净化环境为中心的综合防治法，主要有净化生产环境、消灭污染源、改进提高空气的净化度、保证纯种培养、做到种子本身不带噬菌体、轮换使用不同类型的菌种、使用抗噬菌体的菌种、改进设备装置、消灭"死角"、药物防治等措施。

噬菌体的防治是一项系统工程，从培养基的制备、培养基灭菌、种子培养、空气净化系统、环境卫生、设备、管道、车间布局及职工工作责任心等诸多方面，分段检查把关，才能做到根治噬菌体的危害。

具体归纳为以下几点：

① 严格活菌体排放，切断噬菌体的"根源"；

② 做好环境卫生，消灭噬菌体与杂菌；

③ 严防噬菌体与杂菌进入种子罐或发酵罐内；

④ 抑制罐内噬菌体的生长。

生产中一旦污染噬菌体，可采取下列措施加以挽救：

（1）并罐法 利用噬菌体只能在处于生长繁殖细胞中增殖的特点，当发现发酵罐初期污染噬菌体时，可采用并罐法。即将其他罐批发酵 16～18h 左右的发酵液，以等体积混合后分别发酵，利用其活力旺盛的种子，不进行加热灭菌，亦不需另行补种，便可正常发酵。但要肯定，并入罐的发酵液不能染杂菌，否则两罐都将染菌。

（2）轮换使用菌种或使用抗性菌株 发现噬菌体后，停止搅拌，小通风，降低 pH，立即培养要轮换的菌种或抗性种子，培养好后接入发酵罐，并补加 1/3 正常量的玉米浆（不调

pH）、磷盐和镁盐。如 pH 仍偏高，不开搅拌，适当通风，至 pH 正常、OD 值增长后，再开搅拌正常发酵。

（3）放罐重消法　发现噬菌体后，放罐，调 pH（可用盐酸，不能用磷酸），补加 1/2 正常量的玉米浆和 1/3 正常量的水解糖，适当降低温度重新灭菌，不补加尿素，接入 2% 的种子，继续发酵。

（4）罐内灭噬菌体法　发现噬菌体后，停止搅拌，小通风，降低 pH，间接加热到 70～80℃，并自顶盖计量器管道（或接种，加油管）内通入蒸汽，自排气口排出。因噬菌体不耐热，加热可杀死发酵液内的噬菌体，通蒸汽杀死发酵罐及管道内的噬菌体。冷却后，如 pH 过高，停止搅拌，小通风，降低 pH，接入 2 倍量的原菌种，至 pH 正常后开始搅拌。

当噬菌体污染情况严重，上述方法无法解决时，应调换菌种，或停产全面消毒，待空间和环境噬菌体密度下降后，再恢复生产。

六、杂菌污染的挽救与处理

发酵过程一旦发生染菌，应根据污染微生物的种类、染菌的时间或杂菌的危害程度等进行挽救或处理，同时对有关设备也进行相应的处理。

（1）种子培养期染菌的处理　一旦发现种子受到杂菌的污染，该种子不能再接入发酵罐中进行发酵，应经灭菌后弃之，并对种子罐、管道等进行仔细检查和彻底灭菌。同时采用备用种子，选择生长正常无染菌的种子接入发酵罐，继续进行发酵生产。如无备用种子，则可选择一个适当菌龄的发酵罐内的发酵液作为种子，进行"倒种"处理，接入新鲜的培养基中进行发酵，从而保证发酵生产的正常进行。

（2）发酵前期染菌的处理　当发酵前期发生染菌后，如培养基中的碳、氮源含量还比较高时，终止发酵，将培养基加热至规定温度，重新进行灭菌处理后，再接入种子进行发酵；如果此时染菌已造成较大的危害，培养基中的碳、氮源的消耗量已比较多，则可放掉部分料液，补充新鲜的培养基，重新进行灭菌处理后，再接种进行发酵。也可采取降温培养、调节 pH、调整补料量、补加培养基等措施进行处理。

（3）发酵中、后期染菌　处理发酵中、后期染菌或发酵前期轻微染菌而发现较晚时，可以加入适当的杀菌剂或抗生素以及正常的发酵液，以抑制杂菌的生长速度，也可采取降低培养温度、降低通风量、停止搅拌、少量补糖等其他措施，进行处理。当然如果发酵过程的产物代谢已达一定水平，此时产品的含量若达一定值，只要明确是染菌也可放罐。

对于没有提取价值的发酵液，废弃前应加热至 120℃ 以上、保持 30min 后才能排放。

（4）染菌后对设备的处理　染菌后的发酵罐在重新使用前，必须在放罐后进行彻底清洗，空罐加热灭菌后至 120℃ 以上、30min 后，才能使用。也可用甲醛熏蒸或甲醛溶液浸泡 12h 以上等方法进行处理。

复　习　题

1. 染菌对发酵有何影响？
2. 发酵异常的原因是什么？工业生产上检查发酵系统是否污染杂菌有哪些方法？
3. 生产过程中杂菌污染的途径和防治方法有哪些？
4. 生产中一旦感染噬菌体应如何处理？

第七章 基因工程菌的发酵

职业能力目标

- 掌握基因工程菌发酵生产流程。
- 掌握基因工程菌发酵过程中表达系统、培养基、温度、pH 值、溶解氧和诱导条件等因素对发酵的影响。

专业知识目标

- 能够陈述基因工程菌的培养方式及发酵设备。
- 能够掌握基因工程菌发酵产品的分离纯化原理及方法。
- 能够掌握基因工程菌生产菌种的保存及管理方法。

第一节 基因工程发酵概述

基因工程（gene engineering）是将一种生物细胞的基因分离出来，在体外进行酶切和连接并插入载体分子构成遗传物质的新组合，引入另一种宿主细胞后使目的基因得以复制和表达的技术，也称基因操作或重组 DNA 技术。

基因工程技术的最大优点在于它能从极端复杂的机体细胞内获取所需要的基因，将其在体外进行剪切、拼接，使其重新组合，然后转入适当的细胞进行表达，从而生产出比原来多数百、数千倍的相应的蛋白质。例如用传统技术提取 5mg 的生长激素释放抑制因子需要 50 万只绵羊的脑，而利用基因工程技术生产只需 9L 细菌发酵液；2L 人血只能生产 1μg 人白细胞干扰素，而 1L 基因工程菌发酵液则可生产 600μg；生产 10g 胰岛素传统技术要用 450kg 猪胰脏，而利用基因工程技术只用 200L 细菌培养液。

基因工程技术是生物技术的核心，该技术最突出的成就是用于生物治疗的新型生物应用基因工程技术，完全打破生物界种的界限，在体外对大分子 DNA 进行剪切、加工、重新组合后引入细胞中表达出具有新的遗传特性的性状，定向改造生物。基因工程技术的应用使得人们在解决癌症、病毒性疾病、心血管疾病和内分泌疾病等方面取得明显效果，它为上述疾病的预防、治疗和诊断提供了新型疫苗、新型药物和新型诊断试剂。

一、基因工程菌的培养方式

基因工程菌培养常用的方式有补料分批培养、连续培养、透析培养、固定化培养。

1. 补料分批培养

补料分批培养是将种子接入发酵反应器中进行培养，经过一段时间后，间歇或连续地补加新鲜培养基，使菌体进一步生长的培养方法。在分批培养中，为保持基因工程菌生长所需的良好微环境，延长其对数生长期，获得高密度菌体，通常把溶氧控制和流加补料措施结合起来，根据基因工程菌的生长规律来调节补料的流加速率。

2. 连续培养

连续培养是将种子接入发酵反应器中，搅拌培养至一定菌体浓度后，开动进料和出料的蠕动泵，以控制一定稀释率进行不间断的培养。连续培养可为基因工程菌提供恒定的生活环境，控制其比生长速率，为研究基因工程菌的发酵动力学、生理生化特性、环境因素对基因表达的影响等创造了良好的条件。

由于基因工程菌的不稳定性，连续培养比较困难。为解决这一问题，人们将基因工程菌的连续培养分为生长阶段和基因表达阶段。控制的关键参数为诱导水平、稀释率和细胞比生长速率。优化这三个参数可以保证在第一阶段培养时质粒稳定，在第二阶段培养时可获得最高表达水平或最大产率。

3. 透析培养

透析培养是对微生物培养用透析膜包裹，并使外部有新鲜培养液流动的一种培养方法。利用膜的半透性原理使代谢产物和培养基分离，通过去除培养液中的代谢产物来消除其对生产菌的不利影响。用这种方法培养，微生物可不断地受到新营养的补给，同时也不断地排出老朽废物，因此可以延长对数生长期的增殖，增大静止期的细胞数。另外，通过外液的培养液成分的变化，可使微生物的营养环境慢慢发生改变，同时也可隔着膜培养两种微生物，通过其产生物来了解它们的相互关系。

在传统生产外源蛋白的发酵中，由于乙酸等代谢副产物的过多积累而限制了工程菌的生长及外源基因的表达。采用透析膜装置是在发酵过程中用蠕动泵将发酵液打入罐外的透析器中通过半透膜，降低培养基中的乙酸浓度，并通过在透析液中补充养分而维持较合适的培养基浓度，从而获得高密度菌体。膜的种类、孔径、面积、发酵时间等都对产物的产率有影响。用此法培养重组菌 *E.coli* HB101（pPAKS2）生产青霉素酰化酶，可提高产率 11 倍。

4. 固定化培养

基因工程菌培养的一大难题是维持质粒的稳定性。有人将固定化技术应用到这一领域，发现基因工程菌经固定化后，质粒的稳定性大大提高，便于进行连续培养，特别是对分泌型菌更为有利。由于这一优点，基因工程菌固定化培养研究已得到迅速发展。

二、基因工程菌的发酵设备

近年来，生物产品已进入生物技术时代，越来越多地应用发酵罐来大规模培养基因工程菌。为了防止工程菌丢失携带的质粒，保持基因工程菌的遗传特性，对发酵罐的要求十分严格。由于生化工程学和计算机技术的发展，新型自动化发酵罐完全能够满足基因工程菌的培养要求。

常规的微生物发酵设备可直接用于基因工程菌的培养。但是微生物发酵和基因工程菌发酵有所不同，微生物发酵获得的主要是初级或次级代谢产物，细胞生长并非主要目标，而基因工程菌发酵是为了获得基因表达产物。由于这类物质是相对独立于细胞染色体之外的重组质粒上的外源基因所合成的、细胞并不需要的蛋白质，因此培养设备以及控制条件应满足获得高浓度的受体细胞和高表达的基因产物。

1. 发酵罐结构

发酵罐的组成：发酵罐体、保证高传质作用的搅拌器、精细的温度控制和灭菌系统、空气无菌过滤装置、残留气体处理装置、参数测量与控制系统（如 pH 值、O_2、CO_2 等）、培养液配制及连续操作装置等。

为保证基因工程菌在发酵培养过程中环境条件恒定，不影响其遗传特性，更不能引起所带质粒丢失，要求：发酵罐提供菌体生长的最适条件；培养过程不得污染，保证纯菌培养；培养及消毒过程中不得游离出异物，干扰细菌代谢活动。因此，发酵罐的结构材料稳定性要好，一般用不锈钢，表面光滑易清洗，灭菌时无死角；与发酵罐连接的阀门要用膜式阀，不用球形阀；所有连接口都要用密封圈封闭，任何接口处不得有泄漏。

2. 发酵罐中的反应和参数

基因工程菌在发酵罐中的反应是一个复杂的多层次相互作用过程，涉及细菌遗传特性有关的分子水平，与细菌代谢调节有关的细胞水平的反应，以及和热量、质量、动量传递特性有关的工程水平的反应。在生产过程中任何一种因素的变化都能在上述三种水平上反映出来，成为影响生产的限制因素。例如，菌体代谢调节失控（细胞水平）会引起细菌生长期间氮源异常和pH值波动大（工程水平），甚至引起工程菌遗传特性变化，如质粒丢失、基因扩增或表达（分子水平）。因此，对发酵条件的控制不能单凭某个参数的变化，需要通过计算机对发酵罐进行多参数检测、控制和数据处理。

发酵罐常测定的参数有温度、搅拌速度、pH值、DO值、糖含量、罐压、效价、NH_3-N含量、前体浓度、菌体浓度等，不常测定的参数有氧化还原电位、黏度、排气氧气和二氧化碳含量等。

3. 发酵罐控制系统

发酵罐控制系统包括传感器、计算机和执行器件三部分。传感器是获得发酵过程参数的主要来源，因为要保持发酵罐内的无杂菌状态，必须高温灭菌，所以发酵过程所用的传感器必须耐热。目前研究和生产上应用的传感器除一些热工参数传感器外，主要是用于解决发酵过程中具有重要工业控制意义的pH值、DO值、排气氧气和二氧化碳及发酵体积在线测量的传感器。如测量pH值的发酵耐高温电极、测量发酵罐DO值的电极、测量排气氧气和二氧化碳的氧气分析仪和二氧化碳分析仪、测量发酵罐内培养液体积的传感器等，这些传感器国内外均有多种型号产品。对于一些不耐高温的传感器如酶电极、微生物电极、免疫敏感电极、电化学电极、热敏、离子敏场效应管、光学生物传感器和直接电子转移等二次传感技术，需要将发酵液引出罐外测定，可采用罐外流通式测量和近年来出现的流动注射法（FIA）测量等技术。由于计算机技术的不断更新、智能化控制仪表的发展，基因工程菌发酵自动化生产已渐趋成熟，国外已有多种型号的计算机控制的自动发酵罐可供使用。工业用发酵罐主要是通用式发酵罐，此外还有机械搅拌自吸式发酵罐、空气带升环流式发酵罐和高位塔式发酵罐。

4. 基因工程菌发酵培养的操作方式

基因工程菌发酵按操作方式和流程可分为分批操作、流加操作、半连续操作和连续操作，各种操作方式各有优势。

（1）分批操作　分批操作又称间歇操作，是指把菌体和培养液一次性装入发酵罐，在最佳条件下进行发酵培养。发酵培养结束时，将全部培养物取出，再进行下一次分批操作。在分批操作过程中，培养基的组成、产物的浓度和细胞的浓度都随时间变化。其缺点是发酵初期底物浓度过高，发酵末期产物浓度积累过多。底物和产物浓度过高都会对微生物的生长产生抑制作用。

（2）半连续操作　半连续操作是指菌种和培养液一次加入发酵罐，在菌体生长过程中，每隔一定时间，取出部分发酵培养液，同时补充同等数量的新培养基，然后继续培养，直至发酵结束，取出全部发酵液。发酵液的体积维持不变，同时可解除高基质浓度和高产物浓度对发酵的抑制作用。

（3）流加操作　流加操作又称补料-分批式操作，是指在分批操作方式的基础上，连续不断补充新培养基，但不取出培养基，整个发酵体积与分批操作相比是不断增加的。流加操作避免了前期高浓度底物的抑制作用，也防止了后期由于底物消耗引起的营养不足。

（4）连续操作　连续操作是指菌体和培养液一起装入发酵罐，在菌体培养过程中，不断补充新培养基，同时取出培养液和包括菌体在内的发酵液，发酵体积和菌体浓度维持不变，使菌体处在稳定的生长条件下，促进了菌体和产物的积累。连续操作的特点是发酵罐内物系的组成维持恒定，是稳态操作。

三、基因工程菌的发酵工艺

应用基因工程技术生产新型药物，首先必须构建一个特定的目的基因无性繁殖体系，即产生各种新药的不同的基因工程菌株。

与传统微生物培养不同，基因工程菌培养的一大难题是维持质粒的稳定性。发酵工艺条件的控制对表达外源蛋白至关重要，直接影响到产品的质量和生产成本，决定着产品在市场上的竞争力。

基因工程菌的发酵与传统微生物发酵工艺有很多相似之处。首先必须进行基因工程菌的培养，其基本流程：

基因工程菌→摇瓶培养→初步确定工程菌的生长条件→发酵罐放大培养→确定最佳工艺参数

不同的发酵条件可能会影响基因工程菌的代谢途径，对基因工程药物的分离纯化工艺也会产生相应的影响。因此，按照传统的发酵工艺控制基因工程药物的生产是远远不够的，在基因工程菌的发酵过程中，必须充分考虑影响外源基因表达的各种因素。

用于制药的基因工程菌属于化能异养、好氧型微生物，在有氧气的条件下，氧化培养基中的有机碳源、有机或无机氮源提供能量（ATP），进行发酵生长和繁殖。基因工程菌发酵对营养要素和环境条件的需求与宿主菌有共性之处，但也有特殊的需求。特殊需求往往比共性需求更重要、更难满足，经常是制约产业化进程的重要因素。

1. 基因工程菌的发酵培养基组成

培养基的组成既要提高工程菌的生长速率，又要注意保持重组质粒的稳定性，使外源基因能高效表达。基因工程菌发酵的物质需求主要包括碳源、氮源、无机盐、生长因子和选择剂等。

① 碳源　碳源是基因工程菌生长的第一营养要素，其作用在于为正常生理活动和过程提供能量来源，也为细胞物质和代谢产物的合成提供碳骨架。基因工程菌可利用的碳源包括糖类、有机酸、脂类和蛋白质类。常用的碳源有葡萄糖、甘油、乳糖、甘露糖、果糖等。酪蛋白水解产生的脂肪酸，在培养基中充当碳源与能源时，是一种迟效碳源。不同基因工程菌利用碳源的能力不同。大肠杆菌能利用蛋白胨、酵母粉等蛋白质的降解物作为碳源，酵母只能利用葡萄糖、半乳糖等单糖类物质，而丝状菌不仅可以利用单糖，还能利用多糖如淀粉等。在大肠杆菌等以蛋白胨为碳源的基因工程菌发酵中，添加低浓度的单糖如葡萄糖、果糖、半乳糖和双糖，以及其他有机物对菌体生长具有一定的促进作用。低浓度葡萄糖的添加可以有效地提高菌体的生长速率，但浓度稍高后就表现出底物抑制作用。另外，葡萄糖优先利用会造成培养基的酸化，在发酵控制中是一个值得注意的问题。不同的碳源对菌体生长和外源基因表达有较大的影响。例如，使用甘油为碳源时菌体得率较大，而以葡萄糖为碳源的

菌体所产生的副产物较多。葡萄糖对 *lac* 启动子有阻遏作用，而使用乳糖为碳源对 *lac* 启动子较为有利，乳糖同时还有诱导作用。

②氮源　常用的氮源有酵母提取物、蛋白胨、酪蛋白水解物、玉米浆、氨水等。其中酪蛋白水解物有利于产物的合成与分泌。培养基中的色氨酸对 *trp* 启动子控制的基因表达有影响。氮源为基因工程菌生长提供氮素的来源，用于合成氨基酸和蛋白质、核苷和核酸及其他含氮物质。因此，缺乏氮源细胞就无法生长。基因工程菌可直接很好地吸收利用无机氮如氨水、铵盐等。不同基因工程菌利用氮源的能力不同，有很高的选择性。有机氮源的利用程度与细胞是否分泌产生相应的酶有关。工程菌如果能分泌大量的蛋白酶降解蛋白胨等，就能吸收利用有机氮源。大肠杆菌、酵母等能利用大分子有机氮源，因此常用蛋白胨、酵母粉等作为培养基成分。

③无机盐　无机盐包括磷、硫、钾、钙、镁、钠等大量元素和铁、铜、锌、锰等微量元素，为基因工程菌生长提供必需的矿物质，对代谢具有重要的调节作用。例如无机磷在许多初级代谢的酶促反应中是一个效应因子，在生物大分子的合成、糖代谢、细胞呼吸及ATP浓度的控制中，过量的无机磷会刺激葡萄糖的利用、菌体生产和氧消耗过程。由于启动子只有在低磷酸盐时才被启动，因此必须控制磷酸盐的浓度，使细菌生长到一定密度，磷酸盐被消耗至低浓度时，目的蛋白才被表达。起始磷酸盐浓度应控制在 0.015mol/L 左右，浓度低影响细菌生产，浓度高则导致外源基因不表达。

④生长因子　生长因子是指细胞生长所必需的微量有机物，不起碳源和氮源作用。生长因子包括维生素、氨基酸、嘌呤或嘧啶及其衍生物、脂肪酸等，在胞内起辅酶和辅基等作用，参与电子、基团等的转移。由于蛋白胨等天然成分含有各种生长因子，因此一般在基因工程菌培养基中不单独添加。

⑤选择剂、诱导物　基因工程菌往往具有营养缺陷或携带选择性标记基因，这些特性保证了基因工程菌的纯正性质粒的稳定性。选择性标记有两类：营养缺陷互补标记和抗生素抗性选择标记。基因工程大肠杆菌、芽孢杆菌、链霉菌、真菌含有抗生素抗性基因，常用卡那霉素、氨苄青霉素、氯霉素、博来霉素等作为选择剂，基因工程酵母菌常用氨基酸营养缺陷型，如亮氨酸、赖氨酸、色氨酸等，因此培养基中必须添加相应的成分。

对于诱导表达型的基因工程菌，在细胞生长到一定阶段，必须添加诱导物，以解除目标基因的抑制状态，活化基因，进行转录和翻译，生成产物。

2. 基因工程菌的发酵条件控制

(1) 接种量　接种量是指移入的种子液体积与培养液体积之比。如接种量过小，会延长菌体的延迟期，不利于外源基因的表达；但接种量也不能过高，会使菌体生长过快，代谢产物积累过多，抑制菌体后期的生长。

(2) 温度　温度的高低直接关系到细胞的酶活性和生化反应速率、培养液中的氧溶解量和传质速率、菌体的生长速率和产物的合成速率，从而影响发酵动力学和产物的生物合成。温度对基因表达的调控作用可发生在复制、转录、翻译或小分子调节分子的合成水平上。主要表现在以下几个方面：

①在复制水平上，通过调控复制来改变基因拷贝数，影响基因表达；

②在转录水平上，通过 RNA 聚合酶的作用或修饰 RNA 聚合酶，调控基因表达；

③在 mRNA 降解和翻译水平上影响基因表达；

④ 通过细胞内小分子来调节分子的量，从而影响表达；

⑤ 影响蛋白质的活性和包涵体的形成，而包涵体是重组基因在宿主高效表达的一种蛋白聚合体。

不同的微生物对温度的要求范围有所不同，基因工程菌大多是嗜温生物，生存温度为 $10\sim50℃$，最适温度为 $25\sim45℃$。基因工程菌的生长最适温度往往与发酵温度不一致，因为在发酵过程中，不仅要考虑生长速率，还要考虑发酵速率和产物的生成速率等因素。表达外源蛋白药物时，在较高温度下有利于表达包涵体的菌种，在较低温度下有利于表达可溶性蛋白质。对热敏感的蛋白药物，恒温、高温发酵常常引起大量降解。

青霉素酰化酶基因工程菌大肠杆菌 A56 合成青霉素酰化酶的量从 37℃ 起随着温度降低而逐步增加，至 $20\sim22℃$ 达到高峰，在 18℃ 和 16℃ 培养时菌体生长较慢，影响合成酶的总量。分泌型重组人粒细胞-巨噬细胞集落刺激因子工程菌 *E.coli* W3100/pGM-CSF 在 30℃ 培养时，目的产物表达量最高，温度低时影响细菌生长，不利于目的产物的表达；温度高时由于细菌的热休克系统被激活，大量的蛋白酶被诱导，易使产物降解，因此表达量低于在 30℃ 时发酵的产量。重组人生长激素在不同的温度培养还影响产物的表达形式，在 30℃ 培养时是可溶的，在 37℃ 培养时则形成包涵体。

（3）溶解氧　溶解氧是基因工程菌发酵培养过程中影响菌体代谢的一个重要参数，对菌体的生长和产物的生成影响很大。基因工程菌都是好氧微生物，适宜的溶解氧浓度保证了菌体内的正常氧化还原反应。菌群在大量增殖过程中，进行耗氧的氧化分解代谢，因此在培养过程中及时供给饱和氧是很重要的。在发酵过程中，尤其是发酵后期，外源基因的高效转录和翻译需要大量的能量，促进细胞的呼吸作用，提高了菌体对氧的需求。在实际生产过程中，通常通过调节搅拌速度来改善培养过程中的氧供给；此外，还可通过增加通气量以提高氧的传递效率。在发酵前期，可采用较低转速；在发酵后期，由于系统泡沫增多，传质速率下降，提高搅拌速度才能改善培养过程中的氧供给。

（4）pH 值　pH 值直接影响细胞膜和营养物质的电荷状态，也影响胞外酶的活性，从而改变细胞对营养物质的吸收和转运，进而影响菌体生长和产物的稳定性。不同菌种的最适生长 pH 值和产物形成的最适 pH 值不同。干扰素在酸性条件下稳定，而在碱性条件下容易降解。中性条件下干扰素的生产能力比弱酸性条件有所下降，酸性条件有利于发挥菌株的生产能力。基因工程菌发酵过程中常常产酸，使环境 pH 值不断下降，所以生产中要采用有效措施控制 pH 值的变化。

第二节　基因工程生化产品的分离纯化

基因工程生化产品分离纯化的费用占整个生产费用的 80% 以上，因此这一过程极为重要。建立分离纯化工艺的依据主要有以下几点：①含目的产物的起始物料的特点；②物料中杂质的种类和性质；③目的产物的特性；④产品质量的要求。

基因工程生化产品的分离与传统发酵产物的分离纯化相比，具有以下特点：产物大多在细胞内，提取前要破碎细胞；产物浓度低，杂质多，提纯的难度大；产物是大分子蛋白质，易失活。

一、细胞破碎

基因工程菌株和细胞经过发酵或培养，高效表达的产物有的可以分泌到细胞外，但大部分在细胞浆内，为获取基因工程产物，首先要破碎细胞。

细胞壁是以肽聚糖为骨架、由乙酰葡萄糖胺和乙酰胞壁酸交错排列形成的坚固网状结构，破坏这种结构，可用机械破碎和非机械破碎两种方法。

1. 机械破碎方法

（1）超声波法（ultrasoniacation） 是利用超声波的空穴作用和冲击作用产生的强烈冲击波压力，对悬浮细胞造成剪切应力，促使细胞破裂的方法。超声波破碎机通常在 15～25kHz 的频率下操作，可分为槽式和探头直接插入介质两种类型。一般破碎效果后者比前者好。超声波处理少量样品时操作简便，液量损失少，因而在实验室和小规模生产中应用较为普遍。超声波振荡易引起温度的剧烈上升，操作时需要将细胞悬浮液预先冷却到 0～5℃，并且还应在夹套中连续通入冷却剂进行冷却。

（2）高压匀浆法（high pressure homogenizer） 高压匀浆法是大规模细胞破碎的常用方法，所用设备是高压匀浆器，利用高压迫使细胞悬浮液通过匀浆器针形阀，经过突然减压和高速冲击而造成细胞破裂。影响破碎的主要因素是压力、温度和通过匀浆器阀的次数。

（3）高压挤压法（X-press） 是一种改进的高压方法，利用特殊装置 X-press 挤压机，将浓缩的细胞悬液冷却至 -30～-25℃ 形成冰晶体，用 50MPa 以上的高压冲击使冷却细胞从高压阀孔中挤出，由于冰晶体磨损，包埋在冰中的细胞变形而引起细胞破碎。此法主要用于实验室中，具有适用范围广、破碎率高、细胞碎片粉碎程度低、生物活性保持好等优点，但对于冻融敏感的生物活性物质（如糖蛋白）不适用。

2. 非机械破碎方法

（1）酶解法 常用溶菌酶破坏细胞壁特殊的化学键，使细胞破碎，但溶菌酶价格昂贵，并且如果溶菌酶与表达产物相对分子质量接近，在纯化过程中很难除去，因此不适于大规模生产。

（2）渗透压休克法（osmotic shock） 又称冷休克，其原理是根据突然改变渗透压并使细胞发生物理性裂解。将细胞放在高渗透压介质（如一定浓度的甘油或蔗糖溶液）中，达到平衡后突然稀释介质或者将细胞转入水或缓冲液中，由于渗透压的突然变化，水迅速进入细胞，引起细胞破裂，是一种较温和的破碎方法，适于细胞壁较脆弱或预先用酶处理的菌。分离外周质空间分泌表达的基因工程产物常用此法。

（3）反复冻融法 将细胞在低温下突然冷冻，再在室温下融化，反复多次而达到破壁作用。由于冷冻，一方面使细胞膜的疏水键结构破裂，从而增加细胞的亲水性；另一方面胞内水结晶，使细胞内外溶液浓度变化，引起细胞溶胀而破裂。此法只适于细胞壁较脆弱的菌体，破碎率较低，即使反复多次也不能提高收率。

（4）化学裂解法 用酸碱和表面活性剂（如十二烷基磺酸钠、Triton X-100 等）可使细胞溶解，或使某些组分从细胞内渗漏出来，用尿素、丙酮、丁醇等脂溶性溶剂也可以溶解细胞，这些试剂容易破坏产物，还会为纯化产物带来困难。

（5）干燥法 采用真空干燥、冷冻干燥、空气干燥等，可使细胞膜渗透性改变，再用适当的溶剂处理，胞内物质就容易被抽提出来。

机械法和非机械法有不同的特点。机械法依靠专用设备，利用机械力的作用将细胞切碎，所以细胞碎片小，胞内物质一般全部释放，故细胞浆液中核酸、杂蛋白等含量高，料液黏度大，给固-液分离带来较大的困难；但也有很多优点，如设备通用性强、破碎效率高、操作时间短、成本低、大都适于大规模工业化生产等。非机械法是利用化学试剂或物理因素等来破坏局部的细胞壁或提高细胞壁的通透性，故细胞破碎率低，胞内物质释放的选择性好，固-液分离容易。但因为破碎率较低，耗费时间长，某些方法成本较高，一般适合小规模。

选择破碎方法的依据为：细胞数量、产物对破碎条件的敏感性、需要破碎的程度和破碎速率等，要尽可能用温和的方法。大规模生产还要选择合适的放大的破碎技术。

二、去除杂质

在纯化过程中，特别应该注意 DNA、热原质和病毒等三种非蛋白质类杂质，常用的分离纯化方法见表 7-1。

表 7-1　基因工程产品制备过程中常用的分离纯化方法

方法	目的
离心/过滤	去除细胞、细胞碎片、颗粒性杂质（如病毒）
阴离子交换色谱	去除杂质蛋白、脂质、DNA 和病毒等
40nm 微孔滤膜过滤	进一步去除病毒
阳离子交换色谱	去除牛血清蛋白或转铁蛋白等
超滤	去除沉淀物或病毒
疏水色谱	去除残余的杂蛋白
凝胶过滤	与多聚体分离
0.22μm 微孔滤膜过滤	除菌

1. 去除 DNA

DNA 在 pH 值为 4.0 以上呈阴离子形式，可用阴离子交换剂吸附除去，但目的蛋白质 pI 值应在 6.0 以上。如果蛋白质为强酸性，可选择条件使其吸附在阳离子交换剂上，而不让 DNA 吸附上去。利用亲和色谱吸附蛋白质，而 DNA 不被吸附，也可分离。

2. 去除热原质

热原质主要是肠杆菌科细菌所产生的细菌内毒素，在细菌生长或细胞溶解时会被释放出来。它们是革兰氏阴性细菌细胞壁的组分——脂多糖，其性质相当稳定，即使经高压灭菌也不失活。

从蛋白质溶液中去除内毒素是比较困难的，最好的方法是防止产生热原质，整个生产过程要在无菌条件下进行。

传统的去除热原质的方法不适用于蛋白质的生产。相对分子质量小的多肽或蛋白质中的热原质可用超滤或反渗透的方法去除，但对大分子蛋白无效。因为脂多糖是阴离子物质，可用阴离子交换色谱法去除。脂多糖中脂质是疏水性的，因而可用疏水色谱法去除。另外，还可用亲和色谱法去除，配基可用多黏菌素 B、变形细胞溶解物或广谱的抗体。

3. 去除病毒

成品中必须检查是否含病毒，因为病人的免疫能力低，易受病毒感染。病毒的最大来源是由宿主细胞带入。经过色谱分离，一般能将病毒去除，必要时也可以用紫外线照射使病毒失活，或用过滤法将病毒去除。

三、产物的分离纯化

工程菌或工程细胞经过细胞破碎和固液分离后，目的产物仍与大量的杂质混合在一起，这类杂质可能有病毒、热原质、氧化产物、核酸、多聚体、杂蛋白、与目的物类似的异构体等。为了获得合格的目的产物，必须对混合物进行分离和纯化。

分离纯化主要依赖色谱分离方法。色谱技术是生物技术下游精制阶段的常用手段，该法优点是具有多种多样的分离机制，设备简单，便于自动化控制和分离过程中无发热等有害效应。色谱技术分为离子交换色谱、疏水色谱、反相色谱、亲和色谱、凝胶过滤色谱、高压液相色谱等。

通常根据产物分子的物理、化学参数和生物学特性进行蛋白质纯化方法的设计，它们对分离纯化的影响见表7-2。

表 7-2　产物的主要特性及在分离纯化中的作用

产物特性	作　　用
等电点	决定离子交换的种类和条件
相对分子质量	选择不同孔径及分级分离范围的介质
疏水性	决定与疏水、反相介质结合的程度
特殊反应性	决定产物的氧化、还原及部分催化性能的抑制
聚合性	决定是否采用预防聚合、解聚及分离去除聚合体
生物特异性	决定亲和配基
溶解性	决定分离体系及蛋白浓度
稳定性	决定工艺采用的温度及流程时间等
微不均一性	影响产物的回收

选择纯化的方法应根据目的蛋白质和杂蛋白的物理、化学和生物学方面性质的差异，尤其重要的是表面性质的差异，例如表面电荷密度、对一些配基的生物学特异性、表面疏水性、表面金属离子、糖含量、自由巯基数目、分子大小和形状、pI 值和稳定性等。选用的方法应能充分利用目的蛋白质和杂蛋白间的上述差异。几乎所有的蛋白质的理化性质均会影响色谱类型的选择。

四、分离纯化方法的选择

分离纯化应遵循的基本原则是：①具有良好的稳定性与重复性；②尽可能减少组成工艺的步骤；③各技术和步骤之间能相互适应和协调，工艺与设备能相互适应；④尽可能少用试剂，以免增加分离纯化步骤，影响产品质量；⑤所用时间尽可能短，对于稳定性差的产品随时间增加而产率降低、质量下降；⑥工艺和技术必须高效，收率高，易操作；⑦具有较高的安全性。

各种不同表达形式的基因工程产物常采用的分离纯化方法如下：

（1）细胞内不溶性表达产物——包涵体　即目的蛋白质以不溶性形式产生并聚集形成蛋白质聚合物——包涵体。包涵体的分离及重组蛋白质的纯化步骤通常包括：细菌收集与破碎，包涵体的分离、洗涤与溶解，变性蛋白质的纯化，重组蛋白质的复性，天然蛋白质的分离等。

包涵体对蛋白质的分离纯化有几方面的影响：①容易与胞内可溶性蛋白杂质分离，蛋白纯化较容易完成；②包涵体可从匀浆中以低速离心出来，以促溶剂（如尿素、盐酸胍、SDS）溶解，在适当条件下（pH 值、离子强度与稀释）复性，产物经过了一个变性、复性过程，较易形成错误折叠和聚合体；③包涵体的形成虽然增加了提取的步骤，但包涵体中目的蛋白质的纯度较高，可达到 20%～80%，又不受蛋白酶的破坏。如果杂质的存在影响复性，也可以在纯化后再进行复性。

（2）分泌型表达产物　通常体积大，浓度低，必须在纯化以前进行浓缩处理，以尽快缩小溶液体积。浓缩的方法包括沉淀和超滤等。

分泌型表达产物的发酵液体积很大，但浓度较低，因此必须在纯化前进行浓缩，可用沉淀和超滤方法浓缩。

（3）大肠杆菌细胞内可溶性表达产物　将细胞破碎后的可溶性离心上清液，可根据实际情况采用亲和色谱法、离子交换分离法等进行分离。

破菌后的上清液，首选亲和分离方法。如果没有可以利用的单克隆抗体或相对特异性的亲和配基，一般可选用离子交换色谱，处于极端等电点的蛋白质用离子交换分离可以得到较好的纯化效果，能去掉大部分杂质。

（4）大肠杆菌细胞周质表达蛋白　是指介于细胞内可溶性表达和分泌型表达之间的一种表达方式。为了获得周质蛋白质，大肠杆菌细胞用低浓度溶菌酶处理后，一般用渗透压休克的方法获取。

产物在周质表达是介于细胞内可溶性表达和分泌表达之间的一种形式，它们可以避开细胞内可溶性蛋白和培养基中蛋白类杂质，在一定程度上有利于分离纯化。为了获得周质蛋白，*E.coli* 低浓度溶菌酶处理后，可采用渗透压休克的方法来获得。由于周质中仅有为数不多的几种分泌蛋白，同时又无蛋白质水解酶的污染，因此通常能够回收到高质量的产物。

此外，基因工程药物在分离纯化时，必须根据分离单元之间的衔接选择不同的分离纯化工艺。

首先，应选择不同机制的分离单元来组成一套分离纯化工艺，尽早采用高效的分离手段，先将含量最多的杂质分离去除，将费用最高、最费时的分离单元放在最后阶段，即通常先运行非特异、低分辨的操作单元（如沉淀、超滤和吸附等），以尽快缩小样品体积，提高产物浓度，去除最主要的杂质（包括非蛋白类杂质）。随后采用高分辨率的操作单元（如具有高度选择性的离子交换色谱和亲和色谱）。凝胶色谱这类分离规模小、分离速度慢的操作单元放在最后，这样可以提高分离效果。

其次，要选择分离单元的操作次序。一个合理的组合能够提高分离效率，同时各个分离操作步骤之间要容易过渡。当几种方法联用时，最好以不同的分离机制为基础，而且经前一种方法处理的样品应适合作为后一种方法的料液，不必经过脱盐、浓缩等处理。如经过盐析得到的样品，不适宜用离子交换色谱，但对疏水色谱则可直接应用。离子交换、疏水色谱和亲和色谱通常可起到蛋白质浓缩的效应，而凝胶过滤色谱通常使样品稀释，在离子交换色谱之后进行疏水色谱就很合适，不必经过缓冲液的更换，因为多数蛋白质在高离子强度下与疏水介质结合较强。亲和色谱的选择性最强，但不能放在第一步，主要是因为杂质多，亲和材料易受污染，降低使用寿命。此外，由于初始原料液体积较大，需用大量的亲和色谱介质，提高了分离成本。因此，亲和色谱多放在第二步以后。有时为了防止介质中毒，在其前面加一保护柱，通常为不带配基的介质。经过亲和色谱后，还可能有脱落的配基存在，而且目的蛋白质在分离和纯化过程中会聚合成二聚体或更高的聚合物，因此最后需经过进一步纯化操作，通常是凝胶过滤色谱，也可用高效液相色谱法，但费用较高。凝胶过滤色谱放在最后一步又可直接过渡到适当的缓冲体系中，以利于产品成形保存。

复　习　题

1. 基因工程菌的培养方式有哪几种？
2. 基因工程菌发酵应注意哪些条件？
3. 目前基因工程生化产品细胞破碎通常采用哪些方法？
4. 选择分离纯化的原则有哪些？

第八章 动植物细胞培养技术

职业能力目标

- 掌握主要的动、植物细胞培养方式。
- 掌握培养基的组成、制备、细胞培养过程的检测等基本操作。

专业知识目标

- 能够掌握动、植物细胞培养基本技术。
- 能够掌握动、植物培养生物反应器的类型。
- 了解动、植物细胞培养在生物制药领域中的应用。

动植物细胞培养是指动、植物细胞在体外条件下的存活或生长。动植物细胞培养与微生物细胞培养有很大的不同（表 8-1）。由于动物细胞无细胞壁，且大多数哺乳动物细胞附着在固体或半固体的表面才能生长；对营养要求严格，除氨基酸、维生素、盐类、葡萄糖或半乳糖外，还需要有血清。动物细胞对环境敏感，包括 pH 值、溶氧、CO_2、温度、剪切应力都比微生物有更严格的要求，一般须严格监测和控制。相比之下，植物细胞对营养要求较动物细胞简单。但植物细胞培养一般要求在高密度下才能得到一定浓度的培养产物，而且植物细胞生长较微生物要缓慢，因此长时间的培养对无菌条件及反应器的设计具有特殊的要求。

在生物技术中，人们已经利用细菌、丝状真菌的大量培养来生产各种酶、抗生素、蛋白质、氨基酸等产物，但是很多有重要价值的生物物质，如毒素、疫苗、干扰素、单克隆抗体、色素、香味物质等，必须借助于动、植物细胞的大规模培养来获得。20 世纪 50 年代以来，在这方面已取得一些进展。但是，目前的技术还远不能满足细胞生物产品应用的要求，随着动植物细胞培养技术研究的深入，该技术显示出广阔的发展前景。

表 8-1 动植物、微生物细胞的培养特征

比较项目	种类		
	微生物	动物细胞	植物细胞
大小	$1\sim10\,\mu m$	$10\sim100\,\mu m$	$10\sim100\,\mu m$
悬浮生长	可以	多数细胞需附着表面才能生长	可以,但易结团,无单个细胞
营养要求	简单	非常复杂	较复杂
生长速率	快,倍增时间 $0.5\sim5h$	慢,倍增时间 $15\sim100h$	慢,倍增时间 $24\sim74h$
代谢调节	内部	内部、激素	内部、激素
环境敏感	不敏感	非常敏感	耐受广泛范围
细胞分化	无	有	有
剪切应力敏感	低	非常高	高
传统变异,筛选技术	广泛使用	不常使用	有时使用
细胞或产物浓度	较高	低	低

第一节　动物细胞大规模培养技术

一、动物细胞培养技术概述

动物细胞体外培养的历史可追溯到 1907 年，美国生物学家 Harrison 在无菌条件下，以淋巴液为培养基成功地在试管中培养了蛙胚神经组织达数周，创立了体外组织培养法。1962 年，其规模开始扩大，随着细胞生物学、培养系统及培养方法等领域的不断丰富和完善，动物细胞培养技术得到了很大的发展。发展至今已成为生物、医学研究和应用中广泛采用的技术方法，利用动物细胞培养生产具有重要医用价值的酶、生长因子、疫苗和单抗等，已成为医药生物高技术产业的重要部分。其发展简史见表 8-2。

目前，利用动物细胞培养技术生产的生物制品已占世界生物高技术产品市场份额的 50%。大量资料表明，生物技术药物是当前新药开发的重要领域，生物技术制药工业是下一个 10 年制药工业的重要新门类，期间将有数百种生物技术新药上市。动物细胞大规模培养技术是生物技术制药中非常重要的环节。目前，动物细胞大规模培养技术水平的提高主要集中在培养规模的进一步扩大、优化细胞培养环境、改变细胞特性、提高产品的产率与保证其质量上。

表 8-2　动物细胞培养技术的发展

年份	技术发展概要
1907 年	Harrison 创立体外组织培养法
1951 年	Earle 等开发了能促进动物细胞体外培养的培养基
1957 年	Graff 用灌注培养法创造了悬浮细胞培养史上绝无仅有的 $1×10^{10}～2×10^{10}$ 细胞/L 的记录,标志
1962 年	着现代灌注概念的诞生
1967 年	Capstile 成功地大规模悬浮培养小鼠肾细胞（BHK），标志着动物细胞大规模培养技术的起步
	Van Wezel 用 DEAE-Sephadex A50 为载体培养动物细胞获得成功
1975 年	Sato 等在培养基中用激素代替血清使垂体细胞株 GH3 在无血清介质中生长获得成功,预示着无血清培养技术的诱人前景
1975 年	Kobhler 和 Milstein 成功地融合了小鼠 B 淋巴细胞和骨髓瘤细胞而产生能分泌稳定单克隆抗体的杂交瘤细胞
1986 年	DemoBiotech 公司首次用微囊化技术大规模培养杂交瘤细胞生产单抗获得成功
1989 年	Konstantinovti 首次提出大规模细胞培养过程中的生理状态控制,更新了传统细胞培养工艺中优化控制理论

1. 动物细胞的形态

动物细胞属于真核细胞，结构复杂，分化精确，不同细胞执行不同的功能，例如：神经细胞具有很长的分支、很多的纤维，以便接受和传递刺激；红细胞呈扁圆盘状，增大其接触面等。细胞的体积很小，肉眼一般是看不见的，需要借助显微镜才能看到。测量的单位有：微米（μm）、纳米（nm）和埃（Å）。

$$1m＝10^2 cm＝10^6 μm＝10^9 nm＝10^{10} Å$$

细胞的直径多在 $10～100μm$ 之间。最大的细胞是鸟类的卵（鸟类的蛋只有其中的卵黄才是它的细胞，卵白是供发育用的营养物质，不属于细胞部分），如鸵鸟蛋卵黄直径可达 5cm。细胞的形状千姿百态，有：球形或近似球形的，如卵细胞；扁圆形的，如人的红细胞；梭形的，如平滑肌细胞。

细胞虽然十分微小，形状也千差万别，但是它们的结构却基本相同。在显微镜下可以看到细胞的基本结构分为三部分。

(1) 细胞膜 细胞膜是包围在细胞外面的一层很薄的膜，具有保护细胞内部结构和控制物质进出细胞的作用。

(2) 细胞质 细胞膜与细胞核之间的透明黏稠的物质，称为细胞质。细胞质是生命活动的重要场所，含有很多重要的细胞器，许多物质的合成与分解变化都在这些细胞器中进行。

(3) 细胞核 细胞内部有一个近似圆球状的结构，称为细胞核。细胞核内含有遗传物质。

2. 动物细胞生理特点

(1) 分裂期长，可达 12~48h，同一种属不同部位的细胞分裂期长短也不相同，分裂期长短受培养条件的影响，如温度、酸度、成分等。

(2) 细胞生长需贴附于基质，并有接触抑制现象。大多数二倍体细胞的生长都需在一定的基质上贴附，伸展后才能生长繁殖，机制并不清楚，当细胞在基质上分裂增殖，逐渐汇合成片时，即细胞与周围细胞接触时，细胞就停止增殖-接触抑制，若细胞转化成异倍体后，该抑制可解除。

(3) 正常二倍体细胞的寿命是有限的。正常二倍体细胞传代培养都是有限的，大约在50 代左右，然后细胞就会逐渐死亡，但在培养基中加入表皮生长因子或经自然和人为的因素转为异倍体后，该细胞可转变成无限细胞系，更适合于工业生产。

(4) 动物细胞对周围环境十分敏感。物理化学因素，如渗透压、酸度、离子浓度、剪切力、微量元素等的变化都会影响其生长，这是由于动物细胞没有细胞壁的保护，所以更敏感。

(5) 动物细胞对培养基要求很高。原核生物只要有碳源、氮源和无机盐就可以生长；而动物细胞不仅需要必需氨基酸、8 种以上维生素、多种无机盐和微量元素、葡萄糖，还需要多种细胞生长因子和贴壁因子。

(6) 动物细胞蛋白质的合成途径和修饰功能与细菌不同。动物细胞蛋白质的合成在游离和粗面内质网上都可以进行，内质网上合成的蛋白质多数为糖蛋白，需要糖基化，而细菌细胞则没有糖基化过程。

动物细胞作为宿主细胞生产药物的缺点是培养条件要求高、成本高、产量低；优点是多半可分泌到细胞外，提取纯化方便，蛋白质经糖基化修饰后与天然产物更接近，适合于临床应用。

3. 动物细胞培养的主要特点

(1) 污染概率大 培养环境无菌是保证细胞生存的首要条件。细菌、真菌、病毒或细胞均可能导致动物细胞培养的污染；生物材料、操作者自身、培养液、各种器皿等也可引起污染。特别是在培养病毒细胞或生产病毒疫苗时，需更加注意防止污染。

(2) 营养成分要求高 动物细胞营养要求高，往往需要氨基酸、维生素、辅酶、嘌呤、嘧啶、激素和生长因子等，其中很多成分由血清、胚胎浸出液等提供。由于血清来源受到限制，质量不稳定，动物细胞培养液特别是无血清培养液的研制是动物细胞培养工程的基础。

(3) 培养环境适应差 动物细胞对培养环境的适应性较差，生长缓慢，培养时间较长，这使动物细胞培养具有一定的难度。生产用动物细胞，必须根据生产形式需要，经过较长时间的驯化，如无血清培养的驯化、悬浮培养的驯化和高密度培养环境的驯化。

(4) 培养条件要求严格 只有对动物细胞培养所需的环境严加控制，才可以大幅度促进生长。例如二倍体成纤维细胞在控制 pH 值的情况下，比可变 pH 值的情况下生长得更好。

动物细胞生长缓慢,对环境的稳定控制要求较高。因此常用空气、O_2、CO_2 和 N_2 的混合气体进行供氧。

(5)代谢废物毒性大 当细胞放置体外培养时,与体内相比细胞丧失了对有毒物的防御能力,一旦被污染或自身代谢物质积累等,可导致细胞死亡。因此在进行培养时,保持细胞生存环境无污染、代谢物及时清除等,是维持细胞生存的基本条件。

(6)检测控制指标多 由于各种动物细胞系在体外长期培养,对环境的选择及适应、其原有的细胞功能与形态等可能发生变化或变异,甚至产生原始细胞所没有的特征。因此,在整个细胞培养过程中,需要对动物细胞的形态结构、倍增时间、产物表达情况、表达产物的结构特征等进行检测和控制。

(7)载体生长依赖强 绝大多数哺乳动物细胞在培养过程中,需要通过载体附着生长。常用的细胞生长载体有两种形式,即中空纤维和微珠载体两种。也有的哺乳动物细胞既可以悬浮培养又可以贴壁生长。

此外,所有与细胞接触的设备、器材和溶液都必须保持绝对无菌,避免污染;必须有足够的营养保证,绝对不可有有害的物质,避免有害离子;保证有足量的氧气供应;有良好的适于生存的外界环境,包括渗透压、离子浓度和酸度;及时分种,保持合适的细胞密度。

4. 生产用动物细胞系

生产用动物细胞是按生产条件选择、驯化,适于大量培养,用于生产制备生物制剂的动物细胞。用于动物细胞培养的细胞系主要有四类,即原代细胞、二倍体细胞、连续细胞系、基因工程细胞系。

(1)原代细胞系 这是直接取自动物组织、器官,经过粉碎、消化而获得的一种细胞。一般说来,1g组织约含有 10^9 个细胞,但一种组织中常由多种细胞组成。在实际操作中,只能得到其中的一小部分细胞。因此,用原代细胞来生产生物制品常需要大量的动物组织,费钱费力。以往生产用得最多的是鸡胚细胞、原代兔肾或鼠肾细胞,以及血液淋巴细胞等。

(2)二倍体细胞系 这种细胞系是原代细胞经过传代、筛选、克隆,从多种细胞成分的组织中挑选出来的具有某种特征的细胞株。该细胞仍具有"正常"细胞的特点,即:①染色体组是 $2n$ 的核型;②具有明显的贴壁依赖和接触抑制的特性;③只有有限增殖能力,一般可连续传代培养 50 代;④无致瘤性。广泛用于生产的二倍体细胞系有 WI-38、MRC-5 和 2BS 等。

WI-38 细胞是人二倍体细胞系,成纤维细胞,能产生胶原,倍增时间为 24h,有限寿命 50 代,用于制备疫苗。

MRC-5 是人二倍体细胞系,成纤维细胞,有限寿命 42～46 代,用于制备疫苗。

(3)连续细胞系 从正常细胞转化而来、分化不成熟的、获得了无限增殖能力的一种细胞株。常常由于染色体的断裂而变成异倍体,并失去正常细胞的特点。

传代细胞在长期培养中,由于自发或人为方法可获得无限增殖能力。此外,直接从肿瘤组织建立的细胞系也是转化细胞系。由于转化的细胞具有无限的生命力,而且倍增时间常常较短,对培养条件和生长因子要求较低,故适用于大规模工业化生产。近年来用于生产的这种细胞有 Namalwa、CHO、BHK—21 和 Vero 细胞。

Namalwa:从淋巴瘤病人分离,生产干扰素。

CHO-K1:从中国地鼠卵巢中分离的上皮样细胞,用于构建工程细胞。

BHK-21:从地鼠幼鼠的肾脏中分离,成纤维样细胞用于构建工程菌,可生产疫苗。

Vero：从非洲绿猴肾中分离，贴壁依赖的成纤维细胞，用于制备疫苗。

（4）基因工程细胞系　随着细胞融合和基因重组技术的发展，已有多种有生物活性的基因重组蛋白在医学、生物学的研究和应用中发挥越来越重要的作用，并产生巨大的效益。人们通过基因工程技术，把编码蛋白质的基因在分子水平上进行设计、改造、重组，再转移到新的宿主细胞系统内进行复制、表达和折叠，以产生新的功能蛋白。这种在基因水平上进行操作构建的细胞，称为基因工程细胞系。

5. 动物细胞的冷冻保存

对新建立的细胞系或引入的细胞系进行常规应用，就意味着在时间和物力上的投入，并且随着连续使用，这种投入常呈指数增加，因此必须通过细胞系的保存降低实验成本和增加实验的连续性。

在低于−70℃的超低温条件下，有机体细胞内部的生化反应极其缓慢，甚至终止。当以适当的方法将冻存的生物材料恢复至常温时，其内部的生化反应可恢复正常。冷冻保存是将体外培养物或生物活性材料悬浮在加有或不加冷冻保护剂的溶液中，以一定的冷冻速率降至零下某一温度（一般是低于−70℃的超低温条件），并在此温度下对其长期保存的过程。而复苏是以一定的复温速率将冻存的体外培养物或生物活性材料恢复到常温的过程。

不同的细胞和生物体以及使用不同的冷冻保存方法要取得同样的冷冻保存效果，冷冻保存温度可以不同。但从实际和效益的观点出发，液氮温度（−196℃）是目前最佳的冷冻保存温度。在−196℃时，细胞的生命活动几乎完全停止，但复苏后细胞的结构和功能完好。如果冷冻过程得当，一般生物样品在−196℃下均可保存10年以上。应用−70～−80℃保存细胞，短期内对细胞的活性无明显影响，但随着冻存时间延长，细胞存活率明显降低。在−40℃到冰点范围内保存细胞的效果不佳。

冷冻保护体外培养物，除了必须有最佳的冷冻速率、合适的冷冻保护剂和冻存温度外，在复苏时也必须有最佳的复温速率，这样才能保证最后获得最佳冷冻保存效果。

冷冻保护剂是指可以保护细胞免受冷冻损伤的物质。冷冻保护剂常常配制成溶液。一般来讲，只有红细胞、大多数微生物和极少数有核的哺乳动物细胞悬浮在不加冷冻保护剂的水或简单的盐溶液中，并以最适的冷冻速率冷冻，可以获得活的冻存物。但对于大多数有核哺乳动物细胞来说，在不加冷冻保护剂的情况下，无最适冷冻速率可言，也不能获得活的冷冻物。例如将小鼠骨髓细胞悬浮在不加冷冻保护剂的平衡盐溶液中，并以0.3～600℃/min的冷冻速率降温冷冻，98%以上的细胞会死亡；而加入甘油冷冻保护剂进行冷冻保存时，98%以上的细胞都可存活。

冷冻保护剂可分为渗透性和非渗透性两类。渗透性冷冻保护剂可以渗透到细胞内，一般是一些小分子物质，主要包括甘油、DMSO、乙二醇、丙二醇、乙酰胺、甲醇等。冻存时DMSO平衡多在4℃下进行，一般需要40～60min。

非渗透性冷冻保护剂不能渗透到细胞内，一般是些大分子物质，主要包括聚乙烯吡咯烷酮（PVP）、蔗糖、聚乙二醇、葡聚糖、白蛋白以及羟乙基淀粉等。

不同的冷冻保护剂有不同的优缺点。目前一般联合使用两种以上冷冻保护剂组成保护液。由于许多冷冻保护剂（如DMSO）在低温下能保护细胞，但在常温下却对细胞有害，故在细胞复温后应及时洗涤冷冻保护剂。

6. 动物细胞培养基的种类和组成

（1）天然培养基　天然培养基是指来自动物体液或利用组织分离提取的一类培养基，如血浆、血清、淋巴液、鸡胚浸出液等。组织培养技术建立早期，体外培养细胞都是利用天然培养基，但是由于天然培养基制作过程复杂、批间差异大，因此逐渐为合成培养基所替代。目前广泛使用的天然培养基是血清，另外各种组织提取液、促进细胞贴壁的胶原类物质在培养某些特殊细胞时也是必不可少的。其优点是营养成分丰富，培养效果好；缺点是成分复杂，个体差异大，来源有限。天然培养基的种类主要包括生物性体液（如血清）、组织浸出液（如胚胎浸出液）、凝固剂（如血浆）、水解乳蛋白等。

（2）合成培养基　组成稳定，可大量生产供应。成分为氨基酸、维生素、糖类（碳源）、无机盐及其他（前体和氧化还原剂）。合成培养基中除了各种营养成分外，还需添加 5％～10％的小牛血清，才能使细胞很好地增殖。血清主要作用：提供基本营养物质；提供激素和各种生长因子；提供结合蛋白；提供促接触和伸展因子使细胞贴壁免受机械损伤；对培养中的细胞起到某些保护作用。

合成培养基是根据天然培养基的成分，用化学物质对细胞体内生存环境中已知物质在体外人工条件的模拟，经过反复试验筛选、强化和重新组合后形成的培养基。合成培养基既能给细胞提供一个近似于体内的生存环境，又便于控制和提供标准化体外生存环境。

（3）无血清培养基　提高了细胞培养的可重复性，避免了血清差异所带来的细胞差异；减少了由血清带来的病毒、真菌和支原体等微生物污染的危险；供应充足、稳定；细胞产品易于纯化；避免了血清中某些因素对有些细胞的毒性；减少了血清中蛋白对某些生物测定的干扰，便于结果分析。

无血清培养基在天然或合成培养基的基础上添加激素、生长因子、结合蛋白、贴附和伸展因子及其他元素。

二、动物细胞培养的基本技术和方法

（一）动物细胞的原代培养技术

原代培养也叫初代培养，是从供体进行细胞分离之后至第一次传代之前的细胞培养阶段。原代培养是获取细胞的主要手段，是建立各种细胞系的第一步。原代培养细胞组织和细胞刚刚离体，生物学特性未发生很大变化，仍具有二倍体遗传特性，最接近和最可能反映体内生长特性，很适合做药物测试、细胞分化等试验研究。但原代培养细胞部分生物学特性尚不稳定，细胞成分多且复杂，即使生长出同一类型细胞如成纤维样细胞或上皮样细胞，细胞间也存在很大差异，如果要做较为严格的对比性试验研究，还需对细胞进行短期传代后进行。

原代培养的方法很多，最基本和常用的有组织块培养法和消化培养法两种。

1. 组织块培养法

组织块培养法是将组织剪切成小块后，接种于培养瓶进行培养。组织块培养法是常用的、简便易行的以及成功率较高的原代培养方法，可根据不同细胞的生长需要将培养瓶做适当处理。组织块培养法操作方便，部分种类的组织细胞在小块贴壁培养 24h 后，细胞就从组织块四周游出。由于反复剪切和接种过程中对组织块的损伤，并不是每个小块都能长出细胞。组织块培养法特别适合于组织量少的原代培养，但组织块培养时细胞生长较慢，耗时较长。

（1）操作方法

① 将组织块剪切成 1mm³ 左右的小块。为了在剪切过程中保持湿润，可以适当向组织上滴加 1～2 滴培养液。

② 用眼科镊轻轻夹起剪切好的组织小块送入培养瓶后，用牙科探针或弯头吸管将组织块均匀摆放在瓶壁上，每小块间距 0.5cm 左右。注意摆放的组织块量不要太多，25mL 培养瓶（底面积约为 17.5cm²）以 20～30 小块为宜。待组织块放置好后，轻轻将培养瓶翻转，使瓶底朝上，向瓶内注入适量培养液，盖好瓶盖，将培养瓶倾斜放置在 37℃ 温箱内。

③ 放置 24h，待组织小块贴附后，将培养瓶慢慢翻转平放，让液体缓缓覆盖组织小块，静置培养。若组织块不易贴壁，可预先在瓶底涂抹薄层血清、胎汁或鼠尾胶原等。

组织块培养也可不用翻转法，即在摆放组织块后，向培养瓶内仅加入少量培养液，以能保持组织块湿润即可。盖好瓶盖，放入温箱培养 24h 后再补加培养液。

（2）注意事项　组织块接种后 1～3 天，由于游出细胞数很少，组织块的粘贴不牢固，在观察和移动过程中要注意轻拿轻放，尽量不要引起液体的流动而产生对组织块的冲击力使其漂起。在原代培养 1～2 天内要特别注意观察是否有微生物污染，一旦发现，要及时清除，以防给培养箱内的其他细胞带来污染。

要及时观察原代培养的组织，发现细胞游出后要照相记录。为了去除漂浮的组织块和残留的血细胞，原代培养 3～5 天后，需换液一次，因为已漂浮的组织块和很多细胞碎片含有有毒物质，影响原代细胞的生长，要及时清除。

2. 消化培养法

消化培养法是采用组织消化分散法将细胞间质包括基质、纤维等妨碍细胞生长的物质去除，使细胞分散，形成悬液，从而易用于从外界吸收养分和排出代谢产物。此法可以很快得到大量活细胞，细胞也能在短时间内生长成片，适用于培养大量组织，原代细胞产量高；但步骤烦琐、易污染，一些消化酶价格昂贵，实验成本高。

方法：

① 按消化分离法获取细胞。

② 在消化过程中，可随时吸取少量消化液在镜下观察，如发现组织已分散成细胞团或单个细胞，则终止消化。如有组织块，可用孔径适当的筛网将其滤掉。大组织可加入新的消化液继续消化。

③ 将已过滤的消化液以 800～1000r/min 低速离心 5min 后，弃上清液，加含血清的培养液，轻轻吹打形成细胞悬液。如果用胶原酶或 EDTA 消化液等，尚需用 Hank's 液或培养液洗 1～2 次后再加培养液，细胞计数后，接种细胞培养瓶，置 5% CO_2 温箱培养。

④ 某些特殊类型细胞，如内皮细胞、骨细胞等，需用特殊消化手段和步骤进行。对悬浮生长的细胞，如白血病细胞、骨髓细胞和胸水、腹水等含有癌细胞的材料，可不经消化直接离心分离，或经淋巴细胞分离液等分离后直接接种进行原代培养。

（二）动物细胞传代培养技术

1. 原代培养的首次传代

细胞由原培养瓶内分离稀释后传到新的培养瓶的过程称之为传代；进行一次分离再培养称之为传一代。原代培养后由于细胞游出数量增加和细胞的增殖，单层培养细胞相互汇合，整个瓶底逐渐被细胞覆盖。这时需要进行分离培养，否则细胞会因生存空间不足或密度过大、代谢产物蓄积毒性、营养缺乏而影响细胞生长。初代培养的首次传代是很重要的，是建立细胞系的关键时期。在首次传代时一般要特别注意以下几点：

① 待细胞生长到足以覆盖瓶底壁的大部分表面后再传代。

② 传代时不同的细胞有不同的消化时间，因而要根据需要注意观察，及时进行处理。

原代培养的细胞较传代培养的细胞的消化时间长。

③ 首次传代时细胞接种数量要多一些，使细胞能尽快适应新环境而利于细胞生存和增殖。随消化分离而脱落的组织块也可一并传入新的培养瓶。

2. 细胞传代方法

培养细胞传代根据不同细胞采用不同方法。贴壁生长的细胞用消化法传代，部分轻微贴壁生长的细胞用直接吹打即可传代。悬浮生长的细胞可用直接吹打或离心分离后传代，也可用自然沉降法吸除上清液后，再吹打传代。

常用胰蛋白酶对贴壁细胞进行消化传代，它可以破坏细胞与细胞、细胞与培养瓶之间的细胞连接或接触，从而使它们之间的连接减弱或完全消失，经胰蛋白酶处理后的贴壁细胞在外力作用下分散成单个细胞，再经稀释和接种后就可以为细胞生长提供足够的营养和空间，达到细胞传代培养的目的。

（1）贴壁生长的消化传代

① 吸弃或倒掉瓶内陈旧培养液。

② 在培养瓶内加入适量消化液。轻轻摇动培养瓶，使消化液漫布所有细胞表面，吸掉或倒掉消化液后再加 1～2mL 新的消化液，轻轻摇动后再倒掉大部分消化液，留少许进行消化，也可以直接加消化液进行消化。

③ 消化 2～5min 后把培养瓶放置于显微镜下进行观察，发现细胞质回缩、细胞间隙增大后，应立即终止消化。消化最好在 37℃ 或室温 25℃ 以上环境下进行，也可以在 4℃ 冰箱隔夜消化。

④ 吸除或倒掉消化液。如用 EDTA 消化，需要加 Hank's 液数毫升，轻轻转动培养瓶把残留消化液冲掉后再加培养液。如仅用胰蛋白酶可直接加少许血清的培养液，终止消化。

⑤ 用吸管吸取瓶内培养液，按顺序反复吹打瓶壁细胞，从培养瓶底部一边开始到另一边结束，以确保所有底部都被吹到。吹打时动作要轻柔，不要用力过猛，同时尽可能不要出现泡沫，以免对细胞造成损伤。细胞脱离瓶底后形成细胞悬液。

⑥ 计数后，按要求的接种量接种在新的培养瓶内。

（2）悬浮细胞的传代 因悬浮生长细胞不贴壁，故传代时不必采用酶消化方法，而是可以直接传代或离心收集细胞后传代。

① 直接传代 使悬浮细胞慢慢沉淀瓶底，吸掉 1/2～2/3 的上清液，用吸管吹打形成细胞悬浮液后再传代。

② 离心收集细胞后传代 将细胞连同培养液一并转移到离心管内，以 800～1000r/min 离心 5min，弃上清液，加入新的培养液到离心管内，用吸管轻轻吹打使之形成细胞悬液，然后传代接种。悬浮细胞多采用此法。

部分贴壁生长细胞不经消化处理直接吹打也可使细胞从瓶壁上脱落下来，而进行传代。但这种方法不仅限于部分贴壁不牢的细胞，如 HeLa 细胞等。直接吹打对细胞损伤较大，细胞也常有较大数量丢失，因而绝大部分贴壁生长的细胞均需消化后才能吹打传代。

3. 细胞系的维持

细胞系的维持是培养工作的重要内容。概括起来说，细胞系的维持是通过换液、传代、再换液、再传代和细胞冻存实现的，但对每一个细胞系来说，都有其自身特点，要做好细胞系的维持必须注意以下几点：

① 做好细胞的档案记录工作。无论在索取新细胞系还是自己建立新细胞系时都应详细

记录好细胞的组织来源、生物学特性、培养液要求、传代时间、换液时间和规律、遗传学标志、生长形态、常规病理染色的标本等。这些记录对于保证细胞正常生长、保持细胞的一致、观察长期体外培养后细胞特性的改变都有十分重要的意义。

② 遵从细胞生长的规律。细胞系的传代和换液一般都有其自身的规律，因而在维持传代时要注意保持其稳定的规律性，这样可以减少由于传代时细胞密度频繁增减或换液时间不规律而导致细胞生长特性的改变，给以后细胞实验带来影响。

③ 防止细胞间交叉污染。多种细胞系维持传代，要严格遵照操作程序，以防细胞之间的交叉污染。传代时所用器械要编号或作好标记，严禁交叉使用。

④ 及时冻存防丢失。每一种细胞系都应有充足的冻存贮备，防止由于培养细胞污染等因素造成细胞系绝种；另外，二倍体细胞等有限细胞系如果暂时不用最好冻存，以免传代太多造成细胞衰老或发生改变。

三、动物细胞培养的环境要求

细胞的生长、繁殖和代谢等生理性质，在很大程度上受各种环境因素的影响。为了使动物细胞反应处于最佳状态，了解环境因素对其影响无疑是很重要的。影响动物细胞生长、繁殖的环境因素很多，主要有细胞生长的支持物、气体交换、培养温度、pH 值、渗透压及其他因素等方面。

1. 支持物

体外培养的大多数动物细胞需在人工支持物上单层生长。在早期的实验中，用玻璃作为支持物，开始是由于它的光学特性，后来发现它具有合适的电荷，适合细胞贴壁和生长。

(1) 玻璃　玻璃常用作支持物。它很便宜，容易洗涤，且不损失支持生长的性质，可方便地用于干热或湿热灭菌，透光性好，强碱可使玻璃对培养产生不良影响，但用酸洗中和后即可。

(2) 塑料制品　一次性的聚苯乙烯瓶是一种方便的支持物。但制成的聚苯乙烯是疏水性的，不适合细胞生长，所以细胞培养用的塑料用品要用 γ 射线、化学药品或电弧处理使之产生带电荷的表面，具有可润湿性。它光学性质好，培养表面平整。除此之外，细胞也可在聚氯乙烯、聚碳酸酯、聚四氟乙烯和其他塑料上生长。

(3) 微载体　大规模动物细胞贴壁培养最常用的支持物是微载体。其材料有聚苯乙烯、交联葡萄糖、聚丙烯酰胺、纤维素衍生物、几丁质、明胶等。通常用特殊的技术制成直径 $100 \sim 200 \mu m$ 的圆形颗粒，微载体的制备是一种较复杂的技术，微载体的价格一般也比较贵。但它的最大优点是使贴壁细胞可以像悬浮培养那样进行。

一般细胞在生理 pH 值时，表面带负电荷。若微载体带正电荷，则利用静电引力可加快细胞贴壁速度。若微载体带负电荷，因静电斥力使细胞难以黏附贴壁，但培养液中溶有或微载体表面吸附着二价阳离子作为媒介时，则带负电荷的细胞也能贴附。

支持物通过各种预处理后，可改善细胞的贴壁和生长性能。用过的玻璃容器比新的更适合细胞生长。这可能归因于培养后的表面的蚀刻和剩余的微量物质，培养瓶中细胞的生长也可以改善表面以利第二次接种，这类调节因素可能是由于细胞释放出的胶原或黏素。

2. 气体交换

(1) 氧气　气相中的重要成分是氧气和二氧化碳。各种培养对氧的要求不同，大多数动物细胞培养适合于大气中的氧含量或更低些。据报道，对培养基硒含量的要求与氧浓度有关，硒有助于除去呈自由基状态的氧。在大规模细胞培养中，氧可能成为细胞密度的限制因素。

（2）二氧化碳　二氧化碳对动物细胞培养起着相对复杂的作用，气相中的 CO_2 浓度直接调节溶解态 CO_2 的浓度，溶解态的 CO_2 受温度影响，CO_2 溶于培养基中形成 H_2CO_3，产生 H_2CO_3 又能再离解。由于 HCO_3^- 与多数阳离子的离解数很小，趋于结合态，故使培养基变酸。提高气相中 CO_2 含量的结果是降低培养液 pH 值，而它又被加入的 $NaHCO_3$ 所中和。

3. 培养温度

温度是细胞在体外生存的基本条件之一，来源不同的动物细胞，其最适生长温度不尽相同。例如鱼属变温动物，鱼细胞对温度变化耐受力较强，在冷水、凉水、温水中鱼细胞适宜培养温度分别为 20℃、23℃、26℃，昆虫细胞为 25～28℃，人和哺乳动物细胞最适宜的温度为 37℃。细胞代谢强度与温度成正比，高于此温度范围，细胞的正常代谢和生长将会受到影响，甚至导致死亡。总的来说，细胞对低温的耐受力比对高温的耐受力强。如温度上升到 45℃ 时，在 1h 内细胞即被杀死；在 41～42℃ 虽然细胞尚能生存，但为时很短，10～24h 后即退变或死亡。相反，降低温度把细胞置于 25～35℃ 时，它们仍能生长，但速度缓慢，并维持长时间不死，放在 4℃，数小时后再置于 37℃ 培养细胞仍继续生长。如温度降至冰点以下，细胞可因胞质结冰而死亡。但如向培养液中加入保护剂（二甲基亚砜或甘油），可以把细胞冻结贮存于液氮中，温度达 -196℃，能长期保存下去，解冻后细胞复苏，仍能继续生长。

一般来说，变温动物细胞有较大的温度范围，但应保持在一个恒定值，且在所属动物的正常温度范围内，培养反应器既能加热，又能冷却，因为培养温度可能要求低于环境温度。

温度调节的范围最大不超过 ±0.5℃。培养温度不仅始终一致，而且在培养器各个部位都应恒定，在培养中温度的恒定比准确更重要。

4. pH 值

合适的 pH 值也是细胞生存的必要条件之一，动物细胞合适的 pH 值一般在 7.2～7.4，低于 6.8 或高于 7.6 都对细胞产生不利的影响，严重时可导致细胞退变或死亡。不同细胞对 pH 值也有不同要求：原代培养细胞对 pH 值变动耐受性差，传代细胞系耐受性较强。对于同一种细胞，生长期和维持期最适 pH 值也不尽相同，对大多数细胞来说，偏酸性环境比碱性环境更利于生长。有研究证明，原代羊水细胞培养在 pH6.8 时最适宜。

初代培养的新鲜组织或经过消化成分散状态的细胞，对环境的适应力差，此时应严格控制培养基的 pH 值，否则细胞难以生长。细胞量少时比细胞量多时对 pH 值变动耐受力差。生长旺盛细胞代谢强，产生 CO_2 多，培养基 pH 值下降快，如果 CO_2 从培养环境中逸出，则 pH 值升高。上述两种情况对细胞都将产生不利影响。因此，维持细胞生存环境中的 pH 值是至关重要的。最常用的方法是加磷酸缓冲液，缓冲液中的碳酸氢钠具有调节 CO_2 的作用，因而在一定范围内可调节培养基的 pH 值。由于 CO_2 容易从培养环境中逸出，故只适用封闭式培养。为克服碳酸氢钠的这个缺点，有时也采用羟乙基哌嗪乙烷硝酸（HEPES），它对细胞无作用，主要是防止 pH 值迅速波动，具有较强的稳定培养基 pH 值的能力。

5. 渗透压

渗透压对动物细胞也有影响。有些动物细胞如 HeLa 细胞或其他确定细胞系，对渗透压具有较大耐受性，而原代细胞和正常二倍体细胞对渗透压波动比较敏感。人血浆渗透压约

290mOsm/kg，为细胞的理想渗透压。对多数细胞来说，260~320mOsm/kg 是适宜的。

6. 其他因素

除上述因素外，其他因素如血清、剪切力等对细胞也有很大影响。总之，影响动物细胞生长及产物合成的因素很多，由于情况比较复杂，需要根据具体情况进行分析。

四、动物细胞生物反应器

动物细胞培养技术能否大规模工业化、商业化，关键在于能否设计出合适的生物反应器（bioreactor）。由于动物细胞与微生物细胞有很大差异，传统的微生物反应器显然不适用于动物细胞的大规模培养。首先必须满足在低剪切力及良好的混合状态下能够提供充足的氧，以供细胞生长及细胞进行产物的合成。

（一）生物反应器的分类

目前，动物细胞培养用生物反应器主要包括：转瓶培养器、塑料袋增殖器、填充床反应器、多层板反应器、螺旋膜反应器、管式螺旋反应器、陶质矩形通道蜂窝状反应器、流化床反应器、中空纤维及其他膜式反应器、搅拌反应器、气升式反应器等。

按其培养细胞的方式不同，这些反应可分为以下三类：

（1）悬浮培养用反应器　如搅拌反应器、中空纤维反应器、陶质矩形通道蜂窝状反应器、气升式反应器。

（2）贴壁培养用反应器　如搅拌反应器（微载体培养）、玻璃珠床反应器、中空纤维反应器、陶质矩形通道蜂窝状反应器。

（3）包埋培养用反应器　如流化床反应器、固化床反应器。

1. 搅拌罐生物反应器

这是最经典、最早被采用的一种生物反应器。此类反应器与传统的微生物生物反应器类似，针对动物细胞培养的特点，采用了不同的搅拌器及通气方式。通过搅拌器的作用使细胞和养分在培养液中均匀分布，使养分充分被细胞利用，并增大气液接触面，有利于氧的传递。现已开发的有：笼式通气搅拌器、双层笼式通气搅拌器、桨式搅拌器等。

2. 气升式生物反应器

1979 年首次应用气升式生物反应器成功地进行了动物细胞的悬浮培养。其优点是：罐内液体流动温和、均匀，产生剪切力小，对细胞损伤较小；可直接喷射空气供氧，因而氧传递率较高；液体循环量大，细胞和养分都能均匀分布于培养液中；结构简单，利于密封，并降低了造价。

常用的气升式反应器有：内循环式气升式生物反应器、外循环式气升式生物反应器、内外循环式气升式生物反应器。

3. 鼓泡式生物反应器

与气升式反应器相类似，是利用气体鼓泡来进行供氧及混合，其设计原理与气升式生物反应器相同。

4. 中空纤维生物反应器

用途较广，既可用于悬浮细胞的培养，又可用于贴壁细胞的培养。其原理是：模拟细胞在体内生长的三维状态，利用反应器内数千根中空纤维的纵向布置，提供细胞近似生理条件的体外生长微环境，使细胞不断生长。中空纤维是一种细微的管状结构，管壁为极薄的半透膜，富含毛细管。培养时纤维管内灌流充以氧气的无血清培养液，管外壁则供细胞黏附生长，营养物质通过半透膜从管内渗透出来供细胞生长。对于血清等大分子营养物，必须从管外灌入，否则会被半透膜阻隔不能被细胞利用。细胞的代谢废物也可通过半透膜渗入管内，避免了过量代谢物对细胞的毒害作用。

其优点是：占地空间少，细胞产量高，细胞密度可达 10^9 数量级；生产成本低，且细胞培养维持时间长，适用于长期分泌的细胞。

5. 微载体培养技术及其反应器

微载体培养技术（microcarrier culture technique）于 1967 年被用于动物细胞大规模培养。经过三十余年的发展，该技术目前已日趋完善和成熟，并广泛应用于生产疫苗、基因工程产品等。微载体培养是目前公认的最有发展前途的一种动物细胞大规模培养技术，其兼具悬浮培养和贴壁培养的优点，放大容易。目前微载体培养广泛用于培养各种类型细胞生产疫苗、蛋白质产品，如成肌细胞、Vero 细胞、CHO 细胞。

使用较多的反应器有两种：贝朗公司的 BIOSTAT B 反应器，使用双桨叶无气泡通气搅拌系统；NBS 公司的 CelliGen、CelliGen Plus™ 和 Bioflo3000 反应器，使用 Cell-lift 双筛网搅拌系统。两种系统都能实现培养细胞和收获产物的有效分离。

微载体是指直径在 $60\sim250\mu m$，能适用于贴壁细胞生长的微珠。一般是由天然葡聚糖或者各种合成材料的聚合物组成。微载体的类型已经达十几种以上，包括液体微载体、大孔明胶微载体、聚苯乙烯微载体、PHEMA 微载体、甲壳质微载体、聚氨酯泡沫微载体、藻酸盐凝胶微载体以及磁性微载体等。常用商品化微载体有五种：Cytodex 1、Cytodex 2、Cytodex 3、Cytopore 和 Cytoline。

增大微载体单位体积内表面积（比表面积）对细胞的生长非常有利，使微载体直径尽可能小，最好控制在 $100\sim200\mu m$ 之间。微载体的密度一般为 $1.0\times10^3\sim1.0\times10^5$ g/cm^2，随着细胞的贴附及生长，密度可逐渐增大。控制细胞贴壁的基本因素是电荷密度而不是电荷性质。若电荷密度太低，细胞贴附不充分；但电荷密度过大，反而会产生"毒性"效应。

微载体培养的原理是将对细胞无害的颗粒——微载体加入到培养容器的培养液中，作为载体，使细胞在微载体表面附着生长，同时通过持续搅动使微载体始终保持悬浮状态。贴壁依赖性细胞在微载体表面上的增殖，要经历黏附贴壁、生长和扩展成单层三个阶段。细胞只有贴附在固体基质表面才能增殖，故细胞在微载体表面的贴附是进一步铺展和生长的关键。黏附主要是靠静电引力和范德华力。细胞能否在微载体表面黏附，主要取决于细胞与微载体的接触概率和相融性。

由于动物细胞无细胞壁，对剪切力敏感，因而无法靠提高搅拌转速来增加接触概率。因此操作时，在贴壁期采用低搅拌转速，时搅时停；数小时后，待细胞附着于微载体表面时，维持设定的低转速，进入培养阶段。微载体培养的搅拌非常慢，最大速度 75r/min。

细胞与微载体的相融性与微载体表面理化性质有关。一般细胞在进入生理 pH 值时，表面带负电荷。若微载体带正电荷，则利用静电引力可加快细胞贴壁速度；若微载体带负电荷，因静电斥力使细胞难于黏附贴壁。但培养液中溶有或微载体表面吸附着二价阳离子作为媒介时，则带负电荷的细胞也能贴附。

影响细胞在微载体表面生长的因素很多，主要有以下三个方面的因素：①细胞方面，如细胞群体、状态和类型；②微载体方面，如微载体表面状态、吸附的大分子和离子，微载体表面光滑时细胞扩展快，表面多孔则扩展慢；③培养环境，如培养基组成、温度、pH 值、溶氧浓度（dissolved oxygen，DO）以及代谢废物等均明显影响细胞在微载体上的生长。如果所处条件最优，则细胞生长快；反之，生长速度慢。

微载体培养初期要保证培养基与微球体处于稳定的 pH 值与温度水平，接种细胞（对数生长期，而非稳定期）至终体积 1/3 的培养液中，以增加细胞与微载体接触的机会。不同的微载体所用浓度及接种细胞密度是不同的，常使用 2～3g/L 的微载体含量，更高的微载体浓度需要控制环境或经常换液。

贴壁阶段（3～8 天）后，缓慢加入培养液至工作体积，并且增加搅拌速度保证完全均质混合。

培养维持期进行细胞计数（胞核计数）、葡萄糖测定及细胞形态镜检。随着细胞增殖，微球变得越来越重，需增加搅拌速率。经过 3 天左右，培养液开始呈酸性，需换液。停止搅拌，让微珠沉淀 5min，弃掉适宜体积的培养液，缓慢加入新鲜培养液（37℃），重新开始搅拌。

收获细胞时首先排干培养液，至少用缓冲液漂洗一遍，然后加入相应的酶，快速搅拌（75～125r/min）20～30min，再解离、收集细胞及其产品。

微载体培养的放大可以通过增加微载体的含量或培养体积进行。使用异倍体或原代细胞培养生产疫苗、干扰素，已被放大至 4000L 以上。

目前已经研制了数种适合进行微载体大规模细胞培养的生物反应器系统，如搅拌式生物反应器系统、旋转式生物反应器系统以及灌注式生物反应器系统等。

微载体培养有很多优点：比表面积大，因此单位体积培养液的细胞产率高；把悬浮培养和贴壁培养融合在一起，兼有两者的优点；可用简单的显微镜观察细胞在微珠表面的生长情况；简化了细胞生长各种环境因素的检测和控制，重现性好；培养基利用率较高；放大容易；细胞收获过程不复杂；劳动强度小；培养系统占地面积和空间小。

（二）生物反应器的设计和放大

设计的总体原则包括以下几个方面：

① 结构严密，能耐受蒸汽灭菌，采用对生物催化剂无害和耐蚀材料制作，内壁光滑无死角，内部附件尽量减少，以维持纯种培养需要。

② 有良好的气-液接触和液-固混合性能及热量交换性能，使质量与热量传递有效地进行。

③ 保证产物质量和产量前提下，尽量节省能源消耗。

④ 减少泡沫产生，或附有消泡装置以提高装料系数，并有能与计算机联机的可靠的参数检测和控制仪表。

一种新的生物技术产品从实验室到工业生产的开发过程中，会遇到生物反应器的逐级放大问题，每一级约放大 10～100 倍。生物反应器的放大，表面看来仅是一个体积或尺度放大问题，实际上并不是那么简单。反应器放大研究虽已提出了不少方法，但没有一种是普遍都能适用的。目前还只能是半理论半经验的，即抓住反应过程中的少量关键性参数或现象进行放大。

氧气是动物细胞生长必要的营养物质，缺氧会导致细胞死亡，但溶解过度也会导致细胞氧气中毒。溶氧浓度（DO）通常是以 1 个大气压的标准空气在水中达到溶解平衡时的浓度为基准，定义为 100%，此时氧气的浓度是 0.224mol/L。通常细胞生长所需要的氧气控制在 30%～70%。这就需要不断地补充氧气。在生物反应器中，氧的传递速率要满足细胞对氧的摄取速率，并使反应器中溶解氧的浓度 c_L 要维持在一定水平上。这就是说，在稳态情况下，氧气传递速率（oxygen transfer rate，OTR）与供氧和需氧间存在下列关系：

$$OTR = K_L a (c^* - c_L)$$

式中，$K_L a$ 为氧的传递系数；c^* 为相当气相氧分压的溶氧浓度；c_L 为培养液中溶氧浓度。

影响供氧的因素总体上讲是 $K_L a$ 和（$c^* - c_L$）值。要增大（$c^* - c_L$），无非是增大 c^* 值或降低 c_L 值。增大 c^* 的措施，有适当增加反应器中操作压力和增大气相中的氧分压两个方法。在实际操作中，反应器保持一定正压，以防止大气中的杂菌从轴封、阀门等处侵入。但在增加罐压的同时，发酵代谢所产生的 CO_2 也会更多地溶解于培养液，而对发酵不利。至于 c_L 值，一般不允许过分减小，因为细胞在生长中有一个临界氧浓度，低于此临界值，细胞的呼吸将受到抑制。影响 $K_L a$ 的因素大致可分为三个方面：一是反应器的结构，包括相对几何尺寸的比例；二是操作条件，如搅拌功率或循环泵功率的输入量、通气量等；三是培养或发酵液的物理、化学性质，如流变特性，特别是其黏度或显示黏度、表面张力、扩散系数、细胞形态、泡沫程度等。

在细胞培养和发酵过程中，热量的释放是普遍存在的。这是因为在培养或发酵过程中细胞与周围环境的物质产生新陈代谢，即发生异化（分解）作用和同化（合成）作用，异化作用一般释放能量，同化作用则是吸收能量。同化作用包括细胞生长、繁殖、产物形成，所需能量来自细胞对培养基中的基质及营养成分的异化。从热力学角度讲，异化所产生能量必然多于同化所需要能量，而多余的能量则转化为热能释放到周围环境中去。无论是涉及细胞还是酶的反应中，释放出的热量都应及时移去，以免影响过程的正常进行，因此在生物反应器中一般都附有冷却装置。

五、动物细胞大规模培养技术

大规模动物细胞培养的工艺流程如图 8-1 所示。先将组织切成碎片，然后用溶解蛋白质的酶处理得到单个细胞，收集细胞并离心。获得的细胞植入营养培养基中，使之增殖至覆盖瓶壁表面，用酶把细胞消化下来，再接种到若干培养瓶以扩大培养，获得的细胞可作为"种子"进行液氮保存。需要时，从液氮中取出一部分细胞解冻，复活培养和扩培，之后接入大规模反应器进行产品生产。需要诱导的产物或者病毒感染后才能得到产物的细胞，需在生产过程中加入适量的诱导物或感染病毒，再经分离纯化获得目的产品。

（一）动物细胞大规模培养的方法

（1）贴壁培养 生长时必须要有供贴附的支持物表面，细胞依靠自身分泌的或培养基中提供的贴附因子才能在该表面上生长和繁殖。细胞在表面上生长时有两种形态：成纤维样细胞型和上皮样细胞型。成纤维样细胞型主要来源于中胚层组织细胞、心肌细胞、平滑肌细胞、成骨细胞等，上皮样细胞型主要来源于外胚层和内胚层组织细胞、皮肤细胞、肠管上皮细胞。在培养过程中，随着培养条件的变化，细胞形态也会发生改变。

（2）悬浮培养 生长不依赖支持物表面，在培养液中悬浮生长，如淋巴细胞等。

（3）固定化培养 根据生长条件的不同，可贴壁也可悬浮生长。

（二）大规模培养技术的操作方式

深层培养可分为：分批式、流加式、半连续式、连续式和灌流式培养五种。

1. 分批式培养（batch culture）

分批式培养是细胞规模培养发展进程中较早期采用的方式，也是其他操作方式的基础。该方式采用机械搅拌式生物反应器，将细胞扩大培养后，一次性转入生物反应器内进行培养，在培养过程中其体积不变，不添加其他成分，待细胞增长和产物形成积累到适当的时

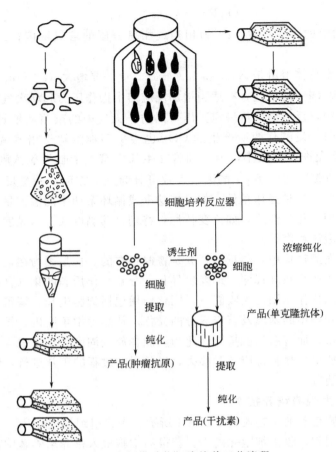

图 8-1　大规模动物细胞培养工艺流程

间，一次性收获细胞、产物、培养基。

该方式的特点主要有以下几个方面：

① 操作简单，培养周期短，染菌和细胞突变的风险小。反应器系统属于封闭式，培养过程中与外部环境没有物料交换，除了控制温度、pH 值和通气外，不进行其他任何控制，因此操作简单，容易掌握。

② 直观反映细胞生长代谢的过程。因培养期间细胞生长代谢是在一个相对固定的营养环境，不添加任何营养成分，因此可直观地反映细胞生长代谢的过程，是动物细胞工艺基础条件或"小试"研究常用的手段。

③ 可直接放大。由于培养过程工艺简单，对设备和控制的要求较低，设备的通用性强，反应器参数的放大原理和过程控制比其他培养系统较易理解和掌握。在工业化生产中分批式培养操作是传统的、常用的方法，其工业反应器规模可达 12000L。

分批培养过程中，细胞的生长分为五个阶段：延滞期、对数生长期、减速期、平稳期和衰退期。分批培养的周期时间多在 3～5 天，细胞生长动力学表现为细胞先经历对数生长期（48～72h），细胞密度达到最高值后，由于营养物质耗竭或代谢毒副产物的累积，细胞生长进入衰退期进而死亡，表现出典型的生长周期。收获产物通常是在细胞快要死亡前或已经死亡后进行。

　　分批培养过程中的延滞期是指细胞接种后到细胞分裂繁殖所需的时间，延滞期的长短根据环境条件的不同而不同，并受原代细胞本身的条件影响。一般认为，细胞延滞期是细胞分裂繁殖前的准备时期。一方面，在此时期内细胞不断适应新的环境条件，另一方面又不断积累细胞分裂繁殖所必需的一些活性物质，并使之达到一定的浓度。因此，一般选用生长比较旺盛的处于对数生长期的细胞作为种子细胞，以缩短延滞期。

　　细胞通过对数生长期迅速生长繁殖后，由于营养物质的不断消耗、抑制物等的积累、细胞生长空间的减少等原因导致生长环境条件不断变化，细胞经过减速期后逐渐进入平稳期，此时细胞的生长、代谢速度减慢，细胞数量基本维持不变。

　　在经过平稳期之后，由于生长环境的恶化，有时也有可能由于细胞遗传特性的改变，细胞逐渐进入衰退期而不断死亡，或由于细胞内某些酶的作用而使细胞发生自溶现象。

　　典型的分批培养随时间变化的过程曲线如图 8-2 所示。

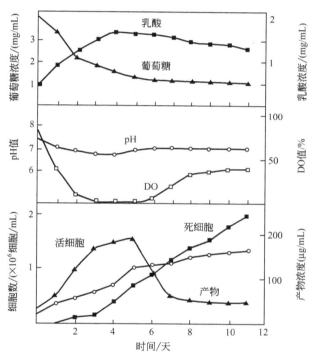

图 8-2　典型的分批培养随时间变化的过程曲线

　　由于分批式培养过程的环境条件随时间变化很大，而且在培养的后期往往会因营养成分缺乏或抑制性代谢物的积累使细胞难以生存，不能使细胞自始至终处于最优的条件下生长、代谢，所以在动物细胞培养过程中采用此法的效果不佳。

　　2. **流加式培养**（feeding culture）

　　流加式培养是在分批式培养的基础上，采用机械搅拌式生物反应器系统，悬浮培养细胞或以悬浮微载体培养贴壁细胞。细胞初始接种的培养基体积一般为终体积的 $1/2 \sim 1/3$，在培养过程中根据细胞对营养物质的不断消耗和需求，流加浓缩的营养物或培养基，从而使细胞持续生长至较高的密度，目标产品达到较高的水平。整个培养过程没有流出或回收，通常在细胞进入衰亡期或衰亡期后进行终止回收整个反应体系，分离细胞和细胞碎片，浓缩、纯化目标蛋白。

流加培养根据细胞生长速率、营养物消耗和代谢产物抑制情况,流加浓缩的营养培养基。流加的速率与消耗的速率相同,按底物浓度控制相应的流加过程,保证合理的培养环境与较低的代谢产物抑制水平。

培养过程以低稀释率流加,细胞在培养系统中停留时间较长,总细胞密度较高,产物浓度较高。流加培养过程须掌握细胞生长动力学、能量代谢动力学,研究细胞环境变化时的瞬间行为。流加培养细胞培养基的设计和培养条件与环境优化,是整个培养工艺中的主要内容。

在工业化生产中,悬浮流加培养工艺参数的放大原理和过程控制,比其他培养系统更易理解和掌握,可采用工艺参数直接放大。

流加培养是当前动物细胞培养中占有主流优势的培养工艺,也是近年来动物细胞大规模培养研究的热点。流加培养中的关键技术是基础培养基和流加浓缩的营养培养基。通常进行流加的时间多在指数生长后期,细胞在进入衰退期之前,添加高浓度的营养物质。可以添加一次,也可添加多次,为了追求更高的细胞密度,往往需要添加一次以上,直至细胞密度不再提高;可进行脉冲式添加,也可以降低的速率缓慢进行添加,但为了尽可能维持相对稳定的营养物质环境,后者采用较多;添加的成分比较多,凡是促细胞生长的物质均可以进行添加。流加的总体原则是维持细胞生长相对稳定的培养环境。营养成分过剩会产生大量的代谢副产物,造成营养利用效率下降而成为无效利用,营养成分缺乏会导致细胞生长抑制或死亡。

流加工艺中的营养成分主要有以下三大类:

(1)葡萄糖　葡萄糖是细胞的供能物质和主要的碳源物质,然而当其浓度较高时会产生大量的代谢产物乳酸,因而需要进行其浓度控制,以足够维持细胞生长而不至于产生大量的副产物的浓度为佳。

(2)谷氨酰胺　谷氨酰胺是细胞的供能物质和主要的氮源物质,然而当其浓度较高时会产生大量的代谢产物氨,因而也需要对其进行浓度控制,以足够维持细胞生长而不至于产生大量的副产物的浓度为佳;大规模培养中细胞凋亡主要由于营养物质的耗竭或代谢产物的堆积引起,如谷氨酰胺的耗竭是最常见的凋亡原因,而且凋亡一旦发生,补加谷氨酰胺已不能逆转凋亡。另外,动物细胞在无血清、无蛋白培养基中进行培养时,细胞变得更为脆弱,更容易发生凋亡。

(3)氨基酸、维生素及其他　主要包括营养必需氨基酸、营养非必需氨基酸、一些特殊的氨基酸如羟脯氨酸、羧基谷氨酸和磷酸丝氨酸;此外,还包括其他营养成分如胆碱、生长刺激因子。添加的氨基酸形式多为左旋氨基酸,因而多以盐或前体的形式替代单分子氨基酸,或者添加四肽、短肽。在进行添加时,不溶性氨基酸如胱氨酸、酪氨酸和色氨酸只在中性 pH 值部分溶解,可采用泥浆的形式进行脉冲式添加;其他的可溶性氨基酸以溶液的形式用蠕动泵进行缓慢连续流加。

流加式培养分为单一补料分批式培养和反复补料分批式培养。

单一补料分批式培养是在培养开始时投入一定量的基础培养液,培养到一定时期,开始连续补加浓缩营养物质,直到培养液体积达到生物反应器的最大操作容积,停止补加,最后将细胞培养液一次全部放出。该操作方式受到反应器操作容积的限制,培养周期只能控制在较短的时间内。

反复补料分批式培养是在单一补料分批式操作的基础上,每隔一定时间按一定比例放出一部分培养液，使培养液体积始终不超过反应器的最大操作容积，从而在理论上可以延长培养周期，直至培养效率下降，才将培养液全部放出。

3. **半连续式培养**（semi-continuous culture）

半连续式培养又称为重复分批式培养或换液培养。采用机械搅拌式生物反应器系统，悬浮培养。在细胞增长和产物形成过程中，每隔一段时间，从中取出部分培养物，再用新的培养液补足到原有体积，使反应器内的总体积不变。

这种类型的操作是将细胞接种一定体积的培养基，让其生长至一定的密度，在细胞生长至最大密度之前，用新鲜的培养基稀释培养物，每次稀释反应器培养体积的 $1/2 \sim 3/4$，以维持细胞的指数生长状态，随着稀释率的增加培养体积逐步增加；或者在细胞增长和产物形成过程中，每隔一定时间，定期取出部分培养物或条件培养基，或连同细胞、载体一起取出，然后补加细胞或载体或新鲜的培养基，继续进行培养的一种操作模式。剩余的培养物可作为种子，继续培养，从而可维持反复培养，而无需进行反应器的清洗、消毒等一系列复杂的操作。在半连续式操作中由于细胞适应了生物反应器的培养环境和相当高的接种量，经过几次的稀释、换液培养过程，细胞密度常常会提高。

半连续式培养时，培养物的体积逐步增加，可进行多次收获，细胞可持续呈指数生长，并可保持产物和细胞在较高的浓度水平，培养过程可延续到很长时间。该操作方式的优点是操作简便，生产效率高，可长时期进行生产，反复收获产品，可使细胞密度和产品产量一直保持在较高的水平。在动物细胞培养和药品生产中被广泛应用。

4. **连续式培养**（continuous culture）

连续式培养是一种常见的悬浮培养模式，采用机械搅拌式生物反应器系统。该模式是将细胞接种于一定体积的培养基后，为了防止衰退期的出现，在细胞达最大密度之前，以一定速度向生物反应器连续添加新鲜培养基；同时，含有细胞的培养物以相同的速度连续从反应器流出，以保持培养体积的恒定。理论上讲，该过程可无限延续下去。

连续培养的优点是反应器的培养状态可以达到恒定，细胞在稳定状态下生长。稳定状态可有效地延长分批培养中的对数生长期。在稳定状态下细胞所处的环境条件如营养物质浓度、产物浓度、pH值可保持恒定，细胞浓度以及细胞比生长速率可维持不变。细胞很少受到培养环境变化带来的生理影响，特别是生物反应器的主要营养物质葡萄糖和谷氨酰胺，维持在一个较低的水平，从而使其利用效率提高，有害产物积累有所减少。然而在高的稀释率下，虽然及时清除死细胞和细胞碎片，细胞活性高，最终细胞密度得到提高，但产物却不断被稀释，因而产物浓度并未提高。尤其是细胞和产物不断被稀释，营养物质利用率、细胞增长速率和产物生产速率下降。

连续式培养的缺点是容易造成污染，细胞的生长特性以及分泌产物容易变异，对设备、仪器的控制技术要求较高。

连续式培养操作反应器多数是搅拌式生物反应器，也可以是管式反应器。

连续式培养的特点主要表现在细胞维持持续指数增长，产物体积不断增长，可控制衰退期与下降期。

5. **灌流式培养**（perfusion culture）

灌流式培养是把细胞和培养基一起加入反应器后，在细胞增长和产物形成过程中，不断地将部分培养基取出，同时又连续不断地灌注新的培养基。它与半连续式操作的不同之处在于取出部分培养基时，绝大部分细胞均保留在反应器内，而半连续培养在取培养物的同时也取出了部分细胞。

灌流式培养常使用的生物反应器主要有两种形式：

一种是用搅拌式生物反应器悬浮培养细胞。这种反应器必须具有细胞截留装置，细胞截留系统早期多采用微孔膜过滤或旋转膜系统，最近开发的有各种形式的沉降系统或透析系统。它采用的中空纤维半透膜，透过小分子量的产物和底物，截留细胞和分子量较大的产物，在连续灌流过程中将绝大部分细胞截留在反应器内。近年来中空纤维生物反应器被广泛应用于产物分泌性动物细胞的生产，主要用于培养杂交瘤细胞生产单克隆抗体。

另外一种形式是固定床或流化床生物反应器，固定床是在反应器中装配固定的篮筐，中间装填聚酯纤维载体，细胞可附着在载体上生长，也可固定在载体纤维之间，靠搅拌中产生的负压，迫使培养基不断流经填料，有利于营养成分和氧的传递。这种形式的灌流速度较大，细胞在载体中高密度生长。流化床生物反应器是通过流体的上升运动使固体颗粒维持在悬浮状态进行反应，适合于固定化细胞的培养。

灌流式培养具有很多的优点：细胞截留系统可使细胞或酶保留在反应器内，维持较高的细胞密度，一般可达 $10^7 \sim 10^9$ 个/mL，从而较大地提高了产品的产量；连续灌流系统使细胞稳定地处在较好的营养环境中，有害代谢废物浓度积累较低；反应速率容易控制，培养周期较长，可提高生产率，目标产品回收率高；产品在罐内停留时间短，可及时回收到低温下保存，有利于保持产品的活性。

灌流式培养是近年用于动物细胞培养生产分泌型重组治疗性药物和嵌合抗体及人源化抗体等基因工程抗体较为推崇的一种方式。这种方法最大的困难是污染率较高、长期培养中细胞分泌产品的稳定性以及规模放大过程中的工程问题。

6. 细胞工厂（cell factory）培养

细胞工厂是一种设计精巧的细胞培养装置。它在有限的空间内利用了最大限度的培养表面，从而节省了大量的厂房空间，并可节省贵重的培养液。更重要的是，它可有效地保证操作的无菌性，从而避免因污染而带来的原料、劳务和时间损失。它是对传统转瓶培养的革命。

第二节　植物细胞大规模培养技术

一、植物细胞培养技术概述

植物细胞培养是指在离体条件下培养植物细胞的方法。将愈伤组织或其他易分散的组织置于液体培养基中，进行振荡培养，使组织分散成游离的悬浮细胞，通过继代培养使细胞增殖，获得大量的细胞群体。小规模的悬浮培养在培养瓶中进行，大规模者可利用发酵罐生产。

植物细胞培养是在植物组织培养技术基础上发展起来的。1902 年 Haberlandt 确定了植物的单个细胞内存在其生命体的全部能力（全能性），成为植物组织培养的开端。其后，为了实现分裂组织的无限生长，对外植体的选择及培养基等方面进行了探索。20 世纪 30 年代，组织培养取得了飞速的发展，细胞在植物体外生长成为可能。1939 年 Gautheret、Nobercourt、White 成功地培养了烟草、萝卜的细胞，至此，植物组织培养才真正开始。50 年代，Talecke 和 Nickell 确立了植物细胞能够成功地生长在悬浮培养基中。自 1956 年 Nickell 和 Routin 第一个申请用植物组织细胞培养产生化学物质的专利以来，应用细胞培养生产有用的次生代谢物质的研究取得了很大的进展。随着生物技术的发展，细胞原生质体融合技术使植物细胞的人工培养技术进入了一个崭新的、更高的发展阶段。借助于微生物细胞培养的先进技术，大量培养植物细胞的技术日趋完善，并接近或达到工业生产的规模。

植物细胞培养技术广泛用于农业、医药、食品、化妆品、香料等生产上，据报道，全美国的药方中四分之一含有来源于植物的药品。尽管通过植物细胞培养可以获得许多产品，但总的来说分为两类：初级代谢产物（包括细胞本身作为产物）和次级代谢产物。目前，细胞本身作为最终产物并不经济。大规模培养植物细胞主要用于生产次级代谢产物。有些产物通过化学方法合成很不经济；有些产物其唯一来源只能是植物，而许多有价值的植物必须生长在热带或亚热带地区，还受到其他自然条件（如干旱、疾病）和人为条件（如政策）的影响。最不能克服的是，有些植物从种植到收获要花几年时间，又很难选出高产植株，不能满足需要。因此，可以通过采用大规模植物细胞培养技术直接生产。例如，紫草宁（shikonin）是典型的通过大规模培养植物细胞生产的产品。紫草宁既可作为染料，又可入药，价值高达 4500 美元/kg，但是紫草需要生长 2～3 年，其紫草宁浓度才达到干重的 1%～2%，远不能满足需要。而通过大规模培养紫草宁可在短时间内（3 周左右）大量生产紫草宁（干重的 14%左右）。由此可见，植物细胞培养技术应用于有价值产品的大规模生产具有巨大潜力。

1. 植物细胞形态

多细胞植物细胞形态多种多样，如球形、类圆形、椭圆形、角形；具有支持作用的细胞壁常增厚，呈类圆形、纺锤形；具有输导作用的细胞管形。细胞大小不一，基本组织细胞体积较大，直径在 20～100μm 之间；储藏组织细胞的直径可达 1mm；最长的细胞是无节乳管，长达数米至数十米。

2. 植物细胞基本结构

植物细胞由原生质体和细胞壁两部分组成。原生质体是由生命物质——原生质分化而成的结构，是一个细胞内全部生活物质的总称。真核植物细胞的原生质体又可分为细胞膜、细胞质和细胞核三部分；原核植物细胞的原生质体中，没有明显的细胞质和细胞核的分化。植物细胞区别于动物细胞主要特征是具有细胞壁、液泡和质体。

（1）细胞壁　具有一定的硬度和弹性。初生壁是由生命细胞的细胞质产生的，由纤维素、半纤维素、果胶和结构蛋白组成，细胞变大开始分化时次生细胞壁即开始形成，由于含有木质素使植物体变硬。细胞壁上存在荷电基团，能与离子型成分结合，对很多生物活性成分具有通透性。

（2）原生质体　原生质体由细胞膜、细胞质和细胞核三部分组成。

① 细胞膜　又称质膜，是位于原生质体外围、紧贴细胞壁的膜结构。组成质膜的主要物质是蛋白质和脂类，以及少量的多糖、微量的核酸、金属离子和水。细胞膜有重要的生理功能，它既使细胞维持稳定代谢的胞内环境，又能调节和选择物质进出细胞。细胞膜通过胞饮作用、吞噬作用或胞吐作用吸收、消化和外排细胞膜内、外的物质。在细胞识别、信号传递、纤维素合成和微纤丝的组装等方面，质膜也发挥重要作用。

② 细胞质　真核细胞质膜以内、细胞核以外的原生质称为细胞质。细胞质可进一步分为胞基质和细胞器。

a. 胞基质　又称胞质溶胶、基本细胞质或透明质等，是细胞器代谢的外环境，是除细胞器和后含物以外的呈均质、半透明、胶网状的液态物质。

b. 细胞器　细胞器是细胞内具有特定的形态、结构和功能的亚细胞结构。活细胞的细胞质内有多种细胞器，包括具有双层膜结构的质体、线粒体，具有单层膜结构的内质网、高尔基体、液泡、溶酶体、圆球体和微体，以及无膜结构的核糖体、微管、微丝等。

③ 细胞核　细胞核是真核细胞遗传与代谢的控制中心。通常一个细胞有一个细胞核，可分为核膜、核仁、染色体和核液。

（3）液泡　作用是维持细胞和整个植物体的紧张度和刚硬度，同时也增大了细胞和整个植物的表面积，以便于从外界吸收水分、无机盐、二氧化碳，并获得光照。

3. 植物细胞培养的概念

植物组织和细胞培养是指在无菌和人工控制的营养（培养基）及环境条件（光照、温度）下，研究植物的细胞、组织和器官以及控制其生长发育的技术。

植物无菌培养包括：幼苗及较大植株的培养（植物培养）；从植物体各种器官的外植体增殖而形成的愈伤组织的培养（愈伤组织培养）；能够保持较好分散性的离体细胞或较小细胞团的液体培养（悬浮培养）；离体器官的培养（器官培养）；未成熟或成熟的胚胎的离体培养（胚胎培养）。

（1）悬浮培养　在液体培养基中，能够保持良好分散性的细胞和小的细胞聚集体的培养。组织化水平较低。

（2）细胞培养　利用单个细胞进行液体或固体培养，诱导其增殖及分化。目的是为了得到单细胞无性繁殖系。

（3）分生组织培养　又称生长锥培养，在人工培养基上培养茎端分生组织细胞。

（4）外植体　用于植物组织（细胞）培养的器官或组织（及其切段），植物的各部位如根、茎、叶、花、果、穗、胚珠、胚乳、花药和花粉等均可作为外植体进行组织培养。

（5）愈伤组织　愈伤组织是指从植物受伤部位或组织培养物产生的由分化和未分化细胞组成的一类薄壁组织。愈伤组织通常没有固定形状，可使伤口愈合，使表面的细胞呈木栓化而起着保护作用。当植物扦插时，愈伤组织可形成不定根；在植物嫁接时，愈伤组织可使接穗和砧木愈合；在植物组织培养中，愈伤组织常可形成不定芽。

（6）花粉培养　主要在无菌条件下取出花药或从花药中取出花粉粒（小孢子），置于人工培养基上进行培养，形成花粉胚或花粉愈伤组织，最后长成花粉植株（图 8-3）。由于这种植株含有的染色体数目只相当于体细胞的一半，故又称单倍体植株。单倍体植株经过染色体加倍就成为纯合的双倍体植株。

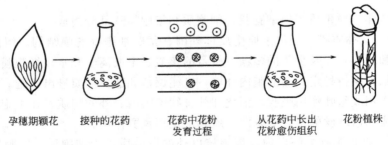

孕穗期颖花　　接种的花药　　花药中花粉　　从花药中长出　　花粉植株
　　　　　　　　　　　　　　发育过程　　花粉愈伤组织

图 8-3　花粉培养示意图

花粉培养目前已成为植物细胞育种的一种重要手段，并已取得重要成果。

（7）原生质体培养　植株的幼胚、根、茎、叶等组织细胞都能进行原生质体培养。首先用纤维素酶或果胶酶除去植物体细胞的细胞壁，去壁的细胞称为原生质体。原生质体在良好的培养基上可以生长与分裂，并通过愈伤组织诱导分化长出茎、叶，再长出根而形成植株，图 8-4 所示。

叶组织细胞　　　分离的原生质体　　愈伤组织　　　再生植株

图 8-4　原生质体培养示意图

原生质体培养一方面可以提高变异频率，另一方面可以为应用细胞工程技术进行遗传重组提供有用的材料，细胞融合和基因转移都必须在原生质体上进行。

（8）器官形成　是指在组织培养或悬浮培养物中芽、根或花等器官的分化与形成。或者在先形成的小根基部迅速形成愈伤组织，然后再形成芽；或者在不同部位分别形成芽和根之后，再形成锥管组织而将二者连成一个轴，最后形成小植株。

（9）无性繁殖　又叫克隆，指使用母体培养物反复进行继代培养时，通过同种外植体而获得越来越多的无性繁殖后代。

（10）突变体　细胞本身发生遗传变异或应用诱变处理发生的遗传变异所得的新细胞。

（11）继代培养　由最初的外植体上切下的新增殖的组织，培养一代称为"第一代培养"，连续多代的培养就称为继代培养。

（12）次级代谢和次级代谢产物　次级代谢作用是特殊蛋白质内源化合物的合成、代谢及分解作用的综合体现。除了核酸、核苷、核苷酸、氨基酸、蛋白质及糖类以外，具有如下特征的成分称为次级代谢产物：有明显的分类学区域界限；其合成需在一定的条件下才能发生；缺乏明确的生理功能；是生命的多余成分。包括生物碱、黄酮体、萜类、有机酸、木质素等。

4. 植物细胞的培养特性

植物细胞的培养特性主要有：①细胞个体较大（较微生物细胞大得多），有纤维细胞壁，细胞抗剪切力差；②细胞生长速度较慢，容易被微生物污染，培养时需添加抗生素；③细胞培养过程中易聚集成团，较难进行悬浮培养；④培养时需供氧，但培养液黏度较大，不能耐受强力通风搅拌；⑤植物细胞具有群体效应及解除抑制性；⑥细胞培养产物滞留于细胞内，产量低；⑦植物细胞具有结构和功能全能性，即培养的细胞可以分化成完整的植株。

5. 培养植物细胞所需营养物质

植物细胞的培养基主要包括：

（1）无机盐　根据工作浓度差异又分为大量元素（N、P、K、Ca、Mg、S）和微量元素（Fe、Mn、Zn、Cu、Mo）。

（2）碳源　蔗糖、葡萄糖、果糖等。

（3）有机氮源　虽然植物细胞在培养过程中能合成氨基酸，但加入某些氨基酸效果更好。

（4）生长调节素　植物生长素、细胞激动素、赤霉素和脱落酸，赤霉素和脱落酸对某些细胞起促进作用，而对另一些细胞则起抑制作用，所以不常用。

（5）维生素　包括维生素 B_1、维生素 B_3、维生素 B_6、维生素 C、生物素、叶酸、泛酸等。

6. 培养植物细胞的主要条件

成功的植物细胞培养需要特别关注正确的无菌技术和温度控制。

(1) 保证操作过程无菌　广泛采用层流橱作无菌接种设备。均一的特殊高效无菌过滤的空气（HEPA）从橱的后部吹出，当容器打开时起到保护培养物的作用。

(2) 温度　多数细胞培养物仅在很窄的温度范围内才能很好地生长。通常生长温度是 25℃。

(3) 光照　愈伤组织和摇瓶培养物一般在配有灯的暗室中培养即可。高强度光照或持续低剂量光照会导致培养物变绿（形成少量叶绿体）或褐色（聚合苯的积累），从而抑制代谢产物的积累。再生细胞培养物最好使用冷的日光灯，可提供与日光接近的光谱。常用定时器以达到日夜循环（16～18h 光照，6～8h 黑暗）。光能自养细胞的培养属特例。

(4) 通气　多数情况下，摇瓶中植物悬浮培养物比微生物培养物的需氧量少。而从摇瓶中取出培养物进行次代培养时，因许多防御系统的激活导致短期内耗氧量的剧增，因此诱发后要迅速提高供氧量，可据实际情况调整通气量。

二、植物细胞培养流程和方法

植物细胞培养与微生物细胞培养类似，可采用液体培养基进行悬浮培养。植物组织细胞的分离，一般采用次亚氯酸盐的稀溶液、福尔马林、酒精等消毒剂对植物体或种子进行灭菌消毒。种子消毒后在无菌状态下发芽，将其组织的一部分在半固体培养基上培养，随着细胞增殖形成不定形细胞团（愈伤组织），将此愈伤组织移入液体培养基振荡培养。植物体也可采用同样方法将消毒后的组织片愈伤化，可用液体培养基振荡培养，愈伤化时间因植物种类和培养基条件而异，有的较慢需几周以上，一旦增殖开始，就可用反复继代培养加快细胞生殖。

1. 植物细胞培养流程

继代培养可用试管或烧瓶等，大规模的悬浮培养可用传统的机械搅拌罐、气升式发酵罐，其流程见图 8-5。

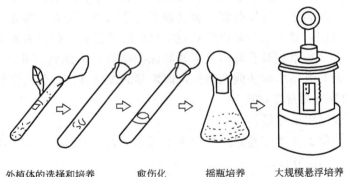

外植体的选择和培养　　　愈伤化　　　摇瓶培养　　　大规模悬浮培养

图 8-5　植物细胞大规模培养流程

植物细胞培养系统可以粗略地分为固体培养和液体培养，每种培养方式又包括若干种方法，见图 8-6。

2. 植物细胞培养方法

植物细胞培养根据不同的方法可分为不同的类型。按培养对象不同可分为单倍体细胞培

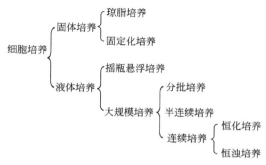

图 8-6　植物细胞的培养系统

养和原生质体培养；按培养基不同可分为固体培养和液体培养；按培养方式不同又可分为悬浮培养和固定化培养。

（1）**单倍体细胞培养**　主要用花药在人工培养基上进行培养，可以从小孢子（雄性生殖细胞）直接发育成胚状体，然后长成单倍体植株；或者是通过组织诱导分化出芽和根，最终长成植株。

（2）**原生质体培养**　植物的体细胞（二倍体细胞）经过纤维素酶处理后可去掉细胞壁，获得的除去细胞壁的细胞称为原生质体。该原生质体在良好的无菌培养基中可以生长、分裂，最终可以长成植株。实际操作过程中，也可以用不同植物的原生质体进行融合与体细胞杂交，由此可获得细胞杂交的植株。

（3）**固体培养**　固体培养是在微生物培养的基础上发展起来的植物细胞培养方法。固体培养基的凝固剂除特殊研究外，几乎都使用琼脂，浓度一般为 2%～3%，细胞在培养基表面生长。原生质体固体培养则需混入培养基内进行嵌合培养，或者使原生质体在固体-液体之间进行双相培养。

（4）**液体培养**　液体培养也是在微生物培养的基础上发展起来的植物细胞培养方法。液体培养可分为静止培养和振荡培养两类。静止培养不需要任何设备，适合于某些原生质体的培养。振荡培养需要摇床使培养物和培养基保持充分混合，以利于气体交换。

（5）**悬浮培养**　植物细胞的悬浮培养是一种使组织培养物分离成单细胞并不断扩增的方法。在进行细胞培养时，需要提供容易破裂的愈伤组织进行液体振荡培养，愈伤组织经过悬浮培养可以产生比较纯一的单细胞。用于悬浮培养的愈伤组织应该是易碎的，这样在液体培养条件下能获得分散的单细胞，而用紧密不易碎的愈伤组织就不能达到上述目的。

（6）**固定化培养**　固定化培养是在微生物和酶的固定化培养基础上发展起来的植物细胞培养方法。该法与固定化酶或微生物细胞类似，应用最广泛的、能够保持细胞活性的固定化方法是将细胞包埋于海藻酸盐或卡拉胶中。

三、植物细胞生物反应器

植物细胞培养具有周期长、细胞抗剪切能力弱、易团聚等特点。同时，植物细胞大规模培养的目的是生产天然产物，而这些天然产物均为细胞次生代谢。所以，植物细胞培养反应器不仅要有利于细胞生长，同时还要有利于产物的积累和分离。植物细胞培养反应器最初大多采用微生物反应器，但植物细胞较微生物细胞大，细胞抗剪切能力弱，且对氧的要求相对微生物低得多，因此微生物反应器并不完全适合于植物细胞生长与生产。目前，出现了许多有别于传统微生物反应器的植物细胞培养反应器，并还在不断完善，主要有搅拌式、非搅拌式（鼓泡式、气升式），另外还有植物细胞固定化反应器等。

反应器的选择取决于生产细胞的浓度、通气量以及所提供的营养成分的分散程度。根据通气和搅拌系统的类型可将生物反应器分为以下几类：

1. 机械搅拌式生物反应器

机械搅拌式生物反应器是由一个两头封闭的圆柱形筒和中心具有叶轮的搅拌轴组成，有自动调节 O_2、CO_2 和 pH 值的装置。机械搅拌式生物反应器有很多优点，如较大的操作范围、混合性能好、传氧效率高、操作弹性大、适应性广、可用于细胞高密度培养等，在大规模生产中广泛使用，已经成为植物细胞培养的首选反应器。

搅拌罐中产生的剪切力大，容易损伤细胞，直接影响细胞的生长和代谢，特别对于次级代谢产物生成影响极大。搅拌转速越高，产生剪切力越大，对植物细胞伤害越大。对于有些对剪切力敏感的细胞，传统的机械搅拌罐不适用。为此，对搅拌罐进行了改进，包括改变搅拌形式、叶轮结构与类型、空气分布器等，力求减小产生的剪切力，同时满足供氧与混合的要求。

Kaman 等采用带有 1 个双螺旋带状叶轮（helical ribbon impeller）和 3 个表面挡板的搅拌罐，证明该装置适于剪切力敏感的高密度细胞培养。Jolicoeur 等进行了类似的研究，在反应器中得到与摇瓶相同的高浓度生物量。钟建江等通过培养紫苏细胞进行比较，发现以微孔金属丝网作为空气分布器的三叶螺旋桨反应器（MRP）能提供较小的剪切力和良好的供氧及混合状态，优于六平叶涡轮桨反应器，并认为在高浓度细胞培养时，MRP 型反应器将显示更大的优越性。离心式叶轮反应器（centrifugal impeller bioreactor）与细胞升式反应器（cell-lift bioreactor）相比具有较高升液能力、较低剪切力、较短混合时间，在高浓度下具有更高的溶解氧系数，表明其用于剪切力敏感的生物系统存在巨大潜力。另有方框型桨式搅拌、蝶型涡轮搅拌等不同形式的机械搅拌罐用于植物细胞培养的生产和研究，结果证明不同叶轮产生剪切力大小顺序为：涡轮状叶轮＞平叶轮＞螺旋状叶轮。一种升流式生物反应器（lift-stream bioreactor）利用罐中心一根连有多孔板的杆上下移动达到搅拌的目的，可用于培养剪切力敏感细胞。

2. 非搅拌式生物反应器

相对于传统搅拌式反应器，非搅拌式反应器所产生的剪切力较小，结构简单，因此被认为适合植物细胞培养，其主要类型有鼓泡式生物反应器、气升式生物反应器和转鼓式生物反应器等。

植物细胞的培养比较多地采用各种非机械搅拌生物反应器，其中常用的是气体搅拌生物反应器。气体搅拌生物反应器没有活动的搅拌装置，在很大程度上减小了剪切力，并能在长期操作中保持无菌。气体搅拌生物反应器包括鼓泡式和气升式反应器等。气体搅拌生物反应器结构较简单，氧传递效率高，剪切力低，对细胞的损伤小，容易实现长期无菌培养，较适用于植物细胞培养。

其缺点是操作弹性小，低气速时尤其在培养后期细胞密度较高时，混合效果较差。如果提高通气量，又会产生大量泡沫，也易于驱除培养液中的二氧化碳和乙烯，对细胞生长有阻碍作用。过高的溶氧对植物细胞合成次级代谢产物不利。

（1）气升式生物反应器　植物细胞生长缓慢，所用的生物反应器应具有极好的防止杂菌污染的能力。搅拌式生物反应器搅拌轴和罐体间的轴缝往往容易因泄漏造成污染，气升式生物反应器在这方面有较大的优越性。它依靠大量通气造成上升液体和下降液体的静压差来实现气流循环，以保证反应器内培养液良好的传热、传质，具有结构简单、没有泄漏点、剪切力小、氧传质速率较高、在长期的植物细胞培养过程中容易保持更好的无菌状态、运行成本低和造价低等优点。因此，20世纪70年代后期开始较多采用气升式生物反应器进行植物细胞培养。用于多种植物细胞悬浮培养或固定化细胞培养，但其操作弹性较小，低气速条件，在高密度培养时，混合性能欠佳。过量供气，过高的氧浓度反而会影响细胞的生长和次生代谢产物的合成。将气升式发酵罐与慢速搅拌结合使用，可弥补低气速时混合性差的缺点，采用分段的气升管，也有利于氧的利用与混合。

（2）鼓泡式生物反应器　鼓泡式生物反应器又称鼓泡柱生物反应器，是最简单的气流搅拌生物反应器。鼓泡式生物反应器的罐体为一个较高的柱形容器，气体作为分散相由反应器底部的气体分布器进入，以气流的动力实现反应体系的混合。

鼓泡式生物反应器没有活动的搅拌装置，整个系统封闭，容易长时间保持无菌操作，气体从底部通过喷嘴或孔盘穿过液池实现气体的传递和物质的交换，培养过程中无需机械能的消耗，适合于培养对剪切力敏感的细胞。

但鼓泡式生物反应器混合性能差，对氧的利用率低，对于高密度及黏度较大的培养体系，反应器的培养效率会降低。为增加氧含量需采用较大的通气量，所产生的湍流会提高反应器的剪切力，这样会造成对细胞生长的不利影响。因此，鼓泡式生物反应器的应用并不理想。

3. 固定化细胞生物反应器

（1）填充床生物反应器　细胞可以位于支撑物表面，也可包埋于支撑物之中，培养液流经支撑物颗粒，不断被细胞利用。优点：单位体积固定细胞量大。缺点：混合效果低，对必要的氧传递、pH值、温度控制和气体产物的排除造成困难，影响细胞的培养。

（2）流化床生物反应器　利用液体的能量来悬浮颗粒。颗粒呈流化状态所需的能量与颗粒大小成正比，因此常采用小固定化颗粒。这些小颗粒良好的传质特性是流化床反应器的优点。缺点：剪切力和颗粒碰撞会损坏固定化细胞。

（3）膜生物反应器　采用具有一定孔径和选择透性的膜固定植物细胞。营养物质通过膜渗透到细胞中，细胞产生的次级代谢产物通过膜释放到培养液中。主要有：中空纤维反应器和螺线式卷绕反应器。其优点是可以重复使用。

四、植物细胞大规模培养技术

目前用于植物细胞大规模培养的技术主要有植物细胞的大规模悬浮培养和植物细胞或原生质体的固定化培养。

（一）植物细胞的大规模悬浮培养

悬浮培养通常采用水平振荡摇床，可变速率为30～150r/min，振幅2～4cm，温度24～30℃。适合于愈伤组织培养的培养基不一定适合悬浮细胞培养。悬浮培养的关键就是要寻找适合于悬浮培养物快速生长、有利于细胞分散和保持分化再生能力的培养基。

1. 悬浮培养中的植物细胞的特性

由于植物细胞有其自身的特性，尽管人们已经在各种微生物反应器中成功进行了植物细胞的培养，但是植物细胞培养过程的操作条件与微生物培养是不同的。与微生物细胞相比，植物细胞要大得多，其平均直径要比微生物细胞大30～100倍。同时植物细胞很少是以单一细胞形式悬浮存在，而通常是以细胞数在2～200之间、直径为2mm左右的非均相集合细胞团的方式存在。根据细胞系来源、培养基和培养时间的不同，这种细胞团通常有以下几种存在方式：①在细胞分裂后没有进行细胞分离；②在间歇培养过程中细胞处于对数生长后期时，开始分泌多糖和蛋白质；③以其他方式形成黏性表面，从而形成细胞团。当细胞密度高、黏性大时，容易产生混合和循环不良等问题。

由于植物细胞的生长速度慢，操作周期就很长，即使间歇操作也要 2～3 周，半连续或连续操作更是可长达 2～3 个月。同时由于植物细胞培养培养基的营养成分丰富而复杂，很适合于真菌的生长。因此，在植物细胞培养过程中，保持无菌是相当重要的。

2. 植物细胞培养液的流变特性

由于植物细胞常常趋于成团，且不少细胞在培养过程中容易产生黏多糖等物质，使氧传递速率降低，影响了细胞的生长。对于植物细胞培养液的流变特性的认识目前还很肤浅，人们常用黏度这一参数来描述培养液的流变学特征。培养过程中培养液的黏度一方面取决于细胞本身和细胞分泌物等的存在，另一方面还依赖于细胞年龄、形态和细胞团的大小。在相同的浓度下，大细胞团的培养液的表观黏度明显大于小细胞团的培养液的表观黏度。

3. 植物细胞培养过程中的氧传递

所有的植物细胞都是好气性的，需要连续不断地供氧。由于植物细胞培养时对溶氧的变化非常敏感，太高或太低均会对培养过程产生不良影响，因此大规模植物细胞培养对供氧和尾气氧的监控十分重要。与微生物培养过程相反，植物细胞培养过程并不需要高的气-液传质速率，而是要控制供氧量，以保持较低的溶氧水平。

氧气从气相到细胞表面的传递是植物细胞培养中的一个基本问题。大多数情况下，氧气的传递与通气速率、混合程度、气-液界面面积、培养液的流变学特性等有关，而氧的吸收却与反应器的类型、细胞生长速率、pH 值、温度、营养组成以及细胞的浓度等有关。通常也用体积氧传递系数（K_La）来表示氧的传递，事实证明，体积氧传递系数能明显地影响植物细胞的生长。

培养液中通气水平和溶氧浓度也能影响到植物细胞的生长。长春花细胞培养时，当通气量从 0.25L/(L·min) 上升至 0.38L/(L·min) 时，细胞的相对生长速率可从 0.34/天上升至 0.41/天；而当通气量再增加时，细胞的生长速率反而会下降。当对毛地黄细胞在不同氧浓度进行培养时，当培养基中氧浓度从 10% 饱和度升至 30% 饱和度，细胞的生长速率从 0.15/天升至 0.20/天，如果溶氧浓度继续上升至 40% 饱和度，细胞的生长速率反而降至 0.17/天。这就说明过高的通气量对植物细胞的生长是不利的，会导致生物量的减少。这一现象很可能是高通气量导致反应器内流体动力学发生变化的结果，也可能是由于培养液中溶氧水平较高，以至于代谢活力受阻。

由上述情况可以看出，氧对植物细胞的生长来说是很重要的，但是 CO_2 的含量水平对细胞的生长同样相当重要。研究发现，植物细胞能非光合地固定一定浓度的 CO_2，如在空气中混以 2%～4% 的 CO_2，能够消除高通气量对长春花细胞生长和次级代谢物产率的影响。因此，对植物细胞培养来说，在要求培养液充分混合的同时，CO_2 和 O_2 的浓度只有达到某一平衡时，才会很好地生长，所以植物细胞培养有时需要通入一定量的 CO_2 气体。

4. 泡沫和表面黏附性

植物细胞培养过程中产生泡沫的特性与微生物细胞培养产生的泡沫是不同的。植物细胞培养过程中产生的气泡比微生物培养系统中气泡大，且被蛋白质或黏多糖覆盖，因而黏性大，细胞极易被包埋于泡沫中，造成非均相的培养。尽管泡沫对于植物细胞来说，其危害性没有微生物细胞那么严重，但如果不加以控制，随着泡沫和细胞的积累，也会对培养系统的稳定性产生很大的影响。

5. 悬浮细胞的生长与增殖

由于悬浮培养具有三个基本优点：①增加培养细胞与培养液的接触面，改善营养供应；②可带走培养物产生的有害代谢产物，避免有害代谢产物局部浓度过高等问题；③保证氧的充分供给。因此，悬浮培养细胞的生长条件比固体培养有很大的改善。

悬浮培养时细胞的生长曲线如图8-7所示，细胞数量随时间变化曲线呈现S形。在细胞接种到培养基中最初的时间内细胞很少分裂，经历一个延滞期后进入对数生长期和细胞迅速增殖的直线生长期，接着是细胞增殖减慢的减速期和停止生长的静止期。整个周期经历时间的长短因植物种类和起始培养细胞密度的不同而不同。在植物细胞培养过程中，一般在静止期或静止期前后进行继代培养，具体时间可根据静止期细胞活力的变化而定。

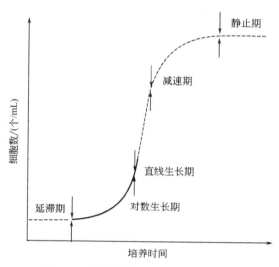

图 8-7　悬浮培养时细胞的生长曲线

6. 细胞团和愈伤组织的再形成和植株的再生

悬浮培养的单个细胞在3～5天内即可见细胞分裂，经过1周左右的培养，单个细胞和小的聚集体不断分裂而形成肉眼可见的小细胞团。大约培养2周后，将细胞分裂再形成的小愈伤组织团块及时转移到分化培养基上，连续光照，3周后可分化成试管苗。

（二）植物细胞或原生质体的固定化培养

经过多年的研究发现，与悬浮培养相比，固定化培养具有很多优点：①促进了次生代谢物的合成、积累；②能长时间保持细胞活力；③可以反复使用；④抗剪切能力强；⑤耐受有毒前体的浓度高；⑥遗传性状较稳定；⑦后处理难度小；⑧更好地进行光合作用；⑨促进或改变产物的释放。

1979年，Brodelius首次将高等植物细胞固定化培养以获得目的次级代谢产物，此后，植物细胞的固定化培养得到不断发展，逐步显示其优势。据不完全统计，约有50多种植物细胞已成功地进行了固定化培养。

植物细胞的固定化常采用海藻酸盐、卡拉胶、琼脂糖和琼脂材料，均采用包埋法，其他方式的固定化植物细胞很少使用。

原生质体比完整的细胞更脆弱，因此只能采用最温和的固定化方法进行固定化，通常也是用海藻酸盐、卡拉胶和琼脂糖进行固定化。

（三）影响植物细胞培养的因素

植物细胞生长和产物合成动力学也可分为三种类型：生长偶联型，产物的合成与细胞的生长呈正比；中间型，产物仅在细胞生长一段时间后才能合成，但细胞生长停止时，产物合成也停止；非生长偶联型，产物只有在细胞生长停止时才能合成。事实上，由于细胞培养过程较复杂，细胞生长和次级代谢产物的合成很少符合以上模式，特别是在较大的细胞群体中，由于各细胞所处的生理阶段不同，细胞生长和产物合成也许是群体中部分细胞代谢的结果。此外，不同的环境条件对产物合成的动力学也有很大的影响。

1. 细胞的遗传特性

从理论上讲，所有的植物细胞都可看做是一个有机体，具有构成一个完整植物的全部遗传信息。在生化特征上，单个细胞也具有产生其亲本所能产生的次生代谢物的遗传基础和生理功能。但是，这一概念不能与个别植株的组织部位相混淆，因为某些组织部位所具有的高含量的次生代谢物并不一定就是该部位合成的，而有可能是在其他部位合成后通过运输在该部位上积累的。有的植物在某一部位合成了某一产物的直接前体而转运到另一部位，通过该部位上的酶或其他因子转化。如尼古丁是在烟草根部细胞内合成后输送到叶部细胞内的，另外有些次生代谢物在植物某一部位形成中间体，然后再转移到另一部位经酶转化而成。因此，在进行植物细胞的培养时，必须弄清楚产物的合成部位。同时，在注意到整体植物的遗传性时，还必须考虑到各种不同细胞种质的影响。

2. 培养环境

由于各类代谢产物是在代谢过程的不同阶段产生的，因此通过植物细胞培养进行次生代谢产物生产的限制因子是比较复杂的。各种影响代谢过程的因素都可能对它们产生影响，这些因素主要有光、温度、搅拌、通气、营养、pH 值、前体和调节因子等。

（1）温度 植物细胞培养通常是在 25℃左右进行的，因此一般来说在进行植物细胞培养时很少考虑温度对培养的影响。但是实际上，无论是细胞培养物的生长还是次生代谢物的合成和积累，温度都起着一定的作用，需要引起一定的重视。

（2）pH 值 植物细胞培养的最适 pH 值一般在 5～6。但由于在培养过程中，培养基的 pH 值可能有很大的变化，对培养物的生长和次生代谢产物的积累十分不利，因此需要不断调节培养液的 pH 值，以满足细胞的生长和产物代谢、积累的需要。

（3）营养 尽管植物细胞能在简单的合成培养基生长，但营养成分对植物细胞培养和次生代谢产物的生成仍有很大的影响。营养成分一方面要满足植物细胞的生长所需，另一方面要使每个细胞都能合成和积累次生代谢产物。普通的培养基主要是为了促进细胞生长而设计的，它对次生代谢产物的产生并不一定最合适。一般地说，增加氮、磷和钾的含量会使细胞的生长加快，增加培养基中的蔗糖含量可以增加细胞培养物的次生代谢产物。

（4）光 光照时间的长短、光的强度对次生代谢产物的合成都具有一定的作用。一般来说，愈伤组织和细胞生长不需要光照，但是光对细胞代谢产物的合成有很重要的影响。有人研究了光对黄酮化合物形成的影响，结果表明，培养物在光照特别是紫外光下黄酮及黄酮类醇糖苷积累的所有酶活性均增加。通常采用荧光灯，或者荧光灯和白炽灯混合，其光强度是 $300～10000 \text{lx}(6～100 \mu m/m^2 \cdot s)$，可以连续光照，也可以每天光照 12～18h。

（5）搅拌和通气 植物细胞在培养过程中需要通入无菌空气，适当控制搅拌程度和通气量。在悬浮培养中更要如此。在烟草细胞培养中发现，如果 $K_L a \leqslant 5h^{-1}$，对生物产量有明显抑制作用。当 $K_L a = 5～10h^{-1}$，初始的 $K_L a$ 和生物产量之间有线性关系。当然不同的细胞系,对氧的需求量是不相同的。为了加强气-液-固之间的传质,细胞悬浮培养时,需要进行搅拌。植物细胞虽然有较硬的细胞壁,但是细胞壁很脆,对搅拌的剪切力很敏感,在摇瓶培养时,摇瓶机振荡范围在 $100\sim150r/min$。由于摇瓶培养细胞受到剪切力比较小,因此植物细胞很适合在此环境生长。实验室中采用六平叶涡轮搅拌桨反应器培养植物细胞,由于剪切太剧烈,细胞会自溶,次生代谢产物合成会降低。各种植物细胞耐剪切的能力不尽相同,细胞越老遭受的破坏也越大。烟草细胞和长春花细胞在涡轮搅拌器转速 $150r/min$ 和 $300r/min$ 时,一般还能保持生长。培养鸡眼藤的细胞时,涡轮搅拌器的转速应低于 $20r/min$。因此,培养植物细胞,气升式反应器更为合适。

(6)前体 在植物细胞的培养过程中,有时培养细胞不能很理想地把所需的代谢产物按所想象的得率进行合成,其中一个可能的原因就是缺少合成这种代谢物所必需的前体,此时如在培养物中加入外源前体将会使目的产物产量增加。因此,在植物细胞培养过程中,选择适当的前体是相当重要的。对于所选择的前体除了可增加产物的产量外,还要求无毒和廉价。但是,寻找能使目的产物含量增加最有效的前体是有一定难度的。

虽然前体的作用在植物细胞培养中未完全清楚,可能是外源前体激发了细胞中特定酶的作用,促使次生代谢产物量的增加。有研究报道在三角叶薯蓣细胞培养液中加入 $100mg/L$ 胆甾醇,可使次生代谢产物薯蓣皂苷配基产量增加一倍。在紫草细胞培养中加入 L-苯丙氨酸使右旋紫草素产量增加 3 倍。在雷公藤细胞培养中加入萜烯类化合物中的一个中间体,可使雷公藤羟内酯产量增加 3 倍以上。但同样一种前体,在细胞的不同生长时期加入,对细胞生长和次生代谢产物合成的作用极不相同,有时甚至还起抑制作用。如在洋紫苏细胞的培养中,一开始就加入色胺,无论对细胞生长还是生物碱的合成都起抑制作用,但在培养的第 2 周或第 3 周加入色胺却能刺激细胞的生长和生物碱的合成。

(7)调节因子 在细胞生长过程中生长调节剂的种类和数量对次生代谢产物的合成起着十分重要的作用。植物生长调节剂不仅会影响到细胞的生长和分化,而且也会影响到次生代谢产物的合成。生长素和细胞分裂素有使细胞分裂保持一致的作用,不同类型的生长素对次生代谢产物的合成有着不同的影响。生长调节剂对次级代谢的影响因代谢产物的种类不同有很大的变化,对生长调节剂的应用需要非常慎重。

目前,在大规模植物细胞悬浮培养中,为了提高生物量和次生代谢产物量,一般采用二阶段法。第一阶段尽可能快地使细胞量增长,可通过生长培养基来完成。第二阶段是诱发和保持次生代谢旺盛,可通过生产培养基来调节。因此,在细胞培养整个过程中,要更换含有不同品种和浓度的植物生长激素和前体的液体培养基。为了获得能适合大规模悬浮培养和生长快速的细胞系,首先要对细胞进行驯化和筛选,把愈伤组织转移到摇瓶中进行液体培养,待细胞增殖后,再把它们转移到琼脂培养基上。经过反复多次驯化、筛选得到的细胞株,比未经过驯化、筛选的原始愈伤组织在悬浮培养中生长快得多。

毋庸置疑,在过去几十年中,人们在植物生物技术方面已取得了相当巨大的进展,大大缩短了向工业化迈进的距离。国内有关单位对药用植物如人参、三七、紫草、黄连、薯蓣、芦笋等已展开了大规模的细胞悬浮培养,并对植物细胞培养专用反应器进行研制。国外,培养植物细胞用的反应器已从实验规模($1\sim30L$)放大到工业性试验规模($130\sim20000L$),如希腊毛地黄转化细胞的培养规模为 $2000L$、烟草细胞培养的规模最大已达到 $20000L$。

值得注意的是,影响植物细胞培养物的生物量增长和次生代谢产物积累的因素是错综复杂的,往往一个因素的调整会影响到其他因素的变化,所以需要在培养过程中不断加以调整。同时，由于不同的植物有机体有自身的特殊性，因此对于一种植物或一种次生代谢物适合的培养条件，不一定对其他的细胞或次生代谢作用适合。

复 习 题

1. 如何进行动植物细胞大规模培养？
2. 动植物细胞的生长对环境有哪些要求？

第九章　典型产品生产工艺

职业能力目标

- 能进行抗生素生产的常见工艺操作。
- 能够进行柠檬酸、苹果酸发酵工艺生产。
- 能够进行啤酒的生产工艺操作。
- 能够进行氨基酸生产工艺操作。
- 能在生产过程中对发酵过程进行经济评价。

专业知识目标

- 能准确地说出抗生素发酵机制。
- 能大致说出有机酸发酵机制。

第一节　抗生素生产工艺

抗生素是由真菌、放线菌或细菌等微生物所产生的能杀灭或抑制其他病原微生物的物质，是青霉素、链霉素、红霉素等一系列化学物质的总称。

抗生素学科的发展是劳动人民长期以来与疾病斗争的结果，也是随着人类对自然界中微生物的相互作用的研究而发展起来的。相传在 2500 年前我们的祖先就用长在豆腐上的霉菌来治疗疮疖等疾病。19 世纪 70 年代，法国的巴斯德（Pasteur）发现某些微生物对炭疽杆菌有抑制作用，他提出用一种微生物抑制另一种微生物的现象来治疗一些由于感染而产生的疾病。1928 年英国细菌学家 Fleming 发现污染在葡萄球菌的双碟上的一株霉菌能杀死周围的葡萄球菌。他将此霉菌分离纯化后得到的菌经鉴定为点青霉，并将这种菌所产生的抗生物质命名为青霉素。1940 年英国的 Florey 和 Chain 进一步研究此菌，并从培养液中制出了干燥的青霉素制品。经实验和临床证明，它毒性很小，并对革兰氏阳性菌所引起的许多疾病有显著的疗效。在此基础上，1943～1945 年间发展了新兴的抗生素工业。随后链霉素、金霉素等品种相继被发现并投产。我国于 1953 年建立了生产青霉素的工厂。此后，我国抗生素工业得到迅速发展。

一、抗生素的应用

抗生素是重要的抗感染药品。目前中国抗感染药占全部医药产品总量的 15％ 左右，抗感染药包括抗生素和磺胺药等，其中抗生素占全部抗感染药品的 60％ 左右。抗生素在临床治疗上占有重要的地位，自发现抗生素并将其应用于临床以来，使很多感染疾病的死亡率大幅度下降。但抗生素如果使用不当，会带来不良后果，如病菌耐药性的产生、人体过敏反应和由于体内菌群失调而引起的二重性感染等。因此，应严格掌握抗生素的适应证和剂量，并注意用药时的配伍禁忌。

此外，农用抗生素作为生物农药的重要组成部分，可以防治病虫害，调节植物生长，且高效安全，不易引起环境污染，受到广泛欢迎。在我国，常用的农用抗生素有井冈霉素、浏阳霉素、金核霉素、赤霉素等。

在畜牧业中，抗生素可以治疗和预防牲畜疾病，刺激幼畜、幼禽的生长。常用的种类有7051杀虫素、之江菌素等。

二、抗生素的发酵机制

1. 次级代谢产物及特征

抗生素属于次级代谢产物。次级代谢产物是某些微生物在生命循环的某一个阶段产生的物质，它们一般是在菌体生长终止后合成的。微生物的次级代谢产物有抗生素、毒素、色素和生物碱等。次级代谢产物生物合成的明显特征有以下几点：

（1）次级代谢产物一般不在菌的生长期产生，而在随后的生产期形成。抗生素晚合成的原因之一，可能是避免生长受其自身产物的抑制。因在生长期大多数微生物对其自身产生的抗生素很敏感，只有在生产期才能在生理上获得耐药性。另外，次级代谢产物的合成过程一般是在培养液中缺乏某种营养物质（如碳源、氮源或磷），菌体的生长受到抑制时启动的。例如，青霉素是在生产菌的生长速率开始下降时启动的。合成次级代谢产物启动的原因可能是生长期末细胞内酶的组成发生变化，与次级代谢产物合成相关酶的突然出现有关；也可能是前体的积累，起诱导物的作用；或编码次级代谢产物的基因从分解代谢物阻遏中解脱所致。

（2）种类繁多，含有不寻常的化学键。如氨基糖、苯醌、香豆素、环氧化合物、麦角生物碱、吲哚衍生物、吩嗪、吡咯、喹啉、萜烯、四环类抗生素等。其化学结构特殊，如 β-内酰胺环、环肽、聚乙烯和多烯的不饱和键，大环内酯类抗生素的大环。

（3）一种菌可以产生结构相近的一族抗生素。例如，产黄青霉能产生至少10种具有不同特性的青霉素。

（4）一族抗生素中各组分的多少取决于遗传与环境因素。次级代谢产物合成所涉及的酶特异性较低；而初级代谢方面的特异性总是很高，因其差异会导致致命性的后果。次级代谢方面的差错对细胞的生长无关紧要，改变后的代谢产物有些还保留生物活性。有人认为，次级代谢产物之所以种类繁多，就是因为酶的底物特异性不高。他们把次级代谢过程又称为多向代谢作用。

（5）一种微生物的不同菌株可以产生多种在分子结构上完全不同的次级代谢产物。例如，灰色链霉菌不仅可以用于生产链霉素，还可以用来生产白霉素、吲哚霉素、灰霉素和灰绿霉素等。不同种类的微生物也可能产生同一种次级代谢产物。例如，最先发现青霉素的英国学者Fleming是从点青霉中发现的，后来人们发现许多其他的真菌也能产生青霉素，如道黄霉、土曲霉、构巢曲霉、发癣霉属的一些真菌。但能产生青霉素的真菌主要属于曲霉科的真菌，这说明某种次级代谢产物在分布上仅限于一群在分类学上相关的微生物种群中。

（6）次级代谢产物的合成对环境特别敏感。其合成信息的表达受环境因素调节。如对抗生素合成需在较小磷酸盐浓度范围（0.1～10mmol/L）内进行，而生长期耐受的范围平均要大10倍（0.3～300mmol/L）。

（7）微生物由生长期向生产期过渡时，菌体在形态学上会发生一些变化。例如，一些产芽孢的细菌在此时会形成芽孢，真菌和放线菌会形成孢子。

（8）微生物的次级代谢产物的合成过程是一类由多种基因控制的代谢过程。这些基因不仅位于微生物的染色体中，也位于质粒中，并且染色体外的基因在次级代谢产物的合成过程中往往起主导作用。由于核外基因能够通过质粒的转化作用转入到亲缘关系相近的微生物群类中，使微生物次级代谢产物的分布具有分类学上的局限性。此外，染色体外遗传物质可以由于外界环境的影响从细胞中失去，从而造成微生物生产的不稳定性。

2. 生物合成抗生素与初级代谢的关系

次级代谢产物是由初级代谢的中间体产生的，即初级代谢为次级代谢提供前体化合物，次级代谢通常是由初级代谢中间体经修饰后形成的。微生物的初级代谢产物脂肪酸、氨基酸及糖都是生物合成抗生素的重要前体。红霉素、螺旋霉素等大环内酯类抗生素都是以短链脂肪酸为前体的抗生素。有些抗生素则以微生物的组成代谢产物氨基酸为前体。例如，青霉素、头孢菌素、环丝氨酸和肽类抗生素等。分子中带有经修饰的糖的抗生素主要有氨基糖苷类（例如庆大霉素、链霉素、卡那霉素）、大环内酯类和蒽环类抗生素。

3. 抗生素生产菌的主要代谢调节机制

作为抗生素生产菌的各种微生物，其生命活动是由产能与生物活动中各种代谢途径组成的网络互相协调来维持的。每一条途径由一些特异的酶催化的反应组成，这些反应的结果就组成了一个新生的细胞。微生物要在自然界生存与竞争，就必须生长迅速，能很快适应环境。为此，细胞必须拥有适当的方法来平衡各种代谢途径的物流。为了适应环境变化的需要，细胞应能够对零代谢机构作定量调整。

细胞代谢控制机制分为两种主要类型：酶活性的调节（活化或钝化）和酶合成的调节（诱导或阻遏）。

（1）酶活性的调节 微生物代谢调节是通过小分子化合物进行的。这些小分子化合物存在于细胞内，由细胞产生；通过它们调节酶反应速率，激活或抑制关键酶，从而有效地控制各种代谢过程。酶活性的调节可归纳为共价修饰、变（别）构效应、缔合与离解、竞争性抑制以及基因表达。共价修饰是指蛋白质分子中的一个或多个氨基酸残基与一化学基团共价连接或解开，使其活性改变的作用。共价修饰作用可分为可逆的和不可逆的两种。

（2）酶合成的调节 代谢过程的控制主要取决于基质和有关产品的性质及其在细胞总代谢中的作用，代谢协调保证在任何一刻只有需要的酶被合成。某一种酶的生成数量不多不少，一旦生成后其活性受激活或抑制的调节。酶合成的调节方式可归纳为酶的诱导、分解代谢物阻遏、终产物的调节。

诱导作用是指培养基中某种基质与微生物接触而增加（诱导）细胞中相应酶的合成速率。能起诱导作用的化合物称为诱导物，它可以是基质，也可以是基质的衍生物，甚至是产物。诱导作用可以保证能量与氨基酸不浪费。不把它们用于合成那些暂时无用的酶上，只有在需要时细胞才迅速合成它们。

分解代谢物阻遏是指若微生物的培养基中存在一种以上可利用的养分，通常它们总是先分解那些最易利用的基质，只有在该基质耗竭后才开始分解第二种基质。某些酶的形成易受利用碳源的分解代谢物的阻遏。大多数受阻遏的酶是可诱导的。实际上有些高新途径诱导物可逆转分解代谢物的阻遏作用。

终产物的调节是一种反馈调节。微生物的末端代谢产物能对其自身合成所需的酶进行调节，主要有两种类型的反馈调节——反馈抑制和反馈阻遏。反馈抑制作用是末端代谢产物抑制其合成途径中参与前几步反应的酶活性的作用；反馈阻遏作用是末端代谢产物阻止整个代谢途径酶合成作用。这两种机制都起着调节代谢途径末端产物的生产速率的作用，以适应细胞中大分子合成对前体的需求。虽然末端代谢产物阻遏作用的功能是直接影响酶的合成速率，但如果它单独起作用，代谢还会继续，直到先前存在的酯由于细胞生长而被稀释为止；而末端代谢产物的抑制作用可弥补这种不足，使某一代谢途径立即中止，所以这两种作用相辅相成，其联合作用可使细胞生物合成途径得到高效调节。

4. 抗生素的合成机制

在微生物的生长过程中，由于受外界环境条件（主要是营养条件）的限制，微生物的生长速率逐渐降低，为细胞生长繁殖而进行的初级代谢活动将不能平衡地进行，结果会造成一些中间产物积累，从而诱导参与次级代谢的酶的合成。同时，细胞生长速率下降可能会使细胞内已合成的生物大分子物质转化为低分子物质的能力加强。低分子物质浓度的升高也会诱导酶的生成。因此，在微生物由生长期转到次级代谢产物生产期时在细胞中出现了与抗生素合成有关的酶。

酶的出现，启动了次级代谢活动，避免了初级代谢产物在细胞内的积累。因初级代谢产物的积累，不仅会产生有害作用，也会因反馈抑制作用而关闭其合成途径。次级代谢的进行，把积累的初级代谢产物转化为次级代谢产物，便可以消除这种反馈抑制作用。如果此时向发酵液中添加一些初级代谢的末端产物，就会造成对初级代谢的酶的抑制作用，使次级代谢因缺乏前体而无法进行，因为次级代谢的前体并不一定是所加入的末端代谢产物。另一方面，实践证明，向发酵液中加入次级代谢产物的前体，也不一定能促进次级代谢产物的合成。

此外，以下因素对抗生素的生物合成也有重要影响：

（1）碳源　一些碳源能抑制抗生素的合成。这是因为葡萄糖、果糖等一些易被利用的碳源能促进抗生素产生菌的生长，抗生素的产率与菌体生长速率大体成反比。

（2）氮源　有些抗生素的合成受氨和其他能被迅速利用的氮源的阻碍。例如，红霉素的合成在氮源受限制的情况下可一直进行到发酵液中的氮源耗尽为止。如在生产过程中添加易利用的氮源，红霉素的合成会立即停止。因此，抗生素发酵宜选择较难消化的氮源。

（3）磷酸盐的调节作用　磷酸盐是很重要的抗生素产生菌的生长限制养分。在四环素、杀念珠菌素、万古霉素等许多抗生素的生物合成中只要发酵液中的磷酸盐未耗竭，菌的生长继续进行，几乎没有抗生素合成。一旦磷酸盐耗尽，抗生素合成便开始。即使抗生素的合成已在进行，若向发酵液中添加磷酸盐，抗生素的合成会迅速终止。绝大多数抗生素的工业生产是在控制无机磷的条件下进行。

抗生素的生产周期取决于产生菌的遗传特性和环境条件。在抗生素合成酶形成后，抗生素生物合成的速率一般在一段时间里直线上升。有些抗生素的合成旺盛期很短，只能维持4～20h；有些则很长，产物合成期可延长几天到几十天。抗生素合成的终止不是由于产生菌细胞失去活力，有三种可能的原因使抗生素生物合成终止：①抗生素生物合成途径的下一个或更多的酶不可逆地衰退；②积累的抗生素产生的反馈抑制作用；③抗生素前体的耗竭。

三、抗生素生产的工艺过程

抗生素生产的工艺过程可表示如下：

菌种→孢子制备→种子制备→发酵液预处理→提取及精制→成品包装

1. 菌种

从来源于自然界的土壤等，获得能产生抗生素的微生物，经过分离、选育和纯化后即称为菌株。菌株可用冷冻干燥法制备后，以超低温保存。一般生产用菌株经多次移植往往会发生变异而退化，故必须经常进行菌种选育和纯化，以提高其生产能力。

2. 孢子制备

制备孢子时，将保存的处于休眠状态的孢子，通过严格的无菌操作，将其接种到经灭菌过的固体斜面培养基上，在一定的温度下培养 5~7 天以上。这样培养出来的孢子数量还是有限的。为获得更多数量的孢子以供生产需要，必要时可进一步用扁瓶或在固体培养基（如小米、大米、玉米粒或麸皮）上扩大培养。

3. 种子制备

摇瓶培养是在锥形瓶内装入一定数量的液体培养基，灭菌后以无菌操作接入孢子，放在摇床上恒温培养。在种子罐中培养时，在接种前有关设备和培养基都必须经过灭菌。接种材料为孢子悬浮液或来自摇瓶的菌丝，以微孔差压法或打开接种口在火焰保护下接种。接种量视需要而定。从一级种子罐接入二级种子罐接种量一般为 5%~10%，培养温度一般在 25~30℃。如菌种系细菌，则在 32~37℃培养。在罐内培养过程中，需要搅拌和通入无菌空气。控制罐压并定时取样做无菌试验、观察菌丝形态、测定种子液中发酵单位和进行生化分析等，并观察有无染菌情况，种子质量合格方可移种。

4. 培养基的制备

在抗生素发酵生产中，由于各菌种的生理生化特征不一样，采用的工艺不同，所需的培养基组成亦各异。即使是同一菌种在种子培养阶段和不同发酵时期，其营养要求也不完全一样。因此，需根据其不同要求选用培养基的成分与配比。其主要成分也包括碳源、氮源、无机盐类和前体。

在抗生素的生物合成中，菌体利用前体以构成抗生素分子中的一部分，而其本身又没有显著改变。因此，前体直接参与抗生素的生物合成，在一定条件下，它还控制菌体合成抗生素的方向并增加抗生素的产量。前体的加入量应适度，如过量则有毒性，并增加生产成本；如不足，则发酵单位降低。

5. 发酵

发酵的目的是使微生物大量分泌抗生素。发酵开始前，有关设备和培养基也必须先经过灭菌后再接入种子，接种量 10% 或 10% 以上，发酵周期视抗生素的品种和发酵工艺而定，整个过程中，需不断通无菌空气和搅拌，以维持一定的罐压和溶解氧。同时，发酵过程要控制一定的温度，并及时调节 pH。此外，还要加入消泡剂以控制泡沫。对其中的一些参数可用电子计算机进行反馈控制。在发酵期间，每隔一定时间取样进行生化分析、镜检和无菌试验。分析或控制的参数有菌丝形态和浓度、残糖量、氨基氮、抗生素含量、溶解氧、pH、通气量、搅拌转速等。其中有些参数可以在线控制。

6. 抗生素的提取及精制

发酵产生的发酵液的成分很复杂，除产物外，还含有微量的副产物及色素类杂质等物质，此外还有菌体蛋白质等固体成分、培养基的残余成分及无机盐。抗生素提取和精制的目的就是从发酵液中制取高纯度的符合药典规定的抗生素产品。

提取时，先将发酵液过滤和预处理，以分离菌丝，除去杂质。当发酵结束时，对大多数抗生素品种来说，抗生素存在于发酵液中。但也有个别品种的抗生素大量残存在菌丝中。此时，发酵液的预处理就应当包括使抗生素从菌丝中析出，将其转入发酵液中。

在发酵液中抗生素的浓度很低，而杂质的浓度相对较高。杂质中有残糖、无机盐、脂肪、各种蛋白质及其降解产物等。另外，抗生素多数不稳定，且发酵液被污染，故整个提取过程要求时间短、温度低、勤清洗消毒、pH宜选择对抗生素较稳定的范围。常用的提取方法有溶剂萃取法、溶剂法、离子交换法和沉淀法等。

提取的产品要进行精制、烘干和包装。精制包括脱色和去热原质，结晶和重结晶等。

四、青霉素的生产工艺

青霉素，又称苄青霉素、苄基青霉素钠盐、青霉素G、盘尼西林。

分子式：$C_{16}H_{17}O_4N_2SNa$。

青霉素为白色结晶性粉末，无臭或微有特异性臭味；有吸湿性；遇酸、碱、氧化剂、青霉素酶等，均能使青霉素的β-内酰胺环打开而失效。青霉素极易溶于水、乙醇，不溶于脂肪油或液体石蜡。结晶青霉素钠盐性质较稳定，其水溶液在室温放置易失效，不能煮沸消毒。青霉素钠盐能抑制细胞壁的合成，为繁殖期杀菌型抗生素。对敏感菌的作用起效快而强，但抗菌谱窄，主要对革兰氏阳性菌和革兰氏阴性菌有效。

1. 菌种

青霉素钠采用产黄青霉菌的杂交菌株。当菌种取得之后，必须经过逐级繁殖以得到足够量的种子然后进入发酵。将保存在沙土管的菌种，先行转移至固体琼脂培养基上，在24℃培养5~6天获得芽孢。将芽孢悬浮于无菌水中，进行摇瓶培养，再进入种子罐。一般繁殖罐的接种量为5%~10%，以三级发酵为宜。繁殖罐的培养条件为28℃，48~72h。

2. 培养基

在青霉素发酵过程中，培养基组成是一个极重要因素。各种培养基成分对青霉素发酵的影响如下：

（1）碳源　碳源的作用是维持菌体生长所需的能量，同时又是平衡发酵液pH的基础物质。在碳源中以乳糖最为适宜，但因货源较少，很多国家采用葡萄糖、蔗糖代替。当糖浓度超过一定限度时，它会阻遏发酵的进行。因此，青霉素发酵时，要严格控制加糖，可采用陆续加糖的方法。目前普遍采用淀粉水解糖糖化液进行流加。

（2）氮源　氮源的作用是供应菌体合成氨基酸和三肽的原料，以进一步合成青霉素。主要有机氮源为玉米浆、棉籽饼粉、花生饼粉、酵母粉等。玉米浆为较理想的氮源，含固体量少，有利于通气及氧的传递，因而利用率较高。固体有机氮源原料一般需粉碎至200目以下的细度。以上这些有机氮源还可提供一部分有机磷，供菌体的生长。无机氮如硝酸盐、尿素、硫酸铵等可适量使用。

（3）无机盐及金属离子　碳酸钙用来中和发酵过程中产生的杂酸，并控制发酵液的pH。为菌体提供营养的无机盐一般采用磷酸二氢钾。另外，加入硫代硫酸钠或硫酸钠以提供青霉素分子中所需的硫。由于现在有一些工厂采用铁罐发酵，在发酵过程中铁离子便逐渐进入发酵液。发酵时间越长，铁离子则越多。已经证实铁离子在$50\mu g/mL$以上便会影响青霉素的合成。有人建议采用铁配合剂以抑制铁离子的影响，但实际效果并不理想，所以青霉素的发酵罐还是以采用不锈钢制造为宜。其他重金属离子如铜、汞、锌等能催化青霉素的分解反应。

（4）添加前体　添加苯乙酸或苯乙酰胺，可以借酰基转移酶的作用，将苯乙酸转入青霉素分子，提高青霉素G的生产强度，添加苯氧乙酸则产生青霉素V。因此，前体的加入成为青霉素发酵的关键问题之一。但苯乙酸对发酵有影响，一般以苯乙酰胺较好。也有人采用苯乙酸月桂醇酯，其优点是在发酵中月桂醇酯水解，苯乙酸结合进青霉素成品，而月桂醇作为细菌营养剂及发酵液消泡剂，且毒性比苯乙酸小，但价格较贵。前体要在发酵开始 20h 后加入，并在整个过程中控制在 500μg/mL 左右。

（5）消泡剂 由于在发酵过程中二氧化碳不断产生，加上培养基中很多有机氮源含有杂质，因此在发酵罐内会有大量泡沫产生，如不严加控制，就会发生发酵液逃液，导致染菌的后果。采用植物油消泡仍旧是个好办法，一方面作为消泡剂，另一方面还可起到碳源作用，但现在已普遍采用合成消泡剂代替豆油。

3. 青霉素生产工艺控制

青霉素产生菌生长过程可分为六个阶段：Ⅰ期为分生孢子发芽期，孢子先膨胀，再形成小的芽管，此时原生质未分化，具有小空胞；Ⅱ期为菌丝繁殖期，原生质嗜碱性很强，在Ⅱ期末有类脂肪小颗粒；Ⅲ期形成脂肪粒，积累储藏物；Ⅳ期脂肪粒减少，形成中、小空胞，原生质嗜碱性减弱；Ⅴ期形成大空胞，其中含有一个或数个中性红染色的大颗粒，脂肪粒消失；Ⅵ期在细胞内看不到颗粒，并出现个别自溶的细胞。

其中Ⅰ～Ⅳ期初称菌丝生长期，产生青霉素较少，而菌丝浓度增加很多。Ⅲ期适合作发酵用种子。Ⅳ～Ⅴ期称青霉素分泌期，此时菌丝生长趋势逐渐减弱，大量产生青霉素。Ⅵ期即菌丝自溶期，菌体开始自溶。

（1）温度 青霉素的发酵温度，在菌丝生长期应为 25～26℃，而在合成期应在 23℃ 为佳。

（2）加糖控制 加糖主要控制残糖浓度，一般在 0.3%～0.6% 范围内，加入量主要取决于糖耗速率、pH、DO 变化、菌的生长情况、油用量、发酵液稠度和罐内实际体积。

（3）补氮及加前体 补氮是指加硫酸铵、氨或尿素，使发酵液氨氮控制在 0.01%～0.05%。补前体以使发酵液中残存乙酰胺浓度为 0.05%～0.08%。

（4）pH 对 pH 的要求视菌种不同而异，一般在发酵前期（60h 以内）控制在 6.8～7.2，以后维持在 6.7 左右。可以加葡萄糖来控制 pH，也可加酸或碱控制 pH。

（5）溶解氧的控制 抗生素深层培养需要通气与搅拌，一般要求发酵液中溶解氧量不低于饱和溶解氧的 30%。通风比为 1:0.8L/(L·min)。搅拌转速在发酵各阶段应根据需要而调整。

（6）泡沫的控制 在发酵过程中产生大量的泡沫，可以用天然油脂（如豆油、玉米油等）或化学合成消沫剂来消泡。应当控制其用量并少量多次加入，尤其在发酵前不宜多用。否则会影响菌的呼吸代谢。

（7）下游操作 青霉素生产的下游操作即青霉素的分离纯化，包括过滤、提取、脱色、精制。伴随着青霉素的发酵反应，发酵液中产生很多蛋白质，因此在发酵终止时须将发酵液以酸调至 pH 为 5～6，加入絮凝剂和（或）表面活性剂，使大量蛋白质析出，然后随同菌丝一同滤出，滤清的发酵液才可进行提炼。青霉素发酵液过滤宜采用转鼓式真空过滤机，如采用板框压滤机则菌丝因流入下水而影响废水治理。且劳动强度大，并对环境卫生不利。青霉素的提取方法以溶剂法萃取最为适宜，也曾用过离子交换法、沉淀法等，但其提取效果均不及溶剂法。它利用青霉素在 pH 为 2 左右时能转入溶剂相、在 pH 为 7～7.5 时能转入缓冲液相的原理进行反复转移，达到纯化的目的，所用溶剂为乙酸丁酯，一般要进行 2～3 次萃取，两个液相分离时要用超速离心机。青霉素的脱色是往萃取液中加入活性炭吸附、过滤。国际上生产注射品青霉素普遍采用的青霉素精制方法是丁醇共沸结晶法，简要流程如下：将乙酸丁酯萃取液以 0.5mol/L NaOH 溶液萃取，调 pH 至 6.4～6.8，得青霉素钠盐水浓缩液（5万单位/mL左右）；加 3～4 倍体积乙醇，在 16～26℃、1.33×10^3 Pa（10mmHg）下真空蒸馏，将水和丁醇共沸物蒸出，并随时补加丁醇；当浓缩到原来浓缩液体积、蒸出馏分中含水达 2%～4% 时，即停止蒸馏；青霉素钠盐结晶析出，过滤，将晶体洗涤后进行干燥得成品；可在 60℃、2.66×10^3 Pa（20mmHg）中烘 16h，然后磨粉、装桶。

第二节 有机酸的生产工艺

有机酸发酵工业是生物工程领域中的一个重要且较为成熟的分支，在世界经济发展中，占有一定的地位。有机酸在传统发酵食品中早已得到广泛应用，以微生物发酵法生产且达到工业生产规模的产品已有十几种。

用微生物发酵法生产有机酸，以代替从水果和蔬菜等植物中提取有机酸，是近年来由于社会及市场的需要而开发出的方法。由于食品、医药、化学合成等工业的发展，有机酸需求骤增，发酵法生产有机酸逐渐发展成为近代重要的工业领域。

我国是世界上最早利用发酵法生产有机酸的国家之一，近 40 年来，有机酸工业从无到有，尤其是近 20 年出现了蓬勃发展的趋势。柠檬酸和乳酸系列产品已进入国际市场，从质量到产量两方面皆具有较强的市场竞争力；苹果酸和衣康酸已进入市场开发和大规模生产阶段；葡萄糖酸的生产已进入成熟阶段；其他新型有机酸产品的研究开发正受到有关方面的高度重视，新产品和新工艺将会不断出现。

一、有机酸的来源与用途

柠檬酸、乳酸、醋酸、葡萄糖酸、衣康酸和苹果酸等有机酸是重要的工业原料，在食品工业、化学工业等领域有重要的作用。在现代有机酸的生产过程中，发酵法生产有机酸占有重要的地位，表 9-1 是一些常用发酵法生产的有机酸的来源和用途。

表 9-1 一些常用发酵法生产的有机酸的来源和用途

有机酸名称	来 源	用 途
柠檬酸	黑曲霉、酵母等	食品工业和化学工业的酸味剂、增溶剂、缓冲剂、抗氧化剂、除腥脱臭剂、螯合剂、纤维媒染剂、助染剂等
乳酸	德氏乳杆菌、赖氏乳杆菌、米根菌等	食品工业的酸味剂、防腐剂、还原剂、制革辅料等
醋酸	奇异醋杆菌、过氧化醋杆菌、攀膜醋杆菌、恶臭醋杆菌、中氧化醋杆菌、醋化醋杆菌、弱氧化醋杆菌等	重要的化工原料，广泛用于化工、食品等行业
葡萄糖酸	黑曲霉、葡萄糖酸杆菌、乳氧化葡萄糖酸杆菌、产黄青霉等	药物、除锈剂、塑化剂、酸化剂等
衣康酸	土曲霉、产衣康酸霉、假丝酵母等	制造合成树脂、合成纤维、塑料、橡胶、离子交换树脂、表面活性剂、高分子螯合剂等的添加剂和单体原料
苹果酸	黄曲霉、米曲霉、寄生曲霉、华根霉、无根根霉、短乳杆菌、产氨短杆菌等	食品酸味剂、添加剂、药物、日用化工及化学辅料等

二、柠檬酸的生产

柠檬酸是一种重要的有机酸，化学名称为 2-羟基丙三羧酸，分子式为 $C_6H_8O_7$。

柠檬酸的制备方法有三：一是可由水果提取；二是可用化学方法合成，即用草酰乙酸与乙烯酮缩合制得；三是用发酵法制取，即以废糖蜜、淀粉、糖质为原料，用黑曲霉发酵制得。下面重点介绍发酵法制取柠檬酸。

1. 柠檬酸的发酵机制

柠檬酸是由瑞典化学家 Scheere 于 1784 年从柠檬果汁中提取制成的。1891 年德国微生物学家 Wehmer 发现青霉菌能生产柠檬酸。1923 年美国弗滋公司研制成功以废糖蜜为原料发酵生产柠檬酸，并建立了世界上第一个柠檬酸工厂，从此，柠檬酸进入了工业生产新时期。1952 年美国迈尔斯公司首先采用深层发酵法大规模生产柠檬酸，此后，深层发酵生产工艺得到迅速发展。近年来美国迈尔斯公司采用玉米淀粉为原料，经双酶法水解淀粉为液体葡萄糖进行浓醪深层发酵，发酵液中产酸浓度达 22%～23%，国外生产装置多已实现大规模自动化生产，自动化水平很高。

发酵法生产柠檬酸有固体发酵法、浅盘发酵法和深层发酵法等方法，日本及我国部分柠檬酸是以薯渣为原料，采用固体发酵法生产的。浅盘发酵法有一定的优越性，因此有些国家还采用。

（1）固体发酵法（又称曲法） 我国 1976 年在上海嘉定投产的用薯渣固体发酵法生产柠檬酸，其发酵工艺流程如下：

固体发酵法采用的菌种为曲霉 G_2B_8 及其他诱变菌株。种曲培养基由麸皮、碳酸钙和硫酸铵组成，发酵培养基由薯渣与米糠组成。种曲与蒸料的含水量不能太高，以使料的结构疏松，灭菌时易穿透，培养时易通气。一般蒸料的含水不超过 65%，冷却后补水到含水 71%～77% 左右，装盘厚度 5cm 左右。

曲盘搬进曲室，按一般制曲法进行制曲。曲室要保持清洁，经常用甲醛、硫黄熏蒸。曲室保持一定的温度（25～30℃），在曲室培养时间为 96h，产酸率（曲中柠檬酸对原料中总糖的百分比）约为 70%。

日本柠檬酸的主要生产方法亦为曲法，原料利用甘薯生产淀粉的副产品淀粉渣。使用黑曲霉，发酵 90h，在对流浸出器中用温水抽提，抽出液中约含柠檬酸 4%。

（2）浅盘发酵法（又称表面发酵法） 浅盘发酵法是将培养基盛于浅盘中接种，再进行发酵。浅盘置于发酵室的固定架上。浅盘是用高纯度铝或特殊的不锈钢制成，盘的大小（2m×2.5m×0.15m）～（2.5m×4m×0.15m）。液深常为 0.08～0.12m，有的深达 0.25m。每盘液量为 0.4～1.2t，还有连续灌液和过溢等装备，发酵室内装有通风设备，供空气流通、温度和湿度的调节等。发酵室是密闭的，常用二氧化硫或甲醛气进行消毒，浅盘在盛培养基前也应进行清洗并消毒，以免染菌。

当用糖蜜为原料时，将糖蜜稀释到 15%～20%，添加适量营养盐并加酸至 pH=6.0～6.5，再加热 18～45min，最后加入六氰基高铁酸钾（HCF）于热溶液中。甜菜糖蜜的 HCF 用量为 10～100mgHCF 离子/L；甘薯糖蜜的 HCF 用量为 10～200mgHCF 离子/L。培养基在 40℃时进行接种。接种方法有多种，或将适量孢子作为小悬浮液加入培养基中，或将干孢子随空气喷于浅盘表面，每立方米的培养基需要 100～150mg 的孢子。

孢子的发芽需要 1～2 天。当柠檬酸生成时，产生大量的热，可通入无菌空气使温度维持在 30℃。孢子萌芽后形成菌丝，柠檬酸开始生成，pH 降低至 2.0，发酵时间约 6～8 天。如果发酵时 pH 升至 3.0 以上，柠檬酸便减产了。当生长最盛时柠檬酸生成量为 1.9～1.1kg/(m³·h)，平均生产力为 0.2～0.4 kg/(m³·h)，发酵液中含柠檬酸 200～250g/L，每 100g 的葡萄糖生成柠檬酸为 75 g。

（3）深层发酵法 深层发酵法是在发酵罐（一般为搅拌式）内进行接种、培养和发酵，过程需通气。深层发酵法是生产柠檬酸的主要方法，搅拌式发酵罐容积一般为 50～150m³，大的已到 200m³。也有的采用高径比为 4∶6，容积为 200～900m³ 的发酵塔。

深层发酵法常用原料为玉米淀粉、糖蜜或薯干。

目前，在国内大多数采用薯干的深层发酵法。我国以薯干为原料深层发酵生产柠檬酸的菌种都是黑曲霉，是从土壤中分离得到的野生菌经过 ⁶⁰Co、γ 射线反复处理得到的产酸高的纯种，常用菌株编号为 5016、3008、Co827 等。

生产菌种的试验要经历斜面、麸曲和摇瓶试验。斜面一般采用麦芽汁培养基，常从啤酒厂获得。将麦芽汁过滤后稀释成相对密度为 0.97，加 2%琼脂，溶化后趁热分装入试管中。然后用 0.1MPa 的蒸汽灭菌 20min，待稍冷制成斜面备用。将沙土管中菌株移入试管斜面，于 (33±1)℃恒温培养 5 天，待表面长成黑褐色孢子，放冰箱保存。

麸曲过程是用粗筛子筛去麸皮中的淀粉细末，每只 1000mL 锥形瓶加 25g 麸皮、30mL 水。灭菌后轻轻敲动，使麸曲散松不成团。挖一小块斜面孢子移入灭过菌的麸曲中并搅匀，以便接入的孢子能与麸曲均匀接触。放入 (33±1)℃的恒温室中培养 8 天，在培养第 2、3 天时各翻动锥形瓶一次，经常观察其生长情况。若符合生产要求，室温下保存 1～2 个月，到用时加入适量无菌水，制成孢子悬浮液，即可上罐。

为了测定酸度及转化率，一般先进行摇瓶试验。按 18%薯干粉的配比配成培养基，移入一小块斜面孢子或一杯麸曲，放入 240r/min 的旋转式摇瓶中，于 (33±1)℃的恒温室中培养 4 天，测定酸度及转化率。

2. 柠檬酸的生产工艺

目前，国内多数企业采用深层发酵生产柠檬酸。不同原料的深层发酵工艺大同小异，主要差异在于前面的原料处理工艺，而发酵的区别仅在于两个方面，即是否采用种子培养和是否采用补料工艺。下面重点介绍薯干粉深层发酵工艺流程：

(1) 发酵过程 发酵过程一般包括原料（薯干）粉碎处理、种子罐培养及发酵罐培养，其工艺过程如图 9-1 所示。

薯干粉碎采用锤式粉碎机粉碎。粉碎要求较细，一般粒度在 0.4mm 左右。薯干粉的液化由外加液化酶完成，其工艺采用连续液化法，淀粉酶在拌料桶中加入，通过喷射加热器升温后进入维持罐，达到液化要求后加入培养基其他成分，泵入连消塔升温灭菌，进入维持罐，最后喷淋冷却，进入发酵。由于黑曲霉能够产生糖化酶，因而后续的糖化是由发酵菌种（黑曲霉）自动完成的。液化法是我国柠檬酸生产工艺的特色方法。

发酵中多数采用种子预培养工艺。种子罐培养基冷却到 (33±1)℃左右接菌种，在 (33±1)℃左右通风培养 20～30h，由无菌压缩空气（经接种）通入发酵罐中，发酵培养基也冷却至 (33±1)℃左右接种，发酵在 (34±1)℃左右进行。通风搅拌培养 4 天，发酵度不再上升，残糖降到 2g/L 以下时，立即泵送到贮罐中，及时进行提取。

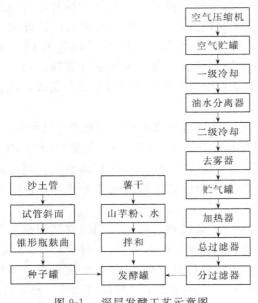

图 9-1 深层发酵工艺示意图

（2）柠檬酸的提取　从柠檬酸发酵液制备结晶柠檬酸一般包括三个步骤：

① 去除菌丝和其他固形物得到滤液；

② 用各种物理和化学方法处理滤液，得到初步纯化的柠檬酸溶液；

③ 初步纯化的柠檬酸溶液经精制后浓缩得到结晶柠檬酸。

柠檬酸的提取方法有五种：钙盐法，溶剂萃取法，电渗析法，液膜法和逆向渗透法。

目前，国际上普遍采用钙盐法，即在发酵液中加石灰乳，将柠檬酸以钙盐形式从发酵液中分离出来。国内采用的钙盐方法工艺路线如下：

发酵液→发酵滤液→中和→酸解→脱色→离子交换→浓缩→结晶→干燥

提取方法如图 9-2 所示。

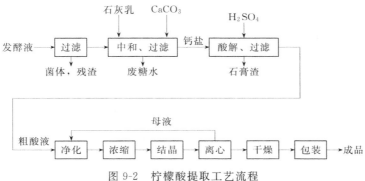

图 9-2　柠檬酸提取工艺流程

发酵液经过加热处理后，滤去菌体等残渣，在中和桶中加入石灰乳中和，使柠檬酸以盐的形式沉淀下来，废糖水和可溶性杂质则过滤除去。柠檬酸钙在酸解槽中加入 H_2SO_4 酸解，使柠檬酸分离出来，形成的硫酸钙（石膏渣）被滤除，作为副产品利用，得到的粗柠檬酸溶液通过脱色和离子交换净化，除去色素和胶体杂质以及无机杂质离子。净化后的柠檬酸溶液浓缩后结晶出来，离心分离晶体，母液则重新净化后浓缩、结晶。柠檬酸晶体经干燥和检验后包装出厂。

三、苹果酸的生产

苹果酸又名羟基琥珀酸，羟基丁二酸，分子式 $C_4H_6O_5$。苹果酸有 D 型、L 型、DL 型三种。DL-苹果酸是目前食品工业中大量应用的产品，但在 DL-苹果酸中 50% 的 D 型无生理功能。而人体、动物、植物和微生物细胞中存在的苹果酸均为 L-苹果酸，L-苹果酸是细胞内最重要的氧化代谢三羧酸循环的一员，也是乙醛酸循环的一员。L-苹果酸在人体内容易被代谢，对人体无毒性，使用 L-苹果酸更安全。L-苹果酸是当前国际上公认的安全的食品添加剂，不仅具有主要的生理功能，对人体健康有益，而且味觉更显自然丰满和协调。

苹果酸的制造方法有三：一是从未成熟的苹果、葡萄、桃中提取；二是以苯为原料先合成顺丁烯二酸，然后异构化为反丁烯二酸，再经高温高压催化水合制得 DL-苹果酸；三是微生物发酵法制取 L-苹果酸。下面主要介绍微生物发酵法生产 L-苹果酸。

1. 苹果酸的发酵机制

微生物法生产苹果酸经历了直接发酵法、混合发酵法和酶合成法。

（1）直接发酵法　能同化碳水化合物直接发酵产生 L-苹果酸的微生物主要有根霉。此外，黄曲霉、米曲霉、顶青霉、普通裂褶霉和出芽短梗霉也能同化碳水化合物直接发酵合成

L-苹果酸。

能同化正烷烃直接发酵产生 L-苹果酸的微生物有布伦假丝酵母、粗壮假丝酵母和假丝酵母等。

用直接发酵法虽可制备苹果酸，但由于产酸水平不高，未能实现工业生产。

（2）混合发酵法　采用两种不同功能的微生物：一种同化葡萄糖或正烷烃等合成反丁烯二酸；另一种将反丁烯二酸进一步转化为 L-苹果酸。产反丁烯二酸的微生物有各种根霉，如少根根霉和华根霉。能转化反丁烯二酸为 L-苹果酸的微生物有膜醭毕赤酵母、普通变形菌、芽孢杆菌和掷孢酵母等。此法比用少根根霉直接发酵法的苹果酸转化率有较大提高。

（3）酶合成法　此法以化学合成的反丁烯二酸为原料，以反丁烯二酸酶或富含该酶的微生物细胞作为催化剂将反丁烯二酸专一地转化为 L-苹果酸。由于酶的固定化技术的发展，这一方法已实现了工业化生产，该法工艺简单，转化率高。

所谓固定化酶，是指在一定空间内呈闭锁状态存在的酶，能连续地进行反应，反应后的酶可以回收重复使用。固定化酶依不同用途有颗粒状、线条状、薄膜状和酶管状等。酶的固定化方法有非共价结合法、化学结合法和包埋法。L-苹果酸的生产中，酶的固定化一般采用包埋法，所用载体有聚丙烯酰胺、角叉菜胶、海藻酸钙、三醋酸纤维素、光敏交联预聚物，其中研究最多、效果较好的是角叉菜胶。

游离的反丁烯二酸酶、含反丁烯二酸酶的细胞器及含反丁烯二酸酶的完整微生物细胞，均可作为固定化的酶原。

国内外普遍采用完整的微生物细胞作为酶原。反丁烯二酸酶活力高，被用于固定化的微生物主要有产氨短杆菌、黄色短杆菌、假单胞菌、膜醭毕赤酵母、皱褶假丝酵母、马棒杆菌、大肠杆菌、普通变形杆菌、荧光假单胞菌、枯草芽孢杆菌和八叠球菌等。

通过超声破碎及丙酮处理等方法得到的无细胞制备物及部分提纯的反丁烯二酸酶，也可作为制备 L-苹果酸的酶原。

固定化全细胞合成 L-苹果酸的主要技术障碍是细胞透性，已发现用表面活性剂处理细胞可以消除透性障碍，从而提高固定化细胞合成苹果酸能力。黄色短杆菌用角叉菜胶包埋效果好，若在固定化时加一些添加剂还可提高稳定性，从而延长其半衰期，提高 L-苹果酸产率。

2. 苹果酸的生产工艺

L-苹果酸的生产工艺包括以下步骤：

（1）固定化酶的制备　选定菌种，进行发酵培养，经过细胞与酶的制备、固定化得到固定化酶。常见的是将皱褶假丝酵母或短杆菌用丙烯酰胺包埋法固定。

（2）苹果酸的生产　将固定化短杆菌装柱，通入 1mol/L 反丁烯二酸钠，控制空速 $0.25h^{-1}$，温度 37℃，用通常的方法（例如柠檬酸的提纯方法）从流出物中分离苹果酸。

苹果酸的生产工艺如下：

菌种→斜面→种子→发酵→离心分离→菌体→固定化→装柱→半成品→钙化→酸化

包装←干燥←结晶←浓缩←离子交换

此外，使用变异了的酵母菌对糖类进行发酵，或使用以生产苹果酸为主的特殊菌类进行发酵，也可获得 L-苹果酸，但过程比较复杂，且成本较高。

第三节　氨基酸生产工艺

自然界中有二十多种氨基酸，这些氨基酸构成了世间所有生物所需的各种各样的蛋白质。氨基酸是构成蛋白质的基本单位，它参与生物体的各种代谢，有各种生理功能。人类要维持生命活动，就必须获得各种氨基酸。但是有八种氨基酸人类自身不能合成，必须从食物中摄取。

一、氨基酸的分类、用途及生产方法

1. 氨基酸的分类

（1）按氨基酸分子中所含氨基和羧基数目不同分类

① 酸性氨基酸　天冬氨酸、谷氨酸。

② 碱性氨基酸　组氨酸、赖氨酸、精氨酸。

③ 中性氨基酸

a. 脂肪族氨基酸　甘氨酸、丙氨酸、缬氨酸、亮氨酸、异亮氨酸。

b. 羧基氨基酸　丝氨酸、组氨酸。

c. 含硫氨基酸　半胱氨酸、胱氨酸、蛋氨酸。

d. 芳香族氨基酸　苯丙氨酸、酪氨酸、色氨酸。

其他还有杂环氨基酸、脯氨酸、羟脯氨酸。

（2）按氨基酸在人体内是否能被合成分类

① 必需氨基酸　指人体内不能合成或合成的速度不能满足机体需要的氨基酸。异亮氨酸、亮氨酸、赖氨酸、蛋氨酸、苯丙氨酸、苏氨酸、色氨酸和缬氨酸为必需氨基酸。

② 非必需氨基酸　除上述八种必需氨基酸外，其他均属非必需氨基酸。

（3）按氨基酸的味觉效果分类

① 甜味氨基酸　甘氨酸、丙氨酸、丝氨酸、苏氨酸、脯氨酸、羟脯酸氨、赖氨酸。

② 苦味氨基酸　缬氨酸、亮氨酸、异亮氨酸、蛋氨酸、苯丙氨酸、色氨酸、精氨酸、组氨酸。

③ 酸味氨基酸　组氨酸、天冬氨酸、谷氨酸。

④ 鲜味氨基酸　天冬氨酸钠盐、谷氨酸钠盐。

2. 氨基酸的应用

氨基酸在食品、医药、饲料、化工、农业等行业有广泛用途。

（1）食品工业　是最早应用氨基酸的领域，消费量占总量的60%，主要用于强化食品、调味调香、抗氧化、消除异味、防止食品色香味的变化、提高食品风味及营养价值。

（2）医药工业　氨基酸是构成蛋白质的基本单位，参与体内代谢和各种生理活动，因此可用于治疗各种疾病。可制成有治疗作用的药物及各种氨基酸营养制剂。

（3）饲料工业　在饲料中加入赖氨酸、苏氨酸和DL-蛋氨酸，能提高饲料中蛋白质利用率，校正配合饲料中氨基酸不全或配比失衡，增加饲料营养价值。

（4）农药　合成氨基酸衍生物可作为锄草剂和无毒农药。

（5）化工　用谷氨酸可制成无刺激性能洗涤剂——十二烷基谷氨酸钠肥皂，能保持皮肤湿润的润肤剂——焦谷氨酸钠和质量接近天然皮革的聚谷氨酸人造革，以及人造纤维和涂料。

3. 氨基酸的生产方法

（1）提取法　这是一种蛋白质原料用酸水解，然后从水溶液中提取氨基酸的方法。目前，胱氨酸、半胱氨酸和酪氨酸仍用提取法生产。

（2）合成法　用化学合成法制造的氨基酸有 D-蛋氨酸、L-蛋氨酸、D-丙氨酸、L-丙氨酸、甘氨酸和苯丙氨酸。

（3）酶法　利用微生物产生的酶来制造氨基酸的方法一般称为酶法。赖氨酸、色氨酸、天冬氨酸、酪氨酸、丙氨酸等氨基酸均可用酶法生产。

（4）发酵法　以淀粉原料水解生成水解糖，或以糖蜜、醋酸为原料，利用氨基酸生产菌进行代谢发酵，生产氨基酸。

本节主要介绍发酵法生产氨基酸。

二、氨基酸发酵的工艺控制

1. 培养基

发酵培养基的成分与配比是决定氨基酸产生菌代谢的主要因素，与氨基酸的产率、转化率及提取收率关系很密切。

碳源是构成菌体和合成氨基酸的碳架及能量的来源。

氮源分无机氮源和有机氮源。氮源是合成菌体蛋白质、核酸等含氮物质以及合成氨基酸氨基的来源。

氨基酸发酵，不仅菌体合成和氨基酸合成需要氮，而且氮源还用来调节 pH，因此，氮源的需要量比一般发酵（例如有机酸发酵）要多。例如：谷氨酸发酵的碳氮比为 100：（15～20），碳氮比为 100：11 时才开始积累谷氨酸。在消耗的氮源中，合成菌体用的氮源仅占氮的 3%～6%，合成谷氨酸氮源占 30%～80%。在实际生产中，采用尿素或氨水为氮源时，还有一部分氮用来调节 pH，另一部分氮源被分解随空气逸出，因此用量很大。在谷氨酸发酵培养中糖浓度为 12.5%，总尿素量为 3%，碳氮比为 100：28。不同的碳氮比对氨基酸生物合成产生显著影响，例如谷氨酸发酵中，适量的 NH_4^+ 可减少 α-酮戊二酸的积累，促进谷氨酸的生成；过量 NH_4^+ 会使生成的谷氨酸受谷氨酰胺合成酶的作用转化为谷氨酰胺。

2. 温度对氨基酸发酵的影响及其控制

氨基酸发酵的最适温度因菌种性质及所生产的氨基酸种类不同而异。从发酵动力学来看，氨基酸发酵一般属于 Gaden 分类的 Ⅱ 型，菌体生长达到一定程度后再开始产生氨基酸，因此，菌体生长最适温度和氨基酸生长的最适温度是不同的。例如谷氨酸发酵，菌体生长最适温度是 30～32℃。菌体生长阶段温度过高，则菌体易衰老，pH 高，糖耗慢，周期长，酸产量低。如遇这种情况，除维持最适生长温度外，还需适当减小风量，并采用少量多次流加尿素等措施，促进菌体生长。在发酵中、后期，菌体生长已基本停止，需要维持最适宜的产酸温度，以合成谷氨酸。

3. pH 对氨基酸发酵的影响及控制

pH 对氨基酸发酵的影响和其他发酵一样，主要是影响酶的活性和菌的代谢。例如：谷氨酸发酵，在中性和微碱性条件下（pH=7.0～8.0）积累谷氨酸，在酸性条件下（pH=5.0～5.8）则易形成谷氨酰胺和 N-乙酰谷氨酰胺。发酵前期 pH 偏高对生长不利，糖耗慢，发酵周期长；反之，pH 偏低，菌体生长旺盛，糖耗快，不利于谷氨酸形成。但是，前期 pH 偏高（pH=7.5～8.0）对抑制杂菌有利，故控制前期的 pH 以 7.5 为宜。由于谷氨酸脱氢酶的最适 pH 为 7.0～7.2，氨基酸转移酶的最适 pH 为 7.2～7.4。因此控制发酵中后期的 pH 为 7.2 左右。

生产上控制 pH 的方法一般有两种：一种是流加尿素；另一种是流加氨水。国内普遍采用前一种方法。流加尿素的数量和时间主要根据 pH 变化、菌体生长、糖耗情况和发酵阶段等因素而定。例如：当菌体生长和糖耗均缓慢时，少量多次地流加尿素，避免 pH 过高而影响菌体生长；当菌体生长和糖耗均快时，流加尿素可多些，使 pH 适当高些，以抑制生长。发酵后期，残糖很少，接近放罐时，应尽量少加或不加尿素，可以使 pH 稳定，对发酵有利。流加氨水，因氨水作用快，对 pH 的影响大，故应采用连续流加。

4. 氧对氨基酸发酵的影响及其控制

各种不同氨基酸发酵对溶解氧的要求不同，因此在发酵过程中应根据具体需氧情况确定。不同氨基酸发酵的需氧如表 9-2、表 9-3。

表 9-2 精氨酸发酵过程中氧分压对菌体生长和产酸的影响

溶解氧氧分压/10^5Pa		精氨酸 /(mg/mL)	溶解氧氧分压/10^5Pa		精氨酸 /(mg/mL)
生长阶段	产酸阶段		生长阶段	产酸阶段	
0.01~0.05	0.01~0.05	30.3	0.32~0.42	0.01~0.05	19.5
0.01~0.05	0.32~0.42	28.4	0.32~0.42	0.32~0.42	22.8

表 9-3 氨基酸发酵的最适宜供氧条件

氨基酸	控制 pH	溶解氧氧分压 (p_L)/10^5Pa	$E^{①}$/mV	r_{ab}/Krm^{②}	$E_{临界}$/mV
谷氨酰胺	6.50	≤0.01	≤−150	1.00	−150
脯氨酸	7.00	≤0.01	≤−150	1.00	−150
精氨酸	7.00	≤0.01	≤−170	1.00	−170
谷氨酸	7.80	≤0.01	≤−130	1.00	−180
赖氨酸	7.00	≤0.01	≤−170	1.00	−170
苏氨酸	7.00	≤0.01	≤−170	1.00	−170
异亮氨酸	7.00	≤0.01	≤−180	1.00	−180
亮氨酸	6.25	0	−210	0.35	−180
缬氨酸	6.50	0	−210	0.60	−180
苯丙氨酸	7.25	0	−250	0.55	−180

① $E=-0.033+0.039\lg p_L$。

② Krm 表示最大呼吸速度；r_{ab} 表示呼吸速度。

三、谷氨酸的生产

发酵法生产的氨基酸中，谷氨酸年产量最大。谷氨酸可用蛋白质水解法和合成法制取，但目前主要采用发酵法。

1. 谷氨酸的发酵机制

发酵法生产谷氨酸的碳源是薯类、玉米、木薯淀粉、椰子树淀粉等淀粉的水解糖或糖蜜。碳源是用以构成微生物细胞和代谢产物中的碳架和能源的营养物质。氮源为铵盐、尿素等。氮是构成菌体细胞蛋白质和核酸等的主要组成元素。其他辅料有无机盐类、维生素等，例如微生物需要的适宜浓度的磷、刺激菌体生长的无机激活素镁和促进产酸的钾盐。生产菌为短杆菌、北京棒杆菌等。

发酵初期，即菌体生长的延滞期，糖基本没有利用，尿素分解放出氨使 pH 略上升。这个时期的长短决定于接种量、发酵操作方法（分批或分批流加）及发酵条件，一般为 2~4h。接着即进入对数生长期，代谢旺盛，糖耗快，尿素分解，pH 很快上升。伴随着氨被利用，pH 又下降，溶解氧浓度急剧下降，然后又维持在一定水平上。菌体浓度（OD值）迅速增大，菌体形态为排列整齐的八字形。这个时期，为了及时供给菌体生长必需的氮源及调节培养液的 pH 至 7.5～8.0，必须流加尿素；又由于代谢旺盛，泡沫增加并放出大量发酵热，故必须进行冷却，使温度维持在 30～32℃。菌体繁殖的结果，菌体内的生物素含量由丰富转为贫乏。这个阶段主要是菌体生长，几乎不产酸，一般为 12h 左右。

当菌体生长基本停止就转入谷氨酸合成阶段。此时菌体浓度基本不变，糖与尿素分解后产生的 α-酮戊二酸和氨主要用来合成谷氨酸。这一阶段，为了提供谷氨酸合成所必需的氨及维持谷氨酸合成最适 pH（7.2～7.4），必须及时流加尿素。为了促进谷氨酸的合成，需加大通气量，并将发酵温度提高到谷氨酸合成的最适温度 34～37℃。

发酵后期，菌体衰老，糖耗缓慢，残糖低，此时流加尿素必须相应减少。当物质耗尽，酸度不再增加时，需及时放罐，发酵周期一般为 30～36h。

为了实现发酵工艺条件最佳化，可以利用电子计算机进行过程控制。

2. 谷氨酸的生产工艺

谷氨酸的生产工艺包括发酵和提纯两部分。生产工艺示意图如图 9-3。

（1）发酵方法

① 发酵培养基　发酵培养基的组成如下：水解糖 12%～14%（质量分数）；KCl 0.05%（质量分数）；$MgSO_4 \cdot 7H_2O$ 0.06%（质量分数）；尿素 0.5%～0.8%（质量分数）；Na_2HPO_2 0.17%（质量分数）；玉米浆 0.6mL；pH=7.0。

一级种子培养基中含糖量要低，一般在 2.5% 左右，其配方如下：葡萄糖 2.5%（质量分数）；K_2HPO_4 0.1%（质量分数）；$MgSO_4 \cdot 7H_2O$ 0.04%（质量分数）；玉米浆 2.5～3.0mL；pH=7.0。

二级培养基的组成如下：水解糖 3.0%（质量分数）；尿素 0.6%（质量分数）；水解糖 0.5%～0.6%（质量分数）；$MgSO_4 \cdot 7H_2O$ 0.1%～0.2%（质量分数）；pH=7.0。

② 培养条件

a. 一级种子培养条件　在 1000mL 锥形瓶中，装入一级种子培养基 180～200mL，以 8 层纱布覆盖瓶口，并用细绳扎紧，瓶口外再用牛皮纸裹紧，同样用细绳扎牢。将锥形瓶放在高压消毒锅中灭菌。灭菌后接种，然后置摇床上，在 30～32℃ 振荡培养 10～12h。

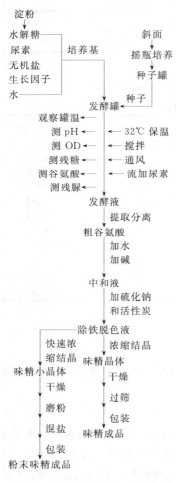

图 9-3　谷氨酸生产工艺示意图

b. 二级种子培养条件　二级种子是在培养罐里培养的，种子罐的大小是根据发酵罐大小和接种量来决定的。培养二级种子时的接种量为 0.2%～0.5%，温度为 32～34℃，培养时间为 6～8h。种子罐的搅拌转速和通气量因种子罐大小而异。

③ 发酵条件　发酵温度 34～36℃。pH：前期 7.5；后期 7～7.2。发酵过程流加尿素

4～5 次。

（2）提取方法 谷氨酸的提取方法有水解等电点法、低温等电点法、离子交换法、等电点离子交换法、盐酸盐法、锌盐法、等电点除盐法、钙盐法、电渗析法等方法。其中以等电点法和离子交换法较普遍。

① 等电点法 谷氨酸的等电点为 pH＝3.22，故将发酵液用盐酸调节到 pH＝3.22，谷氨酸就可分离析出。此法操作方便，设备简单，一次收率达 60％左右；缺点是周期长，占地面积大。图 9-4 表示等电点法提取谷氨酸的工艺流程。

② 离子交换法 当发酵液的 pH 低于 3.22 时，谷氨酸以阳离子状态存在，可用阳离子交换树脂来提取吸附在树脂上的谷氨酸阳离子，并可用碱洗下来，收集谷氨酸洗脱流分，经冷却，加盐酸调 pH＝3.0～3.2 进行结晶，再用离心分离机分离即可得谷氨酸结晶。

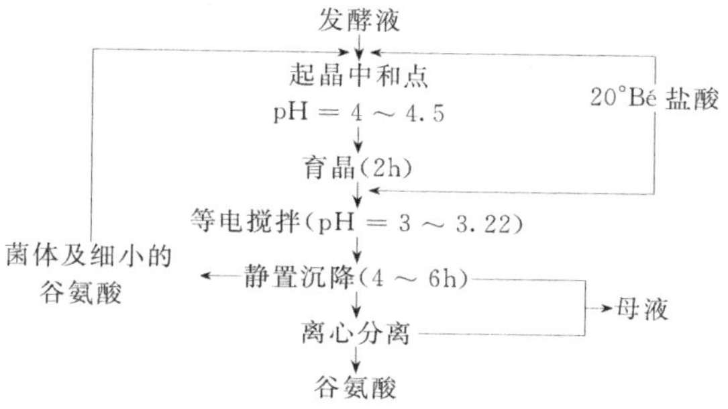

图 9-4 等电点法提取谷氨酸工艺流程

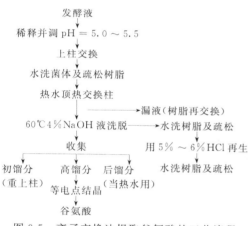

图 9-5 离子交换法提取谷氨酸的工艺流程

此法过程简单，周期短，设备省，占地少，提取总收率可达 80％～90％；缺点是酸碱用量大，废液污染环境。图 9-5 表示离子交换法提取谷氨酸的工艺流程。

从理论上来讲，上柱发酵液的 pH 应低于 3.22，但实际生产中发酵液的 pH 并不低于 3.22，而是在 5.0～5.5 就可上柱。这是因为发酵液中含有一定数量的 NH_4^+、Na^+ 阳离子，这些离子优先与树脂进行交换反应，放出 H^+，使溶液的 pH 降低，谷氨酸带正电荷成为阳离子而被吸附，上柱时应控制溶液的 pH 不高于 6.0。

谷氨酸能参与脑内蛋白质和糖的代谢，促进氧化过程。药用谷氨酸可用于治疗肝昏迷和严重肝功能不全。对谷氨酸发酵液进一步加工可得谷氨酸钠（味精）。

四、谷氨酸钠（味精）的生产

味精（谷氨酸单钠的商品名称）具有强烈的鲜味，是将谷氨酸用适量的碱中和得到的。

1. 谷氨酸的中和

谷氨酸的饱和溶液加碱进行中和，中和反应的 pH 应控制在第二等电点 pH＝6.96。当 pH 太高时，生成的谷氨酸二钠增多，而谷氨酸二钠没有鲜味。

2. 中和液的除铁、除锌

由于生产原料不纯、生产设备腐蚀及生产工艺等原因，使中和液中铁、锌离子超标，必须将其除去。目前除铁、锌离子的方法主要有硫化钠和树脂法两种。

硫化钠法是利用硫化钠与 Fe^{2+}、Zn^{2+} 反应生成硫化盐沉淀而除去铁、锌杂质。

树脂法是利用弱酸性阳离子交换树脂吸附铁或锌以将其除去。这种方法不但解决了硫化法引起的环境污染问题，改善了操作条件，而且提高了味精质量，是一种较为理想的除铁方法。

3. 谷氨酸中和液的脱色

一般谷氨酸中和液都具有深浅不同的褐色色素，必须在结晶前将其脱除，常用的脱色方法有活性炭脱色法和离子交换树脂法两种。

活性炭脱色主要原料有粉末状的药用炭和 GH-15 颗粒活性炭两种。粉末活性炭脱色，一种方法是在中和过程中加炭脱色后除去铁；另一种方法是中和液洗涤除铁，用谷氨酸回调至pH＝6.2～6.4，蒸汽加热至60℃，使谷氨酸全部溶解，再加入适量的活性炭脱色。经粉末活性炭脱色后，往往透光率达不到要求，需用 GH-15 活性炭进行最后一步脱色工序。

离子交换树脂的脱色主要靠树脂的多孔表面对色素进行吸附，主要是树脂的基团与色素的某些基团形成共价键，因而对杂质起到吸附与交换作用，一般选用弱碱性阳离子交换树脂。

4. 中和液的浓缩与结晶

谷氨酸钠在水中的溶解度很大，要想从溶液中析出结晶，必须除去大量的水，使溶液达到饱和状态。工业上为了避免温度太高，谷氨酸钠脱水变成焦谷氨酸钠，都采用减压蒸发法来进行中和液的浓缩和结晶，真空度一般在80kPa以上，温度为65～70℃。为了使味精结晶颗粒整齐，一般采用投晶种结晶法，完成结晶后，经离心机分离，振动床干燥、筛分，再经过包装，即成成品味精。

第四节 啤酒生产工艺

啤酒是以大麦经发酵制成的大麦芽为主要原料，经糖化、添加酒花煮沸、过滤、啤酒酵母发酵等过程，酿制而成含二氧化碳、低酒精浓度的酿造酒。啤酒的生产历史悠久，现在除伊斯兰国家由于宗教原因不生产和饮用酒外，啤酒生产几乎遍及全球。

一、啤酒生产的原辅料

啤酒生产的原料主要有大麦、酒花、水等。

大麦是酿造啤酒的主要原料，它便于发芽并产生大量水解酶类，种植遍及全球而非人类食用主粮，且化学成分适合酿造啤酒。酿造大麦要求粒大、皮薄、形状整齐、大小一致，浸出物含量高，蛋白质含量适中，发芽力大于85％，发芽率在95％以上。质量标准应符合啤酒大麦国家标准 GB 7416—2008。

酒花属蔓性草本植物，是啤酒生产的香料。酿造啤酒用成熟雌花。酒花中对酿造有意义的三大成分是酒花树脂、酒花酒和多酚物质，它们赋予啤酒特有的香味和爽口的苦味。酒花树脂还具有防腐能力，多酚物质中的单宁则具有澄清麦芽汁的作用。

水是啤酒生产的重要原料，啤酒酿造用水主要包括糖化用水、洗涤麦糟用水和啤酒稀释用水，这些水直接参与工艺反应，是麦芽汁和啤酒的组成部分。水质状况对整个酿造过程有非常重要的影响，因此，酿造用水首先要符合我国饮用水标准，然后再根据酿造啤酒的类型予以调整。改良水质的方法有过滤、煮沸、加酸、加石膏、离子交换或电渗析、活性炭过滤、紫外线消毒等，可有针对性地进行选择。

此外，许多国家常选用大米、玉米、小麦、糖及其制品等作为生产啤酒的辅助原料，以降低成本和麦芽汁含氮总量，提高啤酒发酵度、稳定性，改善啤酒风味。

二、酒精发酵机制

酒精发酵涉及生产工业酒精以及食用白酒、曲酒、啤酒等的发酵。在1930年以前，世界上所有工业用酒精都采用发酵法生产。酒精发酵主要是利用酵母、霉菌、细菌等微生物在中性或微酸性条件下以及无氧条件下将糖分解产生乙醇。发酵法起源于我国，远在夏商时代，我国劳动人民就已经知道用发酵法制酒。发酵法常用原料是含淀粉丰富的农产品，例如玉米、薯类、高粱。原料及产品不同，使用的主要微生物也不同。例如，在生产工业酒精中，以糖蜜为原料，使用糖蜜酵母，以纤维素为原料，用热纤梭菌、热氢硫酸梭菌等；中曲酒发酵中，常以薯干、玉米、高粱等淀粉质原料，使用酒精酵母、裂殖酵母等；啤酒发酵则使用啤酒酵母。以淀粉为原料的酒精发酵，其工艺如下：

$$\text{原料} \xrightarrow{\text{蒸煮、液化}} \text{淀粉、糊精} \xrightarrow{\text{糖化}} \text{葡萄糖} \xrightarrow{\text{发酵、蒸馏}} \text{乙醇}$$

三、麦芽制造

将原料大麦制成麦芽，习惯上称为制麦，目的在于使大麦发芽产生多种水解酶类，并使胚乳达到适度溶解，便于糖化，使大分子淀粉蛋白质等得以分解溶出。制麦全过程分原料清洗、分级、浸麦、发芽、干燥、除根和贮存等。

1. 原料清洗

精选大麦含有各种有害杂质，必须预先清除，方能投料。尘土会造成严重的污染和微生物感染；沙石、铁屑、麻袋片、木屑会引起机械故障，磨损机器；谷芒、杂草、破伤粒等会产生霉变，有害于制麦工艺，直接影响麦芽质量和啤酒风味；草籽和杂谷物亦将影响麦芽质量。要清除上述的杂质，必须设有庞大的筛选机械和专用厂房，并尽量做到防尘，减少噪声。

2. 分级

将大麦按腹径大小不同分成三个等级。因为麦粒大小与麦粒成熟度、化学组成、蛋白质含量都有一定的关系。分级筛常与精选机结合在一起，可分为圆筒式与平板式两种。

3. 大麦的浸渍

经过清洗和分级的大麦，用水浸渍，达到适当含水量，大麦即可发芽。浸渍目的可概括如下：①使大麦吸收充足的水分，达到发芽的要求；②在浸水的同时，可充分洗涤、除尘和除菌；③浸渍水中适当添加石灰、碳酸钠、氢氧化钠、氢氧化钾、甲醛等化学药品，以加速酚类、谷皮酸等有害物质的浸出，并有明显的促进发芽和缩短制麦周期之效。浸渍的设备是浸麦槽，附设通风装置。国内多采用断水浸水交替浸麦法或喷淋浸麦法。

4. 大麦的发芽

浸渍后的大麦达到适当的浸麦度，工艺上即进入发芽阶段，从生理现象来说，发芽是从浸麦开始的。发芽阶段，形成各种水解酶，淀粉、蛋白质、半纤维素等达到适当的分解。水解酶的形成是大麦变成麦芽的关键。水分、温度和通风供氧是发芽的三要素。发芽过程必须准确控制水分和温度，适当地通风供氧。国内流行发芽设备为萨拉丁箱和劳斯曼转移箱。

5. 干燥

干燥的目的是除去多余的水分，终止酶形成和作用，除去生腥味，产生麦芽特有的色、香、味。干燥分为凋萎、干燥和焙焦三个阶段。干燥前期要求低温大风量以除去水分，后期高温小风量以形成黑素。目前普遍采用单层高效干燥炉。干燥后浅色麦芽水分 3%～5%，深色麦芽水分 1.5%～2.5%。接着除根，因为麦根吸湿性强，还会有不良苦味、色素物质等。

评定麦芽质量需从感官特征、物理检验和化学检验几方面考察，各试验方法均属欧洲啤酒协会标准。此外，生产特种啤酒用特种麦芽，有焦香麦芽、黑麦芽、类黑素麦芽、小米芽、高粱芽等。

四、麦芽汁的制备

麦芽汁的制备是将固态的麦芽、非发芽谷物、酒花用水调制再加工成澄清透明的芽汁的过程。包括原辅料的粉碎、糊化、糖化、糖化醪过滤、混合麦芽汁加酒花煮沸、煮沸后麦芽汁澄清、冷却、通氧等一系列物理、化学、生物化学过程。所用的设备有糖化锅、煮沸锅、过滤槽和薄板换热器等。

1. 粉碎

粉碎可增加原料与水的接触面积，使麦芽可溶性物质浸出，有利于酶的作用，促使难溶物质溶解。粉碎度要适当，要求麦的皮壳破而不碎，胚乳、辅助原料越细越好。粉碎的方法有干法和湿法。

2. 糖化

糖化是利用麦芽自身的酶（或外加酶制成剂代替部分麦芽）将麦芽和辅助原料中不溶性的高分子物质分解成可溶性的低分子物质（糖类、糊精、氨基酸、肽类等）的麦芽汁制备过程。由此得到的溶液叫麦芽汁，从麦芽中溶解出来的物质叫浸出物。麦芽中的浸出物占原料所有的干物质的比率叫浸出率。糖化的目的就是将原料中的可溶性物质浸渍出来，并且创造有利于各种酶作用的条件，使不溶性物质在酶的作用下变成可溶性物质而溶解，从而得到尽可能多的浸出物，含有一定比例的麦芽汁。糖化的方法有煮出糖化法和浸出糖化法。前者的特点是将糖化醪液的一部分分批加热到沸点，然后与其余未煮沸的醪液混合，使全醪液的温度分批升高到不同酶分解所要求的温度，最后达到糖化终了的温度。后者的特点是纯粹利用酶的作用进行糖化的方法，即将全部醪液从一个温度开始，缓慢升温到糖化终了温度。温室出糖化法没有煮沸阶段，该法需要溶解良好的麦芽，多利用此法生产上面啤酒。

3. 糖生醪过滤

糖化醪的过滤多采用过滤槽进行间歇操作，包括过滤槽预热、进醪、静置、打回流、过滤得头号麦芽汁，洗糟得洗涤麦芽汁。

过滤操作非常重要，麦糟的洗涤与啤酒质量有很大关系。过滤和洗涤要求速度要快，防止麦芽汁中的多酚物质氧化，过滤和洗涤时间不能超过 3h。另外，洗涤水的 pH 也要合适，pH 过高，多酚物质、色素、麦皮上的苦味物质易溶解，影响啤酒的口味和颜色。洗涤水的温度也不宜过高，否则易把麦糟中的淀粉洗涤出来，造成过滤困难，麦芽汁冷却后出现混浊，发酵液呈雾状悬浮，沉淀困难。另外，麦壳单宁物质和色素也容易洗出。洗涤水温度偏低，则残糖不易洗出，造成残糖偏高。一般要求洗涤水温度为 78～80℃，洗糟水的残糖保持在 0.5%～1.5%。

4. 麦芽汁的煮沸

煮沸的目的主要是稳定麦芽汁的成分，其作用有：①蒸发多余的水分，浓缩到规定的浓度；②使酒花中的有效成分溶解于麦芽汁中，使麦芽汁具有香味和苦味；③使麦芽汁中可凝固性蛋白质凝结沉淀，延长啤酒的保存期；④破坏全部的酶和麦芽汁，杀菌。

煮沸的条件有时间、pH 及煮沸强度。在煮沸过程中分三次添加酒花。

5. 麦芽汁冷却与充氧

麦芽汁煮沸后要尽快滤除酒花糟，分离凝固物，急速降温至发酵温度 6~8℃并给冷麦芽汁充入溶解氧，以利酵母的生长繁殖。

五、啤酒发酵

根据酵母菌种在啤酒发酵液中的物理性状，可将啤酒发酵酵母分为上面啤酒酵母和下面啤酒酵母。国内生产的大多为下面发酵啤酒。

1. 酵母菌株的选择

啤酒酵母菌特性严重影响糖类的发酵、氨基酸的糖化、酒精和副产物的形成、啤酒的风味、啤酒的稳定性，所以在选择酵母时，应考虑酵母发酵速度、发酵度、凝聚性、回收性和稳定性等方面。

2. 麦芽汁组成

啤酒是发酵后直接饮用的饮料酒，因此，麦芽汁的颜色、香味、组成等都会影响啤酒的风味。其中麦芽汁组成中影响啤酒风味的主要因素有：原麦芽汁浓度，溶氧水平，pH，麦芽汁可发酵性糖含量，α-氨基酸、麦芽汁中不饱和脂肪酸含量等。

3. 接种量

提高接种量，可以加快发酵，但是由于在分批发酵中，酵母营养成分不变，因此提高接种量，发酵时酵母最高的细胞浓度相应增加，但新生酵母细胞浓度反而减少，增殖倍数显著降低。接种量过高，由于新生成细胞减少，导致后发酵不彻底，酵母增殖倍数减少。

4. 发酵工艺条件控制

（1）发酵温度 指主发酵阶段的最高发酵温度。

由于传统的原因，啤酒发酵温度远远低于啤酒酵母的最适温度。上面啤酒发酵采用 8~22℃，下面啤酒发酵采用 7~15℃。这是因为，采用低温发酵可以防止或减少细菌和污染，代谢副产物减少，有利于啤酒的风味。

（2）罐压、CO_2 浓度对发酵的影响 过去传统发酵多为敞口式发酵，近代不论大罐还是传统发酵池均采用密闭式发酵。为了回收 CO_2，主要采用带压发酵。人们发现绝大多数酵母菌株，在有罐压下发酵，均出现酵母增殖浓度减少，发酵滞缓，代谢产物也减少。

（3）发酵度 在发酵过程中，发生一系列的生物化学变化。由于酵母的作用，麦芽汁中的可发酵糖降低，其降低的程度可用发酵度表示。发酵度是指随着发酵的进行，麦芽汁的失重逐渐下降，亦即浸出物的浓度逐渐下降，下降的百分率称为发酵度。

一般主发酵结束，糖度 3.5°~5.5°，pH＝4.2~4.4；中等发酵度的啤酒，发酵度为 62%~64%。

第五节 其他产品的生产工艺

一、多糖及其发酵生产工艺

自然界中，植物、动物、微生物体内都含有多糖，且具有多种多样的生理生化功能。

多糖的相对分子质量很大，分为直链和支链两种，多带有负电荷，水合度较大，水溶液具有一定的黏度，能被酸和酶水解变成单糖、低聚糖或其他组成多糖的成分。多糖除以游离状态存在外，也可以与蛋白质相结合的形式存在。多糖具有抗感染、抗风湿性关节炎、抗胃肠溃疡病及抗肿瘤等生物活性。

多糖类物质主要作为生化药物，并广泛应用于保健食品、化妆品等领域。近年来运用生物工程技术改造或替代传统工业技术开发出大量廉价、高效的多糖类新产品，其应用范围正在不断扩大。

制取多糖类物质的原料，在自然界中是丰富多彩的。从真菌中制取的有银耳多糖、茯苓多糖、香菇多糖、灵芝多糖、芸芝多糖；从酵母菌中提取的有酵母多糖；从细菌中提取的有细菌脂多糖、大肠杆菌多糖、变形杆菌多糖等；从植物中提取的有黄芪多糖、人参多糖、枸杞多糖、当归多糖、甘草多糖；从高等动物中提取的有透明质酸、软骨素、胎盘脂多糖、壳聚糖、类肝素等。

细菌、酵母和真菌可产生多种多样多糖，但到目前为止，只有少数几种在工业上得到应用，工业上重要的微生物多糖见表9-4。

表 9-4　工业上重要的微生物多糖

多　糖	来源微生物	发酵底物	多聚体中糖残基
面包酵母葡聚糖	啤酒酵母	葡萄糖	葡萄糖、甘露糖
热凝多糖	琼脂杆菌属粪产碱杆菌	葡萄糖	葡萄糖
右旋糖酐	肠膜状串珠菌	蔗糖	葡萄糖
短杆霉多糖	出芽短梗霉	葡萄糖浆	葡萄糖
硬化葡聚糖	葡聚糖核盘菌	葡萄糖	葡萄糖
黄单胞菌多糖	甘蓝黑腐病黄单胞菌	葡萄糖、葡萄糖浆	葡萄糖、葡萄糖浆

多糖的制取因原料来源的不同及各类多糖性质的不同，所采取的提取和纯化工艺也不相同。下面以黄胞胶的生产为例说明多糖的生产工艺。

黄胞胶又称黄原胶、汉生胶、三仙胶，是由黄单胞菌发酵产生的一种酸性胞外杂多糖。由于这种生物聚合物具有独特的生物流变性、良好的水溶性、对热及酸碱的稳定性、与多种盐类有良好的相容性，作为增稠剂、悬浮剂、乳化剂、稳定剂，在食品、能源、化工、涂料、医药、洗涤等行业得到广泛应用。

美国首先对这类多糖进行了研究并于 20 世纪 60 年代实现了工业化生产，我国也于 70年代对其开始研究，于 1986 年实现了工业化生产。由于后提取使用乙醇，成本高，生产和应用均受到限制。非醇法生产黄胞胶是我国黄胞胶生产的关键性突破，彻底解决了后提取成本高的问题，从而为黄胞胶大量国产化开辟了可行之路。

非醇法生产黄胞胶采用 XC-8420 菌种，培养基是蔗糖、葡萄糖或其他简单糖类。其发酵过程为：菌种在种子罐内经分级培养后，被接种到发酵罐中，在 30℃ 条件下，通气，搅拌，发酵时间为 48～60h，放罐后用稀盐酸调 pH 为 2，黄胞胶即沉淀下来，经脱水干燥后得淡黄色成品。生产工艺流程如图 9-6。

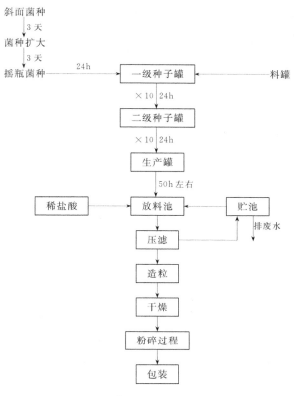

图 9-6 黄胞胶生产工艺流程

非醇提取法与其他技术相比较,具有以下特点:

① 在后提取工艺中完全不使用乙醇等有机溶剂,与通常的溶剂提取法相比大大降低了生产成本,避免使用溶剂回收及其贮存装置,节约能源,提取设备及车间也不再要求防爆;

② 发酵时间缩短,降低能耗,提高设备利用率;

③ 原料简单,发酵培养基中不使用有机氮源,而以无机氮源代之,使发酵过程容易控制,降低成本。

二、酶制剂的生产工艺

酶是由细胞产生的具有催化作用的蛋白质,生物体进行的各种生物化学反应都是在酶的作用下进行的,没有酶,代谢就会停止,生命也会停止。现代意义的酶,已经不单单是一些微生物的重要产物,它已成为现代生物产业中的一个不可缺少的组成部分。酶作为生物催化剂,在许多化学反应中具有不可低估的作用。酶催化剂作为生物进化的高级形式,与一般的化学催化剂相比,它可以在非常温和的条件下高效、专一地将催化底物转变为产物。通过酶,尤其是固定化酶的催化作用,可以简化生产工艺、降低生产成本、改善操作环境,其经济效益是非常可观的。随着人们对环境保护和生活质量要求的提高,酶在医药、食品、轻工等领域的应用日益广泛。酶工程技术已成为生物工程技术的重要组成部分,无论在基因工程、蛋白质工程、细胞工程和发酵工程都需要酶分子的参与。酶催化的高效性和特异性、产品的高效回收、反应体系简单等优点使酶工程技术成为现代生物技术的主要支柱之一。

酶对作用物具有高度的专一性、严格的选择性,只对某一种物质起催化作用。有的酶单一使用就可起催化作用,有的则需加上辅酶或辅基等辅助因子才能完成催化作用。酶的催化作用受到温度、酶浓度、pH、激活剂、酶抑制剂等条件的影响。

大多数生物都是有用酶的来源，但实际上只有有限数量的植物和动物是经济的酶源，在工业生产中所用的酶制剂绝大部分是通过微生物发酵、提取、精制而获得。全世界已发现的酶有 2500 多种，目前工业生产的有 60 多个产品，达到工业化生产规模的仅有 20 多个产品。

1. 微生物细胞生长与产酶的关系

产酶细胞在一定条件下进行培养，其生长过程要经历调整期、对数生长期、平衡期和衰退期四个阶段。通过分析酶产生与细胞生长的关系，可以把酶的生物合成模式分为以下四种类型：

（1）同步合成型　又称为生长偶联型。属于这一类型的酶，其生物合成可以诱导，但不受代谢物和反应产物阻遏。而且去除诱导物或细胞进入平衡期后，酶的合成立即停止。

同步合成型酶：酶的合成与细胞生长同步进行，细胞进入对数生长期，酶大量产生，细胞生长进入平衡期后酶的合成随着停止，这表明这类酶所对应的 mRNA 是很不稳定的。

（2）中期合成型　酶的合成在细胞生长一段时间以后才开始，而在细胞进入平衡期后，酶的合成也随着停止。该类酶的特点是其合成受反馈阻遏，而且所对应的 mRNA 是不稳定的。

（3）延续合成型　酶的合成伴随着细胞的生长而开始，但在细胞进入平衡期后，酶还可以延续合成较长时间。该类酶可受诱导，但不受分解代谢物和产物阻遏，而且该类酶所对应的 mRNA 相应稳定，可在生长平衡期以后相当长时间内继续酶的合成。

（4）滞后合成型　只有当细胞进入平衡期后，酶才开始合成并大量积累。该类酶在对数生长期不合成，可能是由于受到分解物代谢阻遏作用的影响，当阻遏解除后，酶才开始大量合成。加上其所对应的 mRNA 稳定性高，所以能在细胞停止生长后，继续利用积累的mRNA 进行翻译而合成酶。

由酶的合成模式可以知道，mRNA 的稳定性以及培养基中阻遏物的存在是影响酶合成模式的主要因素。其中 mRNA 稳定性高的，可在细胞停止生长后继续合成其所对应的酶；mRNA 稳定性差的，就随着细胞生长的停止而终止酶的合成。不受培养基中某些物质阻遏的，可随细胞生长开始酶的合成；受培养基中某些物质阻遏的，要在细胞生长一段时间或在平衡期以后，解除阻遏，酶才开始合成。虽然微生物生长期与产酶期有一定的关系，但菌种变异或培养基改变，均可使产酶期发生变动。芽孢杆菌形成胞外蛋白酶物质基础的能力比其他微生物强，而胞外蛋白酶的产生与芽孢的形成有密切的关系。一般不能形成芽孢的突变株，不能合成大量碱性蛋白酶，丧失了形成蛋白酶能力的突变株不能形成芽孢。淀粉酶的产生与芽孢形成无直接关系，有些菌株的淀粉酶活性在菌体生长达最大值时最高；有些菌株（如枯草杆菌与嗜热脂肪芽孢杆菌）在对数生长期淀粉酶活性最高；对糖的分解代谢产物阻遏很敏感的菌株，在糖未耗尽和达到生长静止期之前不会大量形成淀粉酶。工业上用粗原料生产淀粉酶时，酶在静止时大量形成，酶活性随菌体自溶而增加。枯草杆菌 BF-7658 的淀粉酶活性在衰退期最高。

2. 微生物合成的调节与控制

酶的生物合成受基因和代谢的双重调节控制。从 DNA 分子水平阐明酶生物合成的控制机制，酶的合成像蛋白质合成一样受基因控制，由基因决定形成酶分子的化学结构。但从酶的角度来看，仅有某种基因不能保证大量产生某种酶，酶的合成还受代谢物（酶反应的底物、产物或类似物）的控制和调节。当有诱导物存在时，酶的生成量可以几倍乃至几百倍地增加。相反，某些酶反应的产物，特别是终产物，又能产生阻遏作用，使酶的合成量减少。

3. 微生物酶的生产条件

（1）微生物酶生产的培养基　微生物酶生产的培养基与其他发酵产品的培养基一样，都包括碳源、氮源、无机盐和生长因子。在酶制剂的生产过程中常加入产酶促进剂，即加入少量的某种能显著增加酶产量、作用并未阐明清楚的物质。在酶的发酵生产中，对于诱导酶来讲，在培养基中添加适量诱导物，也可使产酶量显著提高。产酶诱导物通常是酶作用的底物或底物类似物，如常用的产酶促进剂有吐温-80、植酸钙镁、洗净剂 LS、聚乙烯醇、乙二胺四乙酸等。

（2）温度的影响及控制　温度是影响细胞生长繁殖和发酵产酶的重要因素之一。酶发酵培养温度随菌种不同而不同。细胞发酵产酶的最适温度与最适生长温度亦不同。

在产酶过程中，为了有利于菌体的生长和酶的合成，可采用阶段控制温度，即在生长期，控制生长的最适温度，在酶的合成期采用生产的最适温度。但由于微生物合成酶的模式不同，应根据合成模式，来控制适宜的温度。一般在较低的温度条件下，可提高酶的稳定性，延长细胞产酶时间。例如，用酱油曲霉生产蛋白酶，在 28℃条件下发酵，蛋白酶产量比在 40℃条件下高 2～4 倍；在 20℃条件下发酵，蛋白酶的产量会更高。但并不是温度越低越好，若温度过低，生化反应速率很慢，反而降低酶的产量，延长发酵周期，故必须进行试验，以确定最佳产酶温度。

在酶生产中，为了有利于菌体生长和酶的合成，也有进行变温发酵的。例如枯草杆菌 AS.398 中性蛋白酶生产时，培养温度必须从 31℃逐渐升温至 40℃，然后再降温至 31℃进行培养，蛋白酶产量比不变温高 66%。据报道，酶生产的温度对酶活力的稳定性有影响。例如，嗜热芽孢杆菌淀粉酶生产时，在 55℃培养所产生的酶的稳定性比 35℃好。

酶生产的培养温度随菌种不同而不同。同一种微生物，在不同温度下，可产生不同的酶，同一种酶也可由不同的微生物产生。例如利用芽孢杆菌进行蛋白酶生产常采用 30～37℃，而霉菌、放线菌的蛋白酶生产以 28～30℃为佳。在 20℃生长的低温细菌，在低温下形成蛋白酶最多。嗜热微生物在 50℃左右蛋白酶产量最大。

（3）pH 对酶生产的影响及控制　酶生产的适宜 pH 通常与酶反应的最适 pH 相接近。但酶反应的最适 pH 对某些酶来说可能是最不稳定的。在这种情况下，酶反应的最适 pH 与酶生产的最适 pH 差距就较大。如黑曲霉 3350 酸性蛋白酶反应的最适 pH 为 2.5～3.0，而在 pH=6 左右培养时酸性蛋白酶产量较高。

由于酶生产受培养基 pH 的影响，故可利用培养基 pH 来控制酶活性。例如利用黑曲霉生产糖化酶时，除糖化酶外还有 α-淀粉酶和葡萄糖苷转移酶的存在。当 pH 为中性时，糖化酶的活性高，其他两种酶的活性低。特别是葡萄糖苷转移酶，因为它的存在严重影响葡萄糖吸收，在糖化酶生产时是必须除去的。因此将培养基 pH 调节到酸性就可以使这种酶的活性降低，如 pH 达到 2～2.5 则有利于这种酶的消除。

培养基的 pH 和碳氮比密切相关，因此微生物生产酶类的 pH 也和碳氮比有关。例如米曲霉在碳氮比高的培养基中培养，产酸较多，pH 下降，有利于酸性蛋白酶的生成；在碳氮比低的培养基中培养，则 pH 升高，有利于中性和碱性蛋白酶生成。由此可见，在酶生产过程中通过培养基的碳氮比来控制 pH，从而控制酶产量是很重要的。

酶生产的 pH 控制，一般根据酶生产所需求的 pH 确定培养基的碳氮比和初始 pH，在一定通气搅拌条件的配合下，使培养过程的 pH 变化适合酶生产的要求。但是，也有在培养基中添加缓冲剂使其具有缓冲能力以维持一定 pH 的；也有在培养过程中当培养液 pH 过高时添加糖或淀粉来调节，pH 过低时用通氨或加大通气量来调节的。此外，也有用补料来控制培养基的碳氮比和 pH。

（4）溶解氧对酶生产的影响　酶生产所用的菌体一般都是需氧微生物，培养时都需要通风搅拌，但培养基中溶解氧的浓度因菌种而异。一般，通气量少对霉菌的孢子萌发和菌丝生长有利，对酶生产不利。例如米曲霉的淀粉酶生产，培养前期降低通气量则促进菌体生长而酶产量减少；通气量大则促进产酶而对菌体生长不利。又如，以栖土曲霉生产中性蛋白酶，风量大时菌丝生长较差，但酶产量是风量小时的 7 倍。然而并不是利用曲霉进行酶生产时产酶期的需氧量都比菌体生长期大，也有氧浓度过大而抑制酶生产的现象。例如黑曲霉的淀粉酶生产，酶生产时的需氧量为生长旺盛时菌需氧量的 $30\%\sim40\%$。

利用细菌进行酶生产时，一般培养后期的通气搅拌程度比前期剧烈，但也有例外的情况，例如枯草杆菌的 α-淀粉酶生产，在对数生长期末降低通气量可促进 α-淀粉酶生产。

据报道，利用霉菌进行固体培养生产蛋白酶时，CO_2 对孢子萌发与产酶有作用，而不利于生长，因此在孢子发芽与产酶时掺入的空气中掺入 CO_2 有利于提高酶产量。在枯草杆菌的 α-淀粉酶生产中，CO_2 对细胞繁殖与产酶均有影响，当通入的空气中含 CO_2 8%时，α-淀粉酶活性比对照提高 3 倍。

如培养液浓度高，通气搅拌也要加强，以利于提高溶解氧。淀粉原料用 α-淀粉酶处理后，培养液黏度降低有利于氧和传递，通气量可比不处理时减少。例如以黑曲霉生产糖化酶时，使用 α-淀粉酶处理，当玉米粉浓度为 20%时，其通气量比未用 α-淀粉酶处理的玉米粉浓度为 15%时减少 56%。

4. 酶的提取技术

（1）酶提取的方法　酶提取的方法主要有盐析法和有机溶剂沉淀法。

① 盐析法　盐析中常用的中性盐有硫酸镁、硫酸铵、硫酸钠、硫酸二氢钠，其盐析蛋白酶的能力因蛋白酶种类不同而异，一般以含有阴离子的碱性盐盐析效果较好，由于硫酸铵的溶解度在低温时也相当高，故在生产上得到普遍应用。一般各种酶盐析的剂量通过实验来确定。

以中性盐盐析蛋白酶时，酶蛋白溶液的 pH 对盐析的影响不大。在高盐溶液中，温度高时酶蛋白的溶解度低，故盐析时除非酶不耐热，一般不需要降低温度。如酶蛋白不耐热，一般需冷至 30℃盐析。

同一中性盐溶液对不同的酶蛋白或蛋白质的溶解能力是不相同的，利用这一性质，在酶液中先后添加不同浓度的中性盐，就可以将其中所含的不同的酶或蛋白质分别盐析出来，这就是分步盐析法。分步盐析是一种简单而有效的纯化技术，采用此法分离不同的酶或蛋白质，必须先通过实验求出液体中各种酶或蛋白质的浓度与盐析浓度的关系。

盐析法的优点：不会使酶失活；沉淀中夹带的蛋白质类杂质少；沉淀物在室温长时间放置不易失活，缺点是沉淀物中含有大量盐析剂。盐析法常作为提取酶的初始分离手段。用盐析法沉淀的沉淀颗粒相对密度较小，而母液的相对密度较大，故用离心分离时分离速度慢。

② 有机溶剂沉淀法　有机溶剂沉淀蛋白质的机理目前还不十分清楚。各种有机溶剂沉淀蛋白质的能力因蛋白质种类不同而异。乙醇沉淀蛋白质的能力虽不是最强，但因其挥发损失相对较少，价格也较便宜，所以工业上常用它作为沉淀剂。有机溶剂沉淀蛋白质的能力受溶解盐类、温度和 pH 等因素的影响，有机溶剂也会使培养液中的多糖类杂质沉淀，因此用此法提取酶时必须考察这些环境因素。分步有机溶剂沉淀法也可以用来分离酶或蛋白质，但

其效果不如分步盐析法好。

按照食品工业用酶的国际法规，食品酶制剂中允许存在蛋白质类与多糖杂质及其他酶，但不允许混入多剂量水溶性无机盐类（食盐等例外），所以有机溶剂沉淀法的好处是不会引入水溶性无机盐等杂质，而引入的有机溶剂最后在酶制剂干燥过程中会挥发掉。由于具有此种特点，此法在食品级酶制剂中占有极重要的地位。又由于它不会脱盐，操作步骤少，过程简单，收率高，国外食品工业用的粉剂酶如霉菌的淀粉酶、蛋白酶、糖化酶、果胶酶和纤维素酶等都是利用有机溶剂一次沉淀法制造的。

为了省省有机溶剂的用量，一般在添加有机溶剂前先将酶液减压浓缩到原体积的 40%～50%。有机溶剂的添加量，按照小型实验测定的沉淀曲线来确定。要避免过量，否则会使更多的色素、糊精及其他杂质沉淀。

除以上两种方法外，还有单宁沉淀法、吸附法等提取方法。

（2）酶的提取过程

① 发酵液预处理　如果目的酶是胞外酶，在发酵液中加入适当的絮凝剂或凝固剂并进行搅拌，然后通过分离除去絮凝剂或凝固物，以取得澄清酶液。如果目的酶是胞内酶，先把发酵液中的菌体分离出来，并使其破碎，将目的酶抽提至液相中，以取得澄清酶液。

② 酶的沉淀或吸附　有合适的沉淀方法，如盐析法、有机溶剂沉淀法等，使酶沉淀，或者用白土或活性氧化铝吸附酶，再进行解吸，以达到分离酶的目的。

③ 酶的干燥　收集沉淀的酶进行干燥磨粉，并加入适当的稳定剂、填充剂等制成酶制剂；或在酶液中加入适当的稳定剂、填充剂，直接进行喷雾干燥。

5. 淀粉酶的生产工艺

淀粉酶是水解淀粉和糖原酶类的总称，是最早实现了工业生产并且迄今为止用途最广、产量最大的一个酶制剂品种。

主要的淀粉酶可分为四大类：α-淀粉酶、β-淀粉酶、葡萄糖淀粉酶（糖化酶）和异淀粉酶。

这些淀粉酶中比较重要的是 α-淀粉酶和葡萄糖淀粉酶。下面介绍 α-淀粉酶的生产工艺：

枯草杆菌 BF7658 α-淀粉酶是我国产量最大、用途最广的一种液化型 α-淀粉酶，广泛应用于食品、制药、纺织等许多方面。其生产工艺如图 9-7 所示。

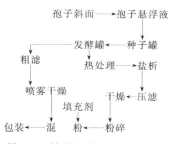

图 9-7　枯草杆菌 BF7658 α-淀粉酶生产工艺流程

（1）发酵　将试管斜面菌种接种到马铃薯茄子瓶斜面，于 37℃ 培养 3 天，然后接入种子罐，种子培养基的组成为豆饼粉、玉米粉、Na_2HPO_4、$(NH_4)_2SO_4$、$CaCl_2$、NH_4Cl 等。在 37℃、搅拌转速 300r/min、通气量 1：（1.3～1.4）体积比的条件下培养 12～24h（对数生长期）接入发酵罐。发酵温度 37℃、搅拌转速 200r/min，通气量为 0～12h 1：0.67，12h 至发酵结束 1：（1.33～1.0），周期为 40～48h。补料从 12h 开始，每小时一次，分 30 余次补完，补料体积相当于基础料的 1/3。停止补料后 6～8h，温度不再上升，菌体衰老，酶活不再升高，发酵即可结束，发酵完毕。发酵液中加入 2% $CaCl_2$ 和 0.8% Na_2HPO_4，并加热至 50～55℃ 维持 30min（破坏蛋白酶，促使胶体凝聚），然后冷却到 40℃ 进行提炼。

（2）提取　一般采用盐析法提取，在热处理后冷却到 40℃ 的发酵液中加入硅藻土（助滤剂）过滤，滤饼加 2.5 倍水洗涤，将洗涤水和滤液合并，于 45℃真空浓缩数倍，加硫酸铵 40%盐析，盐析物加入硅藻土进行压滤，滤饼于 40℃烘干磨成粉即为成品。本工艺的总收率为 70%。也可以将滤液直接进行喷雾干燥制成酶粉，但这样成品含杂质多且有臭味，蒸汽耗量大，且容易吸湿。

三、单细胞蛋白生产工艺

单细胞蛋白（SCP）是指大规模培养系统中生长的水藻、放线菌、细菌、真菌等微生物的干细胞，可用作人类食品或动物蛋白质饲料。特别是在动物饲料方面，可解决蛋白饲料资源不足的矛盾，同时能补充氨基酸，大大提高基础口粮的全价性，充分发挥有限资源的饲养效果，对于畜牧业的发展具有重要意义。

国际上从 20 世纪 70 年代开始广泛进行单细胞蛋白的开发研究生产。由于其具有原料易得、价格低廉、安全无毒、营养价值高、可大规模工业化合成等优点，其生产开发受到世界各国的普遍重视，近年来也取得了很大进展。

1. SCP 生产的一般工艺过程

采用的发酵罐有传统的搅拌式发酵罐、通气管式发酵罐、空气提升式发酵等。投入发酵罐中的物料有生长良好的种子、水、基质、营养物、氨等，培养过程中控制培养液的 pH 及维持一定温度。单细胞蛋白的生产中为使培养液中营养成分有效利用，可将部分培养液连续送入分离器中，上清液回入发酵罐中循环使用。菌体分离方法的选择可根据所采用菌种的类型，比较难分离的菌体可加入絮凝剂以提高其凝聚力，便于分离。一般采用离心机分离。

作为动物饲料的单细胞蛋白，可收集离心后浓缩菌体，经洗涤后进行喷雾干燥或滚筒干燥。作为人类食品则需除去大部分核酸。将所得菌体水解，以破坏细胞壁，溶解蛋白质、核酸，经分离、浓缩、抽提、洗涤、喷雾干燥得到食品蛋白。

2. SCP 生产的微生物

SCP 生产的菌种选择，应考虑以下问题：①生产所用菌种增殖速度快，菌体收量大；②原料价格便宜，能够大量供给，或利用工农业废料；③生产菌种对营养要求简单；④易于培养，可连续发酵；⑤分离回收容易；⑥不易污染杂菌；⑦废水少；⑧菌体蛋白质含量高，氨基酸组成好；⑨没有毒性、病原性及致癌物质；⑩SCP 适口性好；⑪贮藏、包装容易。对于产品的品质和安全性要经过严格的鉴定，在这方面联合国蛋白质、热量顾问委员会专门颁布了鉴定指南，对于产品的各种污染菌数的界限、质量分析项目、动物试验方案与病理观察项目和方法都有详细的规定。

SCP 生产的常用微生物有酵母菌、细菌、藻类及担子菌等。微生物生产 SCP，应根据微生物各自的生理特性来选定。一般来说，细菌生长速度快，蛋白质含量高，除了利用糖类外还能利用多种烃类，但因细菌个体小，分离困难，菌体成分中除蛋白质外，还有含毒性物质的危险，分离所得蛋白质不如酵母易于消化。而酵母菌菌体大，易于分离、回收。目前生产上采用酵母菌较多。丝状真菌的优点是易于回收、质地良好，但生产速度较慢，蛋白质含量低。藻类的缺点是它们含有纤维质的细胞壁，不易为人体消化，并且它们有富集重金属的问题，因而作为食品均需进行加工，以成为无毒性、适口良好的食品。

3. 生产 SCP 的基质

用谷物粮食和其他淀粉质原料为碳源生产酵母已用于大规模工业生产。此外，单细胞蛋白的生产原料有秸秆、木屑、糠秕等纤维性资源，甘薯、木薯马铃薯等淀粉原料，石油、天然气、甲醇、乙醇、醋酸、泥炭和工业有机废水等。其中甲醇、乙醇等原料已实现工业化生产。国内在有机废物的利用方面进行了大量的工作，如制革工业将制革废料铬鞣皮屑经除铬后，皮质中的大分子多肽链水解或以氨基酸为主的短肽蛋白质经水解浓缩、干燥，即成蛋白粉。还有利用啤酒糟液、白酒酒糟经生物工程发酵处理制得优质蛋白饲料。此外，国内还有数家工厂利用动物羽毛经高压水解制取单细胞蛋白饲料。

4. 典型单细胞蛋白介绍

（1）饲料酵母粉 本品具有浓香气味，蛋白质含量，氨基酸齐全，且含有 B 族维生素、微量元素及各种酶。能促进畜禽的新陈代谢，增强抗病能力，提高畜禽的生长速度、繁殖能力、肉质和皮毛质量，特别适宜以气味觅食的鱼虾喂养。

饲料酵母粉以酒糟液经发酵而成。其工艺路线有三种：①酒糟经冷却、净化、增殖、浓缩、质壁分离后，再经干燥、粉碎得产品；②将酒糟接种发酵后，经干燥、去杂质、粉碎得产品；③将酒糟沉渣加营养盐液，以酵母为微生物源，发酵后，经分离、干燥、粉碎得产品。

（2）腐植酸蛋白饲料 本品为黑色固体。除含动物所需的蛋白质（≥48%）外，还含有动物生长激素。可促进畜禽生长，提高繁殖能力，减少疾病，助消化。

腐植酸蛋白饲料由风化煤用氢氧化钠中和，加尿素、硫酸铵等经混合、灭菌，然后接种发酵、浓缩干燥即得成品。

（3）脱核酵母 本品含蛋白质≥50%，赖氨酸和蛋氨酸含量分别为≥8%和≥2.4%，营养价值高。可替代鱼粉饲养水貂、鳗鱼、对虾等。

脱核酵母由糖蜜经澄清、稀释制得清糖水，再加入营养盐类，经发酵、离心分离，弃去轻相，重相溶解，再离心分离，轻相用以制取核糖核酸，重相经烘干、粉碎即得成品。

（4）甲醇蛋白 甲醇蛋白是以甲醇为基质生产的单细胞蛋白，与鱼粉、大豆等天然动植物蛋白相比，其营养价值高，粗蛋白质含量都在 70% 以上，还含有丰富的氨基酸（如赖氨酸、蛋氨酸、胱氨酸），又有矿物质以及维生素，目前主要用作饲料营养添加剂。

世界上甲醇蛋白的生产方法有八种，以英国 ICI 法、德国赫斯特-伍德法和日本三菱瓦斯法最具有代表性。

ICI 法是将灭菌后的培养液及甲醇和含氮空气从发酵罐底部加入，利用空气搅拌及气升式加压外循环罐型发酵后粗产品从塔底排出，调节 pH 使细菌凝聚，经离心分离、闪蒸脱水、干燥得成品。粒状用作家畜、家禽、鱼等的饲料蛋白，粉状用作代奶粉。

赫斯特-伍德法，是将磷酸、盐、水和微量元素灭菌后加入发酵罐，甲醇单独加入，发酵中加氨水，使 pH 在 7 左右，罐放出料经浓缩、离心、干燥得产品，主要供人食用，亦作饲料蛋白。

三菱瓦斯法，是灭菌后原料加入发酵罐，罐内设有多层多孔隔板，空气搅拌为气升式加压式循环。发酵液经离心、粒化、干燥后得粒状产品。

第六节 发酵工程经济评价

企业生产的目的可概括为两个方面：一是满足社会对某种产品的需求；二是获取经济效益。经济效益是经济活动产出的成果与投入的生产要素之间的比例关系，实质上是劳动的效率。

经济效益的定量表述方法有多种，最简单、最常用的表述为：

$$经济效益＝销售收入－销售成本＝利润$$

可以看出，影响经济效益的因素主要有销售收入和销售成本两方面。

一、影响销售收入的因素

销售数量和销售价格决定着销售收入。

对某一特定商品而言，销售数量受消费者的需求、市场供应情况的影响。主要包括以下几方面：

（1）商品的价格　消费者在购买一定数量的某种商品时，是把商品的价格考虑在内的，消费者对某种商品的需求一般随该商品价格的上升而减少，或随其价格下降而增加。

（2）消费者的爱好或偏好　价格或功能相近的几种商品，其需求量常取决于消费者的爱好或偏好，但消费者的爱好或偏好并不是一成不变的，有时宣传、广告往往可以影响消费者，改变他们的偏好。

（3）消费者的收入　一般来说，消费者收入增加，对商品的需求量就会增加，反之就会减少。

（4）相关商品的比价　如果两种商品在使用上是互补的，二者必须同时使用才能满足需要，则相关商品的价格降低会增加对该特定商品的需求；如果两种商品在使用上是可以互相替代的，则相关商品的价格上涨，会减少人们对相关商品的需求，转而增加对该特定商品的需求。

（5）消费者的期望　这是消费者对一种商品未来价格水平的预期，从而对当前价格水平产生影响。

特定商品的销售价格受商品价值和市场供求关系的影响。

二、影响销售成本的因素

销售成本是生产和销售产品所需费用的总和，即企业为生产该产品所支付的生产资料费用、工资费用和其他费用的总和。

发酵产品成本的主要组成有：菌种、原料、辅助材料、燃料及公用工程、生产工人工资及附加费、基本折旧费和大修理基金、车间管理费、企业管理费、销售费等。

（1）菌种　同一产品往往可以由不同菌种发酵制得，作为大规模生产，为了控制成本，对菌种有下列要求：

① 原料廉价，生长迅速，目的产物产量高；

② 易于控制培养条件，酶活性高，发酵周期较短；

③ 抗杂菌和噬菌体的能力强；

④ 菌种遗传性能稳定，不易变异和退化，不产生任何有害的生物活性物质和毒素，保证安全生产。

（2）原料及辅助材料　发酵产品的原料大多是粮食、油脂、糖类、蛋白质等，且工业发酵消耗原料量大，因此在工业发酵中选择培养基原料及辅助材料时，在满足容易被微生物利用并满足工艺要求的条件下，必须以价廉、来源丰富、运输方便、就地取材以及没有毒性等为原则。

（3）燃料及公用工程　指直接耗用于发酵过程的燃料、电力、蒸汽、工艺用水、冷却用水等。

（4）生产工人工资及附加费　指直接从事产品生产操作的工人的工资，附加费是按生产工人工资比例提取的用于劳动保险、医疗、福利及工会经费补助金等。

（5）基本折旧费和大修理基金　固定资产在使用过程中，虽然其实物形态始终保持不变，但其价值却随固定资产效能的衰竭而减少。折旧是指固定资产在使用过程中逐步损耗的价值，这部分价值转入产品成本称为折旧费。在生产过程中为保证设备的正常运转，还要进行维护保养和大修。这部分追加的耗费也计入成本，其中大修费用列为大修理基金。

（6）车间管理费　指在车间范围内为保证正常生产而开支的各项管理费和业务费。

（7）企业管理费　指组织和管理全厂生产经营活动过程中发生的各种费用。

（8）销售费　指与销售活动有关的费用，如包装费、运输费、广告费、推销费等。

在上述成本组成中，有些与产品产量的变化有关系，如菌种、原材料、燃料及动力费等，称为可变成本或变动成本；有些在一定范围内不随产量变动而变化，如固定资产折旧、车间经费、企业管理费等，称为不变成本或固定成本。

三、发酵过程中成本-产量-利润分析（本量利分析）

我们知道，固定成本是不随产量增减而变化，即使产量为零也要支付的费用，如固定资产折旧、照明采暖费及工资等。变动成本是随产量增减而变化的费用，实际上其中一部分与产量成正比直线关系，如原料费、燃料及动力费、辅助材料费；另一部分则随产量变化而呈阶梯形或曲线变化，如加班津贴、奖金等，为简化起见，一般取直线变化。

在发酵生产中，当产品产量为零时，从理论上说，企业只发生固定成本，没有收入，企业亏损；随着产品产量的增加，企业的固定成本不变，同时发生变动成本，产品销售收入在补偿变动成本后，部分地补偿固定成本，企业亏损减小并逐渐达到盈亏平衡；之后，在生产能力范围内，随着产品产量的增加，企业的盈利增加。企业开始盈利时的销售量称为盈亏平衡点（保本点）。

$$盈亏平衡点 = \frac{年固定成本}{产品单位售价 - 单位变动成本}$$

在生产过程中，要尽可能地降低成本，同时，在设备生产能力范围内要尽量提高负荷，增加产品产量。当然，产品产量除了受设备生产能力的影响外，还受到市场的制约，因此，开拓市场、增大销售量也是提高企业经济效益的重要手段。

此外，还要关注国家产业政策，对于国家扶持的产业，企业可能得到税收方面的优惠或政策方面的支持。

复　习　题

1. 次级代谢产物有哪些特征？
2. 简述抗生素生产菌的主要代谢调节机制。
3. 简述抗生素生产的工艺过程。
4. 简述培养基对青霉素发酵的影响。
5. 青霉素生产应主要控制哪些工艺条件？
6. 柠檬酸的制备方法有哪些？
7. 简述柠檬酸的生产工艺。
8. 苹果酸的发酵方法有哪些？
9. 氨基酸有哪些生产方法？
10. 氨基酸发酵应主要控制哪些工艺条件？

11. 谷氨酸的生产方法有哪些？

12. 简述谷氨酸的发酵机制。

13. 谷氨酸的提取方法有哪些？

14. 简述啤酒的发酵机制。

15. 麦芽制造包括哪些过程？

16. 什么是麦芽汁的制备？包括哪些过程？

17. 啤酒发酵应主要控制哪些工艺条件？

第十章　安全生产与环境保护

职业能力目标

- 认识发酵工厂安全生产的重要性。
- 能在生产中对工业"三废"进行一般的处置。
- 能够预防并处理发酵工业易发安全事故。
- 能在生产中对发酵废水进行生化处理（好氧处理和厌氧处理）。

专业知识目标

- 能大致说出工业"三废"的来源。
- 能准确地说出发酵工厂易发生安全事故的场所和环节、发酵工业废液污染控制要求、废渣及污泥的外置及处理系统。

第一节　安　全　生　产

一、安全生产的重要性

近年来，我国安全生产的监管力度在不断加大，但化工、煤矿、交通等行业重大事故仍时有发生，人民生命财产损失惨重。一次次让人触目惊心的事故场面，让人们越来越认识到安全生产的重要性：安全为天。

安全工作的重要性怎么说也不过分。有人说：安全第一，其他是零，只要有"1"在，后面"0"越多越好；没有"1"，再多的"0"也无用。还有人说：最大的财富是健康，最宝贵的东西是生命；人命关天；责任重于泰山……2002年国家已颁布实施了《安全生产法》，将安全生产工作纳入了法制化管理的轨道，把对安全生产的要求提高到了一个新的高度。一个人的身体受到伤害、生命受到威胁，是人生极大的悲哀，如果落到自己身上，那么整个家庭将像多米诺骨牌一样，由幸福美满、充满希望迅速滑向毫无希望、充满苦难的深渊；如果落到周围人身上，我们将怀着负罪感再一次面对破碎的家庭、一群悲痛欲绝的老老少少。一个企业可能因此一蹶不振，甚至破产倒闭；一个地区可能因此人心惶惶，何谈安居乐业、经济繁荣！因此，安全就是财富，安全就是需要，安全也是生产力。安全问题，不是一个个人问题，而是一个社会问题，一个人发生安全问题，整个社会都要品尝这个悲剧的恶果。

现代工业生产是以广泛使用日新月异的大机器为特征的生产，时时刻刻与人类打交道的设备、零部件以及整个环境，其硬度远比人类的躯体强，其速度远比看到后再采取措施快，其能量远比人体的能量大，故人们与安全只有一步之遥、一念之差。一旦进入不安全的陷阱，将无力回天。

因此，强调安全为天，不仅要增强对不安全生产危害性的认识，更重要的是增强对安全生产与自己密切相关的认识。只有全面认识到生产事故的复杂性、突发性、严重性，才能更好地领会安全生产的重要性。

二、生化生产中常见的安全问题及预防

生化生产具有化工生产的一般特点，容易发生中毒、腐蚀、触电、燃烧、爆炸等工伤事故，给人们的生命财产造成无法挽回的损失。下面从二氧化碳中毒、漏电与触电、压力容器的爆炸等几个方面分析其原因和预防措施：

1. 二氧化碳中毒

（1）二氧化碳中毒机理　二氧化碳（CO_2）是无色气体，高浓度时略带酸味。工业上，二氧化碳常被加压变成液态贮存在钢瓶中，放出时，二氧化碳可凝结成为雪状固体，俗称干冰。CO_2 是窒息性气体，本身毒性很小，但在空气中出现会排挤氧气，使空气含氧量降低。人吸入这种窒息性气体含量高的空气时，会由于缺氧而中毒。

职业性接触二氧化碳的生产过程有：①长期不开放的各种矿井、油井、船舱底部及水道等；②利用植物发酵制糖、酿酒、用玉米制造丙酮等生产过程；③在不通风的地窖和密闭的仓库中贮藏水果、谷物等产生高浓度二氧化碳；④灌装及使用二氧化碳灭火器；⑤亚弧焊作业等。

二氧化碳中毒绝大多数为急性中毒，鲜有慢性中毒病例报告。二氧化碳急性中毒主要表现为昏迷、反射消失、瞳孔放大或缩小、大小便失禁、呕吐等，更严重者还可出现休克及呼吸停止等。经抢救，较轻的病员在几小时内逐渐苏醒，但仍可有头痛、无力、头昏等，需两三天才恢复；较重的病员大多是没有及时抢救出现场而昏迷者，可昏迷很长时间，出现高热、电解质紊乱、糖尿、肌肉痉挛强直或惊厥等，甚至呼吸停止身亡。

如需进入发酵罐或贮酒池等含有高浓度二氧化碳场所，应该先进行通风排气，通风管应该放到底层；或者戴上能供给新鲜空气或氧气的呼吸器，才能进入。

（2）二氧化碳中毒实例　1988 年 6 月 21 日，上海某酿酒厂 3 名农民工在清洗成品仓库酒池时，相继昏倒，10 余分钟后，被依次救出，急送至有关医院抢救，其中两人抢救无效死亡，一人抢救后脱离危险。

根据现场调查和临床资料，确认该起事故系急性职业中毒事故，为高浓度二氧化碳急性中毒伴缺氧引起窒息。

现场调查发现，发生事故的酒池位于地面下，池底有约 4cm 厚的酒泥。现场无防护设施，照明差，在救人过程中，酒池内已通入工业用氧气，而对事故现场进行有毒有害气体检测，二氧化碳浓度尚高达 72000×10^{-6}，超过国家卫生标准（10000×10^{-6}）6.2 倍。

当二氧化碳浓度为 1000000×10^{-6} 时，可引起人的意识模糊，接触者如不移至正常空气中或给氧复苏，将因缺氧而致死亡。二氧化碳达到窒息浓度时，人不可能有所警觉，往往尚未逃走就已中毒和昏倒。

酒池内存在高浓度二氧化碳，主要原因是酒池内有醋酸菌，在其作用下，酒池内残存的葡萄酒可分解为醋酸，醋酸进一步分解为二氧化碳和水。农民工缺乏起码的劳动安全卫生保障，在清洗酒池时，也未采取任何防护措施，从而导致这场事故的发生。

（3）进入发酵工厂封闭空间的安全规定　所谓发酵工厂的"封闭空间"，是指厂内的仓、塔、器、罐、槽、机和其他封闭场所，如原料仓库、发酵罐等进出口受限制的密闭、狭窄、通风不良的空间。这些场所易发生中毒事故；隐蔽，不易被发现；不通畅，逃生、施救困难。为避免类似上述 CO_2 中毒事故，发酵工厂针对进入封闭空间，制定如下安全规定：进入封闭空间作业前必须办理工作许可证；进入封闭空间作业前必须分析掌握设备状况，做好防护工作，穿戴好防护用品；保证封闭空间与其他设备、管道可靠隔离，防止其他系统中的

介质进入封闭空间；严禁堵塞封闭空间通向大气的阀门；保持足够通风，排除封闭空间内易挥发的气体、液体、固体沉积物等有毒介质，或采用其他适当介质进行清洗置换，确保各项指标在规定范围内；确认封闭空间内没有压力；必须在封闭空间的控制部位悬挂安全警示牌；并在封闭空间外指定 2 名监护人随时保持有效联系；若发生意外，应立即将作业人员救出。

2．发酵工厂的供电保障及漏电触电预防

（1）发酵工厂的供电保障　对于现代化的发酵生产来说，电既是血液——最基本的能源和动力，又是神经——测量控制信号的载体。可以说，没有电就没有现代化的发酵生产。

现代化的发酵生产是一个连续化的生产过程。生产的各个工序承接前一工序的半成品，完成自己的加工任务后转交下一工序，一环扣一环组成完整的生产线。这种高效率的连续性的生产方式，要求每一工序、每一环节都具有很高的可靠性。任何一个生产环节的中断，都会造成整个生产链条的脱节、瘫痪和停产。

完成其生物发酵过程，必须按预定工艺连续进行。如果意外停电，会造成发酵液变质，菌种退化，倒罐，产生废品……正常生产中的意外停电，往往会造成严重的损失。

而发酵生产特点决定了它容易发生发泡、溢料、冲罐以及跑冒滴漏等意外，空气潮湿，污染物多，易造成电器短路、漏电，进一步造成触电或停产等事故。所以生产上一定要严格执行操作规程，保证电器和线路的干燥，经常检查漏电自动断路等自动控制装置是否有效等。另外，根据经验，可以采取以下几个措施保证发酵生产的正常供电：双回路供电；发电/市电双电源配电；采用母线分段措施；选用有载调压变压器；采用抽屉式电柜；采用高可靠性智能化开关。

（2）发酵工厂安全用电规程　发酵工作室温度较低，湿度大，容易发生"跑冒滴漏"现象，污染废物多，泵、鼓风机等电器设备移动性大，并且由于卫生要求高而经常冲刷容器和地面……由于这些原因，发酵工厂易发生漏电、短路、停电、触电等事故，为避免类似事故发生，操作人员应遵守如下安全用电规程：电器设备必须有保护性接地、接零装置；移动电器设备时必须切断电源；员工使用的配电板、开关、插头等必须保持安全完好；使用移动的电灯必须加防护罩；停电后必须切断电源总开关；严禁擅用非工作电炉、电炊等；非持证电气专业人员，不得随意拆修电器设备；电器设备不得带故障运行；送电前必须检查确定设备内和周围是否有人，并发出送电信号；挂有电器维修牌的开关，绝对不允许闭合；任何电器设备在验明无电前，均认为有电，不得盲目触及；不得用湿手触摸电器。电器设备的清扫，必须在确认断电后进行；做清洁时，严禁用水冲刷电器设施；并且电器设备应加装防水罩；严禁不用插头而直接把电线末端插入插座；电线电缆必须绝缘良好；使用的闸刀、空断器等漏电自动断路控制装置必须完好无损；不得用金属丝代替保险丝；接用临时电源前，必须先办理审批手续；接用的临时电源线要采用悬空架设和沿墙敷设，保证空间安全；用电申请中的用电容量必须有匹配的、完好的安全保护装置，用电负荷及时间必须与申请要求保持一致。

3．压力容器的超压爆炸或负压吸瘪

压力容器超压可引起容器的鼓包变形，甚至爆炸，造成人员伤亡和重大财产损失，危害性极大。因此，一般厂家对超压的危害性非常重视，如锅炉已被列为专项控制设备。而压力容器内形成负压，往往造成设备的损坏，使压力容器吸瘪、内容物泄漏从而停工停产，造成人员或经济损失。所以说超压和负压都会给企业带来损失，都应该得到高度的重视。

下面以啤酒厂为例分类说明压力容器超压、负压的原因及预防措施。

(1) 发酵罐等各种带压贮液容器

① 超压

a. 误操作，使密闭容器内的压力不断升高，造成超压，主要有五种情况：

Ⅰ. 给压力容器背压后，忘记关空压阀门或 CO_2 阀门；

Ⅱ. 罐体的压力表损坏，不能正确指示压力，盲目背压；

Ⅲ. 空压阀门或 CO_2 阀门内漏，容器内压力不断升高至超压；

Ⅳ. 不懂工艺，盲目背压，造成压力超出极限值；

Ⅴ. 用泵向罐内充液，满罐后未及时停泵。

预防措施：认真操作，积累经验教训，增强责任心和安全意识；认真检查压力表、阀门是否损坏；安装安全阀并定期检查或校验。

b. 密闭容器内的气体受热膨胀或气体从液体中逸出，不断升压至超压，易出现的情况有：

Ⅰ. 发酵过程产生 CO_2，使得容器不断升压；

Ⅱ. 酵母繁殖过程产生 CO_2，使得容器不断升压。

预防措施：打开排空管；经常观察罐体上的压力表，按规定及时排压；罐体上安装安全阀，并定期检查或校验。

c. 密闭容器内两种介质化学反应产生大量气体排不出去（可能性小）。

② 负压

a. 用蒸汽（或其他高温气体）在罐内杀菌时，杀菌过程中或杀菌后，如果误将进出气阀门全部关闭，这样，处于密闭容器内的蒸汽逐渐降温液化，罐内空间压力就会随着降低至负压。

b. 在重力或外力（如用泵抽）的作用下，密闭容器内的液体被排除，如果出液量大于进液量，或者根本不进液，容器内的压力逐步降至负压。有三种情况：

Ⅰ. 进液阀门关闭，排液阀门开启，液体靠重力流出；

Ⅱ. 进液阀门、排液阀门都开，但进液量小，排液量大；

Ⅲ. 进液阀门关闭，用泵抽罐内的液体。

c. 密闭容器内的气体遇到其他介质时剧烈反应，气体消失，生成液体或固体，罐内空间迅速增大形成负压。常见情况是，刷罐时如果罐内存有大量 CO_2 气体或用 CO_2 气体背压，CO_2 气体遇到火碱（NaOH）溶液，剧烈反应，CO_2 气体消失。

预防措施：明白气体压力和温度的关系，搞清楚容器内各介质的化学特性，彼此是否发生化学反应；避免误操作，确保阀门完好，开关状态正确；安装真空阀，定期校验；用火碱溶液刷罐前，一定要把罐内的二氧化碳气体吹除干净。

(2) 冷凝水回收罐、换热器、蒸汽分汽包等　这些容器内的介质都是蒸汽或热水。

① 超压　预防措施：认真检查安全排空阀、减压阀、安全阀，并严格按照操作规程操作。

② 负压　预防措施：在停用蒸汽时打开排空阀、排液阀或用无菌风间断背压。

(3) 液氨贮存罐、液氨蒸发器、CO_2 回收罐、压缩空气贮存罐等

① 超压　预防措施：严格按操作规程操作，控制好压力和温度；避免火灾对该种容器的侵袭；在罐上焊接时，应先泄压，特别注意要把氨容器的氨气吹除干净，否则容易引起爆

炸；安装安全阀，定期检查校验。

② 负压 产生原因：液氨或氨气极易溶于水（或其他酸性液体），如果往液氨贮存器、液氨蒸发器内通入一定量的水，在密闭情况下，氨迅速溶于水，容器内形成真空，产生负压。

预防措施：避免误操作造成水进入密闭氨罐；因工作需要需往氨容器内通入水时，应先将容器内的氨吹除干净并打开排空阀。

（4）氧气瓶、乙炔瓶

① 该容器远离火源；

② 避免将两容器内的氧气和乙炔混合，以免引燃发生爆炸；

③ 两容器放置时，离开一定距离（大于1m）；

④ 不宜在烈日下长时间曝晒；

⑤ 正确操作，小心轻放，避免碰撞。

正常情况下，氧气瓶、乙炔瓶一般不会形成负压。

实例1 2001年10月30日，湖北襄樊市某酒精厂一个尚未正式投入使用的巨大沼气罐发生爆炸，酿成3人死亡、1人重伤的惨剧。据调查，这个发酵罐在不久前进行过试用，试用后罐中残留有沼气，致使工人在进行电焊操作时发生了爆炸。

实例2 2004年5月11日，山东省临沂市莒南县某发酵公司生物工程园，因酒精罐起火爆炸，造成10人死亡、6人受伤。事故原因是电焊工违规操作所致，其本人被当场炸死。

实例3 2002年9月5日，湖南省衡阳市某啤酒厂酿造车间一台容积100m³的Vni不锈钢罐在清洗过程中发生收缩变形而吸瘪，造成直接经济损失22万元的重大设备事故。事故原因是冲洗发酵罐误操作：员工A冲洗发酵罐之后，在未关闭进水阀的情况下关闭了排污阀，然后下班；接班的员工B发现发酵罐已充满水，在未打开通气阀的情况下即打开了底部排污阀，罐内水体在自重压力下经排污口外泄，随着罐内水量的减少，罐内真空度越来越高，在罐外大气压力的作用下，仅20min后发酵罐发生收缩变形报废。

第二节 环境保护

一、我国生化产业较落后的现状

生物技术作为21世纪高新技术的核心，受到世界的高度重视。各国纷纷把发展生物技术及其产业视为本国经济发展战略重点，制订规划和增加投入。国际上生物技术主要应用在农业、医药、轻化工、食品领域。各国生物技术的起点和发展侧重点不一。例如美国以基因工程为核心，预计2006年基因工程产品销售额达340亿美元。日本素以传统生物技术产业大国著称，在味精、酱油等调味品发酵生产领域技术和生产规模处于领先地位。

而我国生化生产中，传统的食品发酵产业还占绝对优势，基因工程技术产业化尚处于萌芽阶段，应用现代生物技术对传统工艺的改造任重道远。并且发酵企业也处于相对落后的现状：多数发酵企业规模小，投资少，难以应用新技术，造成行业内生产水平相差悬殊，企业技术装备水平达到20世纪80年代国际先进水平的仅占20%～30%，多数仍处于60～70年代水平。有些企业虽有一定规模，但产业结构不合理，粗放经营，资源浪费严重，环境污染突出，经济效益低下。

今后几年我国发酵工业要保持稳定、快速发展，不能再以简单增加资源、能源、劳动力来扩大生产，要大力开发生物技术，如利用基因工程技术研制工程菌，并扩大到发酵产业规模。靠增加技术含量、提高产品附加值、降低成本来增加效益，从而也减小发酵生产污染对环境的压力。

二、发酵工业生产中的污染问题

在生化生产中，淀粉、制糖、乳制品等动植物有效成分的提取、加工工艺为：

原料→处理→提取→纯化→产品

作为发酵产品，酒精、酒类、味精、柠檬酸、有机酸、氨基酸等的生产工艺为：

原料→处理→发酵→分离与提取→纯化→产品

可见，发酵工业的主要废渣、废水来自原料处理后剩下的废渣（如蔗渣、甜菜粕、大米渣、麦糟、玉米浆渣、纤维渣、葡萄皮渣、薯干渣，提取胰岛素之后的猪胰脏残渣等）、分离与提取主要产品后的萃取液、废母液与废糟（如萃取胰岛素的醇酸废液、盐析废液等，味精发酵废母液，柠檬酸中和液，白酒糟，葡萄酒糟，玉米、薯干、糖蜜酒精糟等）、加工和生产过程中各种冲洗水、洗涤剂以及冷却水。食品与发酵工业年排放废水总量超过 $30 \times 10^8 m^3$，其中废渣量超过 $4 \times 10^8 m^3$，废渣水的有机物总量超过 $1000 \times 10^4 m^3$。

发酵工业采用玉米、薯干、大米等作为主要原料，并不是利用这些原料的全部，而是利用其中的淀粉，其余部分（蛋白质、脂肪、纤维等）限于投资和技术、设备、管理等原因，很多企业尚未加以很好利用。发酵工业年耗粮食、糖料、农副产品达 8000 多万吨，其中玉米、薯干、大米等原料耗量为 2500 万吨左右。粮薯原料按平均淀粉含量 60% 计，则上述行业全年有 1000 万吨尚未被很好利用的原料成为废渣水，其中有相当部分随冲洗水及洗涤水排入生产厂周围水系。不但严重污染环境，而且大量地浪费粮食资源。

味精工业废水对环境造成的污染问题日趋突出，在众所周知的淮河流域水污染问题中，它是仅次于造纸废水的第二大污染源，在太湖、松花江、珠江等流域，也因味精废液污染问题成为公众注目的焦点。对于味精废液过去一直采用末端治理的技术，投资大，不能从根本上解决问题。随着生产规模的不断扩大，味精废液的污染日趋严重。我国味精产量 50 多万吨，废液中约有 8 万多吨蛋白质和 50 多万吨硫酸铵，其中大部分被排放掉了，造成资源、能源的极大浪费。

全国有甘蔗糖厂 400 多家，甘蔗糖厂的主要污染源糖蜜酒精废液的治理一直是人们从事的重大科研项目，先后有许多的治理方案和治理工程问世，但是没有一种方案和工程技术既可达到酒精废液的零排放又有明显的环境效益、社会效益和经济效益。

酒精企业酒精糟的污染是食品与发酵工业最严重的污染源之一。

淀粉厂的主要污染物是废水，即生产过程中排放的含有大量有机物（蛋白质及糖类）和无机盐的工艺水（中间产品的洗涤水、各种设备的冲洗水）和玉米浸泡水。

柠檬酸生产的主要污染物主要来自废中和液和洗糖废水，另外每生产 1t 柠檬酸还约产生 2.4t 废渣石膏（主要成分二水硫酸钙），其中残留少量柠檬酸和菌体。

抗生素生产的废水包括发酵废水、酸碱废水和有机溶剂废水、设备与地板的洗涤废水、冷却水，废渣为发酵液固液分离后的药渣。

发酵工业的原料广泛、产品种类繁多，因此排放的污染物差异很大，共性是有机物含量高，易腐败，一般无毒性，但使接受水体富营养化，造成水体污染，恶化水质，污染环境。

三、发酵工业的"三废"处理

发酵工业有酒精、柠檬酸、味精、酵母、酶制剂、抗生素、维生素、氨基酸、核苷酸等主要产品。在生产过程中都要排出大量的发酵工业废液、一定量废渣、菌丝体及污泥，并排出大量废气，即"三废"。发酵工业的废液与食品、屠宰、皮革、淀粉、制糖等工业排放的废水都属于高浓度的有机废水。由于"三废"排放量大，特别是废液，除量大外，浓度也高，对环境污染严重，引起了各方面的重视。近年来，许多工厂都在采取措施加强对"三废"的治理，在减轻对环境污染的同时，也可能变废为宝，为企业带来更好的效益。

1. 发酵工业废气的处理

工业废气可分为气体状污染物和气溶胶状污染物两大类，包括烟尘、黑烟、臭味和刺激性气体、有毒气体等。发酵工业排出的废气一部分来自供汽系统燃料燃烧排出的废气，其中主要含有一定量的粉尘和有毒性气体 SO_2 等污染物；另一部分主要是发酵罐不断排出废气，其中夹带部分发酵液和微生物。

（1）工业废气的一般处理方法 目前，一般把废气治理分为两类：一类是除尘除雾，常用方法为重力沉降除尘、旋风分离除尘、湿式除尘、袋式除尘、静电除尘等，这些方法适用于气溶胶状态的废气；另一类是气体净化，其方法有吸收、吸附、化学催化，这些方法适用于治理废气中的有毒物质。

（2）发酵工业废气的安全处理 对于发酵罐排出的废气，中小型试验发酵罐厂采用在排气口接装冷凝器回流部分发酵液，以避免发酵液体积的大幅下降，气体经冷凝回收发酵液后经排气管放空。大型发酵罐的排气处理一般接到车间外经沉积液体后从"烟囱"排出。当发生染菌事故后，尤其发生噬菌体污染后，废气中夹带的微生物一旦排向大气将成为新的污染源，所以必须将发酵尾气进行处理。目前，国内发酵行业普遍采用的方法是将废气经碱液处理后排向大气。发生噬菌体污染后，虽经碱液处理，吸风口空气中尚有噬菌体存在，这些噬菌体又难于经过滤器除去。利用噬菌体对热的耐受能力差的特点，在空气预处理流程中，将贮罐紧靠着压缩机。此时的空气温度很高，空气在贮罐中停留一段时间可达到杀灭噬菌体的作用。

供气系统排出的废气如果所含 SO_2 不超标时，一般经旋风除尘器分离除尘后经烟囱放空；当然如果所含 SO_2 高时，可改换低硫燃料或经适当碱吸收装置处理后放空。

2. 发酵工业废水的处理

制药发酵工业多采用粮食加工的原料，如淀粉、葡萄糖、花生饼粉、黄豆饼粉以及动植物蛋白、脂肪等作培养基，提取产品以后的发酵液或清洗发酵罐后的洗涤液中还含有剩余的培养基、菌体蛋白、脂肪、纤维素、各种生物代谢产物、降解物等。除少数有毒害作用的以外，均可作为污灌、肥料等利用。但由于排放量大，加上交通运输困难等原因，往往利用不完全，大部分还是直接排入江河及下水渠道，造成地面水系的严重污染。

这种高浓度有机废水，主要造成受纳水体的缺氧污染。使江河渠道中的水质发臭变黑，破坏水体中的正常生态循环；使渔业生产、水产养殖、淡水资源等遭受破坏；使地下水和饮用水源受到污染，恶化了人类的生存环境。因此，科学地处理发酵工业废水尤为必要。

（1）基本概念 高浓度有机废水，其有机物污染指标主要是用水中的化学需氧量（COD）或 5 日生化需氧量（BOD_5）这两个综合性指标来表示。

化学需氧量（chemical oxygen demand，COD）：在规定的条件下，用氧化剂处理水样时，与溶解物和悬浮物消耗的该氧化剂数量相当的氧的质量浓度，用 mg/L 表示。

生化需氧量（biochemical oxygen demand，BOD）：在规定的条件下，水中有机物和

（或）无机物用生物氧化所消耗的溶解氧的质量浓度，用 mg/L 表示。

表 10-1 列出了几种有代表性的发酵工业废液和我国污水综合排放标准中几项标准的对比数字。

表 10-1　几种工业废液和污水综合排放标准的对比

废水名称	pH	COD/(mg/L)	BOD/(mg/L)	悬浮物/(mg/L)
污水综合排放标准二级	6～8	200	80	250
酒精废水	4.3	45600	28000	1700
溶剂废水	4.5	30000	24000	900
抗生素废水	4～7	28740	20121	500
维生素 C 废水	5～7	12000	8500	—

（2）发酵工业废液的特点　发酵工业废液有其自身的特点，一般是含菌丝体，未利用完的粮食产品类悬浮物、无机盐类、有机溶剂及部分目标产品（如残留抗生素），重金属含量很低。另外，发酵工业废液的化学耗氧量（COD）高。大多数发酵废液其 COD 指标平均为 10000～50000mg/L。与我国污水综合排放标准（GB 8978—88）的二级标准相比较，平均超标倍数达 50～250 倍。换言之，即每立方米发酵废液排入环境中，会造成 50～250m³ 地面水中的 COD 值超标，可见其污染程度是严重的。

发酵工业废液含有多种营养源，可以被自然界存在的各种好氧或厌氧的微生物种群分解利用，达到净化的作用。但不是每种发酵工业废液都能用生物厌氧消化方法来进行治理的。厌氧微生物容易受到各种抑制因子的影响而停止生长。如废液中含有过多的硫酸根就会在厌氧发酵过程中产生硫化氢，中性时它溶于水中，从而抑制厌氧消化过程的进行，这就需要采取生物或化学的脱硫方法来解决。还有些制药发酵工业废液是有抑菌作用的（如广谱抗生素发酵废液），有的在工艺中加入了表面活性剂、卤化烃类、重金属等，均会使厌氧消化受到抑制，这就需要采取针对性的前处理工艺（化学絮凝、微生物脱硫等）来去除这些抑制因子，才能使厌氧生物处理得以进行。采用这些前处理工艺的关键在于处理成本的可行性，应优于其他治理方法，否则就没有意义了。

单纯用粮食作培养基的发酵工业废液，一般较容易采用厌氧消化方法来处理。但抗生素生产的发酵废液由于生产过程原料成分复杂，还含有一些残余抗生素，有的有抑菌作用，故而都需采用一些特定的前处理工艺，才能使这类发酵废液能保持在一定的厌氧消化水平上。

（3）发酵工业废水的生物处理技术　现代废水处理方法主要分为物理处理法、化学处理法和生物处理法三类。

① 物理处理法　通过物理作用分离、回收废水中不溶解的呈悬浮状态的污染物（包括油膜和油珠）的废水处理法。通常采用沉淀、过滤、离心分离、气浮、蒸发结晶、反渗透等方法，将废水中悬浮物、胶体物和油类等污染物分离出来，从而使废水得到初步净化。

② 化学处理法　通过化学反应和传质作用来分离、去除废水中呈溶解、胶体状态的污染物或将其转化为无害物质的废水处理法。通常采用的方法有中和、混凝、氧化还原、萃取、汽提、吹脱、吸附、离子交换以及电渗透等。

③ 生物处理法　通过微生物的代谢作用，使废水溶液、胶体以及微细悬浮状态的有机物、有毒物等污染物质，转化为稳定、无害的物质的废水处理方法。生物处理法又分为需氧处理和厌氧处理两种方法。需氧处理法目前常用的有活性污泥法、生物滤池和氧化塘等。厌

氧处理法，又名生物还原处理法，主要用于处理高浓度有机废水和污泥，使用处理设备主要为消化池等。

发酵工业的废水除使用物理处理法和化学处理法进行处理外，针对其营养成分含量较多的特点，更多地应用生物处理方法进行处理。

按照反应过程中有无氧气的参与，废水生物处理法又分为好氧生物处理法和厌氧生物处理法。

废水的好氧生物处理，又分为活性污泥法和生物膜法两种。

a. 活性污泥法　活性污泥法是利用悬浮生物培养体来处理废水的一种生物化学工程方法，用于去除废水中溶解的以及胶体状有机物质。活性污泥法是一种通常所称的二级处理方法，它按照从初次沉淀池的来水进行需氧生物氧化处理。基本的活性污泥法工艺流程如图 10-1 所示。

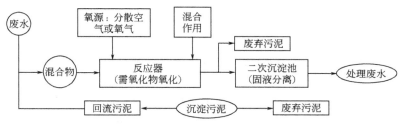

图 10-1　活性污泥法基本流程

活性污泥法中起分解有机物作用的是分布在反应器的多种生物的混合培养体，包括细菌、原生动物、轮虫和真菌。细菌起同化废水中绝大部分有机物的作用，即把有机物转化成细胞物质的作用，而原生动物及轮虫则吞食分散的细菌，使它们不在二沉池水中出现。

反应器的需氧过程也类似于抗生素发酵过程，原理是相似的，只是起作用的生物体、底物、产物不同而已。

活性污泥法包括普通活性污泥法、渐减曝气法、逐步曝气法、吸附再生法、完全混合法、批式活性污泥法、生物吸附氧化法（AB 法）、延时曝气法、氧化沟等。其中批式活性污泥法（简称 SBR）是国内外近年来新开发的一种活性污泥法，尤其在抗生素的发酵废水的生物处理中应用得多。其工艺总是将曝气池与沉淀池合二为一，是一种间歇运行方式。

批式活性污泥反应去除有机物的机理在充氧时与普通活性污泥法相同，只不过是在运行时，按进水、反应、沉降、排水和闲置 5 个时期依次周期性运行。进水期是指从开始进水到结束进水的一段时间，污水进入反应池后，即与池内闲置期的污泥混合；在反应期中，反应器不再进水，并开始进行生化反应；沉降期为固液分离期，上清液在下一步的排水期进行外排；然后进入闲置期，活性污泥在此阶段进行内源呼吸。

b. 生物膜法　滤料或某种载体在污水中经过一段时间后，会在其表面形成一种膜状污泥，这种污泥即称之为生物膜。生物膜呈蓬松的絮状结构，表面积大，具有很强的吸附能力。生物膜是由多种微生物组成的，以吸附或沉积于膜上的有机物为营养物质，并在滤料表面不断生长繁殖。随着微生物的不断繁殖增长，生物膜的厚度不断增加，当厚度增加到一定程度后，其内部较深处由于供氧不足而转变为厌氧状态，使其附着力减弱，在水流的冲刷作用下，开始脱落，并随水流进入二沉池，随后在滤料（或载体）表面又会生长新的生物膜。

生物膜法与活性污泥法的主要区别在于生物膜法是微生物以膜的形式或固定或附着生长于固体填料（或称载体）的表面，而活性污泥法则是活性污泥以絮状体方式悬浮生长于处理构筑物中。与传统活性污泥法相比，生物膜法的运行稳定，抗冲击能力强，更为经济节能，无污泥膨胀问题，能够处理低浓度污水等。但生物膜法也存在着需要较多填料和支撑结构，出水常携带较大的脱落生物膜片以及细小的悬浮物，启动时间长等缺点。

生物膜法的基本流程如图 10-2 所示，废水经初次沉淀池进入生物膜反应器，废水在生物膜反应器中经需氧生物氧化去除有机物后，再通过二次沉淀池出水。初次沉淀池的作用是防止生物膜反应器受大块物质的堵塞，对孔隙小的填料是必要的，但对孔隙大的填料也可以省略。二次沉淀池的作用是去除从填料上脱落入废水中的生物膜。生物膜法系统中的回流并不是必不可少，但回流可稀释进水中有机物浓度，提高生物膜反应器中水力负荷。

图 10-2　生物膜法基本流程

生物膜法有生物滤池、生物转盘、接触氧化法、生物流化床等多种形式。

厌氧生物处理法的主要优点有：能耗低，可回收生物能源（沼气），每去除单位质量底物产生的微生物（污泥）量少，而且由于处理过程不需要氧，所以不受传氧能力的限制，具有较高的有机物负荷的潜力。缺点是处理后出水的 COD、BOD 值较高，对环境条件要求苛刻，周期长，并产生恶臭等。

有机物在厌氧条件下的降解过程分成三个反应阶段：第一阶段是废水中的可溶性大分子有机物和不溶性有机物水解为可溶性小分子有机物；第二阶段为产酸和脱氢阶段；第三阶段即为产甲烷阶段。如图 10-3 所示，在厌氧生物处理过程中，尽管反应是按三个阶段进行的，但在厌氧反应器中，它们应该是瞬时连续发生的。此外，在有些文献中，将水解和产酸、脱氢阶段合并统称为酸性发酵阶段，将产甲烷阶段称为甲烷发酵阶段。

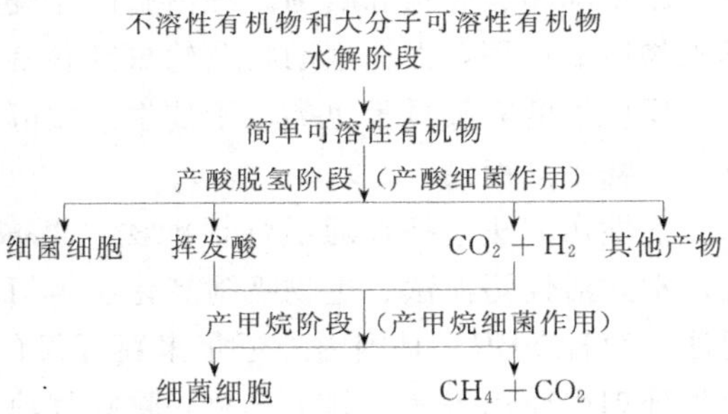

废水厌氧处理的基本流程可结合图 10-4

```
不溶性有机物和大分子可溶性有机物
            水解阶段
                │
        简单可溶性有机物
        产酸脱氢阶段 ↓（产酸细菌作用）
            │
细菌细胞    挥发酸        CO₂＋H₂    其他产物
        产甲烷阶段 ↓（产甲烷细菌作用）
            │
        细菌细胞        CH₄＋CO₂
```

图 10-3　厌氧生物处理的连续反应过程

来说明，由于厌氧处理后废水中残留的 COD 值较高，一般达不到排放标准，所以厌氧处理单元的出水在排放前通常还要进行需氧处理，图中以虚线框标出厌氧处理单元。

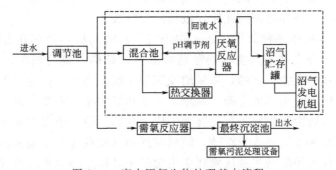

图 10-4　废水厌氧生物处理基本流程

工业上一般对发酵（包括生物制药）废液这样高浓度的有机废水，先用厌氧处理，然后再用好氧法进行后处理使之达标。另外，根据各类发酵废液所含对生物处理的抑制物质不同，尚需采用各种不同的前处理工艺，稀释或除去抑制物质，使之适合厌氧生物处理工艺要求。典型的处理工艺流程可用图 10-4 表示。

（4）发酵工业废渣的处理　发酵工业的废渣主要表现形式为污泥和废菌渣。污泥主要来源于沉砂池、初次沉淀池排出的沉渣以及隔油池、气浮池排出的油渣等，均是直接从废水中分离出来的。有的是在处理过程中产生的，如生物化学法产生的活性污泥和生物膜等。污泥的特性是有机物含量高，容易腐化发臭，较细，相对密度较小，含水率高而不易脱水，呈胶状结构的亲水性物质，便于管道输送。废菌渣主要来自发酵液过滤或提取产品后所产生的菌渣。菌渣一般含水量为 $80\% \sim 90\%$，干燥后的菌丝粉中含粗蛋白、脂肪、灰分，还含有少量的维生素、钙、磷等物质，有的菌丝还含有发酵过程中加入的金属盐或絮凝剂等。

发酵废渣的主要处理方法是联产饲料。将发酵生产排出的废渣水生产饲料，可以降低排放污染负荷。如玉米酒精行业将酒精糟生产全糟蛋白饲料或滤渣蛋白饲料；薯干酒精行业将滤渣直接作饲料；味精行业将大米渣生产蛋白饲料或直接作饲料，将菌体生产蛋白粉；啤酒行业将大麦糟生产饲料，将废酵母生产饲料酵母；白酒行业将酒糟生产饲料……据初步估算，利用发酵废渣水每年至少可开发生产 1000 万吨饲料、蛋白饲料，还可生产 25 万吨饲料酵母。开发的饲料、蛋白饲料、饲料酵母能大大缓解我国饲料工业的原料及蛋白饲料的不足。

抗生素工厂每天排出的废菌渣很多，如果在露天环境中放置易腐败、变质发臭，对环境卫生影响很大，必须及时处理。链霉素、土霉素、四环素、洁霉素、维生素 B_{12} 等产品，由于其稳定性较好，加工过程中不易被破坏。干燥后的菌丝中还含有一定量的残留效价，可用作各种饲料添加剂。青霉素菌丝中的效价破坏很快，此类菌渣只能作饲料或肥料使用。有的青霉素过滤工艺中使用有毒性的 PPB，故不适宜用作饲料。

抗生素湿菌丝可以提取核酸或其他物质，但其综合利用价值取决于成本的可行性。例如青霉素湿菌丝经氢氧化钠水解后得到核酸，再经橘青霉产生的磷酸二酯酶水解后，可制成 $5'$-核苷酸。但由于成本高及二次污染问题，现已不采用这种工艺来制取核苷酸。

抗生素湿菌丝直接用作饲料或肥料是最经济的处理方法，但由于不好保存和运输量大，一般需要干燥做成商品，才有利用价值。就地处理是较为经济可行的办法，还可采用传统的厌氧消化处理活性污泥办法来消化抗生素湿菌体。具有毒害作用的抗癌药抗生素菌丝可采用焚烧处理办法。但焚烧设施的投资及运行成本较高，焚烧后排放废气的除臭及无害化处理亦是需要注意的问题。

如果将发酵菌丝排放于下水道，就会造成下水中悬浮物指标严重超标，堵塞下水道等。菌丝进入下水道后，由于细胞死亡而自溶，转变成水中可溶性有机物，使下水变黑而发臭，形成厌氧发酵。所以生产车间要尽量避免菌丝流入下水道。较典型的废菌丝处理工艺有废菌丝气流干燥工艺、废菌丝厌氧消化工艺、废菌丝焚烧工艺。

污泥的最终处理，不外是部分利用或全部利用，或以某种形式回到环境中去。在污泥的综合利用方面，将有机污泥中的营养成分和有机物，用在农业上或从中回收饲料及能量，以及从污泥中回收有价值的原料及物资。这是污泥处置首先要考虑的。有时由于某些因素及条件所限，可能无法选择污泥的利用和产品回收，这时就不得不考虑对周围环境的影响，以做出其他处置方案，如填埋、焚烧和投放于海洋等。焚烧污泥要求先使污泥脱水，而在脱水之前，要改善污泥的脱水性能等。因此，污泥最终处理系统往往包含了一个或多个污泥处理单元过程。对于发酵工业废渣，通常采用的单元过程有浓缩、稳定及脱水等，在某些情况下，还要求消毒、干化、调节、热处理等工序，而每个工序也有不同的处理方法。污泥处理基本流程如图 10-5 所示。

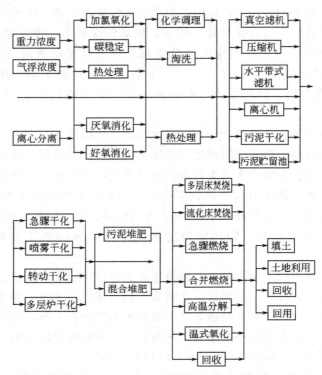

图 10-5　污泥处理基本流程示意图

复　习　题

1. 发酵工厂应注意哪些安全生产问题？
2. 发酵工厂哪些场所易发生 CO_2 中毒事故？应如何预防？如何应急处理？
3. 发酵工厂为何易发生漏电短路事故？怎样做到安全用电？
4. 发酵罐等压力容器为什么会发生爆炸或吸瘪事故？怎样预防？
5. 什么是化学需氧量和生化需氧量？
6. 简述发酵工业废气的安全处理方法。
7. 废水的厌氧生物处理和好氧生物处理有何区别？分别简述其基本流程。
8. 简述生物膜法处理污水的基本流程。
9. 简述发酵废渣或菌丝体的综合利用以及污泥的处理系统。

第十一章 生化工艺实训

实训一 实训安全须知

1. 实训前，必须作好实训方案。实训方案是指导实训工作有序开展的一个纲要。

2. 在实训前必须围绕实训目的、针对研究对象的特征对实训工作的开展进行全面的规划和构想，拟定一个切实可行的实训方案。

3. 发酵工程专业实训所涉及的内容十分广泛，危险因素也非常多。由于操作不当，可能引发各种事故，造成环境污染和人体伤害，甚至危及人的生命安全。因此，必须重视安全，防患于未然。

4. 实训场地因采用通风、排毒、隔离等安全防范措施。有毒物质应有专人保管，专人使用，严格登记。按照要求作好防护，防止有毒物质侵入人体。实训场地严禁吸烟，不准吃东西，离开时应洗手。如发现有中毒事件时应立即通知教师，进行一些必要的处理。

5. 发酵工程实训，一刻也离不开水，而且必须保证有足够的水压。在实训中要做到节约用水，合理用水。特别要注意，带有菌体的废水和有毒的废水应按有关规定处理后再排放。

6. 发酵工程实训使用的电器设备很多，如果使用不当，会造成严重的危害，甚至危及生命。安装和检修电器设备必须持证上岗，一人操作，一人监护。电器设备要接地线，要安装漏电保护装置。不准用水冲洗设备，不准超负荷运转，如发生火灾，应立即切断电源，不准用水或泡沫灭火器灭火，应使用二氧化碳或干粉灭火器。

7. 发酵设备和培养基的灭菌，需要大量的高压蒸汽。不论是用电力产生的蒸汽还是从别的地方引进来的蒸汽，都要做好保温工作。一方面可以保证蒸汽的质量；另一方面也要防止烫伤。

8. 建立环保意识。发酵操作后的废水、废气、废渣必须经过处理才能排放。所用的一切药物和中间体应该贴上标签，防止误用或处理不当引起事故。废弃的培养物集中后，先进行高压灭菌后再行处理。一般的酸、碱溶液，应该先中和，然后用大量水稀释才可以排放。

9. 发酵工程实训要使用试管、移液管、培养皿和烧瓶等大量玻璃制品。如不慎将其打破，应将碎片捡起，不准随意用抹布擦。如有菌液溢出，应先用来苏尔消毒后再处理。

10. 实训中所有带有菌体的器材，都应该在清洗之前，先在来苏尔液中浸泡 20min。

11. 移液时不准用嘴吸，应使用机械式的抽吸器材。

12. 检修发酵罐等大型设备时，应先将搅拌开关的电源拔下，并有一人监护。以防误开搅拌而造成伤害。

13. 菌种是国家的重要资源，未经批准，一律不准将带菌的物品带出室外。

实训二 生化工艺实训常用设备的使用

一、实训目的

熟练掌握干燥箱、紫外灯、过滤除菌器、超净工作台、高压灭菌器和摇瓶机等设备的使用方法。

二、实训原理

灭菌是指用物理、化学或其他方法将所有活的微生物完全杀死或除去的方法。实训中常用的物理灭菌方法主要有热灭菌、紫外线灭菌以及过滤除菌等。其中，高压蒸汽灭菌法是发酵工程研究和教学中应用最广、效果最好的湿热灭菌方法。其原理是当蒸汽冷凝时释放出大量的潜能，并具有强大的穿透力，在高温和水存在时，微生物细胞中的蛋白质极易发生不可凝固性变性，致使微生物在短时间内死亡。蒸汽灭菌对耐热芽孢杆菌来说，温度每升高10℃，灭菌速度常数可增加8～10倍。

发酵工程的研究，一般分为三个阶段，即摇瓶实验阶段、小型自动控制玻璃或不锈钢发酵罐阶段和大规模生产阶段。其中，摇瓶实验阶段主要适用于菌种生产性能的考察方面。摇瓶培养是依靠摇动振荡，使培养基液面与上方的空气不断接触，供给微生物生长所需的溶解氧。其优点是通气量充足，溶解氧浓度大，菌体在振荡培养过程中不断接触四周培养基而获得营养和溶解氧。其培养条件接近于发酵罐，是发酵工程实验的重要手段。

三、实训器材

干燥箱，紫外线灯管，过滤除菌器，手提式高压蒸汽灭菌器，卧式高压蒸汽灭菌器，往复式摇瓶机等。

四、实训步骤

（一）干燥箱使用方法

干燥箱也称烤箱。一般温度范围是60～200℃。用作灭菌主要采用160℃保持2h或170℃保持1.5h。它的适用范围主要为玻璃和金属制品。但要注意用纸包器具灭菌不能超过180℃，否则纸会焦枯或燃烧。

（二）紫外线灯管的使用方法

紫外线杀伤力最强的波长为256～266nm，一般使用的紫外线灯管功率为30W，照射距离以不超过1.2m为宜。操作人员不准在紫外灯下直接照射，以免造成伤害。

（三）过滤除菌器的使用方法

（1）布氏滤器　该滤器为硅藻土制成的空心圆柱体，底部连接在金属托上，伸出于筒体外的中央装有金属管。根据孔的大小分为密（W）、标准（N）、粗（V）三级，孔径分别为：3～4μm、8～12μm。

（2）曼德尔滤器　该滤器由硅藻土（60%～80%）、石棉（10%～30%）和熟石膏（10%～15%）制成。根据孔径分为P、R、F三级，孔径分别为8～12μm、5～7μm和3～4μm。

（3）赛氏滤器　该滤器由金属制成漏斗状，中间嵌入石棉滤板。根据孔径的大小分为K、EK、EK-S等型号。K型可作为澄清用；EK型常用来去除一般细菌；EK-S孔径极小，可阻止大病毒通过。

（4）玻璃滤器　该滤器是用玻璃粉末烧结而成的膜滤器，根据孔径的大小分为G_1～G_6六个型号，滤板平均孔径分别为：80～120μm、40～80μm、15～40μm、5～15μm、2～5μm和小于2μm。

（5）微孔滤膜滤器　该滤器是利用一定孔径的混合纤维酯薄膜为过滤介质，通过正压、负压及自然压力下过滤的一种滤器。该滤器有不锈钢和塑料制品两种，滤膜孔径依用途可以选定，一般作为除菌用，可选用 $0.22\sim0.45\mu m$ 孔径的滤膜。由于该滤膜价格低廉且能重复使用，滤器可以随意设计，可大可小，处理方便，因此已成为当今最有效和最方便的滤器而受到广泛重视。

（四）手提式高压蒸汽灭菌器的使用方法

① 按使用说明书的要求，加入适当的水。

② 将待灭菌的物品轻轻放入，不得装得过满。

③ 盖好盖，按对称方向拧紧四周的螺旋，打开排气阀。

④ 加热。当排气阀冒出大量蒸汽时，维持 3min。继续加热，关闭排气阀。

⑤ 当压力达到 0.1MPa 时，温度为 121℃。控制热源，保持压力，维持 30min 后，切断电源。

⑥ 当压力降到 "0" 时，稍停片刻，再慢慢打开排气阀。

⑦ 旋开四周的螺旋，开盖取出灭菌物。

⑧ 将灭菌器内剩余的水倒出，保持卫生，使其干燥。

（五）卧式高压蒸汽灭菌器的使用方法

① 关闭排水阀，打开进水阀。按使用说明书规定放蒸馏水至蒸汽发生器内。

② 将待灭菌的物品轻轻装入，注意不得装得过满和过紧。

③ 按顺时针方向拧紧螺旋，把门关紧。

④ 打开电源，并根据需要将蒸汽压力旋钮定在相应的位置。此时电热指示灯亮，表示已经通电加热。

⑤ 当夹套内的蒸汽加热到所需要的压力时即可将蒸汽导入消毒室内进行灭菌。此时应将气液分离器前的冷凝阀打开少许，然后，将总阀调到 "消毒" 挡。

⑥ 消毒室内蒸汽压力逐渐上升至所需温度，此时开始计算时间，维持温度至灭菌完毕。

⑦ 灭菌完毕，必须立即关闭电源。按灭菌物品的性质和要求，选择自然冷却、"慢排" 还是 "快排"。

⑧ 当消毒室内蒸汽压力降到 "0" 时，将总阀调到 "全排"，排除夹层内的蒸汽。慢慢开门，将灭菌物轻轻取出，注意小心别烫伤。

（六）超净工作台的使用方法

超净工作台的工作原理是借助鼓风机的作用将空气输入，通过粗滤、超细纤维细滤，使进入超净台小室内的空气成为除去微生物和灰尘的无菌而洁净的空气。使用该设备的房间要求保持洁净无尘，以免因过滤介质吸附饱和而造成失效，或者由于阻力太大、分压小而保持不了小室正压，造成外部有菌空气侵入。

（七）摇瓶机的使用方法

1. 摇瓶机的结构

摇瓶机主要部分包括支持台、电机和控制系统等。台上可放置 250mL、500mL、1000mL、4000mL 的摇瓶。为了增加实验量，有的还可以使用 50mL 的摇瓶，甚至更小的试管。大多数的摇瓶选用锥形瓶，也有使用大烧瓶底的飞碟型摇瓶和带挡板的摇瓶。

2. 摇瓶机的使用方法

摇瓶机分旋转式和往复式两种。旋转式摇瓶机的转数一般为 $60\sim300r/min$，偏心距为 $3\sim6cm$。其传氧速率与通用式发酵罐相似，功率消耗小，培养基不会溅到瓶口，因此，被实验室广泛应用。

往复式摇瓶机的往复频率为 80～120 次/min，冲程为 8～12cm，适用于培养细菌和酵母菌等单细胞菌体。因培养丝状菌时，易在培养基表面形成固体菌膜，所以，培养霉菌和放线菌时，一般不使用往复式摇瓶机。

摇瓶机在使用结束关机前，先将转速调至零再关机，开机时也在零速进行。

长时间使用摇瓶机有污染时，可使用氨水或甲醛熏蒸灭菌。

五、思考题

1. 使用烤箱进行干热灭菌时应注意那些问题？
2. 紫外线灭菌的原理是什么？为什么要使用 256～266nm 波长的灯管？
3. 要滤除放线菌的菌丝体应选用什么型号的滤器？
4. 使用高压蒸汽灭菌器应注意哪些问题？
5. 超净工作台的工作环境为什么要洁净无尘？为什么要定时检查风压？
6. 往复式摇瓶机和旋转式摇瓶机各有何优点？各适合哪些微生物的培养？

实训三　培养基的制备与灭菌

一、实训目的

（1）熟悉玻璃器皿的洗涤包装和灭菌前的准备工作。

（2）学习微生物培养基和无菌水的制备，了解培养基配方中各成分的作用、制备流程及各环节的操作技术与应用。

（3）学习并掌握培养基的高压蒸汽灭菌原理、操作关键技术和灭菌技术。

二、实训原理

（一）培养基的制备原理

培养基是按照微生物生长发育的需要，用不同组分的营养物质调制而成的营养基质。人工制备培养基的目的，在于给微生物创造一个良好的营养条件。把一定的培养基放入一定的器皿中，就提供了人工繁殖微生物的环境和场所。自然界中，微生物种类繁多，由于微生物具有不同的营养类型，对营养物质的要求也各不相同，加之实验和研究上的目的不同，所以培养基在组成原料上也各有差异。但是，不同种类和不同组成的培养基中，均应含有满足微生物生长发育的水分、碳源、氮源、无机盐和生长素以及某些特需的微量元素等。此外，培养基还应具有适宜的酸碱度（pH 值）和一定缓冲能力，以及一定的氧化还原电位和合适的渗透压。

培养基的类型和种类是多种多样的，必须根据不同的微生物和不同的目的进行选择配制，本实验分别配制常用培养细菌、放线菌和真菌的牛肉膏蛋白胨培养基、高氏一号合成培养基和马铃薯蔗糖培养基等固体培养基。

固体培养基是在液体培养基中添加凝固剂制成的，常用的凝固剂有琼脂、明胶和硅酸钠，其中以琼脂最为常用，其主要成分为多糖类物质，性质较稳定，一般微生物不能分解，故用凝固剂而不致引起化学成分变化。琼脂在 95℃ 的热水中才开始融化，融化后的琼脂冷却到 45℃ 才重新凝固，因此用琼脂制成的固体培养基在一般微生物的培养温度范围内（25～37℃）不会融化而保持固体状态。

（二）高压蒸汽灭菌原理

高压蒸汽灭菌是将待灭菌的物品放在一个密闭的加压灭菌锅内，通过加热，使灭菌锅隔套间的水沸腾而产生蒸汽。待水蒸气急剧地将锅内的冷空气从排气阀中驱尽，然后关闭排气阀，继续加热，此时由于蒸汽不能溢出，而增加了灭菌器内的压力，从而使沸点增高，得到高于100℃的温度，导致菌体蛋白质凝固变性而达到灭菌的目的。

在同一温度下，湿热的杀菌效力比干热大，其原因有三：①湿热中细菌菌体吸收水分，蛋白质较易凝固，因蛋白质含水量增加，所需凝固温度降低（表11-1）；②湿热的穿透力比干热大（表11-2）；③湿热的蒸汽有潜热存在，每1g水在100℃时，由气态变为液态时可放出2.26kJ的热量。这种潜热，能迅速提高被灭菌物体的温度，从而增加灭菌效力。

表 11-1　蛋白质含水量与凝固所需温度的关系

卵白蛋白含水量/%	30min 内凝固所需温度/℃
50	56
25	74～80
18	80～90
6	145
0	160～170

表 11-2　干热与湿热穿透力及灭菌效果比较

温度/℃	时间/h	透过布层的温度/℃			灭　菌
		20 层	40 层	100 层	
干热 130～140	4	86	72	70.5	不完全
湿热 105.3	3	101	101	101	完全

在使用高压蒸汽灭菌锅灭菌时，灭菌锅内冷空气的排除是否完全极为重要，因为空气膨胀压大于水蒸气的膨胀压，所以，当水蒸气中含有空气时，在同一压力下，含空气蒸汽的温度低于饱和蒸汽的温度。灭菌锅内留有不同分量空气时，压力与温度的关系见表11-3。一般培养基用 1.05kgf/cm²，121.3℃ 15～30min 可达到彻底灭菌的目的。灭菌的温度及维持的时间随灭菌物品的性质和容量等具体情况而有所改变。例如含糖培养基用 0.56kgf/cm²（8磅力/英寸²），112.6℃灭菌15min，但为了保证效果，可将其他成分先进行121.3℃、20min灭菌，然后以无菌操作手续加入灭菌的糖溶液。又如盛于试管内的培养基以 1.05kgf/cm²、121.3℃灭菌 20min 即可，而盛于大瓶内的培养基最好以 1.05kgf/cm² 灭菌30min。

表 11-3　灭菌锅内留有不同分量空气时，压力与温度的关系

压　力		全部空气排出时的温度 /℃	2/3 空气排出时的温度 /℃	1/2 空气排出时的温度 /℃	1/3 空气排出时的温度 /℃	空气全不排出时的温度 /℃
千克力/厘米² (kgf/cm²)	磅力/英寸² (lbf/in²)					
0.35	5	108.8	100	94	90	72
0.70	10	115.6	109	105	100	90
1.05	15	121.3	115	112	109	100
1.40	20	126.2	121	118	115	109
1.75	25	130.0	126	124	121	115
2.10	30	134.6	130	128	126	121

蒸汽压力所用单位为 kgf/cm²（千克力/厘米²），它与 lbf/in²（磅力/英寸²）和温度的换算关系见表11-4。

表 11-4　蒸汽压力与蒸汽温度换算关系

| 蒸汽压力/大气压(atm) | 压 力 表 读 数 | | 蒸汽温度/℃ |
	kgf/cm²	lbf/in²	
1.00	0.00	0.00	100.0
1.25	0.25	3.75	107.0
1.50	0.50	7.50	112.0
1.75	0.75	11.25	115.0
2.00	1.00	15.00	121.0
2.50	1.50	22.50	128.0
3.00	2.00	30.00	134.5

三、实训器材

1. 药品

琼脂，10%HCl，10% NaOH，牛肉膏蛋白胨培养基的配方药品。

2. 材料

具刻度 1000mL 搪瓷盅或小铝锅，电子秤，10mm×200mm 试管，量筒，小烧杯，玻璃棒，药匙，pH 试纸，分装漏斗，试管盒，纱布，棉花，报纸，麻绳，标签，培养皿。

3. 设备

高压蒸汽灭菌锅，烘箱，冰箱，电炉等。

四、实训步骤

1. 称取药品放在大烧杯中，加入蒸馏水用玻璃棒搅拌并加热溶化，等药品溶解后用 pH 试纸调节 pH 至 7.4～7.6，如有沉淀应过滤后分装，每支试管约加入 9mL。每组分装 30 支，加上棉塞，包上牛皮纸，准备灭菌。

装入试管中的量不宜超过试管高度的 1/5，装入锥形瓶中的量以总容积的一半为限。在分装过程中，应注意勿使培养基沾污管口或瓶口，以免弄湿棉塞，造成污染。

2. 无菌水准备

在试管或瓶内先盛以适量的蒸馏水（或生理盐水 0.85%NaCl），盖好棉塞，包上牛皮纸使其灭菌后，其水量恰为 9mL。每组准备 10 支，与牛肉膏蛋白胨培养基可放在同一试管架上，以一大张牛皮纸包扎写上姓名。准备灭菌。

3. 高压灭菌

手提式高压蒸汽灭菌锅的使用操作步骤：

（1）首先将内层灭菌桶取出，再向外层锅内加入适量的水，使水面与三角搁架相平为宜。

（2）放回灭菌桶，并装入待灭菌物品。注意不要装得太挤，以免妨碍蒸汽流通而影响灭菌效果。锥形瓶与试管口端均不要与桶壁接触，以免冷凝水淋湿包口的纸而透入棉塞。

（3）加盖，并将盖上的排气软管插入内层灭菌桶的排气槽内。再以两两对称的方式同时旋紧相对的两个螺栓，使螺栓松紧一致，勿使漏气。

（4）用电炉或煤气加热，并同时打开排气阀，使水沸腾以排除锅内的冷空气。待冷空气完全排尽后，关上排气阀，让锅内的温度随蒸汽压力增加而逐渐上升。当锅内压力升到所需压力时，控制热源，维持压力至所需时间。本实验用 1.05kgf/cm²、121.3℃灭菌 20min。

（5）灭菌所需时间到后，切断电源或关闭煤气，让灭菌锅内温度自然下降，当压力表的压力降至 0 时，打开排气阀，旋松螺栓，打开盖子，取出灭菌物品。如果压力未降到 0，打开排气阀，就会因锅内压力突然下降，使容器内的培养基由于内外压力不平衡而冲出烧瓶口或试管口，造成棉塞沾染培养基而发生污染。

（6）将取出的灭菌培养基放入 37℃ 温箱培养 24h，经检查若无杂菌生长，即可待用。

五、思考题

棉塞的作用是什么？

实训四　微生物菌种的保藏

一、实训目的

学习微生物菌种保藏的常规方法。

二、实训原理

为了保持微生物菌种原有的各种优良特征及活力，使其存活，不丢失，不污染，不发生变异，根据微生物自身的生理学特点，通过人为创造条件，使微生物处于低温、干燥、缺氧的环境中，以使微生物的生长受到抑制，新陈代谢作用限制在最低范围内，生命活动基本处于休眠状态，从而达到保藏的目的。

为了生产或科研上利用菌种的方便，以便随时观察或更换菌种，有时只需将微生物作暂时或简便的保藏。常用的保藏方法有斜面传代法、穿刺培养法、液体石蜡法和甘油管法等。

三、实训步骤

（一）微生物菌种的冰箱 4℃ 保藏法

1. 斜面传代法（此法可用于任何一种微生物）

① 将需要保藏的菌种接种于该微生物最适宜的新鲜斜面培养基上，在合适的温度下培养，以得到健壮的菌体。

② 将长好的斜面取出，换上无菌的橡胶塞塞紧，放 4℃ 冰箱中保存。

③ 每隔一定时间（根据不同微生物而定，如细菌 1 个月左右，放线菌 3 个月左右）将斜面重新移种培养，塞上橡胶塞 4℃ 保存。

此方法的优点是简便可行，使用方便。缺点就是保藏时间不长，传代多了，菌种易变异。

2. 穿刺法

① 将半固体培养基注入一个小试管（如 0.8cm×10cm）中，使培养基距离试管口 2～3cm 深。

② 用接种针挑取菌体，在半固体培养基顶部的中央直线穿刺到固体培养基约 1/3 深处，37℃ 培养 24h。

③ 将培养好的试管取出，熔封或塞上橡胶塞，在 4℃ 冰箱保存。

此法可保藏半年到 1 年以上。

（二）微生物菌种的休眠保藏法

1. 液体石蜡法

① 采用和斜面保藏法以及穿刺法相同的方法获得健壮的培养物。

② 将灭菌液体石蜡注入每一斜面（或穿刺试管中），使液面高出斜面顶部 1cm 左右，使用的液体石蜡要求化学纯即可。

③ 将注入石蜡的培养物置于试管架上，以直立状态放在 4℃ 下保存。

2. 甘油管法

① 首先将甘油配成 80% 浓度。

② 将 80% 甘油按 1mL/瓶 的量分装到甘油瓶（3mL 规格）中，121℃ 灭菌。

③ 将要保藏的菌种培养成新鲜的斜面（也可用液体培养基振荡培养成菌悬液）。

④ 在培养好的斜面中注入少许（2~3mL）无菌水，刮下斜面振荡，使细胞充分分散成均匀的悬浮液，并且细胞浓度为 $10^8 \sim 10^{10}$/mL。

⑤ 吸取 1mL 菌悬液于上述装好甘油的无菌甘油瓶中，充分混匀后，使甘油终浓度为 40%，然后置 -20℃ 保存（液体培养的菌液到对数期直接吸收 1mL 于甘油瓶中）。

3. 沙土管保藏法

① 取河沙若干，用 24 目筛过筛，以 10% 的盐酸浸泡 24h，然后倒去盐酸，用水泡洗数次到中性为止，然后去水，将沙烘干。

② 取菜园（果园）土壤，风干，粉碎，过筛（24 目筛）。

③ 把烘干的沙和土按一定的比例（如 3:2）混合后分装入小指形管中，装入量高 1cm 左右，塞好棉塞，121℃ 灭菌 1h，然后烘干。亦可于 170℃ 2h 干热灭菌。

④ 将保藏的菌种接入新鲜斜面，在适宜的温度下获得对数期培养物。

⑤ 在斜面培养物中注入 3~4mL 无菌水，用接种环刮下菌苔，振荡均匀后，吸 0.2mL 左右的菌液于沙土管中，再用接种针将沙土和菌液搅拌均匀。若是产孢子的微生物，也可以直接用接种针将孢子拌入沙土中。

⑥ 混合后的沙土管放于真空泵中抽干，以除去沙土管中的水分。

⑦ 抽干后的沙土管放干燥器中保存，干燥器下面应盛有硅胶、石灰或五氧化二磷等物。隔一段时间应更换一次干燥下层的物质，以保持干燥。

4. 冷冻干燥保藏法

冷冻干燥法是在低温下快速将细胞冷冻起来，然后在真空条件下抽干，使微生物的生长和一切酶的作用暂时停止。为防止因深冻和水分不断升华对细胞的损害，采用保护剂来制备细胞悬液，使其在冻结和脱水过程中，保护性溶质通过氢键和离子键对水和细胞产生的亲和力来稳定细胞成分的构型。冷冻干燥操作的步骤如下：

① 选择规格 0.8cm×10cm 大小的中性玻璃安瓿，先用 2% 盐酸浸泡 8~10h，再经自来水冲洗多次，蒸馏水洗 2~3 次后于烘干箱内烘干。

② 将印有菌号、制作日期的标签放入烘干的安瓿（字面应面向管壁），塞好棉塞，于 121℃ 灭菌 30min。

③ 将欲冷冻干燥保藏的菌种进行斜面培养，以得到良好的斜面培养物。

④ 将新鲜牛奶经过反复脱脂后装入锥形瓶中灭菌。

⑤ 用无菌吸管吸取 2~3mL 灭菌的牛奶于长好的斜面中，刮下细胞或孢子，轻轻搅动，使细胞均匀地悬浮在牛奶中。

⑥ 用无菌的巴氏吸管，将制备的菌悬液滴入安瓿中，每管 0.2mL 左右（4~5 滴）。

⑦ 把安瓿放在 -40~-25℃ 的低温下预冻，若保藏量大（如 500 支安瓿），则预冻需 1h 以上，若少量几只安瓿则预冻几分钟即可。

⑧ 预冻后将安瓿进行真空干燥。先将冷冻室温度降至 −20℃ 以下，放入预冻安瓿后立即再开动真空泵抽真空。真空度在 15min 内达到 65Pa，随后逐渐达到 26～13Pa，当真空度达到 26Pa 时，也可以适当提高温度以加速升华。一般保藏适当样品 3～4h 抽干就可以了，需要冻干大量样品（如 500～600 支安瓿）时，则需 8～10h 甚至过夜。

⑨ 经过真空干燥的样品可测定其残留水分，一般残留水分在 1%～3% 范围内即可以进行密封，高于 3% 需继续进行真空干燥，有时也可以凭经验直接观察样品的干湿度。

⑩ 干燥后将安瓿的棉花向下推移，然后在棉塞的下方用火焰烧熔拉成细颈，再将安瓿安装在抽真空的歧管上，继续抽干几分钟后用火焰在细颈处烧熔、封闭。

⑪ 安瓿封闭后用高频电火花检查安瓿的真空情况，如管内发出灰蓝色光，说明保持着真空，合格者可放置于室温或 4℃ 冰箱中保存。

四、思考题

1. 保藏菌种的常规方法有几种？举例说明。
2. 冷冻干燥保藏菌种的原理是什么？为什么冷冻室一般要用牛奶作保护剂？

实训五 啤酒酵母生产菌种的复壮

一、实训目的

1. 学习菌种自然选育技术。
2. 利用自然选育技术对衰退的生产用啤酒酵母菌种进行复壮。

二、实训原理

在发酵工业生产中，由于菌种本身遗传特性变化或者生理状态的改变，使菌种处于不利于发酵生产的状态，其结果都表现为菌种衰退。所以在企业里做得更多的工作是菌种的分离纯化、复壮。常用的方法是单菌落分离法。把菌种制备成单孢子或单细胞菌悬液，经过适当的稀释后，在琼脂平板上进行分离。然后挑选单个菌种进行能力测定，从中选出优良的菌种。

本实训采用利于酵母菌生长而不利于细菌生长的麦芽汁平板培养基，以在工厂中发酵迟缓的啤酒酵母为对象，筛选出适合工厂发酵生产的优良菌种。

三、实训器材

1. 菌种

退化的啤酒酵母斜面菌种。

2. 仪器

培养皿，瓶，玻璃涂棒，移液管，接种环，酒精灯，天平，水浴锅，粉碎机，纱布，烧杯等。

3. 培养基及试剂

（1）麦芽汁培养基 取大麦芽一定数量，粉碎，加 4 倍于麦芽重量的 70℃ 水，在 60～70℃ 水浴锅保温糖化，不断搅拌，经 3～4h 后，用纱布过滤，去除残渣，加蛋清煮沸后再用滤纸或脱脂棉过滤一次，即得澄清麦芽汁（每 1000g 麦芽粉能制得 15～18°Bx 麦芽汁 3500～4000mL），再加水稀释成 10°Bx 麦芽汁。也可使用啤酒厂未加酒花的麦芽汁。固体麦芽汁培养基则加 2% 琼脂。

（2）生理盐水 蒸馏水 100mL，NaCl 0.9g。

四、实训步骤

1. 把原始斜面菌接种到新配制的麦芽汁斜面培养基上，在28℃培养48h活化。

2. 把活化的斜面菌种接种到麦芽汁液体培养基中，28℃摇瓶培养18～24h。

3. 融化已灭菌的固体培养基倒平板。

4. 按10倍稀释法将液体菌种作10倍稀释至10^{-6}。

5. 分别吸取10^{-2}、10^{-3}、10^{-4}、10^{-5}、10^{-6} 5个稀释度并对号各加入1滴于5个麦芽汁平板上。

6. 按$10^{-6} \rightarrow 10^{-2}$顺序用无菌玻璃涂棒在平板平面将液滴涂布均匀。

7. 将培养皿倒置于28℃温箱中培养48h。

8. 观察并挑取菌落直径为5mm以上、乳白色、表面光滑有少量皱纹、有光泽、易用接种针挑取、菌落向中央突起但菌落中心有微小凹坑、边缘较整齐、菌落背部无色的单菌落30个左右，分别接种于麦芽汁斜面上，培养后检查是否有杂菌。

9. 筛选

（1）第一级筛：菌株形态大小的测定。通过测定30支斜面在第2天的出芽率和菌体大小，剔除细胞大小不正常的菌株10个左右。

（2）第二级筛：低温发酵能力的测定。取上一级20余个待测酵母样品，对其在低温下的发酵能力进行测定，保留发酵能力较强的菌株样品10个。

（3）第三级筛：凝絮力测定。对上一级保留的10个左右菌株的发酵锥形瓶的凝絮力进行测定，根据生产菌株需要，保留5支左右菌株。

（4）第四级筛：发酵性能的测定。通过对剩下的5支菌的发酵性能（细胞密度和出芽率，α-氨基氮，双乙酰，外观浓度，pH，总酸度，主发酵完成后的浓度，酒精，总酸度和高级醇等）的测定，筛选出1～2株性质优良的菌株，作为试产菌株。

五、思考题

1. 菌种分离纯化的依据是什么？如何建立菌种档案资料？

2. 如何保证菌种分离的单细胞状态？对于丝状菌，如何分离纯化？

实训六　应用紫外线诱变筛选耐高糖的谷氨酸高产菌株

一、实训目的

通过实训，掌握紫外线诱变育种的基本原理和方法。

二、实训原理

紫外线是一种最常用的物理诱变因素。它的主要作用是使DNA双链之间或同一条链上两个相邻的胸腺嘧啶形成二聚体，阻碍双链的分开、复制和碱基的正常配对，从而引起突变。紫外线照射引起的DNA损伤，可由光复活酶的作用进行修复，使胸腺嘧啶二聚体解开恢复原状。为了避免光复活，用紫外线照射处理时以及处理后的操作应在红光下进行，并且将照射处理后的微生物放在暗处培养。

谷氨酸棒杆菌S9114是谷氨酸生产菌种，是生物素缺陷型菌株，而耐高糖菌种的选育对发酵工艺上提高发酵培养基初糖浓度具有积极的意义。菌种经过紫外线诱变处理后利用含有茚三酮的高糖选择性平板培养，耐高糖、产酸的菌株不但能够在平板上长成菌落，而且菌落周围呈现红色。因此，根据平板上菌落生长情况可以得到耐高糖产酸的突变株，再经过摇瓶初筛、复筛，可获得耐高糖、高产的突变株。

三、实训器材

1. 菌种

谷氨酸棒杆菌 S9114。

2. 仪器

紫外诱变箱，磁力搅拌器，离心机，恒温振荡培养箱，显微镜，血细胞计数板，培养皿，吸管，涂布棒，试管，锥形瓶，玻璃珠和烧杯等。

3. 培养基及试剂

（1）斜面培养基　细菌营养琼脂培养基。

（2）选择性固体培养基　以细菌营养琼脂培养基为基础，加入 $140\sim220g/L$ 葡萄糖（可分为 $140g/L$、$180g/L$ 以及 $220g/L$ 三个浓度）、$30\mu g/L$ 生物素、$2mg/L$ $FeSO_4$、$2mg/L$ $MnSO_4$ 和 $8g/L$ 茚三酮，调节 pH 7.2。

（3）增殖培养基　葡萄糖 $25g/L$，牛肉膏 $5g/L$，尿素 $5g/L$，KH_2PO_4 $2g/L$，$MgSO_4\cdot 7H_2O$ $0.6g/L$，生物素 $40\mu g/L$，$FeSO_4$ 和 $MnSO_4$ 各 $2mg/L$，调节 pH 7.0。

（4）摇瓶种子培养基　葡萄糖 $25g/L$，尿素 $6g/L$，玉米浆 $35g/L$，KH_2PO_4 $2g/L$，$MgSO_4\cdot 7H_2O$ $0.6g/L$，$FeSO_4$ 和 $MnSO_4$ 各 $2mg/L$，调节 pH 7.0。

（5）摇瓶发酵培养基　葡萄糖 $220g/L$，尿素 $6g/L$，Na_2HPO_4 $1.7g/L$，KCl $1.2g/L$，$MgSO_4\cdot 7H_2O$ $0.8g/L$，玉米浆 $35g/L$，糖蜜 $10g/L$，$FeSO_4$ 和 $MnSO_4$ 各 $2mg/L$，调节 pH 7.0。

四、实训步骤

1. 菌悬液的制备

用接种环取一环经斜面活化的菌接于 50mL/500mL 锥形瓶的增殖培养基中，置于振荡培养箱，32℃、96r/min 培养 8h。取培养液于 3500r/min 离心 20min，弃去上清液，用无菌生理盐水离心洗涤菌体 2 次，然后，在装有玻璃珠的无菌锥形瓶中，以适量无菌生理盐水与菌体混合，充分振荡，制成菌悬液，用显微镜直接计数，调节菌体浓度为 10^8 个/mL。

2. 诱变处理

（1）预热紫外灯　诱变箱的紫外灯为 15W，照射距离为 30cm，照射前开启紫外灯预热20min，使紫外线强度稳定。

（2）加菌悬液　取 5 套装有磁力搅拌子的无菌培养皿（ϕ90mm），分别标记 40s、60s、80s、100s、120s，并在每个培养皿中加入上述菌悬液 10mL。

（3）紫外线照射　将上述培养皿置于磁力搅拌器上，开启开关使菌悬液旋转，打开皿盖，分别照射 40s、60s、80s、100s、120s。照射后，盖上皿盖，取出放在红灯下。

3. 稀释菌液及涂布选择性平板

将未经照射的菌悬液和上述经照射的菌悬液用生理盐水以 10 倍稀释法进行稀释，一般稀释成 $10^{-1}\sim10^{-6}$，分别取 10^{-4}、10^{-5}、10^{-6} 的菌液各 0.1mL 涂布不同葡萄糖浓度的平板。对于每个稀释度以及每个葡萄糖浓度选择性培养基，重复 3 个平板（用无菌涂布棒涂布均匀，并于每个平板背面标明处理时间、稀释度以及平板培养基的葡萄糖浓度）。

4. 培养

将涂布好的平板用黑纸包好，倒置，于32℃培养48h。

5. 菌落计数、计算致死率以及绘制致死率曲线

将培养好的平板取出进行细菌菌落计数。根据葡萄糖浓度为140g/L的平板上菌落数，计算出紫外线处理的致死率，计算公式如下：

$$致死率 = \frac{对照每毫升菌液中活菌数 - 处理后每毫升菌液中活菌数}{对照每毫升菌液中活菌数} \times 100\%$$

以诱变时间为横坐标、致死率为纵坐标，绘制致死率曲线。

6. 观察诱变效应及挑取菌落

目前，一般倾向于选择致死率为60%～70%的诱变剂量。因此，首先从众多平板中选出致死率为70%～80%的平板，再从中选出有菌落且葡萄糖浓度最高的平板。观察菌落周围颜色，选取30个左右红色较深、菌落直径较大的菌落，移接到斜面上于32℃培养24h，作为摇瓶初筛、复筛使用。

7. 摇瓶产酸筛选

（1）初筛　对照斜面及上述挑取菌株的斜面培养好后，分别用接种环取1环接于装有50mL摇瓶发酵培养基的500mL锥形瓶中，1个菌株接1瓶。置于振荡培养床，32℃、96r/min培养36h。培养过程中，在无菌操作条件下，定时检测pH，当pH降至6.8～7.0时，加适量无菌尿素溶液，应参照谷氨酸含量（参照谷氨酸测量方法），确定产酸较高的5株菌株，作为复筛使用。

（2）复筛　取培养好的对照斜面及上述初筛5株菌株的斜面，分别用接种环取1环接于装有20mL摇瓶种子培养基的250mL锥形瓶中，1个菌株接1瓶，置于振荡培养床，32℃、96r/min培养10h。然后，以5%的接种量，将种子培养液接于装有47.5mL摇瓶发酵培养基的500mL锥形瓶中，1个菌株接3瓶。培养过程中参照谷氨酸生产工艺，采用变速调温进行培养条件控制，并定时检测pH，当pH降低至6.8～7.0时，加入适量无菌尿素溶液。发酵结束，检测发酵液中谷氨酸含量，筛选出产酸率最高的1～2株菌株，作为进一步鉴定其他性能使用。

五、注意事项

1. 紫外线照射操作时，操作者须戴上玻璃防护眼镜，以免紫外线伤害眼睛。
2. 照射计时从培养皿开盖起，到加盖止。
3. 从紫外线照射处理开始直到涂布完平板的所有操作都必须在红灯下进行。

六、思考题

1. 设计表格填写菌落计数结果以及绘制致死率曲线。
2. 设计表格填写诱变效应的观察结果。
3. 设计表格填写初筛以及复筛的产酸结果。
4. 本实训中，影响紫外线诱变效率的操作有哪些？
5. 本实训中，为什么用选择性培养基筛选出来的菌株还需要进行摇瓶发酵筛选？

实训七　应用化学因素诱变选育腺嘌呤营养缺陷型菌株

一、实训目的

1. 学习应用化学因素诱变育种的基本技术。

2. 应用化学因素诱变选育出腺嘌呤营养缺陷型产氨短杆菌。

二、实训原理

化学诱变剂的种类很多，使用最多最有效的是烷化剂。烷化剂的诱变效应主要是使 DNA 的碱基和磷酸基团发生烷基化作用，从而引起 DNA 复制时碱基配对的转化或颠倒。

硫酸二乙酯是烷化剂中的一种，其处理浓度为 0.5%～1%，处理时间为 15～60min。为防止其分解而使 pH 发生改变，处理时必须采用 pH 7.0 的磷酸缓冲液。终止反应（解毒）时，可以用大量稀释法或加入硫代硫酸钠等方法。

所谓营养缺陷型是指在某些物质（氨基酸、维生素、碱基）的合成能力上出现缺陷，必须在培养基中外加这些营养成分才能正常地变异菌株。直接从自然界分离得到的未发生变异的原始菌株则称为野生型菌株。

本实训以野生型产氨短杆菌为出发菌，经硫酸二乙酯（DES）处理后，拟选育腺嘌呤营养缺陷性，该菌株的精确腺嘌呤营养缺陷型能够积累中间产物——肌苷酸（IMP）。

基本培养基（MM）：能满足野生型菌株营养要求的最低成分合成培养基。

完全培养基（CM）：能满足各种营养缺陷型生长所需营养成分的培养基。

凡在完全培养基（CM）上生长而在基本培养基（MM）上不生长的菌株即为缺陷型菌株。在腺嘌呤补充培养基上生长而在次黄嘌呤补充培养基上不生长的营养缺陷型则是精确的腺嘌呤营养缺陷型（Ade$^-$）。

三、实训器材

1. 菌种

产氨短杆菌。

2. 仪器

摇床，离心机，培养皿，吸管，试管，锥形瓶（100mL），小玻璃棒，玻璃刮棒等。

3. 培养基及试剂

（1）完全培养基 葡萄糖 2g，蛋白胨 1g，酵母膏 1g，牛肉膏 0.5g，尿素 0.2g，$MgSO_4$ 0.2g，NaCl 0.25g，琼脂 2g，蒸馏水 100mL，pH 7.0。

（2）磷酸缓冲液 Na_2HPO_4 1g，KH_2PO_4 0.5g，蒸馏水 100mL，pH 7.0。

（3）25%的硫代硫酸钠 25g $Na_2S_2O_3$，无菌水 100mL。

（4）生理盐水 0.85% NaCl。

（5）基本培养基 葡萄糖 2%，尿素 0.4%，KH_2PO_4 0.1%，$MgSO_4$ 0.005%，谷氨酸 0.12%，胱氨酸 0.01%，$(NH_4)_2SO_4$ 0.2%，$FeSO_4$ 3mg/L，生物素 20μg/L，维生素 B_1 100μg/L，琼脂 2%，pH 7.2。

（6）补充培养基 在上述基本培养基中加入腺嘌呤 5μg/100L，即为腺嘌呤补充培养基；在上述基本培养基中加入次黄嘌呤 5μg/100L，即为次黄嘌呤补充培养基。

四、实训步骤

（一）化学因素诱变处理

1. 加热融化完全培养基，制平板 7 皿。

2. 分装无菌生理盐水 6 支（4.5mL/支），备稀释用。

3. 吸取产氨短杆菌菌液 5mL 于无菌离心管中，以 3000r/min 离心 15min，弃去上清液。

4. 用无菌小玻棒搅松管底细菌体，加入磷酸缓冲液 10mL 洗涤菌体，离心 10min，弃去上清液。

5. 搅松菌体，再加入 10mL 磷酸缓冲液制成菌液，搅匀。

6. 吸取 4mL 菌悬液于预先装有 15mL 磷酸缓冲液的小锥形瓶中（内有玻璃珠），激烈振荡 5min。

7. 加入 DES 醇液 1mL，置摇床振荡处理 30min 或 40min（不同的组选择不同的处理时间）。

8. 取出立即加入 25% $Na_2S_2O_3$ 0.5mL 终止反应（解毒）。

9. 吸取经处理的菌液 0.5mL，稀释至 10^{-5}，取 $10^{-1}\sim10^{-5}$ 稀释液各 1 滴于 5 个平板中，并按 10^{-5} 至 10^{-1} 依次涂布均匀。

10. 置 37℃保温箱培养 36~48h。

（二）营养缺陷型的检出（对照培养法）

1. 每组在 2 个基本培养基平板的底皿背面打格编号。

2. 用灭菌牙签分别挑取每一个单菌落的少量菌体在 MM 平板上和 CM 平板上对号点种。

3. 置 32℃保温箱培养 36~48h，观察结果（凡在 MM 板上明显不生长的菌株可初步认为是营养缺陷型）。

4. 挑取营养缺陷型分别接入斜面，备鉴定用。

（三）腺嘌呤营养缺陷型的鉴定

1. 制备基本培养基（MM）/次黄嘌呤补充培养基（MM＋HX）、腺嘌呤补充培养基（MM＋Ade），并在皿底背面打格编号。

2. 用灭菌牙签挑取缺陷型菌体，分别接种于上述三种培养基上。

3. 置 32℃保温培养箱 48h 后观察，凡在 MM 和 MM＋HX 上不生长，即为精确的腺嘌呤营养缺陷型。

4. 将选出的菌株进行摇瓶发酵实验，测定其是否产生 IMP 及其产酸率。

五、注意事项

一般化学诱变剂都有毒性，很多还具有致癌作用，故操作时切忌用口吸取，并勿与皮肤直接接触。

六、思考题

1. 如何测定经 DES 处理后菌体细胞的成活率？

2. 为什么在 MM 上不生长，而在 MM＋HX 和 MM＋Ade 上都生长的缺陷型为非精确的 Ade⁻？

实训八　发酵罐的使用和维护

一、实训目的

1. 熟悉发酵罐的结构。

2. 掌握发酵罐的使用和维护。

二、发酵罐的结构

100L 全自动实验罐的结构，主要由不锈钢搅拌罐、空气系统、蒸汽发生装置、温度调节系统、自动流动系统、计算机显示与控制系统、连接管道与阀门等组成。

1. 不锈钢搅拌罐的组成

不锈钢搅拌罐主要由不锈钢壳体、夹套、搅拌装置、通风及空气分布管、挡板、接种孔、多个点击插孔、多个流加孔以及各个相关管道的连接口组成。

不锈钢壳体内、外部经抛光处理，表面光滑，无死角，能承受 0.4MPa 的设计压力。不锈钢壳体上插孔以及连接口均要求密封。夹套是包围在发酵罐直筒外表，用蒸汽间接加热和用冷却水降温的换热装置，与蒸汽、冷却水管道连接，能承受 0.2MPa 的设计压力。搅拌装置上 2～3 挡搅拌器，一般采用圆盘涡轮直叶形式，在搅拌器上方安装了机器消沫器。搅拌轴与发酵罐上封头的连接采用机器密封。在罐体外部，与搅拌轴连接的是可变频电机以及减速机，电机的变频器与计算机连接，可以通过计算机设置调节搅拌转速。由于采用径向流的搅拌器，为了促使液体的轴向流动，在发酵罐内壁上安装了三块挡板。由于实验管体积较小，空气分布管与罐内通风管并为一体，采用单管口出风，管口朝下，正对罐底中央。

发酵罐上封头上有消沫电极的插孔，电极采用 O 形圈密封并采用不锈钢螺纹环固定。上封头上有 3～4 个流加孔，供流加消沫剂、酸碱液、营养液等使用，流加孔采用硅胶塞密封，流加时直接用不锈钢针插穿硅胶塞，硅胶塞多次使用后可更换。上封头上有 1 个接种孔，用不锈钢螺纹塞密封，供接种、灌装发酵培养基时使用。上封头上有 1 个与排气管相连的排气孔，采用焊接。上封头有 1 个压力表，并与计算机连接，可通过计算机显示、调节罐压。发酵罐直筒上有 3～4 个电极插孔，分别供温度、pH、溶氧等检测电极插入使用，电极都是采用 O 形圈密封并采用不锈钢螺纹环固定。直筒上有一个与通风管连接的管口，采用焊接。夹套的上部有 1 个蒸汽进口、1 个冷却水出口，下部有 1 个冷却水进口、1 个冷凝水出口，均采用焊接。

发酵罐下封头有 1 个放料口，与取样、放料管道连接，采用焊接。

2. 空气系统的组成

空气系统主要由无油空气压缩机、空气预处理装置、贮气罐以及空气过滤器等组成。其中，无油空气压缩机的工作能力一般选用 30～40m³/h；压缩空气进入过滤器前，需通过空气预处理装置，以进行冷却、油水分离等处理，因此，空气预处理装置包括小型冷冻机和油水分离器；贮气罐主要起到压力缓冲的作用，预处理后的空气先进入贮气罐，然后再进入空气过滤器。

空气过滤器是空气除菌的设备，一般采用聚乙烯醇（PVA）膜折叠滤芯，滤芯的通气量与型号有关，需根据要求进行选型。空气过滤流程是二级过滤流程，即：第一级滤芯为粗滤芯，其过滤最小微粒直径 $\geqslant 0.4\mu m$；第二级滤芯为精滤芯，其过滤最小微粒直径 $\geqslant 0.1\mu m$。第一级滤芯起到保护第二级滤芯的作用，主要依靠第二级滤芯保证空气的无菌程度。另外，精滤芯在使用前要进行蒸汽灭菌。为了防止蒸汽夹带管道中的铁锈等污物进入精滤芯，通常在蒸汽进入精滤芯前设置一个空气过滤器。

发酵过程需控制通气量，为了便于采集信号，在粗过滤器前设置一个电磁流量计，用于计量空气流量。在电磁流量计前设置一个电动阀，用于自动调节空气流量。

3. 蒸汽发生装置的组成

发酵实验中，空气过滤器灭菌、发酵罐空消以及取无菌样等操作都要用到蒸汽，因此需要配备蒸汽发生装置。蒸汽发生装置主要由蒸汽发生器、水处理设备以及贮水罐等组成。

蒸汽发生装置的水源一般是自来水，为了防止蒸汽发生器的加热管结垢，自来水进入蒸汽发生器前要经过水处理设备进行除杂和软化等处理，然后进入贮水罐，最后用泵送水至蒸汽发生器。贮水罐与蒸汽发生器之间采用自动控制，当蒸汽发生器的水位低至某一位置，就会自动启动水泵送水。对于100L的发酵罐，一般配备蒸发量为0.04t/h的蒸汽发生器。

4. 温度调节系统

100L实验罐温度调节系统包括热水调节装置和冷却水调节装置，都可以通过温度电极反馈的信号调节管路上的电动阀开度，而实现温度自动控制。

热水调节装置是在罐外利用加热器将水加热，然后送至夹套与发酵液换热，从而可维持较高的发酵温度，热水经过热交换排出后，回流至加热器循环使用。对于某些温度要求较高的发酵过程，尤其是冬天，需要启动热水调节装置。

大部分发酵过程需要用冷却水降温，可直接将自来水送至夹套内降温，由于实验罐的用水量不大，冷却后出来的水可通过简单管道收集，另外使用。由于夏天气温较高，发酵过程难降温，需配备一台小型冷水机，对自来水先行降温，再送至夹套内降温，这时，冷却后出来的水应回流至冷水机循环使用。

5. 自动流加系统的组成

实验罐的自动流加系统主要由蠕动泵、流加瓶、硅胶管以及不锈钢插针组成，用于流加消沫剂、酸液、碱液或营养液。流加前，先配制好流加溶液装于流加瓶，用硅胶管把流加瓶和不锈钢插针连接并进行包扎，置于灭菌锅内灭菌。流加时，把硅胶管装入蠕动泵的挤压轮中，通过挤压轮转动把流加液压进发酵罐。挤压轮转速可以调节，从而可以控制流加速度。蠕动泵与计算机连接，通过计算机采集的信号，可以控制蠕动泵的工作。

6. 计算机系统

在实验罐的计算机内，由设备制造商安装了控制软件，由于控制软件的功能比较强大，可对十几种参数进行分析、记录，监测仪器、操作装置与计算机通过信号线连接，通过信号采集、分析、传送，能够按照操作者事先设置的参数进行控制。

一般实验中，可以显示发酵温度、pH、DO、通气量、罐压、搅拌转速、各种流加液流速和累计流加量、排气中的氧和CO_2含量等，可以控制发酵温度、pH、通气量、罐压、搅拌转速和各种流加速度等。

三、发酵罐的使用

(一) 空气过滤器的灭菌操作

1. 灭菌前的准备

(1) 启动蒸汽发生器 将自来水引入水处理装置进行除杂、软化处理，处理后流入贮水罐，然后开启自动控制开关进行加热，蒸汽压力达到0.2~0.3MPa时可供使用。

(2) 启动冷冻机 将自来水引入冷冻机，开启冷水机电源开关制冷。当冷水温度达到10℃时，可供空气预处理使用。

(3) 启动空气压缩机 启动前，先关闭空气管路上所有阀门，然后打开空气压缩机电源开关，启动空气压缩机。当空气压缩机的压力达到0.25MPa左右时，依次打开管路上阀门，将空气引入冷冻机、油水分离器，经过冷却、除油水后进入贮气罐，待用。

2. 空气过滤器的灭菌、吹干以及保压

一般只对精滤器灭菌。灭菌时，先关闭空气阀1，打开空气阀2、排气阀1、排气阀2、排气阀 3 以及发酵罐的排气阀，然后打开蒸汽阀，蒸汽经过蒸汽过滤器后，进入精滤器，再排进发酵罐。为了消除死角，废气由排气阀 1、排气阀 2、排气阀 3 以及发酵罐的排气阀排出。灭菌过程中，须控制蒸汽阀、空气阀 2、排气阀 1、排气阀 2 的开度，使过滤器上的压力表显示值为 0.1~0.12MPa，维持 15min，可完成空气过滤器灭菌。

灭菌完毕，关闭蒸汽阀，依次打开各个空气阀进空气，并打开排气阀 4，让空气从排气阀 1、排气阀 2、排气阀 3、排气阀 4 以及发酵罐的排气阀排出，以便吹干精滤器和相关管道，大约 20min 可完成。最后，关闭空气阀 2、排气阀 1、排气阀 2、排气阀 4，让空气保压至空气阀 2 以及蒸汽阀 2 的位置，待用。

（二）发酵罐的空消

发酵罐空消前，必须首先检查并关闭发酵罐夹套的进水阀门，然后启动计算机，按照操作程序进入到显示发酵罐温度的界面，以便观察温度变化。

空消时，先打开夹套的冷凝水排出阀，以便夹套中残留的水排出，然后从两路管道将蒸汽引入发酵罐：一路是发酵罐的通风管；另一路是发酵罐的放料管。每一路进蒸汽时，都是按照"由远处到近处"依次打开各个阀门。两路蒸汽都进入发酵罐后，适当打开所有能够排气的阀门充分排气，如管路上的小排气阀、取样阀、发酵罐的排气阀等，以便消除灭菌的死角。灭菌过程中，密切注意发酵罐温度以及压力的变化情况，及时调节各个进蒸汽阀门以及各个排气阀门的开度，确保灭菌温度在 (121±1)℃，维持 30min，即可达到灭菌效果。

灭菌完毕，先关闭各个小排气阀，然后按照"由近处到远处"依次关闭两路管道上各个阀门。待罐压降至 0.05MPa 左右时，关闭发酵罐的排气阀，迅速打开精过滤器后的空气阀，将无菌空气引入发酵罐，利用无菌空气压力将管内的冷凝水从放料阀排出。最后，关闭放料阀，适当打开发酵罐的排气阀，并调节进空气阀门开度，使罐压维持在 0.1MPa 左右，保压，备用。

（三）培养基的实消

培养基实消前，关闭进空气阀门并打开发酵罐的排气阀，排出发酵罐内空气，使罐压为 0，再次检查并关闭发酵罐夹套的进水阀门、发酵罐放料阀。将事先校正好的 pH 电极、DO 电极以及消沫电极等插入发酵罐，并密封、固定好。然后，拧开接种孔的不锈钢塞，将配制好的培养基从接种孔倒入发酵罐。启动计算机，按照操作程序进入到显示温度、pH、DO、转速等参数的界面，以便观察各种参数的变化。同时，启动搅拌，调节转速为 100r/min 左右。

实消时，先打开夹套的进蒸汽阀以及冷凝水排出阀，利用夹套蒸汽间接加热，至 80℃左右，为了节约蒸汽，可关闭夹套的进蒸汽阀，但必须保留冷凝水排出阀处于打开状态。然后，按照空消的操作，从通风管和放料管两路进蒸汽直接加热培养基。实消过程中，所有能够排气的阀门应适当打开并充分排气，根据温度变化及时调节各个进蒸汽阀门以及各个排气阀门的开度，确保灭菌温度和灭菌时间达到灭菌要求（不同培养基灭菌要求不一样）。

灭菌完毕，先关闭各个小排气阀，然后关闭放料阀，并按照"由近处到远处"依次关闭两路管道上各个阀门。待罐压降至 0.05MPa 左右时，迅速打开精过滤器后的空气阀，将无菌空气引入发酵罐，调节进空气阀门以及发酵罐排气阀的开度，使罐压维持在 0.1MPa 左右，进行保压。最后，关闭夹套冷凝水排除阀，打开夹套进冷却水阀门以及夹套出水阀，进冷却水降温。这时，启动冷却水降温自动控制，当温度降低至设定值，机器自动停止进水。自始至终，搅拌转速保持为 100r/min 左右，无菌空气保压为 0.1MPa 左右，降温完毕，备用。

（四）接种操作

接种前，调节进空气阀门以及发酵罐排气阀门的开度，使罐压为 0.01～0.02MPa。用酒精棉球围绕接种孔并点燃。在酒精火焰区域内，用铁钳拧开接种孔的不锈钢塞，同时，迅速解开摇瓶种子的纱布，将种子液倒入发酵罐内。接种后，用铁钳夹取不锈钢塞在火焰上灼烧片刻，然后迅速盖在接种孔上并拧紧。最后，将发酵罐的进气以及排气的手动阀门开大，在计算机上设定发酵初始通气量以及罐压，通过电动阀门控制发酵通气量以及罐压，使之达到控制要求。

（五）发酵过程的操作

1. 参数控制

发酵过程中在线检测参数可通过计算机显示通气量、pH、温度、搅拌转速和罐压等许多参数，可按照控制软件的操作程序进行设定，只要调节机构在线，通过计算机控制调节机构而实现在线控制。

2. 流加控制

一般情况下，流加溶液主要有消沫剂、酸液或碱液、营养液（如碳源、氮源等）。流加前，将配制好的流加溶液装入流加瓶，用瓶盖或瓶塞密封好，用硅胶管把流加瓶和不锈钢插针连接在一起，并用纱布、牛皮纸将不锈钢插针包扎好，置于灭菌锅内灭菌。

流加时，在火焰区域内揭开不锈钢插针的包扎，并将插针迅速插穿流加孔的硅胶塞，同时，将硅胶管装入蠕动泵的挤压轮中，启动蠕动泵，积压轮转动可以将流加液压进发酵罐。通过计算机可以设定开始流加的时间、挤压轮的转速，从而可以自动流加以及自动控制流加速度。另外，计算机可以显示任何时间的流加状态，如瞬时流量以及累计流量。

3. 取样操作

发酵过程中，需定时取样进行一些理化指标的检测，如 DO 值、残糖浓度、产物浓度等。取样时，可调节罐底的三向阀门至取样位置，利用发酵罐内压力排出发酵液，用试管或烧杯接收。取样完毕，关闭三向阀门，打开与之连接的蒸汽，对取样口灭菌几分钟。

4. 放料操作

发酵结束后，先停止搅拌，然后，关闭发酵罐的排气阀门，调节罐底的三向阀门至放料位置，利用发酵罐内压力排出发酵液，用容器接收发酵液。

（六）发酵罐的清洗与维护

放料结束后，先关闭放料阀以及发酵罐进空气阀门，打开排气阀门排出管内空气，使罐压为 0。然后，拆卸安装在罐上的 pH、DO 等电极以及流加孔上的不锈钢插针，并在电极插孔和流加孔拧上不锈钢塞。接着，从接种孔加入 70L 左右的清水，启动搅拌，转速为 100r/min 左右，用蒸汽加热清水至 121℃左右，搅拌 30min 左右，以此清洗发酵罐。清洗完毕，利用空气压力排出洗水，并用空气吹干发酵罐。

停用蒸汽时，切断蒸汽发生器的电源，通过发酵罐的各个蒸汽管道的排气阀排出残余蒸汽，直至蒸汽发生器上的压力表显示为 0。停用空气时，切断空气压缩机的电源，通过空气管道的排气阀排出残余空气，直至贮气罐上压力表显示为 0。最后，关闭所有的阀门以及计算机。

（七）电极的使用与维护

1. pH 电极的使用与维护

pH 电极为玻璃电极，不使用时将电极洗净，检测端需保存在 3mol/L KCl 溶液中，防止出现"干电极"现象而造成损坏。其耐高温有一定极限，一般不超过140℃，在灭菌温度范围内，温度愈高对其破坏性愈大，造成使用寿命愈短。因此，应尽可能减少pH电极受热的机会，且培养基灭菌时注意控制灭菌温度。

在pH电极装上发酵罐之前，须对pH电极进行两点校正。pH电极与计算机连接后接通电源，将pH电极分别浸泡在两种不同pH的标准缓冲溶液中进行校正，检查测定值的两点斜率，一般要求斜率≥90%方可使用。需根据发酵控制pH范围选择标准缓冲溶液，例如，发酵pH为酸性时，可选择pH4.00与pH6.86的标准缓冲溶液；如果发酵pH为碱性时，可选择pH6.86与pH9.18的标准缓冲溶液。

2. DO的电极的使用与维护

使用DO电极测量时，由于缺乏氧在不同发酵液中饱和溶解度的确切数据，因此，常用氧在发酵液中饱和时的电极电流输出值为100%、残余电流值为0来进行标定，测量过程中的氧浓度以饱和度的百分数（%）来表示。使用前，DO电极与计算机连接并接通电源，将DO电极浸泡在饱和的亚硫酸钠溶液中（或培养基恒温结束降温前），此时的测量指标定为0。发酵培养基灭菌并冷却至初始发酵温度充分通风搅拌（一般以发酵过程的最大通风和搅拌转速条件下氧饱和）时，DO电极的测量指标定为100%。

DO电极的耐高温性也有一定极限，应尽可能减少DO电极受热的机会，且培养基灭菌时注意控制灭菌温度，一般不超过140℃。每次使用后，将电极洗净，检测端保存在3mol/L的KCl溶液中。

（八）折叠膜过滤芯的维护

折叠膜过滤芯的锁扣、外筒、端盖以及密封胶圈虽然都是热稳定材料，但耐高温有一定限度。灭菌时，必须严格控制灭菌温度和灭菌时间，若灭菌温度过高、灭菌时间过长，容易造成损坏。同时，灭菌后必须用空气吹干，才能使用，否则过滤效率降低或失效。不使用时，必须保持干燥，以免霉腐。

（九）蒸汽发生器的维护

用于蒸汽发生器的水必须经过软化、除杂等处理，以免蒸汽发生器加热管结垢，影响产生蒸汽的能力。使用时，必须保证供水，使水位达到规定高度，否则会出现"干管"现象，造成损坏。蒸汽发生器的电气控制部分必须能够正常工作，达到设置压力时能够自动切断电源。蒸汽发生器上的安全阀与压力表须定期校对，能够正常工作。每次使用后，先切断电源，排除压力后，停止供水，并将蒸汽发生器内的水排空。

四、思考题

1. 简述发酵罐使用与维护要点。
2. 简述发酵过程接种的几种方式。
3. 培养基试管灭菌恒温结束时，为何先向管内通入无菌空气，再向夹套通冷却水？
4. 设计发酵过程记录表格。

实训九　灵芝多糖液体深层发酵工艺

一、实训目的

1. 掌握种子制备、扩大培养技术。

2. 掌握发酵罐的使用和维护技术。

3. 掌握培养基实罐灭菌技术。

4. 掌握丝状菌发酵过程中工艺参数检测与控制技术。

二、实训原理

可通过液体深层发酵法得到灵芝多糖。液体深层发酵法在大型发酵罐内进行，可通过调节培养基的组成、发酵工艺条件等，在短时间内得到大量菌丝体和胞内、外多糖。实践表明，深层发酵得到的胞内、外多糖无论是含量还是生物功能活性都与子实体相似，甚至超过子实体，而其生产规模、产率和经济效益都是农业栽培所无法比拟的，因此具有很好的发展前景。

灵芝菌丝体液体深层发酵与产生抗生素等丝状菌的发酵工艺流程相似，基本包括菌种制备、种子扩大培养、培养基配制与灭菌、发酵过程工艺控制等工序：

灵芝菌种→斜面活化→摇瓶扩大培养→种子罐扩大培养→发酵罐发酵

三、实训器材

1. 菌种

红芝（*Ganoderma lucidum*）。

2. 仪器

5L、50L 通用式发酵罐，摇瓶机，250mL、500mL、1000mL 锥形瓶，18mm×180mm 试管，干燥设备等。

3. 培养基及试剂

（1）斜面活化培养基　土豆汁 20%，葡萄糖 2%，酵母膏 0.75%，$KH_2PO_4 \cdot 3H_2O$ 0.3%，$MgSO_4 \cdot 7H_2O$ 0.075%，琼脂 1.5%，pH 5.5。

（2）液体种子培养基　葡萄糖 2%，玉米粉 1%，麸皮 0.5%，$KH_2PO_4 \cdot 3H_2O$ 0.015%，$MgSO_4 \cdot 7H_2O$ 0.075%，pH 5.5。

（3）发酵培养基　黄豆粉（或黄豆饼粉）2%，蔗糖 4%，$KH_2PO_4 \cdot 3H_2O$ 0.015%，$MgSO_4 \cdot 7H_2O$ 0.075%。

四、实训步骤

（一）种子扩大培养

1. 斜面活化

28℃培养至白色菌丝体布满整个斜面，数次活化至菌种的生长速度达到稳定即可。

2. 摇瓶培养

将经试管斜面活化的菌种接入经灭菌的 500～1000mL 锥形瓶培养基中，置于摇床上振荡培养。摇床速度 200r/min，培养温度 28℃，时间 48h。

（二）发酵及发酵过程工艺控制

1. 发酵前的准备

（1）发酵罐工况检查和准备　发酵罐及管路系统清洗干净，发酵罐及管路系统密封性和气密性检查。

（2）检测系统安装和工况检查　pH 电极、温度电极、溶氧电极安装和工况检查。pH 电极校正，溶氧电极重点检查贮液筒电解质溶液是否足够，残余电流，透氧膜是否损坏，灵敏度及响应时间。pH 电极重点检查电解质溶液是否充足，玻璃电极是否充分活化。温度电极主要检查其灵敏度。

2. 培养基的实罐灭菌

50L 发酵罐装培养基 30L，开启夹套和顶罐排气阀，开启搅拌器，向夹套通蒸汽，分过滤器同时蒸汽灭菌，培养基升温至 90℃，进气管和放料管向管内进蒸汽，达灭菌温度。罐盖上阀门排蒸汽，调节进、排气阀恒温至 115℃，降温前 15min 无菌空气吹干过滤器（过滤器应至少灭菌 30min 以上）。关闭各进、排气阀，溶氧电极调零，向罐内通入无菌空气，夹套通冷却水，降温至发酵温度 27℃。搅拌，继续通无菌空气至培养基被氧气饱和（约 20min）。DO 电极定位至 100%。

3. 接种发酵及工艺控制

（1）温度、pH 控制　温度控制在 28℃，灵芝菌丝体的最适生长 pH 为 5.5，而产物形成的最适 pH 为 4.5。因此发酵过程不同阶段将 pH 控制在不同的水平。当 pH 较低时，可加氨水或低浓度氢氧化钠来调节；当 pH 较高时，可加低浓度盐酸或磷酸调节。

（2）压力　为避免染菌，发酵过程一定要正压发酵，罐内压力通常控制在 0.02~0.05MPa。

（3）溶解氧　通过通气和搅拌来实现溶解氧控制，可用溶氧电极在线测量溶氧浓度，通过通气和搅拌使溶氧浓度保持在饱和溶氧浓度和溶氧浓度的 20% 以上即可。也可控制搅拌转速在 150~200r/min。通气量采用发酵前期（对数期前）控制在 0.5VVM，中期（对数期）控制在 1VVM，后期控制（稳定期）在 0.5~0.7VVM。

（4）泡沫控制　通过加入 0.03% 泡敌控制。

（5）杂菌控制　从种子制备开始，每级种子向下一级转移的同时要作种子是否无菌的检查。从锥形瓶到种子罐的接种一般采用火圈接种法，从种子罐到种子罐和从种子罐到发酵罐一般采用压差接种。

发酵至残糖 1% 以下或菌丝体开始老化自溶前放罐。发酵液经提取得灵芝多糖产品。

五、思考题

1. 灵芝菌丝体发酵过程为何采用变 pH 控制发酵？

2. 丝状菌发酵过程培养液理化性质与单细胞菌（细菌、酵母菌）发酵液有何异同？

实训十　黑曲霉发酵生产柠檬酸

一、实训目的及要求

要求学生掌握通风发酵的基本原理及过程，掌握上罐操作技术：

（1）熟悉发酵罐及管路、空气过滤器灭菌操作；

（2）实罐灭菌-培养基灭菌实验；

（3）观察并记录黑曲霉扩培过程及上罐发酵过程菌种生长变化情况；

（4）测定黑曲霉培养过程中还原糖、总糖、pH、总酸及柠檬酸的变化。

二、实训器材

1. 仪器、设备

25L 发酵罐，摇瓶柜，离心机，超净工作台，显微镜，恒温培养箱，灭菌锅。

2. 菌种

黑曲霉。

3. 培养基

(1) 黑曲霉斜面培养基　马铃薯 200g，葡萄糖 20g，琼脂 15～20g，加水至 1000mL，pH 自然。

(2) 黑曲霉种子培养基　小麦麸皮∶水＝1∶(1.1～1.3)，接种后于 30～32℃培养 4～5 天至长满丰富的孢子，中间翻曲。

(3) 发酵培养基　淀粉 20％，硫酸铵 0.3％～0.35％。

三、实训方法

1. 总流程

斜面培养→麸皮种子→上罐培养

(1) 斜面培养　斜面培养基配制与灭菌，接种，培养。

所需仪器物品：灭菌锅，试管，棉塞，培养基原料，培养箱。

(2) 麸皮种子　500mL 锥形瓶 3 只，装料 20g。

(3) 上罐培养　培养基的配制，调 pH 至 4.0；灭菌；接种。转速为 400r/min。通风：0～18h 0.1VVM；18～30h 0.15VVM；30h 后为 0.25VVM；温度 32℃。

2. 过程监控

0h：取样测定总糖和还原糖。

24～48h：每隔 12h 取样镜检，测定总酸、还原糖、总糖、柠檬酸浓度。

48～72h：每隔 8h 取样镜检，测定总酸、还原糖、总糖、柠檬酸浓度。

72～96h：每隔 6h 取样镜检，测定总酸、还原糖、总糖、柠檬酸浓度。

3. 实验分析项目和方法

(1) 黑曲霉镜检

① 染料：草酸铵结晶紫液。

A 液：1％结晶紫、95％酒精溶液。

B 液：1％草酸铵溶液。

取 A 液 20mL、B 液 80mL 混合，静置 48h 后使用。

② 镜检过程

涂片→干燥→固定→染色→水洗→干燥→镜检

(2) 总酸的测定

(3) 还原糖的测定

(4) 总糖的测定

(5) pH、溶氧的跟踪测定（从二次仪表直接读取）

(6) 柠檬酸的测定

四、思考题

发酵时，通风和搅拌是不是越强烈越好？本实验中为何如此安排通风量？

实训十一　发酵液柠檬酸提取

一、实验目的和要求

学习和掌握柠檬酸提取和测定的原理与一般方法。

二、实验原理

在成熟的柠檬发酵液中大部分是柠檬酸，但还含有部分山芋粉渣、菌丝体以及其他代谢产物的杂质。柠檬酸的提取是柠檬酸生产中极为重要的工序，柠檬酸的提取方法有钙盐沉淀法、离子交换法、电渗析法及萃取法等，目前广泛用于国内生产的是钙盐沉淀法，其原理是利用柠檬酸与碳酸钙反应形成不溶性的柠檬酸钙，而将柠檬酸从发酵液中分离出来，并利用硫酸酸解从而获得柠檬酸粗液，经活性炭、离子交换树脂脱色及脱盐，再经浓缩、结晶干燥等精制后获得柠檬酸成品，其中和及酸解反应式如下：

中和　　$2C_6H_8O_7 \cdot H_2O + 3CaCO_3 \longrightarrow Ca_3(C_6H_5O_7)_2 \cdot 4H_2O \downarrow + 3CO_2 \uparrow + H_2O$

酸解　　$Ca_3(C_6H_5O_7)_2 \cdot 4H_2O + 3H_2SO_4 + 4H_2O \longrightarrow$

$$2C_6H_8O_7 \cdot H_2O + 3CaSO_4 \cdot 2H_2O \downarrow$$

本实验以提取柠檬酸钙盐为主。

三、实验材料

1. 实验材料

柠檬酸发酵液，轻质碳酸钙（200 目），0.1429mol/L 氢氧化钠溶液，1% 酚酞指示剂。

2. 仪器设备

制备式离心分离机，滴定管，烘箱。

四、实验方法与过程

（一）树脂预处理

分别称取一定量的树脂（732 号阳离子交换树脂和 122 号阴离子交换树脂），清洗漂去杂质，放在交换柱中，先用 1mol/L 氢氧化钠，后用水洗，再用 1mol/L HCl，最后用水洗至 pH≥4。每次所用溶液体积为树脂体积的 3 倍，流速的大小与柱截面数值相等［流速为 $1\sim2m^3$ 水或溶液/（m^3 树脂·h）］，两种树脂的预处理方法相同。

（二）柠檬酸提取

1. 发酵液过滤预处理

将成熟的柠檬酸发酵液 2L 加热至 80℃，保温 10～20min，趁热进行离心分离，除掉菌丝体等不溶性杂质。取滤液备用并记录滤液总体积。发酵液总酸的测定：取滤液 1mL，加 5mL 蒸馏水于洁净锥形瓶中，加入 1 滴酚酞指示剂用 0.1429mol/L NaOH 滴定于初显红色为止，记下 NaOH 的消耗量。

2. 碳酸钙中和沉淀

柠檬酸与碳酸钙能形成难溶的柠檬酸钙沉淀，碳酸钙的加入量是根据滤液中柠檬酸的总量及下列反应式而定：

$$C_6H_8O_7 \cdot H_2O + CaCO_3 \longrightarrow Ca_3(C_6H_5O_7) \cdot 4H_2O \downarrow + CO_2 \uparrow + H_2O$$

$C_6H_8O_7 \cdot H_2O$ 相对分子质量 $M_W = 210$

$CaCO_3$ 相对分子质量 $M_W = 100$

边搅拌边缓慢加入 $CaCO_3$，以防止产生大量泡沫。$CaCO_3$ 加热完后放置于 85℃ 恒温水浴中加热，保温搅拌 30min，趁热过滤，并用沸水洗涤柠檬酸钙沉淀，做柠檬酸钙的无糖检测（见后面的注意事项）。

3. 酸解

加入硫酸与柠檬酸钙反应，产生柠檬酸及硫酸钙沉淀，反应式如下：

$$Ca_3(C_6H_5O_7)_2 + 3H_2SO_4 \Longrightarrow 2C_6H_8O_7 + 3CaSO_4 \downarrow$$

将中和沉淀得到的沉淀物取出，称重，加入 2 倍量的水，调匀，然后加热至 85℃，加入硫酸。硫酸的加入量应根据所加入的 $CaCO_3$ 的量来计算。

$$CaCO_3 + H_2SO_4 \Longrightarrow CaSO_4 \downarrow + H_2O + CO_2 \uparrow$$

H_2SO_4 相对分子质量 $M_w = 98$

H_2SO_4 相对密度 $d = 1.84$

加完硫酸后，继续保温，搅拌 30min，趁热过滤，得清亮棕黄色酸解液，取样测定含量。

4. 122 号树脂脱色

取已经处理好的 122 号树脂 100mL 装入柱中，通入酸解液进行脱色，当出口 $pH \leqslant 3$ 时，开始收集，流速为 5mL/min，当出口 $pH > 3$ 时，脱色结束，记录下收集液体，取样测定含量。

5. 732 号树脂脱金属离子

取已经处理好的 732 号树脂 150mL 装入柱中，通入上述收集液，当出口 $pH \leqslant 3$ 时，开始收集，流速为 5mL/min，当出口 $pH > 3$ 时结束。在结束前用乙醇法检测终点，记下收集液总体积，取样测定含量。

6. 真空浓缩

将收集液倒入浓缩器中，真空度为 600～740mmHg（1mmHg＝133.322Pa），水浴温度为 60℃，浓缩约 10 倍后，倒入小烧杯中。

7. 结晶

将盛有浓缩液的小烧杯立即移至 50℃ 恒温水浴中，搅拌结晶，以后控制水浴温度。每小时下降 5℃，终了温度越低越好。

结晶完毕后，抽滤，得到柠檬酸成品，称重。测定母液中柠檬酸含量，测定结晶品柠檬酸含量，计算柠檬酸的收率。

五、注意事项

1. 柠檬酸含量测定

在一定量柠檬酸溶液中加入适量的去离子水，加入 2～3 滴酚酞指示剂，然后以 0.1mol/L 氢氧化钠标准溶液滴定，记下体积 V，柠檬酸总量按下式计算：

$$m(g) = \frac{V_1 \times c_1}{V_2} \times 70 \times V_0$$

式中　V_1——0.1mol/L 氢氧化钠标准溶液体积，mL；

　　　c_1——氢氧化钠标准溶液浓度，mol/L；

　　　V_2——所取柠檬酸样品体积，mL；

　　　V_0——柠檬酸溶液总体积，L；

　　　70——柠檬酸（$C_6H_8O_7 \cdot H_2O$）摩尔质量的 1/3，g/mol。

2. 柠檬酸钙中糖含量的检测

取柠檬酸钙的洗涤液 20mL，加入 1 滴 1%～2% 高锰酸钾溶液，3min 后溶液不变色，即说明糖分已洗除。

3. 乙醇法检测离子交换终点

取离子交换液 2mL，加入少量 95% 乙醇，摇匀，若发生混浊，说明树脂已饱和，应立即停止交换。

六、实验结果

1. 记录柠檬酸提取实验的过程。
2. 计算发酵液中总酸浓度及发酵所得的总酸量。
3. 根据所得的钙盐质量计算钙盐的提取收率。
4. 简述发酵液预处理的意义及洗糖的目的。

附：柠檬酸的检测

一、仪器、设备和材料

滴定管，锥形瓶，移液管，分光光度计，氢氧化钠，吡啶，乙酐，酚酞。

二、实验方法与步骤

（一）总酸的测定

1. 标准 NaOH 溶液的配制

称取 5.75g NaOH 溶于煮沸过的冷蒸馏水中，定容到 1000mL。

2. 标准 NaOH 溶液的标定

将苯二甲酸氢钾于 100℃ 干燥 2h，精确称取 0.5g，用 50mL 热蒸馏水溶解，冷至室温，加酚酞指示剂 2 滴，用待标定的 NaOH 溶液滴定至淡粉红色，计算如下：

$$NaOH\ 浓度(mol/L) = \frac{苯二甲酸氢钾质量(g)}{消耗\ NaOH\ 体积(mL) \times 0.2042}$$

3. 酸度测定

取发酵滤液 1mL，加 50mL 蒸馏水，以酚酞为指示剂，用标准 NaOH 溶液滴定至淡粉红色。如果 NaOH 浓度为 0.1429～0.1430mol/L，则所消耗的 NaOH 体积（mL）即为酸度。

（二）柠檬酸的测定

1. 原理

柠檬酸在乙酐存在下与吡啶生成黄色化合物，可以在 420nm 下比色定量。

2. 步骤

（1）绘制标准曲线　精确称取分析纯柠檬酸 1g，溶解后在容量瓶中定容至 1000mL，即浓度为 1g/L。使用时再将其稀释成 50mg/L、100mg/L、150mg/L、200mg/L、250mg/L、300mg/L、350mg/L、400mg/L、450mg/L、500mg/L 的标准溶液。分别吸取不同浓度的标准液 1mL，加入乙酐 5.7mL、吡啶 1.3mL，立即塞上塞子摇匀。放入 22～29℃ 恒温水浴中保温 30min，再立即取出，用分光光度计在 420nm 波长下比色。将记录的数据绘制成标准曲线。

（2）柠檬酸浓度的测定　把发酵醪液稀释适当倍数（其中柠檬酸含量应在 200～400mg/L 之间），然后取 1mL 加乙酐 5.7mL、吡啶 1.3mL，后述操作与前述标准样测定相同。最后从标准曲线上查出柠檬酸含量。

3. 计算

$$柠檬酸含量(\%) = \frac{柠檬酸质量(mg，曲线上查得)}{样品质量(g)} \times 10^3 \times 稀释倍数 \times 100$$

或

$$柠檬酸含量(g/L) = \frac{柠檬酸质量(mg，曲线上查得)}{取样体积(mL)} \times 稀释倍数$$

4. 注意事项

（1）此法是测定柠檬酸根的，但酒石酸、衣康酸、异柠檬酸的存在直接影响显色，反丁烯二酸、丙酮酸、L-苹果酸的存在也有少量干扰。

（2）本反应的时间性很强，与吡啶生成的黄色会随时间的延长而加深，所以必须严格控制时间。如来不及测定应将样品置于冰浴中终止反应。

（3）吡啶和乙酐都是易挥发物质，为了保证测定精度，加入试剂后应立即塞上塞子，整个操作越快越好。

（4）本法对温度要求严格，不同温度范围其显色情况不同，应严加控制。

实训十二　动物细胞培养用液的配制和无菌处理

一、实验目的

掌握 Hank's 常见细胞洗涤液以及 0.25% 胰蛋白酶、DMEM 培养基的配制方法和无菌处理方法。

二、实验原理

Hank's 液是一种 BSS（balanced salt solution）液，是细胞培养中常用的基础液。常用于洗涤离心后的细胞沉淀以及作为配制培养基等的用液。0.25% 胰蛋白酶常用来离散组织获得单个细胞，或者消化需要传代的贴壁细胞。DMEM 培养基为细胞生长提供必需的营养物质，是细胞赖以生存的重要支持物。Hank's、D-Hank's 两种 BSS 液因其不含对高温、高压敏感的物质，故可以采用湿热灭菌法灭菌，而胰蛋白酶液、DMEM 培养基必须采用微孔滤膜过滤除菌。

三、实验器材

1. 器材

高压蒸汽灭菌锅，天平，pH 计，烧杯（1000mL），容量瓶，青霉素瓶，滤纸，温度计，水浴锅，磁力搅拌器，试管架，记号笔，圆头镊，广口瓶，火柴，一次性注射器（或玻璃注射器），一次性 $0.22\mu m$ 塑料微孔滤膜。

2. 试剂

$CaCl_2$（分析纯），$MgSO_4 \cdot 7H_2O$（分析纯），$NaHCO_3$（分析纯），酚红，三蒸水（新鲜制备），胰蛋白酶干粉（1:250），DMEM 培养基干粉，胎牛血清（FBS），青霉素，链霉素，谷氨酰胺，丙酮酸钠，HEPES。

四、操作步骤

1. Hank's 液的配制

Hank's 液的配方见表 11-5。

表 11-5　Hank's 液的配方

成分	含量/(g/L)	成分	含量/(g/L)
$Na_2HPO_4 \cdot H_2O$	0.06	葡萄糖	1.00
KH_2PO_4	0.06	NaCl	8.00
$MgSO_4 \cdot 7H_2O$	0.20	$CaCl_2$	0.14

（1）准确称取 0.14g $CaCl_2$ 溶解在装有 100mL 三蒸水的烧杯中。

（2）准确称取 0.20g $MgSO_4 \cdot 7H_2O$ 溶解在装有 100mL 三蒸水的另一烧杯中。

（3）按照配方准确称取其他试剂依次溶解在盛有 650mL 三蒸水的烧杯中，注意应待前一种试剂完全溶解后，再溶解下一种组分，混匀。

（4）将（1）、（2）液缓慢倒入（3）中，并不断搅拌，防止出现沉淀。

（5）将 0.35g $NaHCO_3$ 溶解在 100mL（37℃）三蒸水中。

（6）用数滴 $NaHCO_3$ 液溶解 0.02g 酚红。

（7）将（5）、（6）液在搅拌下逐滴加入到（4）液中。

（8）将（7）液移入容量瓶中，加三蒸水定容至 1000mL，充分混匀。

（9）用 $0.22\mu m$ 微孔滤膜过滤除菌后分装，4℃冰箱内保存；或者用高压蒸汽灭菌 10min，贴上标签后于 4℃冰箱内保存。

2. 血清的灭活处理

（1）选用与血清瓶同规格的对照瓶一个。

（2）对照瓶内放入与血清等体积的水。

（3）对照瓶内插入准确的温度计，放入水浴锅中，接通电源，调节温度控制钮，使温度计温度保持在 56℃。

（4）血清瓶与带温度计的对照瓶一齐放入水浴锅中，待温度计所示温度上升至 56℃时，定时 30min。

（5）大瓶血清灭活后，进行分装。

（6）分装后，抽样做无菌试验，−20～−70℃保存。

3. 0.25％胰蛋白酶的配制

（1）准确称取 0.25g 胰蛋白酶粉，用已消毒少量 D-Hank's 液（pH7.2 左右）将胰蛋白酶粉调成糊状。然后再补足 D-Hank's 液定容至 100mL，搅拌混匀，置磁力搅拌器上搅拌至溶解（室温和 4℃间断进行，室温高于 30℃时要减少酶液在室温中的搅拌时间）。

（2）过滤除菌，分装入青霉素瓶中（每瓶 1～5mL），低温冰箱保存备用。

胰蛋白酶溶液偏酸性，使用前可用碳酸氢钠溶液调节 pH 值至 7.2 左右。

保存条件：配制好的胰蛋白酶溶液必须保存在 −20℃冰箱中，以免分解失效。

4. RPMI-1640 的配制

（1）溶解培养基　将干粉培养基溶于总量 1/3 的三蒸水中，再用水洗包装袋内面两次，倒入培养液中。振荡或超声助溶，一般不要加热助溶。

（2）补加试剂　根据包装袋说明和试验需要加入 $NaHCO_3$（2.0g）、谷氨酰胺、丙酮酸钠、HEPES 等其他试剂。

（3）加抗生素　一般抗生素终浓度为：青霉素 100U/mL，链霉素 100U/mL。市售青霉素为 80 万单位/瓶，可溶于 4mL 体积，每升培养液中加 0.5mL 即可。市售链霉素为 100 万单位/瓶，可溶于 5mL 体积，每升培养液中加 0.5mL 即可。无链霉素的情况下，用庆大霉素代替，终浓度调节为 50～200U/mL。

（4）调节 pH 值　加水到 900mL（在需要加 10％小牛血清的情况下），然后用 5％ $NaHCO_3$ 调节 pH 值到 7.2，加水定容到终体积，必要时用 1mol/L 盐酸和 1mol/L 氢氧化钠调节 pH 值。

（5）过滤除菌　宜采用 $0.45\mu m$ 和 $0.22\mu m$ 滤膜各一张，上层为 $0.45\mu m$，下层为

0.22μm，以保证过滤效果。注意滤膜正面（光面）朝上。过滤后分装于小瓶中（100mL 或 200mL）。

（6）加小牛血清　根据培养基配制的量将小牛血清分装，冷冻保存（−20℃）。临用前加入小牛血清（10%～20%）。

五、注意事项

1. Hank's 液配制时，为避免形成钙盐、镁盐的沉淀，含 Ca^{2+}、Mg^{2+} 的试剂要单独溶解。此外，因 Hank's 液含葡萄糖成分，无菌处理最好采用过滤除菌；如果要用高压蒸汽灭菌法进行灭菌，可适当降低温度压力值、缩短灭菌时间，一般 0.07MPa、115℃、15min 即可。

2. 称取试剂时，要注意试剂分子式与要求是否一致，许多试剂是含有水分子的水化物，与不含水者的称量不同，应当先加以换算。

3. 血清在冷冻保存前最好分装成小瓶贮存，解冻后尽量在短时间内用完，以免反复冻融造成血清质量下降。血清从 −20℃ 冰箱取出解冻时，应先在 4℃ 冰箱中等其融化后再移入室温，以免温度的突然变化破坏血清中的某些营养成分；解冻后应参照血清供应商产品说明书，根据要求决定是否需要灭活处理，如需要，56℃ 处理 30min 即可。

4. 新鲜三蒸水应贮存于棕色磨口试剂瓶中，三蒸水存放时间不要超过 2 周，最好现制现用。

5. 培养液配好后，应先抽取少许放入培养瓶内，于 37℃ 温箱内放置 24～48h，以检测培养液是否有污染。

6. 每次配液量以 2 周左右为宜，一次配液不要太多，防止营养成分损失或者污染。

六、结果与讨论

根据以下标准评价培养用液的配制效果：

1. Hank's 液配制后液体呈桃红色，pH7.4 左右，没有混浊和沉淀。
2. 溶解后的胰蛋白酶液呈深红色，无沉淀。
3. 各种培养用液配制后经检测（37℃培养）无污染。

七、思考题

1. 为什么在 Hank's 液的配制过程中，钙盐和镁盐需单独溶解？
2. 胰蛋白酶液为什么最好用不含 Ca^{2+}、Mg^{2+} 的 BSS 来配制。

实训十三　植物组织细胞培养基母液的配制

一、实验目的

学习植物组织细胞培养基母液的配制，为培养基的配制作准备。

二、实验原理

植物组织细胞培养基是植物离体培养组织或细胞赖以生存的营养物质，是为离体培养材料提供近似活体生存的营养环境，主要包括水、大量元素、微量元素、铁盐、有机复合物、糖、凝固剂和植物生长调节物质等。

在配制培养基前，为了使用方便和用量准确，常常将培养基成分先配制成比实际培养基浓度大若干倍的母液，然后在配制培养基时，再根据所需浓度按比例稀释。本实验以 MS 培养基为例，学习培养基母液的配制方法。

三、实验用品

1. 仪器、用具

冰箱，天平（0.0001g），容量瓶（1000mL、500mL、250mL、100mL、25mL），广口储液瓶（500mL、250mL、50mL、25mL），烧杯（1000mL、500mL、250mL、100mL、50mL），量杯，量筒，移液管，洗耳球，电炉，玻璃搅棒，大药匙，小药匙或挖耳勺，标签纸，胶水。

2. 试剂

95%酒精、1mol/L 盐酸、1mol/L NaOH、MS 培养基所需的成分试剂；植物生长调节剂（2,4-D、6-BA、IAA、NAA 等）；洗涤剂，蒸馏水。

四、操作步骤

MS 培养基的母液配方见表 11-6。

表 11-6　MS 培养基的母液配方

母液	化合物名称	培养基用量/(mg/L)	扩大倍数	称取量/mg	母液体积/mL	1L 培养基吸取母液量/mL
大量元素	KNO_3	1900		19000		
	NH_4NO_3	1650		16500		
	$MgSO_4 \cdot 7H_2O$	370	10	3700	1000	100
	KH_2PO_4	170		1700		
	$CaCl_2 \cdot 2H_2O$	440		4400		
微量元素	$MnSO_4 \cdot 4H_2O$	22.3		2230		
	$ZnSO_4 \cdot 7H_2O$	8.6		860		
	H_3BO_3	6.2		620		
	KI	0.83	100	83	1000	10
	$Na_2MoO_4 \cdot 2H_2O$	0.25		25		
	$CuSO_4 \cdot 5H_2O$	0.025		2.5		
	$CoCl_2 \cdot 6H_2O$	0.025		2.5		
铁盐	Na_2-EDTA	37.3	100	3730	1000	10
	$FeSO_4 \cdot 7H_2O$	27.8		2780		
有机物质	甘氨酸	2.0		20		
	维生素 B_1	0.4		4		
	维生素 B_6	0.5	100	5	100	10
	烟酸	0.5		5		
	肌醇	100		10000		

1. 大量元素母液的配制

按培养基配方的规定用量，把各种化合物扩大 10 倍，称取所需的各种药品，分别用 50mL 烧杯，加入蒸馏水 30～40mL 溶解（可加热至 60～70℃，促其溶解）。溶解后，按顺序倒入容量瓶中（容量瓶中事先加入约 400mL 的蒸馏水，目的是为了避免由于盐浓度过高，使钙离子与磷酸根离子、硫酸根离子形成不溶于水的沉淀），并注意氯化钙溶液的加入，混匀，最后用蒸馏水定容至 1000mL。在定容时注意用蒸馏水洗净烧杯和玻璃搅棒，以减小误差。将配制好的母液倒入试剂瓶中，贴好标签，保存于 4℃冰箱中待用。

2. 微量元素母液的配制

按照培养基配方的用量，将微量元素各种化合物（除去铁盐）扩大 100 倍，用感量万分之一的天平分别准确称取，逐个溶解后再混合，最后用容量瓶定容至 1000mL。将配制好的母液倒入试剂瓶中，贴好标签，保存于 4℃冰箱中待用。

3. 铁盐

铁盐的成分含硫酸亚铁（$FeSO_4 \cdot 7H_2O$）和乙二胺四乙酸二钠（Na_2-EDTA）。这两种化合物的溶解和混合较为严格，必须按如下方法配制，否则将会产生沉淀：分别溶解 $FeSO_4 \cdot 7H_2O$ 和 Na_2-EDTA，加热并不断搅拌，使之完全溶解，冷却，将 2 种溶液混合，调 pH 值至 5.5，用蒸馏水加至所需容积，棕色瓶保存于冰箱之中。

4. 有机物母液的配制

按照培养基配方的用量，用感量万分之一的天平分别准确称取。分别定容，并分别装入试剂瓶中，也可以混合溶解定容，装入同一试剂瓶中，写好标签，放入冰箱中保存。一般有机物都溶于水，但叶酸需先用少量稀氨水或 1mol/L NaOH 溶液溶解；生物素需先用 1mol/L NaOH 溶液溶解；维生素 A、维生素 D_3、维生素 B_{12} 应先用 95％乙醇溶解；然后用蒸馏水定容。

5. 激素母液的配制

激素母液必须分别配制，浓度根据培养基配方的需要而定，一般是 0.1～2mg/mL，称量激素要用感量万分之一的天平分别准确称取。

植物生长调节物质是培养基的重要组分之一，一般是植物激素类物质，如生长素类的 IAA、IBA、NAA，赤霉素类的 GA_3，细胞分裂素类的 2,4-D、KT 和 6-BA 等。由于大多数生长调节物质难溶于水，因此配制方法也各不相同：①IAA、IBA 和 GA_3 可先用少量 95％酒精溶解，再加水定容，摇匀后贮于试剂瓶中，贴上标签，存放在冰箱中；②NAA 可用热水或少量 95％酒精溶解，再加水定容至所需容积；③2,4-D 可溶于少许 1mol/L NaOH 溶液中，然后加水定容；④KT 和 6-BA 可用少量 1mol/L HCl 溶解，再加水定容；⑤玉米素先溶于少量 95％酒精中，然后加水定容。

植物生长调节物质浓度通常用 mg/mL 和 mol/L 表示，在配制母液时，用 mg/mL 较为方便，一般配制成 0.5mg/mL 的母液，这个浓度既便于计算，也可避免冷藏时形成结晶。

五、注意事项

1. 培养基各试剂最好使用分析纯。

2. 在称量时应防止药品间的污染，药匙、称量纸不能混用，每种试剂使用一把药匙，剩余的试剂原则上不能再倒回原试剂瓶。

3. 母液配制后，贴上标签，标明母液的名称、试剂浓度或扩大倍数、配制日期，并存放在 4℃冰箱中。使用前要进行检查，若发现试剂中有絮状沉淀、长霉，或铁盐母液的颜色变为棕褐色时，都不应再使用。

六、结果与讨论

1. 记录配制的培养基母液种类、扩大倍数、体积、母液中的各种成分的称取量。

2. 仔细观察配制母液过程中的现象和遇到的问题，并分析出现混浊的原因。

七、思考题

1. 配制大量元素母液、铁盐母液时，应该注意什么？

2. 使用电子分析天平称量各类试剂时，应该注意什么？

3. 各类母液的扩大倍数有何要求？

实训十四　植物细胞悬浮培养

一、实验目的

了解植物细胞悬浮培养过程，掌握悬浮系起始建立和继代保持的方法。

二、实验原理

植物细胞的悬浮培养是指将植物细胞或较小的细胞团悬浮在液体培养基中进行培养，在培养过程中能够保持良好的分散状态。这些小的细胞聚合体通常来自植物的愈伤组织。一般的操作过程是把未分化的愈伤组织转移到液体培养基中进行培养。在培养过程中不断进行旋转振荡，一般以 100～120r/min 的速度进行。由于液体培养基的旋转和振荡，使得愈伤组织上分裂的细胞不断游离下来。在液体培养基中的培养物是混杂的，既有游离的单个细胞，也有较大的细胞团块，还有接种物的死细胞残渣。在液体悬浮培养过程中应注意及时进行细胞继代培养，因为当培养物生长到一定时期将进入分裂的静止期。对于多数悬浮培养物来说细胞在培养到第 18～25 天时达到最大的密度，此时应进行第一次继代培养。在继代培养时应将较大的细胞团块和接种物残渣除去。若从植物器官或组织开始建立细胞悬浮培养体系，就包括愈伤组织的诱导、继代培养、单细胞分离和悬浮培养。目前这项技术已经广泛应用于细胞的形态、生理、遗传、凋亡等研究工作，特别是为基因工程在植物细胞水平上的操作提供了理想的材料和途径。经过转化的植物细胞再经过诱导分化形成植株即可获得携带有目标基因的个体。

三、实验用品

1. 器材

超净工作台，摇床，磁力搅拌器，高压灭菌锅，吸管（10mL），pH 计，无菌枪形镊，手动吸管泵。

2. 试剂

MS 培养基（液体，含 1.0mg/L 2,4-D，pH5.7，25mL/瓶）。

3. 材料

诱导出来的愈伤组织。

四、操作步骤

1. 悬浮细胞系的起始建立

挑选分散性好、致密、鲜黄色或乳白色、生长旺盛的愈伤组织放入配制好的液体培养基，用镊子轻轻夹碎愈伤组织。每瓶接入约 2g 愈伤组织，置于转速为 100r/min、弱散射光照条件下振荡培养。

2. 悬浮系的继代与选择

用手动吸管泵吸取已建立的悬浮系细胞小颗粒悬液，保留 2mL 压缩体积的细胞，转至 25mL 新鲜培养液，培养条件同步骤 1。最初几代要勤换培养液，以防止褐化，一般 3 天左右更换一次新鲜培养液，2 周后即可恢复正常的继代频率，即 1 周更换一次新鲜培养液。每次继代，要用宽口吸管或一定孔径的细胞筛来选择细胞团，留下生长旺盛的小细胞团，弃去大的细胞团。如此反复多代选择，才能建立较理想的悬浮系。

　　3. 生长量测量

　　取一瓶生长 1 周的悬浮细胞，用吸管泵吸出所有细胞，测量其压缩细胞体积（PCV），计算 1 周的增长量：

$$1 \text{ 周的增长量} = \frac{1 \text{ 周后的 PCV} - \text{初始 PCV}}{\text{初始 PCV}}$$

五、结果与讨论

1. 完成实验后填写下表：

日期	细胞生长情况描述	实验结果	原因分析

2. 计算 1 周的增长量。

六、思考题

1. 悬浮细胞培养体系应具备哪些条件？

2. 在悬浮细胞系的建立和继代过程中会遇到哪些问题？如何解决？

参 考 文 献

[1] 俞俊棠，唐孝宣，邬行彦，李友荣，金青萍. 新编生物工艺学. 北京：化学工业出版社，2003.
[2] 贺小贤. 生物工艺原理. 北京：化学工业出版社，2003.
[3] 沈 萍. 微生物学. 北京：高等教育出版社，2000.
[4] 李再资. 生物化学工程基础. 北京：化学工业出版社，1999.
[5] 朱守一. 生物安全与防止污染. 北京：化学工业出版社，1999.
[6] 戚以政，夏杰. 生物反应工程. 北京：化学工业出版社，2004.
[7] 于文国. 微生物制药工艺及反应器. 北京：化学工业出版社，2005.
[8] 王凯军，秦人伟. 发酵工业废水处理. 北京：化学工业出版社，2000.
[9] 姚汝华. 微生物工程工艺原理. 广州：华南理工大学出版社，1996.
[10] 钱铭塘. 发酵工程最优化控制. 南京：江苏科学技术出版社，1998.
[11] 陈坚等. 发酵过程优化原理与实践. 北京：化学工业出版社，2002.
[12] 司士辉. 生物传感器. 北京：化学工业出版社，2002.
[13] 金篆芷，王明时. 现代传感技术. 北京：电子工业出版社，1995.
[14] 肖冬光. 微生物工程原理. 北京：中国轻工业出版社，2004.
[15] 曹军卫，马辉文. 微生物工程. 北京：科学出版社，2003.
[16] 方伯山. 生物技术过程模型化与控制. 广州：暨南大学出版社，1997.
[17] 熊宗贵. 发酵过程原理. 北京：中国医药科技出版社，2001.
[18] 苏拔贤. 生物化学制备技术. 北京：科学出版社，1998.
[19] 焦瑞身等. 生物工程概论. 北京：化学工业出版社，1998.
[20] 宋思扬，楼士林. 生物技术概论. 北京：化学工业出版社，1999.
[21] 熊宗贵. 发酵工艺原理. 北京：中国医药科学技术出版社，2000.
[22] 梅乐和. 生化生产工艺学. 北京：科学出版社，2001.
[23] 瞿礼嘉等. 现代生物技术导论. 北京：高等教育出版社，1998.
[24] 李艳. 发酵工业概论. 北京：中国轻工业出版社，1999.
[25] 周德庆等. 微生物学教程. 北京：高等教育出版社，1997.
[26] 伦世仪. 生化工程. 北京：中国轻工业出版社，1993.
[27] 兰蓉，周珍辉. 细胞培养技术. 北京：化学工业出版社，2007.
[28] 刘冬，张学仁. 发酵工程. 北京：高等教育出版社，2011.
[29] 陈同来. 生化工艺学. 北京：科学出版社，2005.